研究生教学用书

# 机械动力学

尹志宏　编著

科学出版社
北京

## 内 容 简 介

本书主要介绍线性机械结构动力响应预测的基本理论和方法，即机械动力学分析问题。全书共 6 章，第 1 章主要介绍机械动力学研究的基本内容及流程。第 2 章讨论利用普遍动力学方程建立机械系统动力学模型的方法，介绍建立单自由度系统、两自由度系统、多自由度系统和基本连续体动力学模型的方法。第 3 章分别讨论单自由度系统的解及其性质、多自由度系统和弹性体的模态叠加解及其数值计算方法。第 4 章专门讨论既适用于传统的链式结构，也适用于连续结构、多体线性离散系统和空间结构的传递矩阵分析法。第 5 章为动态子结构方法。第 6 章介绍普遍动力学方程、模态综合法、有限元模型凝聚技术和传递矩阵分析法的工程应用问题。

本书主要用作机械工程及相关专业的研究生教材，也可供相关研究人员和工程技术人员参考使用。

**图书在版编目(CIP)数据**

机械动力学/尹志宏编著. —北京：科学出版社，2022.1
研究生教学用书
ISBN 978-7-03-070724-6

Ⅰ.①机… Ⅱ.①尹… Ⅲ.①机械动力学－研究生－教材 Ⅳ.①TH113

中国版本图书馆 CIP 数据核字(2021)第 240407 号

责任编辑：邓 静 / 责任校对：任苗苗
责任印制：张 伟 / 封面设计：迷底书装

科学出版社 出版
北京东黄城根北街 16 号
邮政编码：100717
http://www.sciencep.com
北京九州迅驰传媒文化有限公司 印刷
科学出版社发行 各地新华书店经销
*
2022 年 1 月第 一 版 开本：787×1092 1/16
2022 年 1 月第一次印刷 印张：15 3/4
字数：370 000

定价：98.00 元
(如有印装质量问题，我社负责调换)

# 前　言

机械动力学是机械学科中的一个重要领域，研究机械结构在外部激励作用下的响应。机械动力学研究可归结为响应预测、系统辨识和载荷识别三个基本问题，其中响应预测问题称为正问题，其余两个称为逆问题，这三部分既相互独立又紧密联系。本书仅涉及线性机械结构动力响应预测的基本理论和方法，即机械动力学分析。

考虑到本书的主要阅读对象是已经具有一定学习基础的研究生，因此书中侧重于有一定理论深度的内容。为便于读者自学，在内容的编排上遵从由浅入深、循序渐进的原则，同时强调这些基本理论的工程应用价值，鉴于此，本书共分为6章，各章内容如下。

(1) 第1章概述。主要介绍机械动力学研究的基本内容及流程。

(2) 建立模拟机械系统动力特性的数学模型，是机械系统动力学研究的基础。第2章讨论利用普遍动力学方程建立机械结构动力学模型的方法，着重介绍应用普遍动力学方程及力学原理建立单自由度系统、两自由度系统、多自由度系统和基本连续体动力学模型的方法。为了解决大型复杂机械结构的建模问题，在第5章介绍基于“化整为零、积零成整”核心思想的动态子结构方法，讨论较成熟的机械阻抗综合法和模态综合法。

(3) 为了获得机械结构的动态性能，必须求解动力学模型。第3章分别讨论单自由度的解及其性质、多自由度系统和弹性体的模态叠加解，给出相应的例子及解的性质讨论，并介绍大型特征值问题数值计算方法和微分方程的数值解问题。

(4) 第4章专门讨论传递矩阵分析法。传递矩阵分析法既是系统建模方法，又是求解方法。传递矩阵分析法不仅适用于传统的链式结构，也适用于连续结构、多体线性离散系统和空间结构，具有广泛的应用空间。

(5) 第6章中介绍普遍动力学方程、模态综合法、有限元模型凝聚技术和传递矩阵分析法的工程应用问题。

(6) 考虑到状态空间分析法广泛应用于运动微分方程的求解、现代控制工程、数值计算等方面，状态空间建模方法、有阻尼的多自由度系统状态空间解耦问题及状态空间传递矩阵分析在书中对应章节中都有介绍。

作者在总结他人研究成果的基础上，结合个人多年从事机械动力学研究的成果、实际授课的经验以及个人体会编写本书。

本书的出版得到了昆明理工大学研究生百门核心课程建设计划的资助。主要参考引用书籍和文献已列出，向有关作者一并表示感谢！

由于作者的知识水平有限，书中不足之处在所难免，敬请各位读者不吝指教，以求不断改进和完善。感谢所有关心、支持、帮助本书出版的人们。

尹志宏<br>2021年1月于昆明

# 目　录

# 第1章　概　　述

市场经济下的产品竞争日渐激烈，人们对机电产品的高速、高效、轻量化、可靠性、舒适性、经济性等的要求也不断增长。结构日趋轻柔、机械日趋高速、环境日趋复杂，振动及由此产生的噪声、疲劳等问题制约了许多产品性能的进一步提高，机械动力学问题日益突出。为了掌握其复杂的规律，要求提炼出原则性的问题，并尽可能脱离特定的机器给出答案。机械动力学已经发展成为一个独立的学科领域，是每个机械工程师必须掌握的知识。

机械动力学是一门研究机械在力的作用下的运动和机械在运动中产生的力，并从力与运动相互作用的角度进行机械设计和改进的学科。在力的作用下的运动通常以机械振动(及其噪声)的形式反映出来。

在多数情况下，当振动量超出容许的范围后，振动将会影响机器的工作性能，使机器的零部件产生附加的动载荷，从而缩短使用寿命；强烈的机器振动还会影响周围仪器仪表的正常工作，严重影响其度量的精确度，甚至给生产造成重大损失；振动往往还会产生巨大的噪声，污染环境，损害人们的健康，这已成为最引人关注的公害之一。

在许多场合，振动是有益的，利用振动可有效地完成许多工艺过程，或用来提高某些机器的工作效率。例如，利用振动可以使物料在振动体内运动，用来输送或筛分物料；利用振动可以缩短机械零部件的时效处理周期；利用振动还可以完成破碎、粉磨、成形、整形、冷却、脱水、落砂、光饰、沉拔桩等各种工艺步骤。因此，就出现了各种类型的振动机械，如振动输送机、振动筛分机、振动破碎机、振动磨机、振动成型机、振动整形机、振动冷却机、振动脱水机、振动落砂机、振动光饰机、振动沉拔桩机、振动压路机、振动装载机、振动时效机、超声波振动切削机床、超声电机等，这些机械已经在不同的生产工艺过程中发挥了重要作用。另外，还可以利用振动信号进行机械故障诊断、桥梁和桩基等结构的破损检测，等等。

## 1.1　机械动力学研究的基本内容

研究机械结构在动载荷作用下所表现出来的动态特性是机械动力学的基本任务。机械动态特性中最基本的两个特性就是自由振动和强迫振动，前者取决于初始条件，反映结构本身的固有特性，后者取决于外部对结构的输入。

机械动力学不仅要研究结构在动载荷作用下表现出的各种各样的物理现象，而且要揭示现象背后的物理实质和内部规律，它从机械动力学的一般性问题出发，从理论上研究结构动力特性的本质问题。了解和掌握机械产品的动力学特性，一方面可以采取措施抑制振动或降低振动影响，提高产品性能、延长使用寿命；另一方面，可以通过改进设计，避免设计缺陷，缩短产品研发周期。

机械动力学的三要素是指输入(激励)、机械结构和输出(响应)，三者的关系如图1.1.1所示。

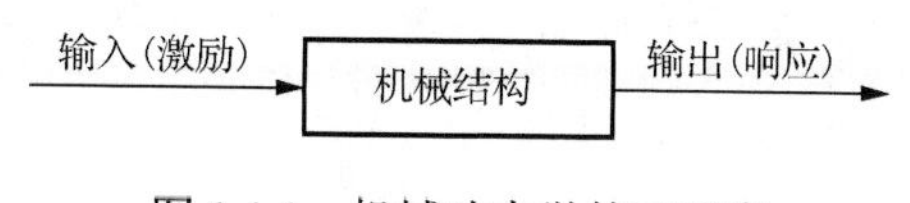


图1.1.1　机械动力学的三要素

(1)输入是动态的，即随时间变化的；变化规律可以是周期的、瞬态的和随机的；输入的形式是多样的，可以是力、位移、能量等；输入可以是单点输入，也可以是多点输入。

(2)系统可以是线性的，也可以是非线性的、时变的、不确定的。对于线性系统，叠加原理成立，系统自由振动的固有频率及模态是系统所固有的，其特性不随时间改变；而非线性、时变、不确定的系统没有相对应的固有特性，本书只讨论线性系统。同时，系统可分为保守系统和非保守系统。对于有阻尼系统，存在能量耗散的是非保守系统。在振动控制理论中，修改结构系统动态特性的一个行之有效的方法就是增加阻尼系统的能量耗散。

(3)输出即机械结构对输入的响应，从时间的概念出发可以分为周期振动、瞬态振动和随机振动等；从运动的空间概念出发，可以分为纵向振动、弯曲振动、扭转振动及组合振动等；输出也可以是单输出或多输出。无论是什么样的结构，也无论是什么样的输入，响应都将以一定的形式表现出来。

在振动问题中，系统(结构)是引起振动的内因，结构的固有特性是结构动态特性的决定因素，输入是外因，外因通过内因起作用，最后以输出的形式表现出来。

在上述的三个要素中，已知其中任意两个求第三个要素的问题都是机械动力学研究的范畴。已知激励和机械结构求系统响应，问题可归结为响应预测或动力分析，这是正问题，也就是已经知道机械系统动力学方程和输入的激励载荷，求解结构的动态特性(包括固有频率、振型和阻尼)和动态响应(包括时域响应和频域响应)，这是研究最为成熟的问题，也是本书要介绍的内容。对于比较简单的系统，本书将介绍一些解析方法或近似解析方法来求解其响应，这将是第 2 章和第 3 章介绍的内容。对于复杂系统，目前已发展了许多有效的数值方法，如计算一般结构振动的有限元方法、计算复杂结构的子结构方法、计算轴系振动的传递矩阵分析法等。在第 4、5 章将分别介绍传递矩阵分析法和动态子结构方法。求解振动正问题并不是振动工程师的最终目的，更重要的是如何使振动系统的响应满足需求，即实现振动控制，书中 3.2.7 节简要介绍动力减振器问题。

已知输入和输出求系统特性，称为系统识别或参数识别，又称为第一类逆问题。表达系统特性的方式是多种多样的，如系统的质量、刚度和阻尼，系统的频率响应函数、脉冲响应函数等都可以反映系统特性。它们彼此在理论上等效，但各有其优点，特别是频率响应函数等可用测量的方法得到，主要问题是如何从实测数据中精确地估计出我们需要的描述系统特性的参数。如果需要的是固有频率、阻尼、振型等模态参数，则称为模态参数识别，这方面的研究目前也已经日趋成熟，有许多商品化软件可供使用。如果需要的参数是系统在物理坐标下的质量、刚度、阻尼，则称为物理参数识别。求解系统识别问题的目的之一是检验所建立的系统模型是否正确和精确，能否用于今后的振动计算。与系统识别，特别是物理参数识别相关的一个问题是系统动态设计，即根据输入和输出设计系统特性，乃至系统的质量、刚度及其分布。这一反问题的解一般不唯一，目前多借助数值优化方法来解决。

已知系统特性和响应求载荷，称为载荷识别，又称为第二类逆问题。确定系统在实际工况下的振源及其数学描述是振动工程中最棘手的问题，一般需要具体问题具体处理。要取得精确的结果，必须与第一类逆问题紧密结合起来，也就是系统特性应该建立在可靠的基础上。动力学逆问题不是本书讨论的范围，可参看其他相关著作。

## 1.2　机械动力学研究的基本流程

机械动力学研究包括如下内容：将复杂机械结构简化为物理模型；将物理模型转化为具有不同自由度的微分方程组的数学模型；确定外激励的动态载荷，包括载荷性质、大小与变化规律、激励位置；采用合理的方法与程序进行动态特性分析、动态响应分析及计算，求出机械结构的动态特性与动态响应的计算结果；进而通过一定类型的实验来验证所得到的计算结果的正确性；将可靠的计算结果用于结构修改及动态优化设计。

机械动力学研究的基本流程如图 1.2.1 所示，从大的方面主要分为设计、分析、实验和再设计，本书所涉及的内容属于动力学分析部分。

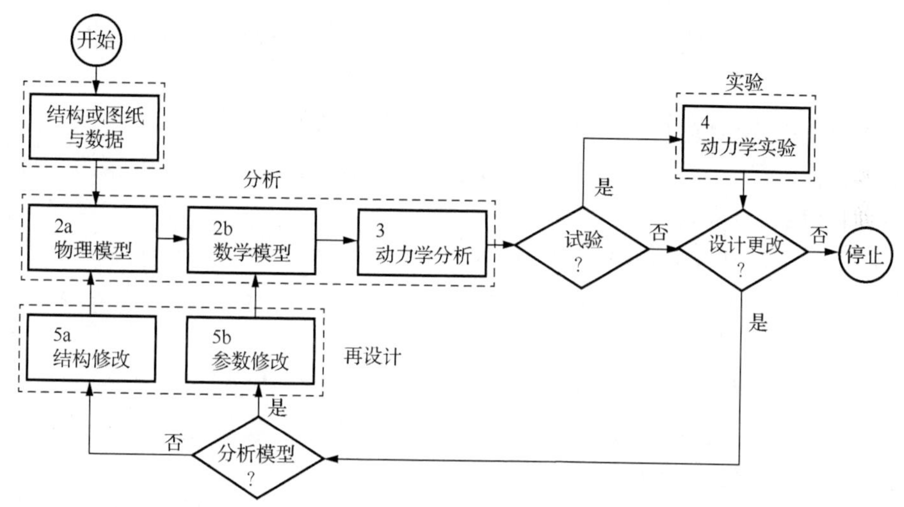


图 1.2.1　机械动力学研究的基本流程

机械动力学分析的内容大致分为以下几部分。

**1．建模**

首先引入一些假设将实际的结构进行简化，得到便于分析的形式；然后根据结构所处状态，确定一系列的参数，如几何尺寸、材料特性、约束边界等；最后建立一组数学方程来描述所要分析的模型。建立的方程或数学模型应能反映结构动力学问题中的主要方面，并能较全面、客观地反映物理现象的本质，这是分析的关键之一。建模就是建立结构动力学的基本运动方程及其定解条件。

**2．建模方法**

目前，建模方法总体上有两种：一是实验的方法，二是分析的方法。本书主要涉及分析的方法，主要依据是力学基本原理和变分原理。

根据问题分析的需要，可采取相应的微分原理(当取微元体作为研究对象时)，也可采用相应的积分原理(当取整个系统为研究对象时)。力学微分原理主要是牛顿定理和达朗贝尔原理；力学积分原理主要是能量守恒定律和动量守恒定律。微分变分原理主要是虚功原理；积分变分原理主要是哈密顿原理。此外，本书中也直接采用弹塑性基本理论以及其他力学基本原理建立数学模型。

3．常用分析模型

自然界与工程中存在的振动可分为线性振动与非线性振动两大类。就机械振动而言，线性振动是指该系统中的弹性力、阻尼力与惯性力分别是位移、速度和加速度的线性函数，它们之间的关系在直角坐标系中呈直线变化。不具备上述线性关系的振动则称为非线性振动。

离散系统用集中参数模型来描述，如多自由度系统的动力学方程为

$$\boldsymbol{M}\ddot{\boldsymbol{x}}(t)+\boldsymbol{C}\dot{\boldsymbol{x}}(t)+\boldsymbol{K}\boldsymbol{x}(t)=\boldsymbol{f}(t) \tag{1.2.1}$$

式中，$\boldsymbol{M}$、$\boldsymbol{C}$、$\boldsymbol{K}$ 为矩阵；$\boldsymbol{x}(t)$、$\boldsymbol{f}(t)$ 为向量。

式(1.2.1)为线性常微分方程。求解 $\boldsymbol{f}(t)=0$ 时的齐次方程，得到方程的通解，可以反映系统的自由振动特性。求解它所对应的特征方程得到系统特征解，可以反映结构的固有特性。

求解 $\boldsymbol{f}(t)\neq 0$ 时的非齐次方程，得到方程的特解，可以反映输入载荷的特点及引起的振动。

非线性振动可以由非线性微分方程加以描述，多数机械系统的非线性方程可表示为

$$\boldsymbol{M}\ddot{\boldsymbol{x}}+\boldsymbol{f}_r(\dot{\boldsymbol{x}},\boldsymbol{x})+\boldsymbol{f}_k(\dot{\boldsymbol{x}},\boldsymbol{x})=\boldsymbol{f}(t) \tag{1.2.2}$$

式中，$\boldsymbol{f}_r(\dot{\boldsymbol{x}},\boldsymbol{x})$ 为非线性阻尼力；$\boldsymbol{f}_k(\dot{\boldsymbol{x}},\boldsymbol{x})$ 为非线性弹性力。

在某些特殊情况下，惯性力、阻尼力和弹性力分别是加速度 $\ddot{\boldsymbol{x}}$、速度 $\dot{\boldsymbol{x}}$ 及位移 $\boldsymbol{x}$ 的非线性函数，这时非线性方程为

$$\boldsymbol{f}_m(\ddot{\boldsymbol{x}},\dot{\boldsymbol{x}},\boldsymbol{x})+\boldsymbol{f}_r(\ddot{\boldsymbol{x}},\dot{\boldsymbol{x}},\boldsymbol{x})+\boldsymbol{f}_k(\ddot{\boldsymbol{x}},\dot{\boldsymbol{x}},\boldsymbol{x})=\boldsymbol{f}(t) \tag{1.2.3}$$

式中，$\boldsymbol{f}_m(\ddot{\boldsymbol{x}},\dot{\boldsymbol{x}},\boldsymbol{x})$ 为非线性惯性力；$\boldsymbol{f}_r(\ddot{\boldsymbol{x}},\dot{\boldsymbol{x}},\boldsymbol{x})$ 为非线性阻尼力；$\boldsymbol{f}_k(\ddot{\boldsymbol{x}},\dot{\boldsymbol{x}},\boldsymbol{x})$ 为非线性弹性力。

在非线性振动的微分方程中，非线性惯性力、非线性阻尼力或非线性弹性力不是加速度 $\ddot{\boldsymbol{x}}$、速度 $\dot{\boldsymbol{x}}$ 及位移 $\boldsymbol{x}$ 的线性函数，也就是说，惯性力、阻尼力或弹性力并不分别与加速度 $\ddot{\boldsymbol{x}}$、速度 $\dot{\boldsymbol{x}}$ 及位移 $\boldsymbol{x}$ 的一次方成正比。

在某些振动系统中，干扰力也是加速度 $\ddot{\boldsymbol{x}}$、速度 $\dot{\boldsymbol{x}}$ 及位移 $\boldsymbol{x}$ 的非线性函数，其表示形式为 $\boldsymbol{f}_m(\ddot{\boldsymbol{x}},\dot{\boldsymbol{x}},\boldsymbol{x},t)$，这类方程也是非线性方程。

自然界与工程中的振动，严格地说，绝大多数都属于非线性振动，在许多情况下，不少弱非线性振动可近似地按线性振动来处理。但也有不少非线性振动问题，若按线性问题来处理，不仅会产生较大误差，而且会产生质的错误。

针对连续系统的分布参数模型，用偏微分方程来描述，如弦的振动方程为

$$\frac{\partial^2 u}{\partial x^2}=\frac{1}{c^2}\frac{\partial^2 u}{\partial t^2} \tag{1.2.4}$$

任何一个实际结构都是一个连续系统，如果模型正确，那么用偏微分方程就能够精确地描述动力学问题；如果能求得其偏微分方程的解析解，也就得到了问题的精确解。尽管如此，实际中人们却往往采用集中参数模型，其原因如下：一方面，建立偏微分方程是从局部着眼，对于较繁杂的问题难以建模；另一方面，方程的求解比较困难，实际工程问题中所关心的并不是全部问题，而是起关键作用的方面。

4．理论分析与求解

理论分析包括求解微分方程的解析解，以及对解中所隐含的物理本质进行分析，得出一般性原理，再根据这些一般性原理去指导一个新问题的分析，而得到新的结论。

由齐次微分方程所描述的自由振动，可以得到结构的固有特性，即固有频率和固有模态的若干重要性质，这些性质反过来又可指导结构设计。由非齐次微分方程所描述的强迫振动，可以分析得到结构在受到各类载荷时所表现的物理现象。

数值计算主要用来弥补理论分析的不足，因为并不是所有问题都能找到解析解，一方面，建模以许多假设为前提，即模型本身就很难是精确的；另一方面，由于数学上的困难，方程较难求解。目前，已发展了许多数值求解的方法，无论是求解结构的固有特性问题，还是结构的响应，这些方法都是行之有效的。因此，在结构动力学分析中应用较多的是数值计算方法。数值计算方法不仅能给出一定精度的数值解，同时通过这些解同样能分析得到结构动力特性中的规律。

除了上述方法外，还发展了利用部件的动力特性去综合分析一个大型复杂结构的动力特性的方法，依此来解决大型复杂结构在实验和求解中的困难，这种方法称为动态子结构方法或部件模态综合法。另外一种技术是模态综合法，是求解线性系统响应的一种方法，综合过程是在模态空间中完成的。

本书的第 2～5 章分别讨论离散和连续系统的建模、动力学分析(包括模态综合法和数值计算方法)、传递矩阵分析法及动态子结构方法，第 6 章中分别介绍普遍动力学方程(拉格朗日方程)、模态综合法、凝聚技术和传递矩阵分析法的工程应用问题。

# 第 2 章　机械系统的动力学模型

机械动力学研究一般从建立研究对象的模型开始，首先略去一些次要因素，将研究对象抽象为力学系统，然后分析各部分的力学特性及它们之间的组合关系，应用力学原理建立描述系统运动的数学模型，一般是微分方程(组)。建立模型是进行振动分析的关键一步，它决定了振动分析的正确性和精确性，以及振动分析的可行性和复杂程度。本章将介绍实际结构的简化方法，普遍动力学方程，以及利用力学原理建立离散系统、简单连续系统动力学模型的一般步骤。

## 2.1　机械结构的简化

根据分析目标，将实际机械结构抽象为一个力学系统，首先是要定义结构。结构是指零件之间的相互连接(拓扑学)及由存储动能的质量元件、存储势能的弹簧将机械能转化为热能的阻尼器和从外部输入能量的激励元件构建的计算模型的构造。然后，定义结构参数，参数就是计算模型中出现的用字母表示的几何尺寸和物理量。定义结构主要是指选择对特定现象有影响的参数，除了自由度数量 $n$ 之外，参数的数量是计算模型最主要的特征。选择参数就是决定如何选择模型的时间和空间界限，以及考虑哪些内部的交互作用，如长度、传动比、质量、弹簧刚度系数、阻尼系数、运动学和动力学激励的系数都是参数。

机械动力学问题的复杂程度首先取决于需要多少独立坐标才能完备描述所关心的力学系统的运动。通常，将系统模型的独立坐标个数称作系统的自由度，用来描述系统中全部元件在运动过程中的某一瞬时在空间所处几何位置的独立坐标的数目。

图 2.1.1 所示的三个系统只具有 1 个运动自由度，称为单自由度系统，图 2.1.1(a)中的滑块，可以用角坐标$\theta$或直线坐标 $x$ 来描述其运动；图 2.1.1(b)中的弹簧-质量系统，可以用直线坐标 $x$ 来描述其运动状态；图 2.1.1(c)所示的长杆端部固结着一个圆盘的扭振系统，可以用角坐标$\theta$来描述圆盘的扭转运动。

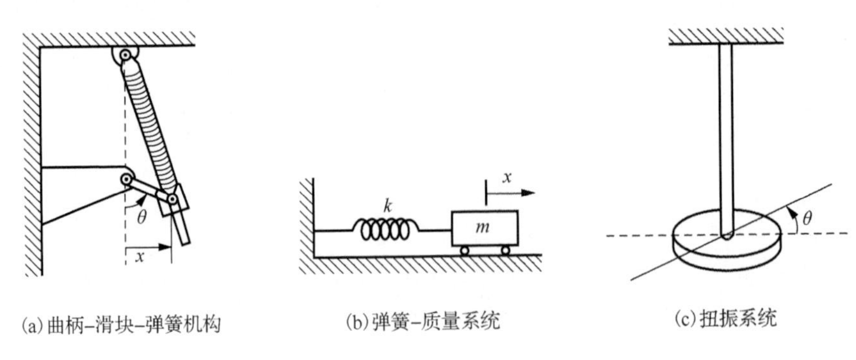


(a)曲柄-滑块-弹簧机构　(b)弹簧-质量系统　(c)扭振系统

图 2.1.1　单自由度系统

图2.1.2给出了三个两自由度系统的示例，图2.1.2(a)为一个用两个直线坐标$x_1$和$x_2$描述其运动的双弹簧-质量系统；图2.1.2(b)为用角坐标$\theta_1$和$\theta_2$描述其运动的双盘转子系统；图2.1.2(c)所示的系统的运动可以用$X$和$\theta$或用$x$、$y$和$X$来描述，若采用后者，$x$和$y$受下列条件的约束：$x^2+y^2=l^2$，其中$l$是常量。与单自由度系统相比，两自由度系统除增加了运动自由度外，也增加了参数的数量。

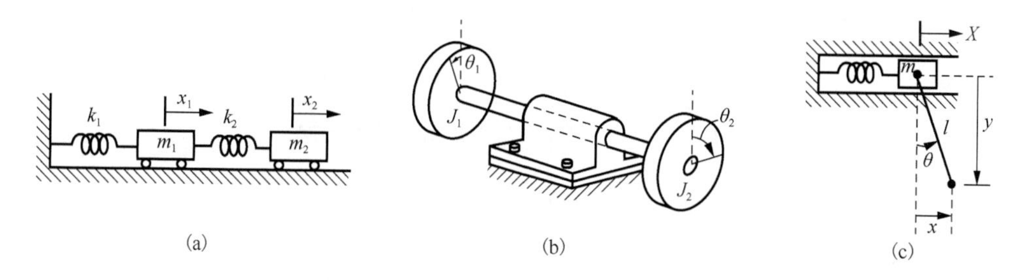


图2.1.2　两自由度系统

图2.1.3中给出了三自由度系统的示例。对图2.1.3(a)和(c)所示的系统，可以分别用$x_i(i=1, 2, 3)$和$\theta_i(i=1, 2, 3)$来描述其运动。对图2.1.3(b)所示的系统，$\theta_i(i=1, 2, 3)$可以准确说明质量块$m_i(i=1, 2, 3)$所处的位置，也可以用坐标$x_i(i=1, 2, 3)$和$y_i(i=1, 2, 3)$来描述其运动，但必须考虑如下约束条件：$x_i^2+y_i^2=l_i^2$ $(i=1, 2, 3)$。

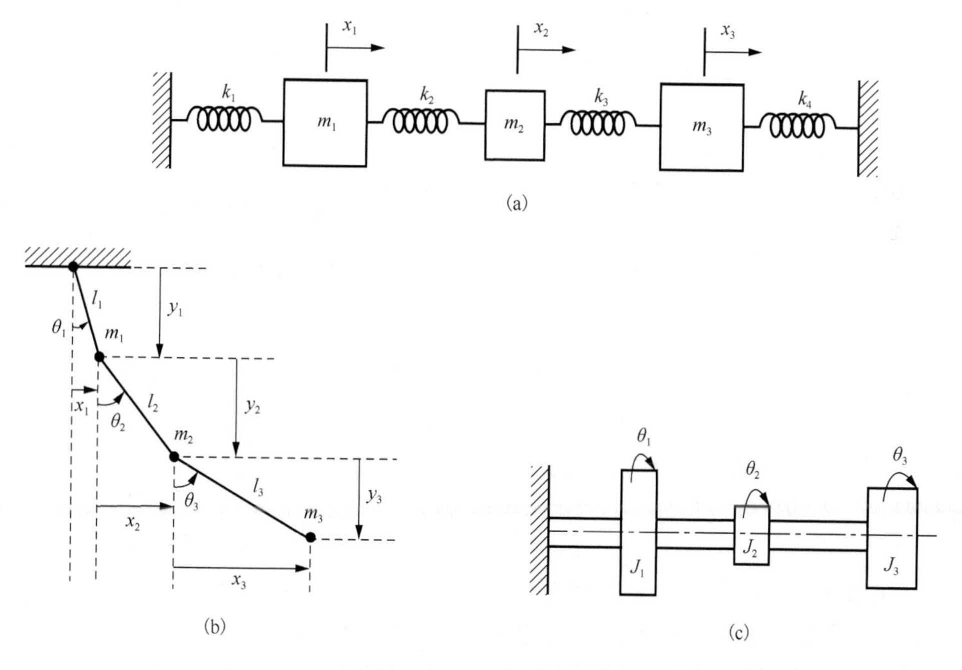


图2.1.3　三自由度系统

图2.1.4所示系统为塔形结构的示意图，主要考虑其$x$方向的运动时，可以在水平方向简化其运动模型，这是一个四自由度系统，各个弹簧为剪切弹簧。图2.1.5为无线电天线转台示意图及其简化模型，考虑到天线转台的运动主要以转动为主，简化模型用五自由度转动模型来表达。

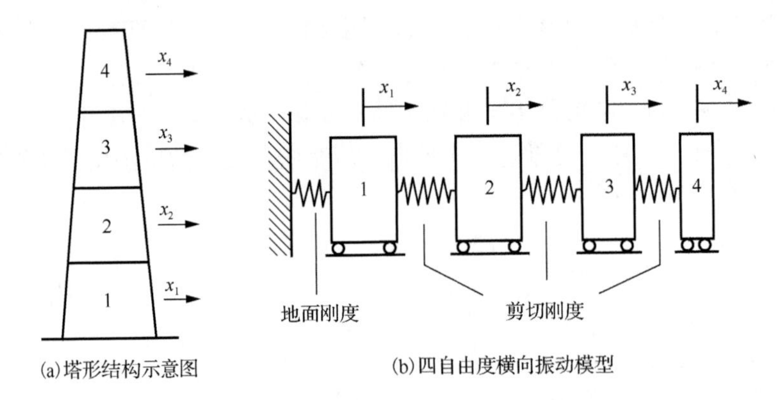


图 2.1.4　塔形结构示意图及其简化模型

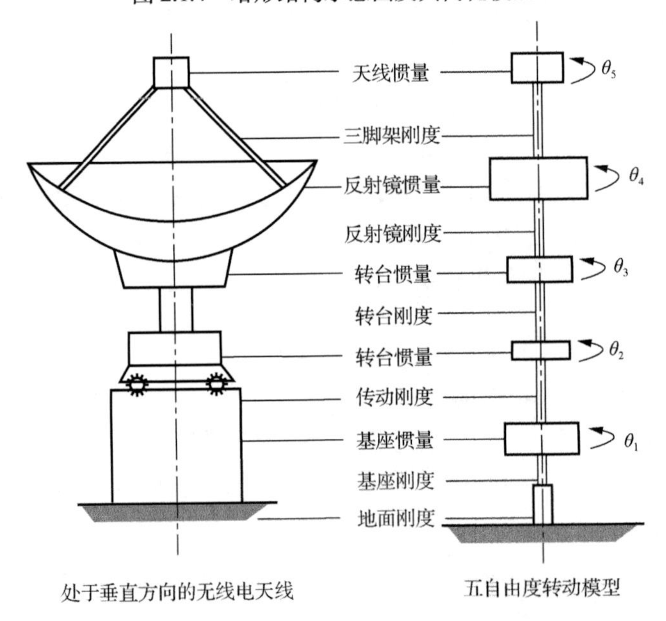


图 2.1.5　无线电天线转台示意图及其简化模型

如图 2.1.6 所示为人体及其振动简化模型。人体对于外界振动具有很高的感知能力，可以感知 0.01mm 的振动位移，有些器官还能感知更小的振动位移。在低频(1～10Hz)范围，人体对振动加速度较敏感；在中频(10～100Hz)范围，人体对振动速度较敏感。另外，对于不同频率的外部激励，人体各部分的感知程度也不同。例如，胸腹部对 3～6Hz 频率范围的振动较敏感，头-脖颈-肩部对20～30Hz频率范围的振动较敏感，眼球的振动感知频率范围为60～90Hz。根据激励频率的作用范围，可以调整模型结构和参数，以便进行分析。

图 2.1.7 为人的手臂运动及简化模型，根据不同的分析目标，可以简化成不同的模型形式。图 2.1.7(a)中，根据手臂弯曲受力过程，可以简化为单自由度系统进行分析，也可以简化为如图 2.1.7(b)所示的模型分析手臂各部分的运动。

考虑如图 2.1.8 所示的车削系统及其振动模型，这个物理系统由车床、转台、刀架和工件等组成。与前面的振动系统不同，这是一个复杂振动系统。除了用集中参数和惯性元件以外，还采用分布惯性元件(梁)来表达其振动模型。

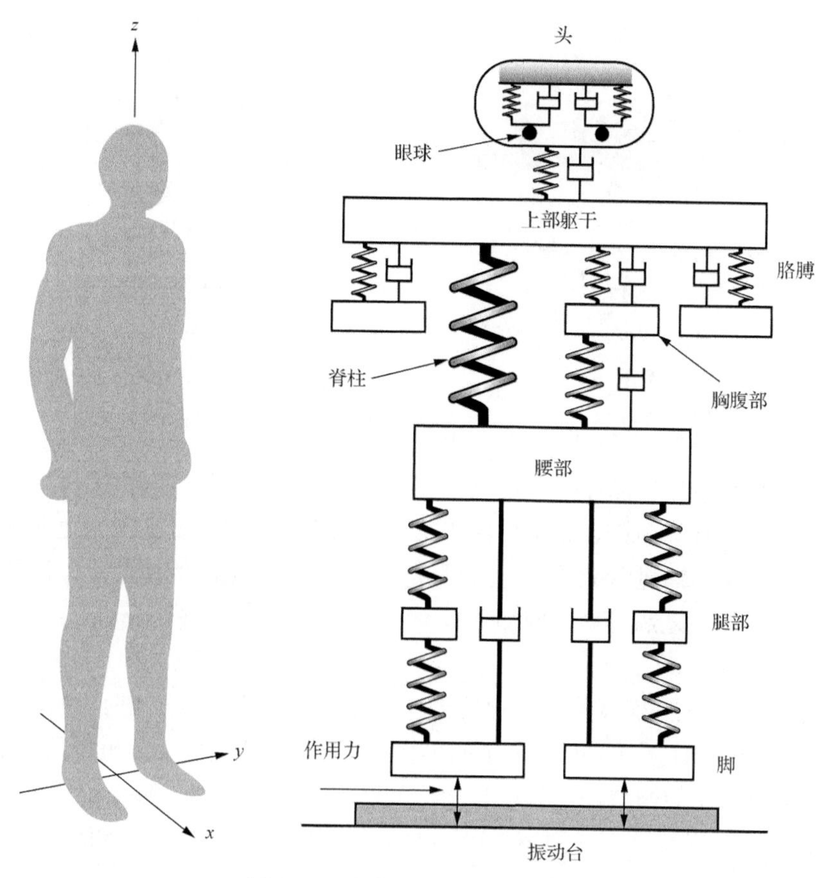


图 2.1.6　人体及其振动简化模型

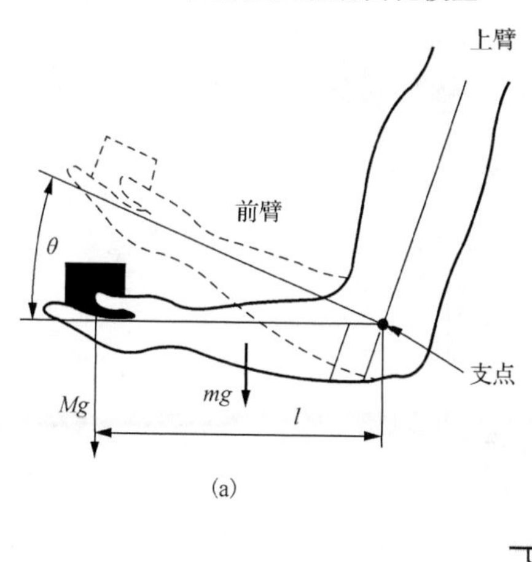


(a)

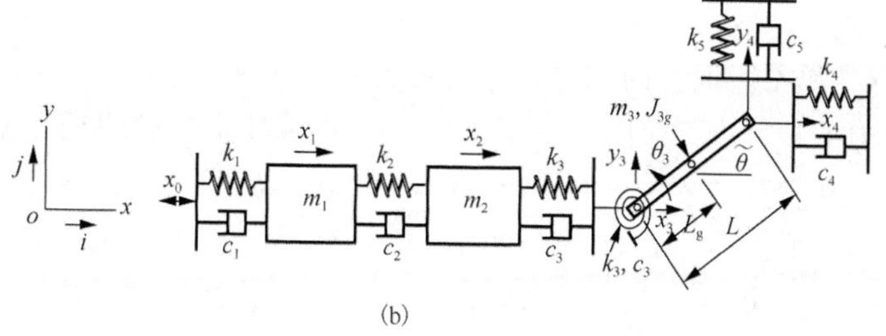


(b)

图 2.1.7　人的手臂运动及简化模型

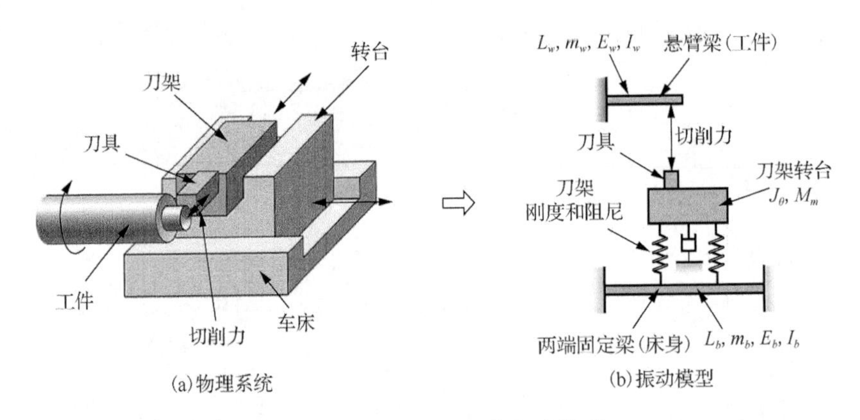


图 2.1.8　车削系统及其振动模型

简化的数学模型可以很简单，也可以很复杂，模型的复杂程度取决于分析者进行动力学分析的目的、要求的计算精度、各个部件在结构振动中的贡献。为了得到更准确的结果，需要对系统的力学模型不断进行完善。此时可以先用一个比较粗略的模型，以便较快地对系统的大体属性有所了解。之后再通过增加更多的元件和(或)细节对模型不断改进，以便进一步分析系统的动力学行为。

图 2.1.9(a)为高塔结构示意图，其运动形式主要是整个塔的左右或前后摆动，可以简化在一个平面中分析。建立如图 2.1.9(b)所示的单自由度系统模型，可以分析塔顶部的振动情况。建立如图 2.1.9(c)所示的四自由度系统模型，可以分析塔 4 个层面的振动情况。进一步建立如图 2.1.9(d)所示的连续分布参数梁(无限自由度系统)模型，可以比较精细地分析高塔的振动。

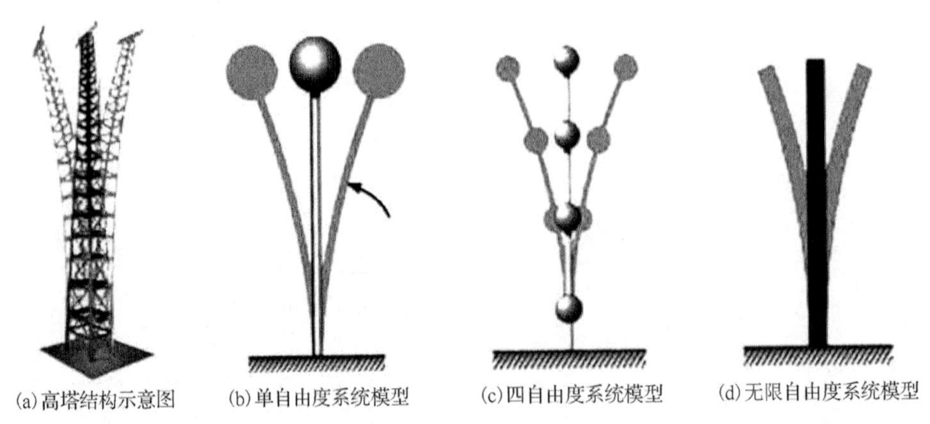


图 2.1.9　高塔结构及其简化模型

通常，在分析导弹飞行振动问题时，假定振动发生在某一平面中，如图 2.1.10(a)所示。可以将导弹化简为由 $n$ 个集中质量 $m_i(i=1, 2, \cdots, n)$ 通过无质量的长为$\Delta x_i$，刚度为 $EI_i(i=1, 2, \cdots, n-1)$ 的弹性单元连接在一起的离散模型来描述，如图 2.1.10(b)所示。此时导弹的振动定义为质量点 $m_i(i=1, 2, \cdots, n)$ 对应的横向位移 $w_i(t)$ $(i=1, 2, \cdots, n)$。另外，也可简化为长度为 $L$，两端自由的均布质量梁(分布参数)模型，其模型参数如下：单位长度的质量 $m(x)$ 对应的抗弯刚度为 $EI(x)$，横向振动位移为 $w(x, t)$，如图 2.1.10(c)所示。

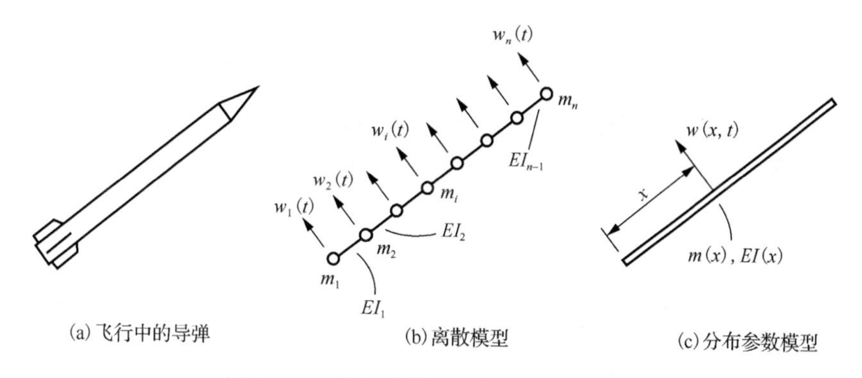


图 2.1.10　飞行中的导弹及其动力学模型

同理，对于图 2.1.11(a)所示的汽车，可分别建立如图 2.1.11(b)～(e)所示的模型。用图 2.1.11(b)的模型初步分析整车的振动；用图 2.1.11(c)的模型分析整车和悬挂系统的振动；用图 2.1.11(d)的模型分析整车和悬挂系统在运动时的振动；用图 2.1.11(e)的模型分析滚动状态下分布质量梁整车和悬挂系统的振动；随着模型自由度和复杂程度的增加，对结构各部分的振动分析也会更加详细。

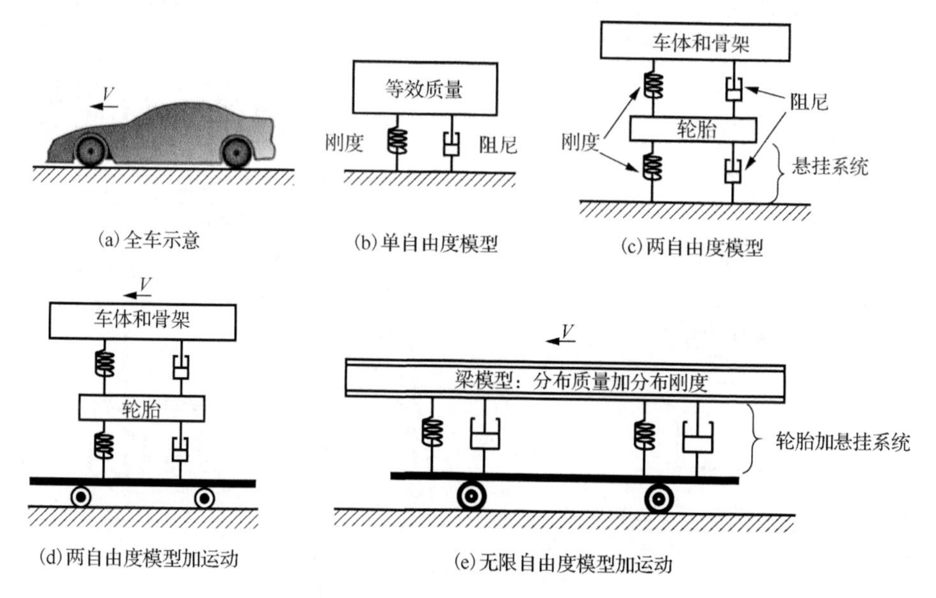


图 2.1.11　汽车及其简化模型

轴类部件主要由阶梯轴、传动件、紧固件和轴承组成。将主轴按轴径的变化和装在轴上零件的不同分成若干段，每段轴的质量以集中质量代替，并按重心不变的原则分配到该轴段的两端。两端的集中质量以只有弹性而无质量的弹性梁连接，弹性梁的抗弯刚度 $EI$ 与实际轴段等效，轴承的弹性和阻尼由等效弹簧和阻尼器代替。这样，轴类部件就被简化为支承在各组弹簧和阻尼器上的具有一系列集中质量和无质量弹性梁组成的动力学模型。图 2.1.12(a)为某型号普通车床的主轴部件，图 2.1.12(b)是计算该主轴部件横向振动的集中参数模型，该模型将主轴部件简化为 20 个集中参数元件：9 个集中质量、8 个弹性梁和 3 个支承元件。如何划分轴段，既取决于轴类部件的结构特点，也与计算的精度要求有关。划分越细，计算精度越高，但计算工作量越大。

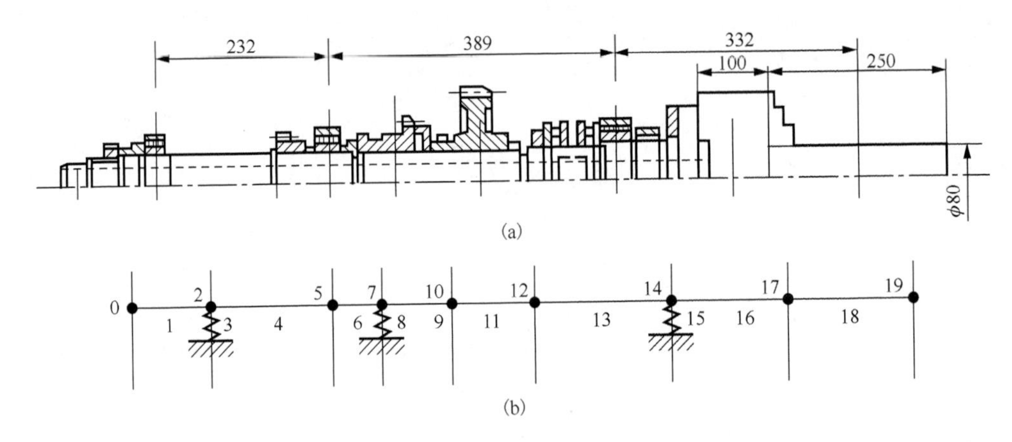


图 2.1.12 普通车床主轴部件及其动力学模型(单位：mm)

除了用集中参数和分布参数简化机械系统外，普遍采用有限元方法简化结构，建立动力学模型。在有限元法中，采用各种单元来等效结构。对于同一结构，采用不同的有限单元可形成不同的动力学模型。

图 2.1.13 是卧式铣床结构及其有限元模型，采用梁单元、杆单元和板单元对铣床各部分结构进行简化，拆开后的模型如图 2.1.13(b)所示。

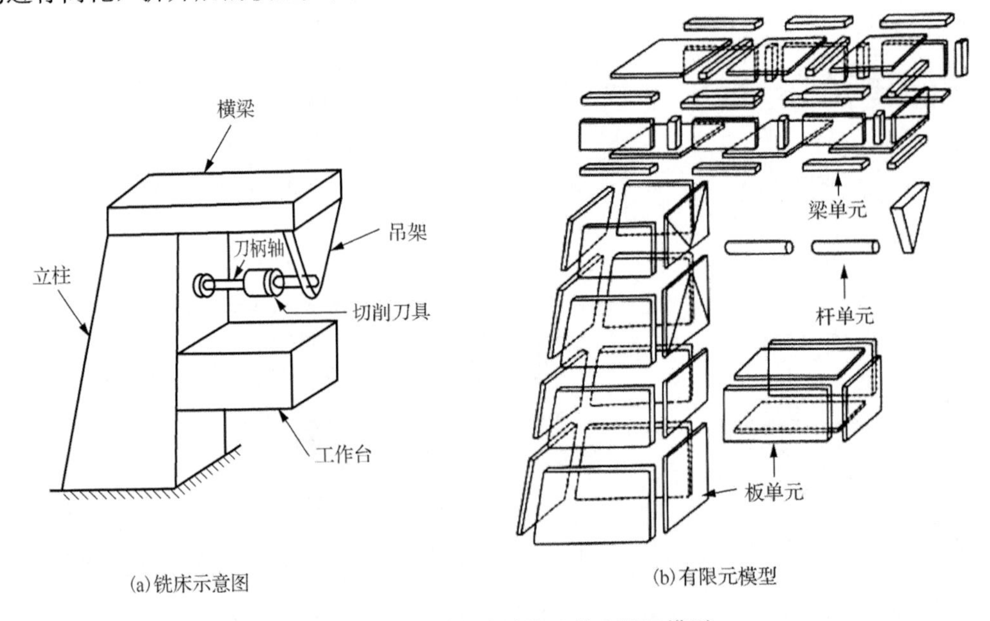


图 2.1.13 卧式铣床结构及其有限元模型

有了结构的力学模型，就可以根据受力平衡关系和力学原理建立机械结构的动力学方程。

## 2.2 动力学参数的等效

将实际机械结构的运动抽象为一个动力学系统，需要根据理论计算或实验测量确定相应的动力学参数，许多参数在动力学系统中是相互关联的。根据分析要求，可基于动力学基本原理进行参数的等效。

### 2.2.1　弹簧的串联与并联

如果系统内有多个弹性元件，由于连接方式不同，可构成弹性元件的并联、串联或其他组合方式。为简化振动分析，可用其总刚度(又称等效刚度)表示其弹性特征。

根据图 2.2.1，当刚度系数为 $k_1$ 和 $k_2$ 的两个弹簧并联时，在外力 $f$ 的作用下，两个弹簧的变形均为 $\delta = u_1 - u_2$，但各自受的力分别为

$$f_1 = k_1\delta \quad , \quad f_2 = k_2\delta \tag{2.2.1}$$

根据如下合力关系：

$$f = f_1 + f_2 = (k_1 + k_2)\delta \tag{2.2.2}$$

可得到并联弹簧的总刚度系数为

$$k = \frac{f}{\delta} = k_1 + k_2 \tag{2.2.3}$$

对于图 2.2.2 中相互串联的两个弹簧，其变形分别为

$$\delta_1 = u_1 - u_2 = \frac{f}{k_1} \quad , \quad \delta_2 = u_2 - u_3 = \frac{f}{k_2} \tag{2.2.4}$$

总变形为

$$\delta = \delta_1 + \delta_2 = f\left(\frac{1}{k_1} + \frac{1}{k_2}\right) \tag{2.2.5}$$

两串联弹簧的总刚度系数 $k$ 满足如下条件：

$$\frac{1}{k} = \frac{\delta}{f} = \frac{1}{k_1} + \frac{1}{k_2} \quad , \quad k = \frac{k_1 k_2}{k_1 + k_2} \tag{2.2.6}$$

由此可见，弹性元件并联将提高总刚度，串联将降低总刚度，这与电学中电阻的并联、串联结论是相反的。

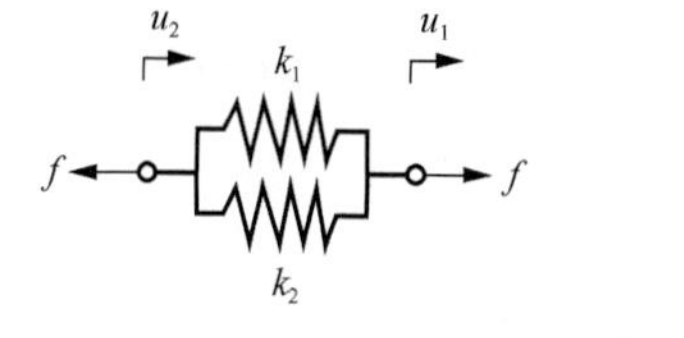


图 2.2.1　两个弹簧并联

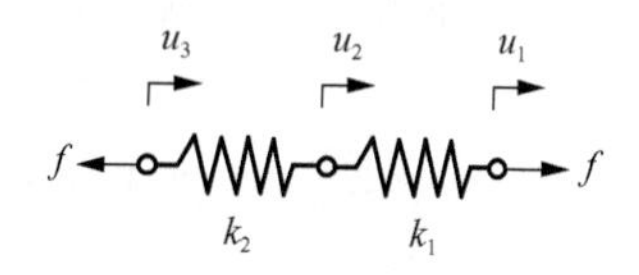


图 2.2.2　两个弹簧串联

**【例 2.1】** 如图 2.2.3(a)所示，长度为 $l$、一端铰支的杆与两个弹簧刚度系数分别为 $k_1$ 和 $k_2$ 的弹簧相连，在另一端受到一个力 $F$ 的作用。假设杆只发生微小的角位移$\theta$，求系统与所施加的力 $F$ 和其所引起的位移 $x$ 相关的等效弹簧刚度系数。

**解**：对于刚性杆的微小角位移$\theta$，两个弹簧的连接点 $A$、$B$ 和力的作用点 $C$ 发生的线性或水平位移分别为 $l_1\sin\theta$、$l_2\sin\theta$和 $l\sin\theta$。因为$\theta$足够小，$A$、$B$、$C$ 三点的水平位移可以分别近似为 $x_1 = l_1\theta$、$x_2 = l_2\theta$和 $x = l\theta$。两个弹簧的反作用力如图 2.2.3(b)所示。与力 $F$ 的作用点相关的系统等效弹簧刚度系数可以根据关于铰支点 $O$ 的力矩平衡方程来确定：

$$k_1 x_1 l_1 + k_2 x_2 l_2 = Fl$$

或

$$F = k_1 \frac{x_1 l_1}{l} + k_2 \frac{x_2 l_2}{l} \tag{E2.1.1}$$

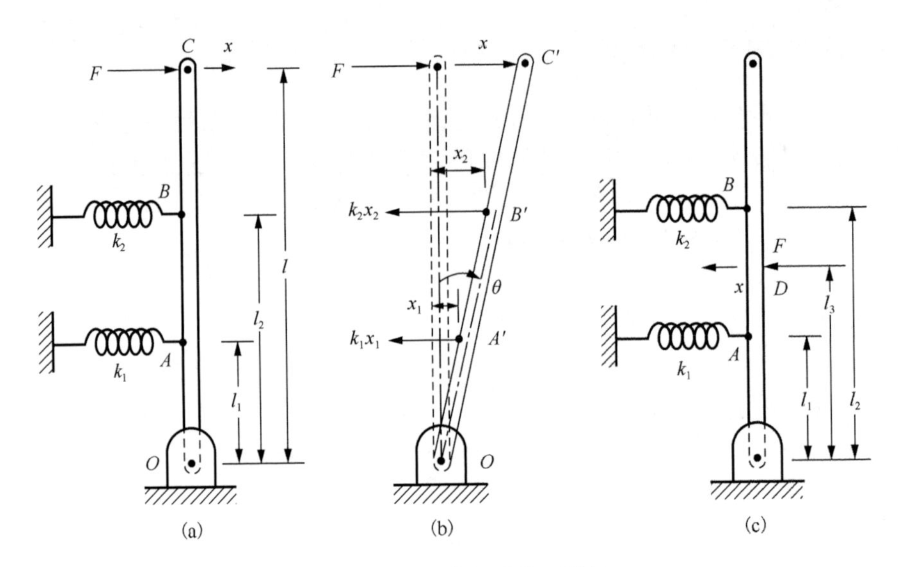


图 2.2.3　与弹簧相连的刚性杆

将 $F$ 表示成 $k_{eq}x$ 的形式，式(E2.1.1)可以写成如下形式：

$$F = k_{eq}x = k_1\frac{x_1 l_1}{l} + k_2\frac{x_2 l_2}{l} \tag{E2.1.2}$$

利用 $x_1 = l_1\theta$、$x_2 = l_2\theta$和 $x = l\theta$，由式(E2.1.2)得到如下所期望的结果：

$$k_{eq} = k_1\left(\frac{l_1}{l}\right)^2 + k_2\left(\frac{l_2}{l}\right)^2 \tag{E2.1.3}$$

如果力是施加于另一点$D$，如图2.2.3(c)所示，可以确定此时的系统等效弹簧刚度系数为

$$k_{eq} = k_1\left(\frac{l_1}{l_3}\right)^2 + k_2\left(\frac{l_2}{l_3}\right)^2 \tag{E2.1.4}$$

系统的等效弹簧刚度系数也可以根据下列关系即能量原理来确定，即

力所做的功=弹簧 $k_1$ 和 $k_2$ 的变形能　　(E2.1.5)

对图 2.2.3(a)所示的系统，由式(E2.1.5)可得

$$\frac{1}{2}Fx = \frac{1}{2}k_1x_1^2 + \frac{1}{2}k_2x_2^2 \tag{E2.1.6}$$

利用这个关系，也可以很容易地得到如式(E2.1.3)所示的系统等效弹簧刚度系数的表达式。

例 2.1 中，尽管与刚性杆相连的两个弹簧也是平行的，但却不能应用串并联关系来确定系统等效弹簧刚度系数，因为这两个弹簧的位移是不相同的。

## 2.2.2　阻尼器的串联与并联

在某些动力学系统中，会用到多个阻尼器。在这种情况下，全部阻尼器可以用一个等效阻尼器代替。当阻尼器以某种组合形式出现时，可像确定多个弹簧的等效弹簧刚度系数那样，确定等效阻尼器的阻尼系数。例如，当两个阻尼系数分别为 $c_1$ 和 $c_2$ 的平动阻尼器以组合形式出现时，等效阻尼系数可按如下式子确定。

并联阻尼器：

$$c_{eq} = c_1 + c_2 \tag{2.2.7}$$

串联阻尼器：

$$\frac{1}{c_{eq}}=\frac{1}{c_1}+\frac{1}{c_2} \tag{2.2.8}$$

**【例 2.2】** 如图 2.2.4(a)所示，一个精密铣床由 4 个防振支架支承，每个支架的弹性和阻尼可以分别用一个弹簧和一个黏性阻尼器模拟，如图 2.2.4(b)所示。求解用防振支架的弹簧刚度系数 $k_i$ 和阻尼系数 $c_i$ 表示的机床支承系统的等效弹簧刚度系数 $k_{eq}$ 和等效阻尼系数 $c_{eq}$。

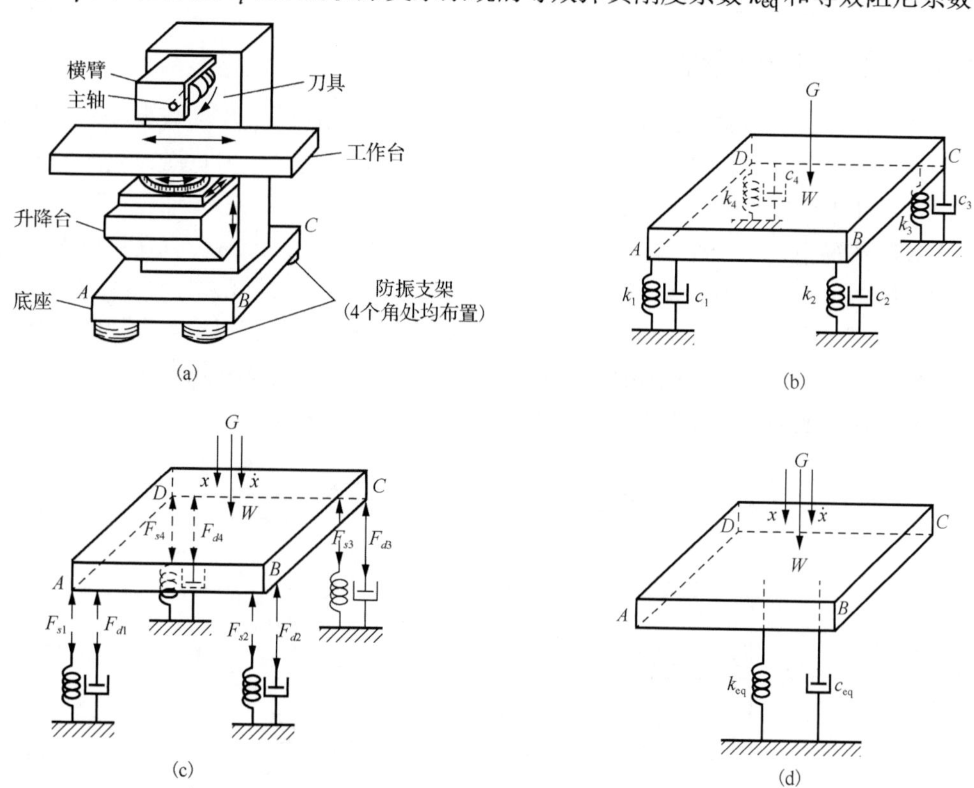


图 2.2.4　卧式铣床及其等效模型

4 个弹簧和 4 个阻尼器的受力图如图 2.2.4(c)所示，假设质心 $G$ 在 4 个弹簧和 1 个阻尼器的对称中心处。注意到所有的弹簧有相同的位移 $x$，所有的阻尼器有相同的相对速度 $\dot{x}$，其中 $x$ 和 $\dot{x}$ 分别表示质心 $G$ 的位移和速度。作用在弹簧上的力 $F_{si}$ 和作用在阻尼器上的力 $F_{di}$ 可以表示为

$$\begin{cases}F_{si}=k_i x\\ F_{di}=c_i\dot{x}\end{cases}\quad (i=1,2,\cdots,4) \tag{E2.2.1}$$

令作用在弹簧和阻尼器上所有力的合力分别为 $F_s$ 和 $F_d$，如图 2.2.4(d)所示，有

$$\begin{cases}F_s=F_{s1}+F_{s2}+F_{s3}+F_{s4}\\ F_d=F_{d1}+F_{d2}+F_{d3}+F_{d4}\end{cases} \tag{E2.2.2}$$

式中，$F_s+F_d=W$，$W$ 表示作用在铣床上的总的竖直力(包括惯性力)。

由图 2.2.4(d)可得

$$\begin{cases}F_s=k_{eq}x\\ F_d=c_{eq}\dot{x}\end{cases} \tag{E2.2.3}$$

将式(E2.2.1)和式(E2.2.3)代入式(E2.2.2)，并注意 $k_i = k$，$c_i = c\,(i=1，2，3，4)$，则有

$$\begin{cases} k_{eq} = k_1 + k_2 + k_3 + k_4 = 4k \\ c_{eq} = c_1 + c_2 + c_3 + c_4 = 4c \end{cases} \tag{E2.2.4}$$

注意：如果质心 $G$ 不是在 4 个弹簧和 4 个阻尼器的对称中心处，那么第 $i$ 个弹簧产生一个 $x_i$ 的位移，第 $i$ 个阻尼器产生一个 $\dot{x}_i$ 的速度，其中 $x_i$ 和 $\dot{x}_i$ 是与铣床质心有关系的量。这样，式(E2.2.1)和式(E2.2.4)就需要做适当的修改。

## 2.2.3　质量或惯性元件

质量或惯性元件按刚体考虑，当其速度改变时会导致动能的增加或减少。根据牛顿第二定律，刚体的质量与加速度的乘积等于作用在其上的外力，功等于力与沿力方向的位移的乘积，力对物体所做的功使物体具有动能。

在大多数情况下，对一个实际的振动系统建立力学模型时，经常会有几种可能的选择，通常是由分析的目的决定哪一个模型是最适合的。一旦确定了力学模型，系统的质量或惯性元件就容易识别了。考虑一个多层建筑承受地震波的例子，与楼板相比，框架的质量可以忽略不计，整个建筑物可以简化成如图 2.2.5 所示的多自由度系统，每一层楼板的质量用不同的质量元件来表示，竖直方向结构件的弹性用不同的弹簧元件来表示。

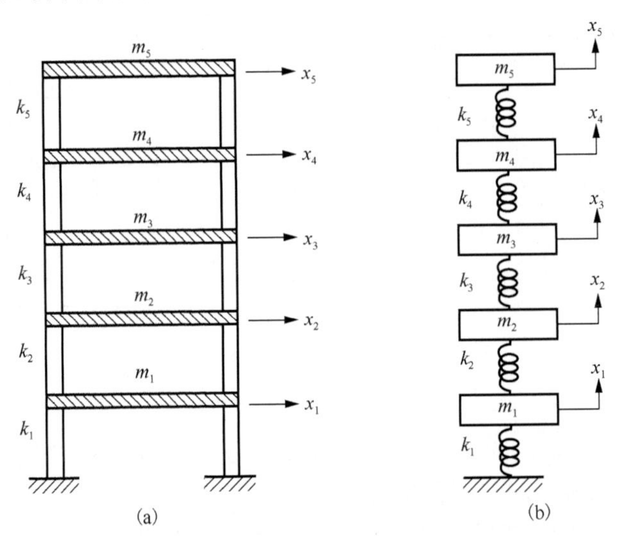


图 2.2.5　多层建筑简化为一个多自由度系统

在许多实际问题中，经常会遇到几个质量块同时出现的情况。对于简单的分析，可以用下述方法把它们用一个等效质量来代替。

**1．几个运动属性相同的质量块由一个转动的刚性杆连在一起**

如图 2.2.6(a)所示，此杆可以绕端部的销轴转动。可任意假设等效质量在杆中的位置，作为一种特例，假设等效质量在 $m_1$ 处。对于杆只有较小角位移的情形，$m_2$ 和 $m_3$ 的速度可以用 $m_1$ 的速度表示，即

$$\dot{x}_2 = \frac{l_2}{l_1}\dot{x}_1 \quad , \quad \dot{x}_3 = \frac{l_3}{l_1}\dot{x}_1 \tag{2.2.9}$$

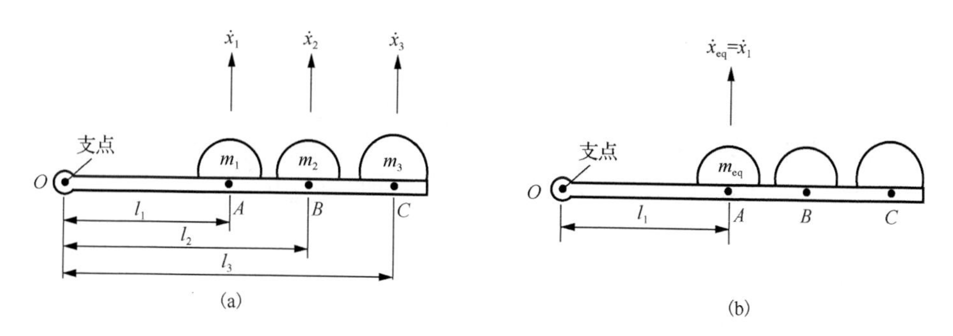


图 2.2.6　几个质量块由一个转动的刚性杆连在一起

另外，有

$$\dot{x}_{eq} = \dot{x}_1 \tag{2.2.10}$$

令这 3 个质量块的动能等于等效质量的动能，即

$$\frac{1}{2}m_1\dot{x}_1^2 + \frac{1}{2}m_2\dot{x}_2^2 + \frac{1}{2}m_3\dot{x}_3^2 = \frac{1}{2}m_{eq}\dot{x}_{eq}^2 \tag{2.2.11}$$

利用式(2.2.9)和式(2.2.10)，由式(2.2.11)得

$$m_{eq} = m_1 + m_2\left(\frac{l_2}{l_1}\right)^2 + m_3\left(\frac{l_3}{l_1}\right)^2 \tag{2.2.12}$$

**2．平动质量和转动质量耦合在一起**

如图 2.2.7 所示，设齿条的质量为 $m$，平动速度为 $\dot{x}$，齿轮的转动惯量为 $J_0$，角速度为 $\dot{\theta}$。这两个质量块既可以用一个等效的平动质量来代替，也可以用一个等效的转动质量来代替。

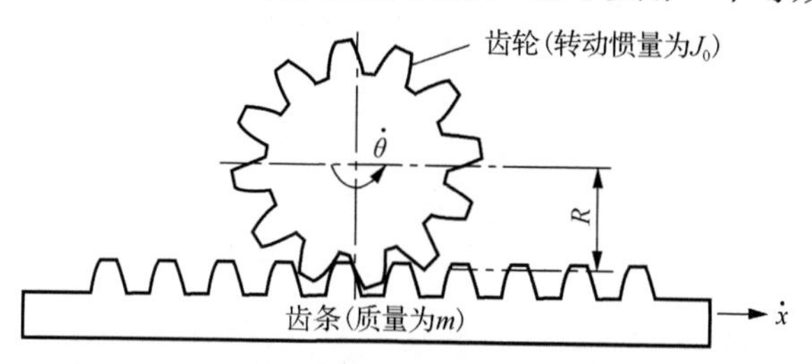


图 2.2.7　齿轮齿条系统中的平动质量和转动质量

1)等效平动质量

整个系统的动能，也就是齿条和齿轮的动能为

$$T = \frac{1}{2}m\dot{x}^2 + \frac{1}{2}J_0\dot{\theta}^2 \tag{2.2.13}$$

等效平动质量的动能表达式为

$$T_{eq} = \frac{1}{2}m_{eq}\dot{x}_{eq}^2 \tag{2.2.14}$$

由于 $\dot{x}_{eq} = \dot{x}$，$\dot{\theta} = \dot{x}/R$，根据系统的动能与等效平动质量的动能相等，可得

$$\frac{1}{2}m_{eq}\dot{x}^2 = \frac{1}{2}m\dot{x}^2 + \frac{1}{2}J_0\left(\frac{\dot{x}}{R}\right)^2$$

故有

$$m_{eq} = m + \frac{J_0}{R^2} \tag{2.2.15}$$

2）等效转动质量

注意 $\dot{\theta}_{eq} = \dot{\theta}$，$\dot{x} = \dot{\theta}R$，根据系统的动能与等效质量的动能相等，得

$$\frac{1}{2}J_{eq}\dot{\theta}^2 = \frac{1}{2}m\left(\dot{\theta}R\right)^2 + \frac{1}{2}J_0\dot{\theta}^2$$

故有

$$J_{eq} = J_0 + mR^2 \tag{2.2.16}$$

## 2.3　动力学普遍方程和拉格朗日方程

建立系统动力学方程的常用方法有牛顿运动定律、动量矩定理、动能定理、能量守恒定律、虚功原理、达朗贝尔原理等，这里将介绍动力学普遍方程。

研究由 $N$ 个质点组成的系统，它受有任意的双面理想约束。根据达朗贝尔原理，由直接加在第 $i$ 个质点上的主动力 $\boldsymbol{F}_i$、约束力 $\boldsymbol{F}_i$ 以及假想的惯性力 $-m_i\boldsymbol{a}_i$ 所组成的力系，在每一瞬时，也就是系统运动的每一个位置上，均满足如下平衡条件：

$$\boldsymbol{F}_i + \boldsymbol{F}_{Ni} - m_i\boldsymbol{a}_i = 0 \quad (i = 1, 2, \cdots, N) \tag{2.3.1}$$

当系统受到双面理想约束时，可以利用虚功原理研究平衡问题。给质点系一组虚位移 $\delta\boldsymbol{r}_i$，有

$$\sum_{i=1}^{N}\left(\boldsymbol{F}_i + \boldsymbol{F}_{Ni} - m_i\boldsymbol{a}_i\right)\cdot\delta\boldsymbol{r}_i = 0 \tag{2.3.2}$$

利用理想约束条件：

$$\sum_{i=1}^{N}\boldsymbol{F}_{Ni}\cdot\delta\boldsymbol{r}_i = 0 \tag{2.3.3}$$

将其代入式(2.3.2)，得

$$\sum_{i=1}^{N}\left(\boldsymbol{F}_i - m_i\boldsymbol{a}_i\right)\delta\boldsymbol{r}_i = 0 \tag{2.3.4}$$

或写为

$$\sum_{i=1}^{N}\left(\boldsymbol{F}_i - m_i\ddot{\boldsymbol{r}}_i\right)\delta\boldsymbol{r}_i = 0 \tag{2.3.5}$$

或写成直角坐标形式：

$$\sum_{i=1}^{N}\left[\left(F_{ix} - m_i\ddot{x}_i\right)\delta x_i + \left(F_{iy} - m_i\ddot{y}_i\right)\delta y_i + \left(F_{iz} - m_i\ddot{z}_i\right)\delta z_i\right] = 0 \tag{2.3.6}$$

式(2.3.4)、式(2.3.5)和式(2.3.6)称为动力学普遍方程，也称为达朗贝尔-拉格朗日原理。这个原理表述为：对具有双面理想约束的质点系，在运动的每一瞬时，作用于质点系上的主动力和惯性力，在质点系该瞬时所在位置的任何虚位移上所做元功之和等于零。

动力学普遍方程是分析力学的基础，由此可以导出任何双面理想约束系统的动力学方程，且无论约束是否完整，也无论约束是否定常。

对具有双面定常完整约束的力学系统，其实位移是虚位移中的一个，在此情形下，式(2.3.5)

可表示为

$$\sum_{i=1}^{N}(\boldsymbol{F}_i - m_i\boldsymbol{a}_i)\mathrm{d}\boldsymbol{r}_i = 0 \tag{2.3.7}$$

进而表示为

$$\mathrm{d}'W - \mathrm{d}T = 0 \tag{2.3.8}$$

式中，

$$\mathrm{d}'W = \sum_{i=1}^{N}\boldsymbol{F}_i\mathrm{d}\boldsymbol{r}_i \tag{2.3.9}$$

$W$ 为主动力在实位移上的元功之和，而动能 $T$ 为

$$T = \frac{1}{2}\sum_{i=1}^{N}m_i\dot{\boldsymbol{r}}_i\dot{\boldsymbol{r}}_i \tag{2.3.10}$$

式(2.3.8)给出的是双面理想定常完整系统的动能定理的微分形式，这样就由动力学普遍方程导出了动能定理。注意到，由动力学普遍方程可以导出动能定理，但是，反过来则不行。

## 2.3.1 动力学普遍方程的广义坐标表达

现将动力学普遍方程(2.3.5)表示为广义坐标形式：

$$\boldsymbol{r}_i = \boldsymbol{r}_i(q_s, t) \quad (i = 1, 2, \cdots, N;\ s = 1, 2, \cdots, n)$$

对时间求导数，得

$$\dot{\boldsymbol{r}}_i = \sum_{s=1}^{n}\frac{\partial \boldsymbol{r}_i}{\partial q_s} + \frac{\partial \boldsymbol{r}_i}{\partial t} \tag{2.3.11}$$

而虚位移$\delta\boldsymbol{r}_i$有如下形式：

$$\delta\boldsymbol{r}_i = \sum_{s=1}^{n}\frac{\partial \boldsymbol{r}_i}{\partial q_s}\delta q_s \tag{2.3.12}$$

将式(2.3.12)代入式(2.3.5)，得到

$$\sum_{i=1}^{N}\sum_{s=1}^{n}(\boldsymbol{F}_i - m_i\ddot{\boldsymbol{r}}_i)\frac{\partial \boldsymbol{r}_i}{\partial q_s}\delta q_s = 0 \tag{2.3.13}$$

可以证明如下两个经典拉格朗日关系式：

$$\frac{\partial \boldsymbol{r}_i}{\partial q_s} = \frac{\partial \dot{\boldsymbol{r}}_i}{\partial \dot{q}_s}, \qquad \frac{\mathrm{d}}{\mathrm{d}t}\frac{\partial \boldsymbol{r}_i}{\partial q_s} = \frac{\partial \dot{\boldsymbol{r}}_i}{\partial q_s} \tag{2.3.14}$$

这样，可变换式(2.3.13)中$\delta q_s$前的第二项，有

$$\begin{aligned}\sum_{i=1}^{N}m_i\ddot{\boldsymbol{r}}_i\frac{\partial \boldsymbol{r}_i}{\partial q_s} &= \frac{\mathrm{d}}{\mathrm{d}t}\left(\sum_{i=1}^{N}m_i\dot{\boldsymbol{r}}_i\frac{\partial \boldsymbol{r}_i}{\partial q_s}\right) - \sum_{i=1}^{N}m_i\dot{\boldsymbol{r}}_i\frac{\mathrm{d}}{\mathrm{d}t}\frac{\partial \boldsymbol{r}_i}{\partial q_s}\\ &= \frac{\mathrm{d}}{\mathrm{d}t}\left(\sum_{i=1}^{N}m_i\dot{\boldsymbol{r}}_i\frac{\partial \dot{\boldsymbol{r}}_i}{\partial \dot{q}_s}\right) - \sum_{i=1}^{N}m_i\dot{\boldsymbol{r}}_i\frac{\partial \dot{\boldsymbol{r}}_i}{\partial q_s}\\ &= \frac{\mathrm{d}}{\mathrm{d}t}\frac{\partial T}{\partial \dot{q}_s} - \frac{\partial T}{\partial q_s}\end{aligned} \tag{2.3.15}$$

式中，$T = \frac{1}{2}\sum_{i=1}^{N}m_i\dot{\boldsymbol{r}}_i\dot{\boldsymbol{r}}_i$，为系统的动能。

式(2.3.13)中，$\delta q_s$前的第一项实际上就是广义力，为

$$Q_s = \sum_{i=1}^{N} \boldsymbol{F}_i \frac{\partial \boldsymbol{r}_i}{\partial q_s} \tag{2.3.16}$$

将式(2.3.15)和式(2.3.16)代入式(2.3.13)，得

$$\sum_{s=1}^{n}\left(Q_s - \frac{\mathrm{d}}{\mathrm{d}t}\frac{\partial T}{\partial \dot{q}_s} + \frac{\partial T}{\partial q_s}\right)\delta q_s = 0 \tag{2.3.17}$$

这就是动力学普遍方程的广义坐标表达式。

若引进动能对时间的导数$\dot{T}$，则动力学普遍方程可表示为

$$\sum_{s=1}^{n}\left(Q_s - \frac{\partial \dot{T}}{\partial \dot{q}_s} + 2\frac{\partial T}{\partial q_s}\right)\delta q_s = 0 \tag{2.3.18}$$

若引进加速度能：

$$S = \frac{1}{2}\sum_{i=1}^{N} m_i \ddot{\boldsymbol{r}}_i \cdot \ddot{\boldsymbol{r}}_i \tag{2.3.19}$$

则动力学普遍方程可表示为

$$\sum_{s=1}^{n}\left(Q_s - \frac{\partial S}{\partial \ddot{q}_s}\right)\delta q_s = 0 \tag{2.3.20}$$

### 2.3.2　第二类拉格朗日方程

如果质点系所受的约束是双面理想、完整的，则动力学普遍方程(2.3.17)中的$\delta q_s$是彼此独立的、任意的，那么每个$\delta q_s$前的系数就都必须为零，于是有

$$\frac{\mathrm{d}}{\mathrm{d}t}\frac{\partial T}{\partial \dot{q}_s} - \frac{\partial T}{\partial q_s} = Q_s \quad (s = 1, 2, \cdots, n) \tag{2.3.21}$$

式(2.3.21)称为第二类拉格朗日方程，或简称为拉格朗日方程。拉格朗日方程适合具有双面理想完整约束的力学系统，无论是否定常，也无论主动力是否有势。拉格朗日方程实质上是建立以广义坐标表示运动的动力学方程的法则。

### 2.3.3　有势力情形下的拉格朗日方程

如果主动力有势，即存在势能$V = V(x_i, y_i, z_i)$使得

$$F_{ix} = -\frac{\partial V}{\partial x_i}, \quad F_{iy} = -\frac{\partial V}{\partial y_i}, \quad F_{iy} = -\frac{\partial V}{\partial z_i} \tag{2.3.22}$$

这时广义力为

$$Q_s = \sum_{i=1}^{N} \boldsymbol{F}_i \cdot \frac{\partial \boldsymbol{r}_i}{\partial q_s} = -\sum_{i=1}^{N}\left(\frac{\partial V}{\partial x_i}\frac{\partial x_i}{\partial q_s} + \frac{\partial V}{\partial y_i}\frac{\partial y_i}{\partial q_s} + \frac{\partial V}{\partial z_i}\frac{\partial z_i}{\partial q_s}\right)$$

令

$$\tilde{V}(q_s) = V\left[x_i(q_k), y_i(q_k), z_i(q_k)\right] \quad (s、k = 1, 2, \cdots, n)$$

$\tilde{V}$为用广义坐标表示的势能，则有

$$\frac{\partial \tilde{V}}{\partial q_s} = \sum_{i=1}^{N}\left(\frac{\partial V}{\partial x_i}\frac{\partial x_i}{\partial q_s} + \frac{\partial V}{\partial y_i}\frac{\partial y_i}{\partial q_s} + \frac{\partial V}{\partial z_i}\frac{\partial z_i}{\partial q_s}\right)$$

于是有

$$Q_s = -\frac{\partial \tilde{V}}{\partial q_s} \tag{2.3.23}$$

将式(2.3.23)代入拉格朗日方程(2.3.21)，得到

$$\frac{\mathrm{d}}{\mathrm{d}t}\frac{\partial L}{\partial \dot{q}_s} - \frac{\partial L}{\partial q_s} = 0 \quad (s = 1, 2, \cdots, n) \tag{2.3.24}$$

式中，

$$L = T - \tilde{V} \tag{2.3.25}$$

式(2.3.25)称为拉格朗日函数，或称为动势。因此，对于有势力情形，用一个函数 $L$ 就可以描述这类系统的运动。

用拉格朗日方程(2.3.21)或式(2.3.24)可以建立双面理想完整系统在广义坐标中的动力学方程。列写拉格朗日方程的关键是要正确地计算系统的动能和广义力，在有势力情形下计算势能。

应用拉格朗日方程解决具体问题时，大致应遵循下列步骤。

(1)明确系统，确定所考虑的系统究竟包括哪些物体，然后确定自由度，再选一组适当的广义坐标。必须注意，坐标选择正确可使问题处理起来比较方便。

(2)将动能表示为广义坐标形式 $T=T\left(q_s, \dot{q}_s, t\right)$。

(3)计算广义力 $Q_s$。

(4)将 $Q_s$、$T$ 代入拉格朗日方程，得到 $n$ 个二阶常微分方程，再由 $2n$ 个初始条件解出运动 $q_s = q_s(t)$，其中 $s = 1, 2, \cdots, n$。

## 2.3.4　拉格朗日方程的积分

在有势力情形下，拉格朗日方程有两类重要的第一积分——循环积分和能量积分。

**1．运动方程的第一积分**

由拉格朗日方程(2.3.21)或式(2.3.24)，可以解出所有广义加速度，记为

$$\ddot{q}_s = f_s\left(q_k, \dot{q}_k, t\right) \quad (s, k = 1, 2, \cdots, n) \tag{2.3.26}$$

这在

$$\det\left(\frac{\partial^2 T}{\partial \dot{q}_s \partial \dot{q}_k}\right) \neq 0 \tag{2.3.27}$$

或

$$\det\left(\frac{\partial^2 L}{\partial \dot{q}_s \partial \dot{q}_k}\right) \neq 0 \tag{2.3.28}$$

条件下是可以做到的。称函数 $f_s\left(q_s, \dot{q}_s, t\right)=C$ 为二阶微分方程(2.3.26)的第一积分，如果它对时间的全导数等于零，即

$$\frac{\mathrm{d}f}{\mathrm{d}t} = \frac{\partial f}{\partial t} + \sum_{s=1}^{n}\left(\frac{\partial f}{\partial q_s}\dot{q}_s + \frac{\partial f}{\partial \dot{q}_s}q_s\right) = 0 \tag{2.3.29}$$

那么，研究运动方程的第一积分有重要意义，如果能够求得方程(2.3.26)的 $2n$ 个独立的第一积分：

$$f_v(q_s, \dot{q}_s, t)=C_v \quad (v=1,2,\cdots,2n)$$

那么由此可将 $q_s$、$\dot{q}_s$ 表示为时间 $t$ 和 $2n$ 个任意常数 $C_v$ 的函数，从而得到微分方程的通解为

$$q_s=\varphi_s(t, C_v) \quad , \quad \dot{q}_s=\psi_s(t, C_v)$$

式中，$2n$ 个积分常数 $C_v$ 可由运动的初始条件，即广义坐标的初值 $q_{s0}$ 和广义速度的初值 $\dot{q}_{s0}$ 来确定。

令 $t=0$，$q_s=q_{s0}$，$\dot{q}_s=\dot{q}_{s0}$，则有

$$\varphi_s(0, C_v)=q_{s0} \quad , \quad \psi_s(0, C_v)=\dot{q}_{s0}$$

由此，可找到 $2n$ 个积分常数 $C_v(v=1,2,\cdots,2n)$。

如果能够求得方程(2.3.26)的一部分积分，虽然不能求出最终解，也可对运动性质有所了解。同时，利用找到的积分，可以将方程的阶次降下来。

现将拉格朗日方程(2.3.21)右端的广义力 $Q_s$ 分为有势的 $Q_s'$ 和非有势的 $Q_s''$：

$$Q_s = Q_s' + Q_s'' \quad , \quad Q_s' = -\frac{\partial V}{\partial q_s} \tag{2.3.30}$$

则方程(2.3.21)可表示为

$$\frac{\mathrm{d}}{\mathrm{d}t}\frac{\partial L}{\partial \dot{q}_s} - \frac{\partial L}{\partial q_s} = Q_s'' \quad (s=1,2,\cdots,n) \tag{2.3.31}$$

式中，

$$L=T-V \tag{2.3.32}$$

**2．循环坐标和循环积分**

如果方程(2.3.31)的右端为零，即

$$Q_s''=0$$

则方程有如下形式：

$$\frac{\mathrm{d}}{\mathrm{d}t}\frac{\partial L}{\partial \dot{q}_s} - \frac{\partial L}{\partial q_s} = 0 \quad (s=1,2,\cdots,n) \tag{2.3.33}$$

如果某个坐标，如 $q_1$ 不明显出现于函数 $L$ 中，则称 $q_1$ 为循环坐标或可遗坐标。此时，有

$$\frac{\mathrm{d}}{\mathrm{d}t}\frac{\partial L}{\partial \dot{q}_1} = 0$$

积分得

$$\frac{\partial L}{\partial \dot{q}_1} = C_1 \tag{2.3.34}$$

这个积分称为循环积分，代表广义动量，而广义动量可以是动量，可以是动量矩，也可以没有明显的物理意义，因此循环积分可以代表动量守恒或动量矩守恒等。

**3．能量积分**

将拉格朗日方程(2.3.31)两端乘以 $\dot{q}_s$ 并对 $s$ 求和，得

$$\sum_{s=1}^{n}\left(\frac{\mathrm{d}}{\mathrm{d}t}\frac{\partial L}{\partial \dot{q}_s} - \frac{\partial L}{\partial q_s}\right)\dot{q}_s = \sum_{s=1}^{n} Q_s''\dot{q}_s \tag{2.3.35}$$

将左端进行变换，得

$$\sum_{s=1}^{n}\left(\frac{\mathrm{d}}{\mathrm{d}t}\frac{\partial L}{\partial \dot{q}_s} - \frac{\partial L}{\partial q_s}\right)\dot{q}_s = \frac{\mathrm{d}}{\mathrm{d}t}\left(\sum_{s=1}^{n}\frac{\partial L}{\partial \dot{q}_s}\dot{q}_s\right) - \sum_{s=1}^{n}\frac{\partial L}{\partial \dot{q}_s}\ddot{q}_s - \sum_{s=1}^{n}\frac{\partial L}{\partial q_s}\dot{q}_s = \frac{\mathrm{d}}{\mathrm{d}t}\left(\sum_{s=1}^{n}\frac{\partial L}{\partial \dot{q}_s}\dot{q}_s - L\right) + \frac{\partial L}{\partial t}$$

于是，式(2.3.35)成为

$$\frac{\mathrm{d}}{\mathrm{d}t}\left(\sum_{s=1}^{n}\frac{\partial L}{\partial \dot{q}_s}\dot{q}_s - L\right) = \sum_{s=1}^{n} Q_s''\dot{q}_s - \frac{\partial L}{\partial t} \tag{2.3.36}$$

式(2.3.36)称为能量变化方程。

下面将系统动能 $T$ 用广义坐标和广义速度表示，有

$$\begin{aligned} T &= \frac{1}{2}\sum_{i=1}^{N} m_i \dot{\boldsymbol{r}}_i \cdot \dot{\boldsymbol{r}}_i = \frac{1}{2}\sum_{i=1}^{N} m_i \left(\sum_{s=1}^{n}\frac{\partial \boldsymbol{r}_i}{\partial q_s}\dot{q}_s + \frac{\partial \boldsymbol{r}_i}{\partial t}\right)\cdot\left(\sum_{k=1}^{n}\frac{\partial \boldsymbol{r}_i}{\partial q_k}\dot{q}_k + \frac{\partial \boldsymbol{r}_i}{\partial t}\right) \\ &= \frac{1}{2}\sum_{s=1}^{n}\sum_{k=1}^{n} A_{sk}\dot{q}_s\dot{q}_k + \sum_{s=1}^{n} B_s\dot{q}_s + T_0 \\ &= T_2 + T_1 + T_0 \end{aligned} \tag{2.3.37}$$

式中，

$$\begin{cases} A_{sk} = A_{ks} = \displaystyle\sum_{i=1}^{N} m_i \frac{\partial \boldsymbol{r}_i}{\partial q_s}\cdot\frac{\partial \boldsymbol{r}_i}{\partial q_k} \\ B_s = \displaystyle\sum_{i=1}^{N} m_i \frac{\partial \boldsymbol{r}_i}{\partial q_s}\cdot\frac{\partial \boldsymbol{r}_i}{\partial t} \\ T_0 = \displaystyle\frac{1}{2}\sum_{i=1}^{N} m_i \frac{\partial \boldsymbol{r}_i}{\partial t}\cdot\frac{\partial \boldsymbol{r}_i}{\partial t} \end{cases} \tag{2.3.38}$$

这样，将系统的动能分为 3 部分：广义速度的齐二次式 $T_2$，广义速度的齐一次式 $T_1$，以及不依赖广义速度的 $T_0$ 项。由齐次函数的欧拉定理可得

$$\sum_{s=1}^{n}\frac{\partial T_2}{\partial \dot{q}_s}\dot{q}_s = 2T_2 \quad , \quad \sum_{s=1}^{n}\frac{\partial T_1}{\partial \dot{q}_s}\dot{q}_s = T_1 \tag{2.3.39}$$

将式(2.3.37)和式(2.3.39)代入方程(2.3.36)，得

$$\frac{\mathrm{d}}{\mathrm{d}t}\left(2T_2 + T_1 - T_2 - T_1 - T_0 + V\right) = \sum_{s=1}^{n} Q_s''\dot{q}_s - \frac{\partial L}{\partial t}$$

即

$$\frac{\mathrm{d}}{\mathrm{d}t}\left(T_2 - T_0 + V\right) = \sum_{s=1}^{n} Q_s''\dot{q}_s - \frac{\partial L}{\partial t} \tag{2.3.40}$$

于是可以得到如下结果。

对于双面理想的完整约束系统，若满足如下条件：

$$\sum_{s=1}^{n} Q_s''\dot{q}_s - \frac{\partial L}{\partial t} = 0 \tag{2.3.41}$$

则系统存在如下能量积分：

$$T_2 - T_0 + V = h \tag{2.3.42}$$

特别地，如果满足如下条件：

$$Q_s'' = 0 \quad (s = 1, 2, \cdots, n) \quad , \quad \frac{\partial L}{\partial t} = 0 \tag{2.3.43}$$

则式(2.3.42)称为广义能量积分，或称为雅可比–班勒维积分。进而，如果 $T=T_2$，即动能仅包含广义速度的二次式时，式(2.3.42)成为

$$T + V = h \tag{2.3.44}$$

它代表机械能守恒律。

这样，由拉格朗日函数的形式就有可能找到循环积分和能量积分。可以看出，拉格朗日力学比牛顿力学更为普遍。

### 2.3.5 第一类拉格朗日方程

第二类拉格朗日方程(2.3.21)的优点在于消除了理想约束力。如果需要确定约束力，或者为方便而选择多余坐标时，也必须利用第一类拉格朗日方程。

假设双面理想完整约束系统的位置由 $n$ 个广义坐标 $q_s$ 来确定。选择 $m$ 个多余坐标 $q_{n+\gamma}$，并有 $m$ 个双面理想完整约束：

$$f_\gamma\left(q_s, q_{n+\beta}, t\right)=0 \quad (\gamma、\beta=1,2,\cdots,m;\ s=1,2,\cdots,n) \tag{2.3.45}$$

它们加在虚位移 $\delta q_\mu$ 上的限制为

$$\sum_{\mu=1}^{n+m}\frac{\partial f_\gamma}{\partial q_\mu}\delta q_\mu=0 \quad (\gamma=1,2,\cdots,m) \tag{2.3.46}$$

动力学普遍方程可以写为

$$\sum_{\mu=1}^{n+m}\left(Q_\mu-\frac{\mathrm{d}}{\mathrm{d}t}\frac{\partial T}{\partial \dot{q}_\mu}+\frac{\partial T}{\partial q_\mu}\right)\delta q_\mu=0 \tag{2.3.47}$$

式中，$Q_\mu$ 为多余坐标系统的广义力。将式(2.3.46)乘以待定乘子 $\lambda_\gamma$，并对 $\gamma$ 求和，得

$$\sum_{\gamma=1}^{m}\sum_{\mu=1}^{n+m}\lambda_\gamma\frac{\partial f_\gamma}{\partial q_\mu}\delta q_\mu=0 \tag{2.3.48}$$

应用拉格朗日乘子法，得到如下方程：

$$\frac{\mathrm{d}}{\mathrm{d}t}\frac{\partial T}{\partial \dot{q}_\mu}-\frac{\partial T}{\partial q_\mu}=Q_\mu+\sum_{\gamma=1}^{m}\lambda_\gamma\frac{\partial f_\gamma}{\partial q_\mu} \quad (\mu=1,2,\cdots,n+m) \tag{2.3.49}$$

式(2.3.49)称为第一类拉格朗日方程，或称为多余坐标完整系统的方程。

将方程(2.3.49)与约束方程(2.3.45)联合，便可确定 $q_\mu$ 和 $\lambda_\gamma$。方程(2.3.49)的数目是 $n+m$ 个，约束方程(2.3.45)有 $m$ 个，共有 $n+2m$ 个，与第二类拉格朗日方程相比，数目多出 $2m$ 个。这些方程的优点在于不仅可求出所有坐标，同时还可以求出约束力。实际上，与约束方程(2.3.45)相关的约束力的广义分量为

$$R_\mu=\sum_{\gamma=1}^{m}\lambda_\gamma\frac{\partial f_\gamma}{\partial q_\mu} \tag{2.3.50}$$

在多体系统和机器人动力学中，经常应用第一类拉格朗日方程，即使方程数目多也不会对计算动力学带来较大困难。

## 2.4 离散系统建模

下面通过单自由度系统、两自由度系统和多自由度系统的几个例子，说明采用牛顿运动定律、虚功原理、动力学普遍方程建立系统动力学模型的一般方法和过程。

### 2.4.1 单自由度系统的振动模型

典型的单自由度系统力学模型如图 2.4.1 所示，该系统包含质量块、弹簧和阻尼器三个基

本元件，在质量块上作用有随时间变化的外力。质量块、弹簧和阻尼器分别描述系统的惯性、弹性和耗能机制，任何具有惯性和弹性的系统都可产生振动。质量(块)是运动发生的实体，是研究运动的对象，运动方程是针对质量(块)建立的。这样一个单自由度系统模型是对实际振动系统的高度抽象和概括。用于描述图 2.4.1 中惯性、弹性和耗能机制的三个参数分别是质量 $m$、刚度系数 $k$ 和黏性阻尼系数 $c$。其中，黏性阻尼的特点是阻尼器产生的阻尼力与阻尼器两端的相对速度成正比。实际振动系统的阻尼不一定是黏性的，但可通过等效方法等效为相应的黏性阻尼，采用线性黏性阻尼可使运动方程的建立和求解得到简化。

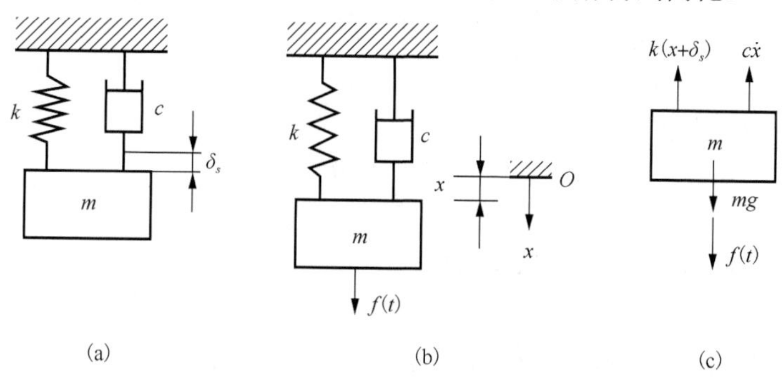


图 2.4.1　单自由度振动系统力学模型

用牛顿第二定律建立系统的振动方程，通常采用下列步骤：① 建立坐标系，通常将坐标系的原点选为相对地面静止一点(绝对坐标系)，画出坐标系的正方向，如图 2.4.1(b)所示；② 将质量块作为分离体进行受力分析，画受力图，画图时，外力的作用方向与坐标正向相同，惯性力、弹性力和阻尼力的作用方向与坐标正向相反，如图 2.4.1(c)所示；③ 根据牛顿第二定律列出方程。

如图 2.4.1(b)所示，取静平衡位置对应的空间中的点为坐标原点 $O$，建立图示坐标系。对质量块进行受力分析，根据牛顿第二定律可得

$$m\ddot{x}(t)=-k\left[x(t)+\delta_s\right]-c\dot{x}(t)+mg+f(t) \tag{2.4.1}$$

根据静力平衡有

$$mg=k\delta_s \tag{2.4.2}$$

将式(2.4.2)代入式(2.4.1)，整理得

$$m\ddot{x}(t)+c\dot{x}(t)+kx(t)=f(t) \tag{2.4.3}$$

这就是单自由度系统振动方程的一般形式，它是一个二阶常系数线性非齐次微分方程，其中 $\ddot{x}(t)$、$\dot{x}(t)$ 和 $x(t)$ 分别代表质量块的运动加速度、速度和位移。若方程的右端项为零，即系统不受外力作用，可得单自由度系统的自由振动方程为

$$m\ddot{x}(t)+c\dot{x}(t)+kx(t)=0 \tag{2.4.4}$$

若系统无阻尼，且不受外力作用，可得无阻尼单自由度系统的自由振动方程为

$$m\ddot{x}(t)+kx(t)=0 \tag{2.4.5}$$

这是单自由度系统最简单的自由振动方程。

图 2.4.1 所示为高度抽象的单自由度系统，在工程实际中这种单自由度系统具有许多不同的等效形式，其差异主要体现在位移的形式上。从数学的角度来看，这些系统的运动方程是相同的，即它们是对等可比拟的。下面举例讨论这样的单自由度系统。

如图 2.4.2 所示的扭振系统，假定盘和轴都为均质体，不考虑轴的质量。设扭矩 $T$ 作用在盘面，此时圆盘产生角位移$\theta$，根据材料力学可得

$$\theta = \frac{Tl}{GI_p} \tag{2.4.6}$$

式中，$G$ 为剪切模量；$I_p$ 为截面极惯性矩。

对圆截面，极惯性矩为

$$I_p = \frac{\pi d^4}{32} \tag{2.4.7}$$

式中，$d$ 为轴的直径。

定义轴的扭转刚度为

$$k_T = \frac{T}{\theta} = \frac{GI_p}{l} \tag{2.4.8}$$

根据扭转力矩的动态平衡可得扭转自由振动方程为

$$J\ddot{\theta}(t) + k_T\theta(t) = 0 \tag{2.4.9}$$

式中，$J\ddot{\theta}$ 为惯性力矩；$k_T\theta$ 为弹性力矩；$J$ 为圆盘极转动惯量。

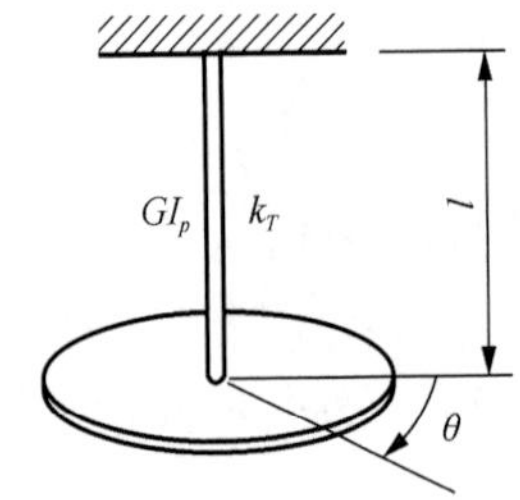

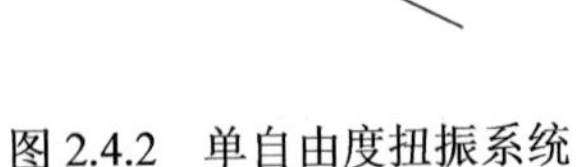

图 2.4.2　单自由度扭振系统

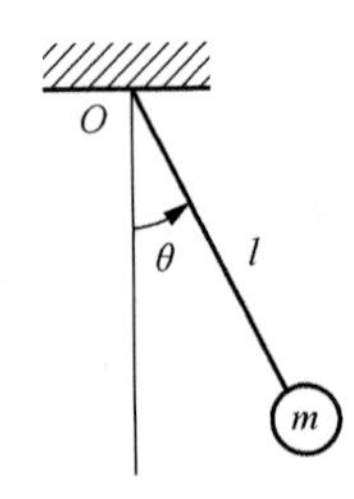


图 2.4.3　单摆的振动

图 2.4.3 所示为一单摆，不计摆线质量，选取角度$\theta$为系统位移。该振动系统具有特殊性，即系统中不存在弹性元件，弹性力由摆锤的重力分量提供，系统运动方程为

$$\ddot{\theta}(t) + \frac{g}{l}\sin\theta(t) = 0 \tag{2.4.10}$$

当振动的幅度很小时，此时 $\sin\theta \approx \theta$，上述方程可化为

$$\ddot{\theta}(t) + \frac{g}{l}\theta(t) = 0 \tag{2.4.11}$$

图 2.4.4 所示为一均匀简支梁简化的单自由度振动模型，假设系统的质量全部集中在梁的中部，且假定为 $m$，取梁的中部挠度$\varDelta$作为系统的位移，根据材料力学，静态扰度为

$$\varDelta = \frac{Pl^3}{48EI} \tag{2.4.12}$$

式中，$EI$ 为梁横截面的抗弯刚度；$I$ 为梁横截面的惯性矩。

定义简支梁等效刚度为

$$k_e = \frac{P}{\varDelta} = \frac{48EI}{l^3} \tag{2.4.13}$$

得到系统的自由振动方程为

$$m\ddot{x}(t) + k_e x(t) = 0 \tag{2.4.14}$$

由式(2.4.9)、式(2.4.11)和式(2.4.14)可知，比拟系统具有相同形式的运动微分方程。

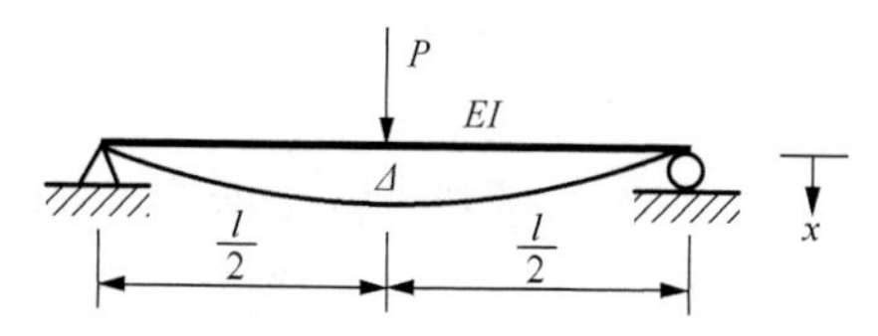


图 2.4.4　简化的均匀简支梁单自由度振动模型

【例 2.3】 图 2.4.5 所示为有阻尼角振动系统，假定系统的振动角很小且杆的质量不计，试建立系统的振动微分方程。求系统的自然频率、临界阻尼系数和阻尼比系数。

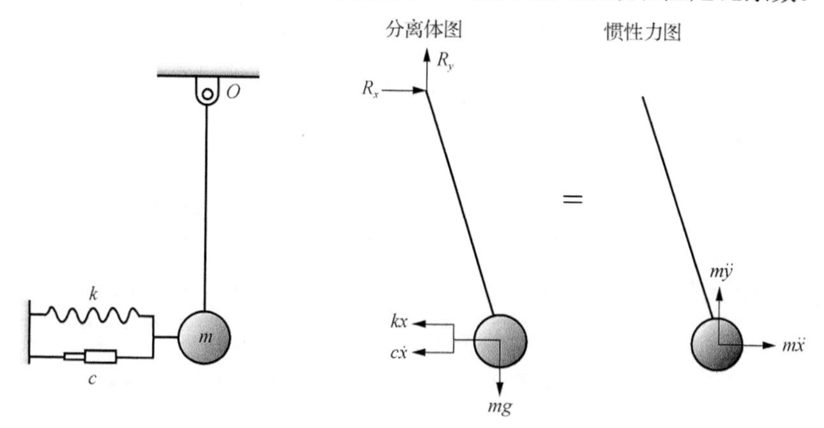


图 2.4.5　有阻尼角振动系统

**解**：绘制系统的分离体图和惯性作用图，其中 $R_x$、$R_y$ 为铰接点的支反力。外部作用力对支点 $O$ 的转矩为

$$M_a = -(kl\sin\theta)l\cos\theta - (cl\dot{\theta}\cos\theta)l\cos\theta - mgl\sin\theta$$

有效惯性力对支点 $O$ 的转矩为

$$M_{\text{eff}} = ml^2\ddot{\theta}$$

系统处于动态平衡中时，有

$$M_a = M_{\text{eff}}$$

或

$$-(kl\sin\theta)l\cos\theta - (cl\dot{\theta}\cos\theta)l\cos\theta - mgl\sin\theta = ml^2\ddot{\theta}$$

系统处于小幅角振动时，有 $\sin\theta \approx \theta$ 和 $\cos\theta \approx 1$，系统的运动微分方程为

$$ml^2\ddot{\theta} + cl^2\dot{\theta} + (kl + mg)l\theta = 0$$

写成一般形式，有

$$m_e\ddot{\theta} + c_e\dot{\theta} + k_e\theta = 0$$

式中，$m_e = ml^2$，单位为 $\text{kg}\cdot\text{m}^2$ 或 $\text{N}\cdot\text{m}\cdot\text{s}^2$；$c_e = cl^2$，单位为 $\text{N}\cdot\text{m}\cdot\text{s}$；$k_e = (kl + mg)l$，单位为 $\text{N}\cdot\text{m}$。

系统的固有频率 $\omega$、临界阻尼系数 $c_c$ 和阻尼比 $\zeta$ 分别为

$$\omega = \sqrt{\frac{k_e}{m_e}} = \sqrt{\frac{(kl + mg)l}{ml^2}} = \sqrt{\frac{kl + mg}{ml}}$$

$$c_c = 2m_e\omega = 2ml^2\sqrt{\frac{kl+mg}{ml}} = 2\sqrt{ml^3\left(kl+mg\right)}$$

$$\zeta = \frac{c_e}{c_c} = \frac{cl^2}{2\sqrt{ml^3\left(kl+mg\right)}}$$

**【例 2.4】** 图 2.4.6 所示为图 2.1.7 人手臂的运动简化模型，试建立系统的运动微分方程。

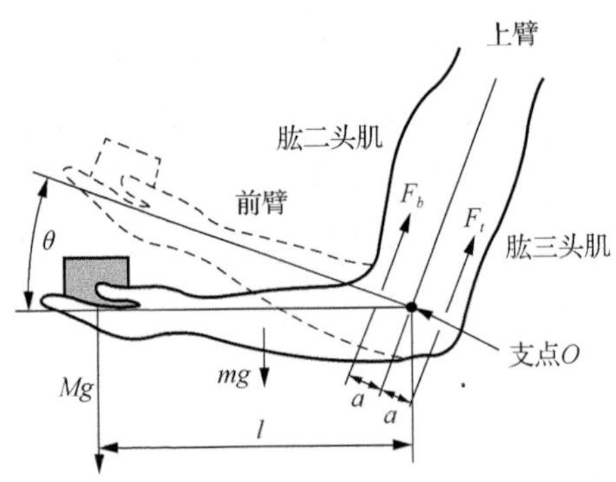


图 2.4.6　人手臂的运动简化模型

**解：** 在图 2.4.6 中，仅考虑手臂在 $X$-$Y$ 平面中绕支点 $O$ 转动，运动用角位移$\theta$描述。手掌及重物的质量为 $M$，前臂长度为 $l$，质量为 $m$。我们用一个简单的模型来描述肌肉的力作用，肱二头肌产生的力为 $F_b = -k_b\theta$，其中 $k_b$ 为常数。肱三头肌产生的力为 $F_t = K_t v$，其中 $K_t$ 是常数，$v$ 为肱三头肌做拉伸运动的速度。假设前臂为均质规则刚性梁，得到非线性运动微分方程。当系统产生小振幅振动时，将非线性微分方程在系统平衡位置进行线性化处理。

当支点 $O$ 固定时，由前臂中心绕支点的力矩平衡方程可以得到系统的运动微分方程。假定支点是固定点，关于支点 $O$ 的力矩平衡方程为

$$\boldsymbol{M}_O - J_0\ddot{\theta} = 0 \tag{E2.4.1}$$

式中，$J_0$ 为前臂、手掌及重物的转动惯量；绕支点 $O$ 作用的力矩 $\boldsymbol{M}_O$ 由重力矩、肱二头肌产生的力矩和肱三头肌产生的力矩组成。

$$\boldsymbol{M}_O = -Mgl\cos\theta - mg\frac{l}{2}\cos\theta + F_b a - F_t a \tag{E2.4.2}$$

由式(E2.4.1)和式(E2.4.2)，得到系统的运动微分方程为

$$-Mgl\cos\theta - mg\frac{l}{2}\cos\theta + F_b a - F_t a - J_0\ddot{\theta} = 0 \tag{E2.4.3}$$

由前面推导可得

$$F_b = -k_b\theta \quad , \quad F_t = K_t v = K_t a\theta \quad , \quad J_0 = \frac{1}{3}ml^2 + Ml^2 \tag{E2.4.4}$$

将式(E2.4.4)代入式(E2.4.3)，整理得到

$$\left(M + \frac{m}{3}\right)l^2\ddot{\theta} + K_t a^2\dot{\theta} + k_b a\theta + \left(M + \frac{m}{2}\right)gl\cos\theta = 0 \tag{E2.4.5}$$

式(E2.4.5)中，惯性项包含了前臂的转动惯量和端部质量引起的转动惯量，阻尼项由肱三头肌产生，刚度项由肱二头肌产生，另外考虑了重力作用，其含有非线性函数 $\cos\theta$。

注意到式(E2.4.5)中的外力矩项是关于时间独立的，使速度项和加速度项为零，找出平衡位置$\theta=\theta_0$，其满足如下超越方程：

$$k_b a\theta_0 + \left(M + \frac{m}{2}\right) gl\cos\theta_0 = 0 \tag{E2.4.6}$$

将系统的角变量$\theta(t)$用平衡位置变量表示为

$$\theta(t) = \theta_0 + \hat{\theta}(t)$$

利用泰勒级数展开，保留一次近似项$\hat{\theta}$，将式(E2.4.5)中的$\cos\theta$线性化，有

$$\cos\theta = \cos\left(\theta_0 + \hat{\theta}\right) \approx \cos\theta_0 - \hat{\theta}\sin\theta_0 + \cdots \tag{E2.4.7}$$

计算$\theta(t)$对时间$t$的微分，得

$$\begin{aligned} \ddot{\theta}(t) &= \frac{\mathrm{d}^2}{\mathrm{d}t^2}\left(\theta_0 + \hat{\theta}\right) = \ddot{\hat{\theta}}(t) \\ \dot{\theta}(t) &= \frac{\mathrm{d}}{\mathrm{d}t}\left(\theta_0 + \hat{\theta}\right) = \dot{\hat{\theta}}(t) \end{aligned} \tag{E2.4.8}$$

将式(E2.4.7)和式(E2.4.8)代入式(E2.4.5)，并考虑式(E2.4.6)，得到前臂在平衡位置附近微幅振动的线性微分方程为

$$\left(M + \frac{m}{3}\right) l^2 \ddot{\hat{\theta}} + K_t a^2 \dot{\hat{\theta}} + k_e \hat{\theta} = 0 \tag{E2.4.9}$$

式中，$k_e = k_b a - \left(M + \frac{m}{2}\right) gl\sin\theta_0$，这里要注意，$k_e$中的第 2 项反映了重力作用对线性化系统的线性刚度的影响。

## 2.4.2　两自由度系统的振动模型

【例 2.5】 弹簧-杠杆系统的简化模型如图 2.4.7 所示，其中绕杆中点的转动惯量为 $I = ml^2/12$。试以弹簧变形$x_1$和$x_2$为广义坐标建立系统的运动微分方程，再以$x$和$\theta$为广义坐标建立系统的运动微分方程。

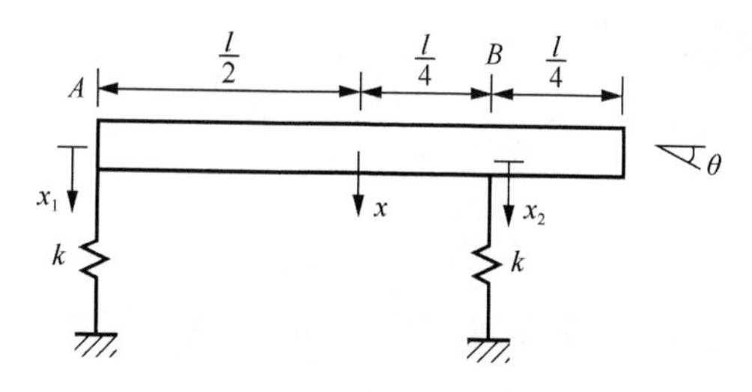


图 2.4.7　弹簧-杠杆系统简化模型

方法一：用牛顿运动定律建立系统运动微分方程。取杆向下运动为正方向，转角以顺时针为正，画出受力状态和几何关系，如图 2.4.8 所示。

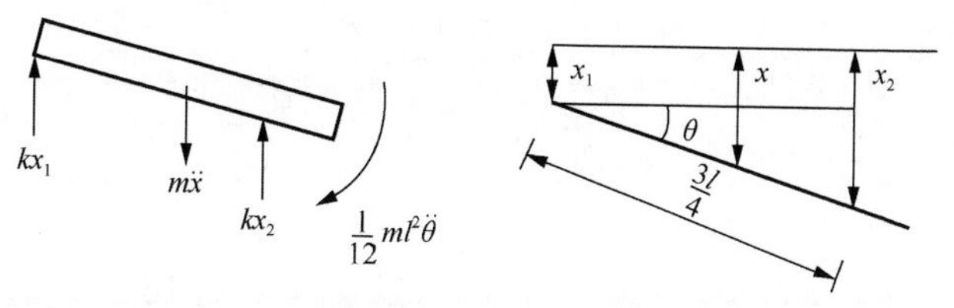


图 2.4.8　受力状态与几何关系

根据平衡状态图，列写力平衡方程和力矩平衡方程，有

$$-kx_1 - kx_2 = m\ddot{x} \tag{E2.5.1}$$

$$kx_1\frac{l}{2} - kx_2\frac{l}{4} = \frac{1}{12}ml^2\ddot{\theta} \tag{E2.5.2}$$

根据几何关系图，有

$$x_1 = x - \frac{l}{2}\theta \quad , \quad x_2 = x + \frac{l}{4}\theta$$

写成矩阵形式为

$$\begin{pmatrix} x_1 \\ x_2 \end{pmatrix} = \begin{pmatrix} 1 & -\dfrac{l}{2} \\ 1 & \dfrac{l}{4} \end{pmatrix}\begin{pmatrix} x \\ \theta \end{pmatrix} \quad \Leftrightarrow \quad \begin{pmatrix} x \\ \theta \end{pmatrix} = \begin{pmatrix} \dfrac{1}{3} & \dfrac{2}{3} \\ -\dfrac{4}{3l} & \dfrac{4}{3l} \end{pmatrix}\begin{pmatrix} x_1 \\ x_2 \end{pmatrix} \tag{E2.5.3}$$

(1) 以弹簧变形 $x_1$ 和 $x_2$ 为广义坐标建立系统的运动微分方程。求式(E2.5.3)中的第二式求二阶导数，代入式(E2.5.1)、式(E2.5.2)中替换 $\ddot{x}$ 和 $\ddot{\theta}$，整理后得

$$\frac{1}{27}\begin{pmatrix} 7m & 2m \\ 2m & 16m \end{pmatrix}\begin{pmatrix} \ddot{x}_1 \\ \ddot{x}_2 \end{pmatrix} + \begin{pmatrix} k & 0 \\ 0 & k \end{pmatrix}\begin{pmatrix} x_1 \\ x_2 \end{pmatrix} = \begin{pmatrix} 0 \\ 0 \end{pmatrix}$$

这就是以弹簧变形 $x_1$ 和 $x_2$ 为广义坐标建立的系统的运动微分方程。

(2) 以 $x$ 和 $\theta$ 为广义坐标建立系统的运动微分方程。将式(E2.5.3)中的第一式代入式(E2.5.1)、式(E2.5.2)中替换 $x_1$ 和 $x_2$，整理后得

$$\begin{pmatrix} m & 0 \\ 0 & \dfrac{1}{12}ml^2 \end{pmatrix}\begin{pmatrix} \ddot{x} \\ \ddot{\theta} \end{pmatrix} + \begin{pmatrix} 2k & -k\dfrac{l}{4} \\ -k\dfrac{l}{4} & k\dfrac{5l^2}{16} \end{pmatrix}\begin{pmatrix} x \\ \theta \end{pmatrix} = \begin{pmatrix} 0 \\ 0 \end{pmatrix}$$

方法二：用动能、势能与质量、刚度的关系，建立系统的运动微分方程。

先计算系统的总动能和总势能：

$$T = \frac{1}{2}m\dot{x}^2 + \frac{1}{2}\left(\frac{1}{12}ml^2\right)\dot{\theta}^2 \tag{E2.5.4}$$

$$V = \frac{1}{2}kx_1^2 + \frac{1}{2}kx_2^2 \tag{E2.5.5}$$

(1) 以弹簧变形 $x_1$ 和 $x_2$ 为广义坐标建立系统的运动微分方程。对式(E2.5.3)中的第二式求一阶导数，代入式(E2.5.4)中替换 $\dot{x}$ 和 $\dot{\theta}$，系统的总动能为

$$T = \frac{1}{2}m\left(\frac{\dot{x}_1}{3} + \frac{2\dot{x}_2}{3}\right)^2 + \frac{1}{2}\left(\frac{1}{12}ml^2\right)\left(\frac{\dot{x}_1 - \dot{x}_2}{\dfrac{3l}{4}}\right)^2 = \frac{1}{2}m\left(\frac{7}{27}\dot{x}_1^2 + \frac{4}{27}\dot{x}_1\dot{x}_2 + \frac{16}{27}\dot{x}_2^2\right) \tag{E2.5.6}$$

利用动能、势能与质量、刚度的关系确定 $m_{ij}$ 和 $k_{ij}$，有

$$m_{ij} = \frac{\partial T}{\partial\dot{x}_i\partial\dot{x}_j} \quad , \quad k_{ij} = \frac{\partial V}{\partial x_i\partial x_j} \tag{E2.5.7}$$

得到

$$m_{11} = \frac{7}{27}m, \quad m_{12} = m_{21} = \frac{2}{27}m, \quad m_{22} = \frac{16}{27}m$$

$$k_{11} = k, \quad k_{12} = k_{21} = 0, \quad k_{22} = k$$

系统的运动微分方程为

$$\frac{1}{27}\begin{pmatrix} 7m & 2m \\ 2m & 16m \end{pmatrix}\begin{pmatrix} \ddot{x}_1 \\ \ddot{x}_2 \end{pmatrix}+\begin{pmatrix} k & 0 \\ 0 & k \end{pmatrix}\begin{pmatrix} x_1 \\ x_2 \end{pmatrix}=0$$

(2) 以 $x$ 和 $\theta$ 为广义坐标建立系统的运动微分方程。将式(E2.5.3)中的第一式代入式(E2.5.5)中替换 $x_1$ 和 $x_2$，系统的总势能为

$$V=\frac{1}{2}kx_1^2+\frac{1}{2}kx_2^2=\frac{1}{2}k\left(x-\frac{l}{2}\theta\right)^2+\frac{1}{2}k\left(x+\frac{l}{4}\theta\right)^2=\frac{1}{2}\left(2kx^2-k\frac{l}{2}x\theta+\frac{5}{16}kl^2\theta^2\right) \quad \text{(E2.5.8)}$$

利用动能、势能与质量、刚度的关系确定 $m_{ij}$ 和 $k_{ij}$，有

$$m_{11}=m \quad , \quad m_{12}=m_{21}=0 \quad , \quad m_{22}=\frac{1}{12}ml^2$$

$$k_{11}=2k \quad , \quad k_{12}=k_{21}=-k\frac{l}{4} \quad , \quad k_{22}=\frac{5}{16}kl^2$$

系统的运动微分方程为

$$\begin{pmatrix} m & 0 \\ 0 & \frac{1}{12}ml^2 \end{pmatrix}\begin{pmatrix} \ddot{x} \\ \ddot{\theta} \end{pmatrix}+\begin{pmatrix} 2k & -k\frac{l}{4} \\ -k\frac{l}{4} & \frac{5}{16}kl^2 \end{pmatrix}\begin{pmatrix} x \\ \theta \end{pmatrix}=0$$

由上分析可知，选择不同的坐标表述系统模型时，质量矩阵中的非对角元素至少有一个不为零，称为惯性耦合或动力耦合；刚度矩阵中的非对角元素至少有一个不为零，称为弹性耦合或静力耦合。同理，若阻尼矩阵中的非对角元素至少有一个不为零，则称为阻尼耦合或动力耦合。当系统质量、阻尼和刚度矩阵的非对角元素都有非零元素时，则称系统既存在静力耦合又存在动力耦合。

**【例 2.6】** 如图 2.4.9 所示的车摆系统，已知小车的质量为 $m_1$，摆球的质量为 $m_2$，摆杆长度为 $l$，弹簧刚度系数为 $k$，整个系统在平面内运动，试建立系统的动力学模型。

**解：** 这个系统由弹簧连接的小车和绕小车支点转动的摆组成，是包含平动与转动的双自由度无阻尼系统。分别用不同的力学原理建立动力学模型，以便于分析、比较。

(1) 用牛顿运动定律建立动力学模型。选择小车水平运动 $x$ 和摆动角 $\theta$ 为广义坐标，由图 2.4.10 列写平衡方程。

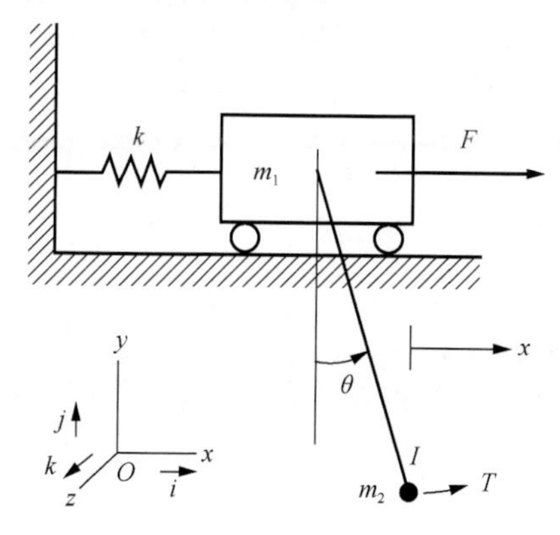


图 2.4.9　车摆系统

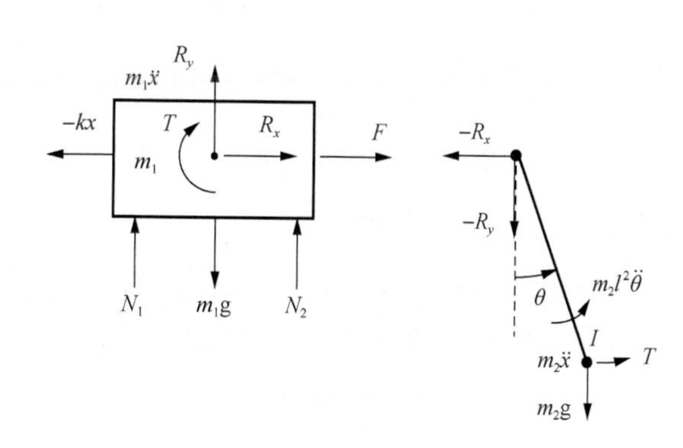


图 2.4.10　车摆系统的分离体

对于小车 $m_1$ 的水平运动 $x_1$ 和垂直运动 $y_1$，其中 $x_1 = x$，写出水平方向和垂直方向的受力平衡式

$$m_1\ddot{x}_1 = R_x - kx + F \tag{E2.6.1}$$

$$m_1\ddot{y}_1 = R_y + N_1 + N_2 - m_1 g \tag{E2.6.2}$$

式中，$N_1$、$N_2$ 为支承反力(系统始终处于静平衡状态，分析时不考虑)；$R_x$、$R_y$ 为内力。

对于小球 $m_2$，水平方向 $x_2$ 和垂直方向 $y_2$ 的受力平衡方程为

$$m\ddot{x}_2 = -R_x \tag{E2.6.3}$$

$$m\ddot{y}_2 = -R_y - m_2 g \tag{E2.6.4}$$

小球绕支点运动 $\theta$ 的惯性矩方程为

$$ml^2\ddot{\theta} = R_x l\cos\theta + R_y l\sin\theta + T \tag{E2.6.5}$$

由式(E2.6.1)和式(E2.6.3)消去 $R_x$，得

$$M\ddot{x}_1 + m\ddot{x}_2 + kx = F \tag{E2.6.6}$$

由式(E2.6.3)和式(E2.6.4)代入式(E2.6.5)，消去 $R_x$ 和 $R_y$，有

$$I\ddot{\theta} + m\ddot{x}_2 l\cos\theta + ml\left(\ddot{y}_2 + g\right)\sin\theta = T \tag{E2.6.7}$$

根据运动学关系，有

$$x_2 = x_1 + l\sin\theta \quad , \qquad y_2 = -l\cos\theta$$

因此，有

$$\ddot{x}_2 = \ddot{x}_1 - l\dot{\theta}^2\sin\theta + l\ddot{\theta}\cos\theta \quad , \qquad \ddot{y}_2 = l\dot{\theta}^2\cos\theta + l\ddot{\theta}\sin\theta$$

将 $\ddot{x}_2$ 和 $\ddot{y}_2$ 代入式(E2.6.6)和式(E2.6.7)中，得到系统的运动微分方程为

$$ml^2\ddot{\theta} + m_1\ddot{x}_1 l\cos\theta + m_1 gl\sin\theta = T \tag{E2.6.8}$$

$$\left(m_1 + m_2\right)\ddot{x}_1 + m\ddot{\theta}l\cos\theta - m\dot{\theta}^2 l\sin\theta + kx = F \tag{E2.6.9}$$

考虑到 $x_1 = x$，写成矩阵形式有

$$\begin{pmatrix} m_1 + m_2 & m_2 l\cos\theta \\ m_2 l\cos\theta & m_2 l^2 \end{pmatrix}\begin{pmatrix} \ddot{x} \\ \ddot{\theta} \end{pmatrix} + \begin{pmatrix} 0 & -m_2 l\sin\theta \\ 0 & 0 \end{pmatrix}\begin{pmatrix} \dot{x}^2 \\ \dot{\theta}^2 \end{pmatrix} + \begin{pmatrix} kx \\ m_2 gl\sin\theta \end{pmatrix} = \begin{pmatrix} F \\ T \end{pmatrix} \tag{E2.6.10}$$

(2)用虚功原理建立动力学模型。

需要确定系统所有的作用力。选择广义坐标 $x$ 和 $\theta$，画出系统受力图，如图 2.4.11 所示。这些作用力分别是小车惯性力 $m_1\ddot{x}$、弹簧的弹性力 $kx$、摆的移动惯性力 $m_2\ddot{x}$、摆的转动惯性力 $m_2 l\ddot{\theta}$、摆的向心力 $m_2 l\dot{\theta}^2$、摆的重力 $m_2 g$、外作用力 $F$ 和力矩 $T$。

取水平方向 $x$ 上的虚位移 $\delta x$，在 $\delta x$ 上的虚功方程为

$$\delta W = -\left[\left(m_1 + m_2\right)\ddot{x} + kx\right]\delta x - \left(m_2 l\ddot{\theta}\cos\theta\right)\delta x + \left(m_2 l\dot{\theta}^2\sin\theta\right)\delta x + F\delta x = 0$$

由于 $\delta x$ 是任意的，得到

$$\left(m_1 + m_2\right)\ddot{x} + m_2 l\left(\ddot{\theta}\cos\theta - \dot{\theta}^2\sin\theta\right) + kx = F$$

绕支点的虚位移为 $\delta\theta$，虚功 $\delta W$ 写为

$$\delta W = -\left(m_2 l^2\ddot{\theta}\right)\delta\theta - \left(m_2 g\sin\theta\right)l\delta\theta - \left(m_2\ddot{x}\cos\theta\right)l\delta\theta + T = 0$$

得到

$$m_2 l^2\ddot{\theta} + m_2 l\ddot{x}\cos\theta + m_2 gl\sin\theta = T$$

整理上面两个运动微分方程，写成矩阵形式为式(E2.6.10)。

(3)用拉格朗日方程建立动力学模型。系统有两个自由度和两个坐标参数 $x$ 和$\theta$，因此系统有两个运动方程：一个是描述系统的直线运动，另一个是描述摆的角运动。

系统的动能包括车和摆的动能，这里需要注意的是，摆的速度是小车速度及摆相对车的速度的合成，如图 2.4.12 所示，它可表示为

$$\begin{aligned}\boldsymbol{v} &= \boldsymbol{v}_t + \boldsymbol{v}_r = \dot{x}\boldsymbol{i} + l\dot{\theta}\cos\theta\boldsymbol{i} + l\dot{\theta}\sin\theta\boldsymbol{j} \\ &= \left(\dot{x} + l\dot{\theta}\cos\theta\right)\boldsymbol{i} + l\dot{\theta}\sin\theta\boldsymbol{j}\end{aligned}$$

和

$$\boldsymbol{v}^2 = \left(\dot{x} + l\dot{\theta}\cos\theta\right)^2 + \left(l\dot{\theta}\sin\theta\right)^2$$

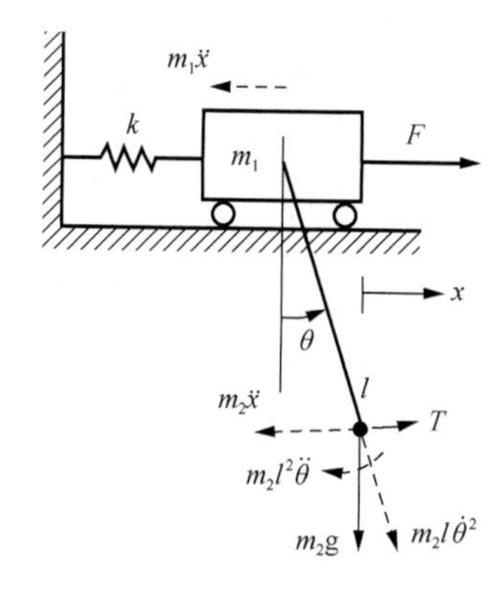


图 2.4.11 车摆系统受力分析

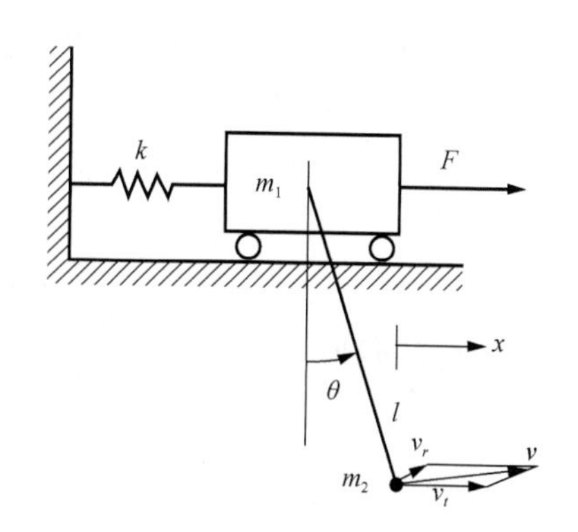


图 2.4.12 车摆系统速度分析

于是系统的动能为

$$K_{\text{小车}} = \frac{1}{2}m_1\dot{x}^2$$

$$K_{\text{摆}} = \frac{1}{2}m_2V^2 = \frac{1}{2}m_2\left(\dot{x} + l\dot{\theta}\cos\theta\right)^2 + \frac{1}{2}m_2\left(l\dot{\theta}\sin\theta\right)^2$$

$$K = K_{\text{小车}} + K_{\text{摆}} = \frac{1}{2}\left(m_1 + m_2\right)\dot{x}^2 + \frac{1}{2}m_2\left(l^2\dot{\theta}^2 + 2l\dot{\theta}\dot{x}\cos\theta\right)$$

同样，系统的势能是弹簧和摆的势能之和，可表示为

$$P = \frac{1}{2}kx^2 + m_2gl\left(1 - \cos\theta\right)$$

注意零势能线(基准线)选择在$\theta = 0$ 处，于是拉格朗日方程为

$$L = K - P = \frac{1}{2}\left(m_1 + m_2\right)\dot{x}^2 + \frac{1}{2}m_2\left(l^2\dot{\theta}^2 + 2l\dot{\theta}\dot{x}\cos\theta\right) - \frac{1}{2}kx^2 - m_2gl\left(1 - \cos\theta\right)$$

和直线运动有关的导数及运动方程为

$$\frac{\partial L}{\partial \dot{x}} = \left(m_1 + m_2\right)\dot{x} + m_2l\dot{\theta}\cos\theta$$

$$\frac{\mathrm{d}}{\mathrm{d}t}\left(\frac{\partial L}{\partial \dot{x}}\right) = \left(m_1 + m_2\right)\ddot{x} + m_2l\ddot{\theta}\cos\theta - m_2l\dot{\theta}^2\sin\theta$$

$$\frac{\partial L}{\partial x} = -kx$$

$$F = \left(m_1 + m_2\right)\ddot{x} + m_2l\ddot{\theta}\cos\theta - m_2l\dot{\theta}^2\sin\theta + kx$$

对于旋转运动，有

$$\frac{\partial L}{\partial \dot{\theta}} = m_2 l^2 \dot{\theta} + m_2 l \dot{x} \cos\theta$$

$$\frac{\mathrm{d}}{\mathrm{d}t}\left(\frac{\partial L}{\partial \dot{\theta}}\right) = m_2 l^2 \ddot{\theta} + m_2 l \ddot{x} \cos\theta - m_2 l \dot{x} \dot{\theta} \sin\theta$$

$$\frac{\partial L}{\partial \theta} = -m_2 g l \sin\theta - m_2 l \dot{x} \dot{\theta} \sin\theta$$

$$T = m_2 l^2 \ddot{\theta} + m_2 l \ddot{x} \cos\theta + m_2 g l \sin\theta$$

将以上两个运动方程写成矩阵形式，得到式(E2.6.10)。

(4)用能量守恒定理建立动力学模型。系统有两个自由度 $x$ 和 $\theta$，摆球的绝对速度 $\boldsymbol{v}$ 由小车的水平移动速度 $v_t$ 和摆球绕支点转动的速度 $v_r$ 组成，如图 2.4.12 所示。

根据图 2.4.12 中的几何关系，摆球的速度为

$$v^2 = v_t^2 + v_r^2 - 2v_t v_r \cos(\pi - \theta) = v_t^2 + v_r^2 + 2v_t v_r \cos\theta \tag{E2.6.11}$$

式中，

$$v_t = \dot{x} \quad , \quad v_r = l\dot{\theta} \tag{E2.6.12}$$

系统的总动能为

$$T = \frac{1}{2} m_1 \dot{x}^2 + \frac{1}{2} m_2 v^2 \tag{E2.6.13}$$

将式(E2.6.11)和式(E2.6.12)代入式(E2.6.13)，得

$$T = \frac{1}{2}\left[(m_1 + m_2)\dot{x}^2 + 2m_2 l \dot{x} \dot{\theta} \cos\theta + m_2 l^2 \dot{\theta}^2\right]$$

系统的势能由弹性势能 $U_e$ 和重力势能 $U_g$ 两部分组成：

$$U = U_e + U_g = \frac{1}{2} k x^2 + m_2 g l (1 - \cos\theta)$$

系统的总能量为

$$E = T + U$$

系统为保守系统，固 $E$=常数，即

$$\frac{\mathrm{d}E}{\mathrm{d}t} = \frac{\mathrm{d}}{\mathrm{d}t}(T + U)$$
$$= \left[(m_1 + m_2)\ddot{x} + m_2 l \ddot{\theta} \cos\theta - m_2 l \dot{\theta}^2 \sin\theta + kx\right]\dot{x} + \left[m_2 l \ddot{x} \cos\theta + m_2 l^2 \ddot{\theta} + m_2 g l \sin\theta\right]\dot{\theta} = 0$$

由于速度 $\dot{x}$、$\dot{\theta}$ 在运动时间内不会为零，有

$$(m_1 + m_2)\ddot{x} + m_2 l \ddot{\theta} \cos\theta - m_2 l \dot{\theta}^2 \sin\theta + kx = 0$$

$$m_2 l \ddot{x} \cos\theta + m_2 l^2 \ddot{\theta} + m_2 g l \sin\theta = 0$$

这两个式子的矩阵形式即式(E2.6.10)。

(5)用动量定理和牛顿定理建立动力学模型。系统有两个自由度 $x$ 和 $\theta$，取整体进行受力分析，如图 2.4.13(a)所示。

系统沿水平方向的动量为 $m_1 \dot{x} + m_2 (\dot{x} + v_r \cos\theta)$，其中 $v_r = l\dot{\theta}$。沿水平方向，运用动量定理得

$$\frac{\mathrm{d}\left[m_1 \dot{x} + m_2 (\dot{x} + v_r \cos\theta)\right]}{\mathrm{d}t} = -F_k = -kx$$

即

$$\left(m_1+m_2\right)\ddot{x}+m_2 l\ddot{\theta}\cos\theta-m_2 l\dot{\theta}^2\sin\theta+kx=0$$

取 $m_2$ 进行受力分析，如图 2.4.13(b)所示，其中 $F_T$ 是摆杆的内力(因不计摆杆质量，它是二力杆，故受力沿杆方向)。沿 $a_r^t$ 方向运用牛顿第二定律，有

$$m_2\left(a_r^t+\ddot{x}\cos\theta\right)=-m_2 g\sin\theta$$

即

$$m_2 l^2\ddot{\theta}+m_2\ddot{x}l\cos\theta+m_2 gl\sin\theta=0$$

这两个式子的矩阵形式即式(E2.6.10)。

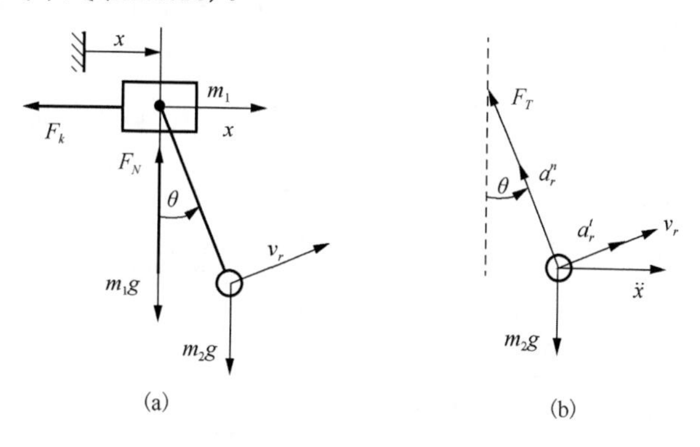


图 2.4.13　车摆系统受力分析

由此可知，五种方法得到的结果相同，即式(E2.6.10)。且这个系统的运动微分方程是包含系统的向心力的非线性方程组。考虑到系统做微幅运动，在平衡位置附近线性化，有 $\cos\theta\approx 1$，$\sin\theta\approx\theta$，并忽略高阶二次项，得

$$\begin{pmatrix} m_1+m_2 & m_2 l \\ m_2 l & m_2 l^2 \end{pmatrix}\begin{pmatrix}\ddot{x}\\ \ddot{\theta}\end{pmatrix}+\begin{pmatrix} k & 0 \\ 0 & m_2 gl \end{pmatrix}\begin{pmatrix} x\\ \theta\end{pmatrix}=\begin{pmatrix} F\\ T\end{pmatrix} \tag{E2.6.14}$$

【例 2.7】 用拉格朗日方法推导图 2.4.14 所示的两自由度机械臂的运动方程。其中，每个连杆的质心均位于该连杆的中心，其转动惯量分别为 $I_1$ 和 $I_2$。

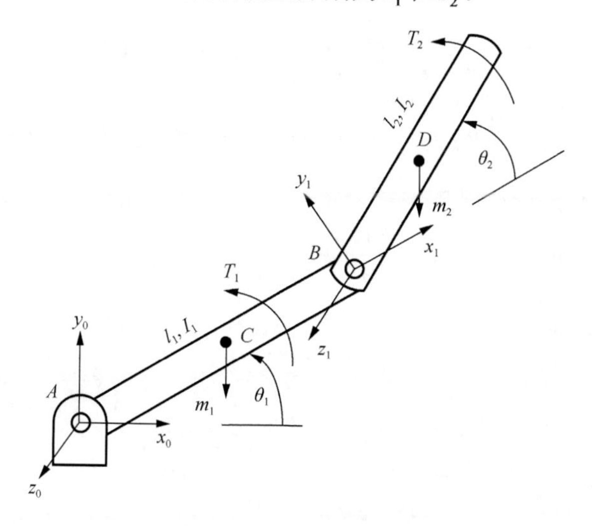


图 2.4.14　两自由度机械臂

**解：**机械臂的两个连杆均具有分布质量，因此在计算动能时需要考虑转动惯量。首先通过对连杆 2 的质心位置求导得到：

$$x_D = l_1C_1 + 0.5l_2C_{12} \quad , \quad y_D = l_1S_1 + 0.5l_2S_{12}$$

式中，$C_1$ 表示 $\cos\theta_1$；$S_1$ 表示 $\sin\theta_1$；$C_{12}$ 表示 $\cos(\theta_1+\theta_2)$；$S_{12}$ 表示 $\sin(\theta_1+\theta_2)$。则有

$$\dot{x}_D = -l_1S_1\dot{\theta}_1 - 0.5l_2S_{12}\left(\dot{\theta}_1+\dot{\theta}_2\right) \quad , \quad \dot{y}_D = l_1C_1\dot{\theta}_1 + 0.5l_2C_{12}\left(\dot{\theta}_1+\dot{\theta}_2\right)$$

于是，连杆 2 质心的总速度为

$$v_D^2 = \dot{x}_D^2 + \dot{y}_D^2 = \dot{\theta}_1^2\left(l_1^2 + 0.25l_2^2 + l_1l_2C_2\right) + 0.25l_2^2\dot{\theta}_2^2 + \dot{\theta}_1\dot{\theta}_2\left(0.5l_2^2 + l_1l_2C_2\right)$$

系统的总动能是连杆 1 和连杆 2 的动能之和，由连杆绕定轴转动(对连杆 1)和绕质心转动(对连杆 2)的动能方程可得

$$K = K_1 + K_2 = \frac{1}{2}I_A\dot{\theta}_1^2 + \frac{1}{2}I_D\left(\dot{\theta}_1+\dot{\theta}_2\right)^2 + \frac{1}{2}m_2v_D^2 = \frac{1}{2}\left(\frac{1}{3}m_1l_1^2\right)\dot{\theta}_1^2 + \frac{1}{2}\left(\frac{1}{12}m_2l_2^2\right)\left(\dot{\theta}_1+\dot{\theta}_2\right)^2 + \frac{1}{2}m_2v_D^2$$

将 $v_D^2$ 代入上式，并整理得到

$$K = \dot{\theta}_1^2\left(\frac{1}{6}m_1l_1^2 + \frac{1}{6}m_2l_2^2 + \frac{1}{2}m_2l_1^2 + \frac{1}{2}m_2l_1l_2C_2\right) + \frac{1}{6}m_2l_2^2\dot{\theta}_2^2 + \dot{\theta}_1\dot{\theta}_2\left(\frac{1}{3}m_2l_2^2 + \frac{1}{2}m_2l_1l_2C_2\right)$$

系统的势能是两个连杆的势能之和：

$$P = m_1g\frac{l_1}{2}S_1 + m_2g\left(l_1S_1 + \frac{1}{2}l_2S_{12}\right)$$

双连杆机器人手臂的拉格朗日函数为

$$L = K - P = \dot{\theta}_1^2\left(\frac{1}{6}m_1l_1^2 + \frac{1}{6}m_2l_2^2 + \frac{1}{2}m_2l_1^2 + \frac{1}{2}m_2l_1l_2C_2\right) + \frac{1}{6}m_2l_2^2\dot{\theta}_2^2$$
$$+ \dot{\theta}_1\dot{\theta}_2\left(\frac{1}{3}m_2l_2^2 + \frac{1}{2}m_2l_1l_2C_2\right) - m_1g\frac{l_1}{2}S_1 - m_2g\left(l_1S_1 + \frac{1}{2}l_2S_{12}\right)$$

对该函数求导并代入拉格朗日方程，计算整理得到如下两个运动方程:

$$T_1 = \left(\frac{1}{3}m_1l_1^2 + \frac{1}{3}m_2l_2^2 + m_2l_1^2 + m_2l_1l_2C_2\right)\ddot{\theta}_1 + \left(\frac{1}{3}m_2l_2^2 + \frac{1}{2}m_2l_1l_2C_2\right)\ddot{\theta}_2$$
$$- m_2l_1l_2S_2\dot{\theta}_1\dot{\theta}_2 - \frac{1}{2}m_2l_1l_2S_2\dot{\theta}_2^2 + \left(\frac{1}{2}m_1 + m_2\right)gl_1C_1 + \frac{1}{2}m_2gl_2C_{12}$$

$$T_2 = \left(\frac{1}{3}m_2l_2^2 + \frac{1}{2}m_2l_1l_2C_2\right)\ddot{\theta}_1 + \frac{1}{3}m_2l_2^2\ddot{\theta}_2 + \frac{1}{2}m_2l_1l_2S_2\dot{\theta}_1^2 + \frac{1}{2}m_2gl_2C_{12}$$

也可将以上两式写成如下矩阵形式:

$$\begin{pmatrix} T_1 \\ T_2 \end{pmatrix} = \begin{pmatrix} \frac{1}{3}m_1l_1^2 + \frac{1}{3}m_2l_2^2 + m_2l_1^2 + m_2l_1l_2C_2 & \frac{1}{3}m_2l_2^2 + \frac{1}{2}m_2l_1l_2C_2 \\ \frac{1}{3}m_2l_2^2 + \frac{1}{2}m_2l_1l_2C_2 & \frac{1}{3}m_2l_2^2 \end{pmatrix}\begin{pmatrix} \ddot{\theta}_1 \\ \ddot{\theta}_2 \end{pmatrix}$$
$$+ \begin{pmatrix} 0 & -\frac{1}{2}m_2l_1l_2S_2 \\ \frac{1}{2}m_2l_1l_2S_2 & 0 \end{pmatrix}\begin{pmatrix} \dot{\theta}_1^2 \\ \dot{\theta}_2^2 \end{pmatrix} + \begin{pmatrix} -m_2l_1l_2S_2 & 0 \\ 0 & 0 \end{pmatrix}\begin{pmatrix} \dot{\theta}_1\dot{\theta}_2 \\ \dot{\theta}_2\dot{\theta}_1 \end{pmatrix} + \begin{pmatrix} \left(\frac{1}{2}m_1 + m_2\right)gl_1C_1 + \frac{1}{2}m_2gl_2C_{12} \\ \frac{1}{2}m_2gl_2C_{12} \end{pmatrix}$$

式中，$\ddot{\theta}$ 与连杆的角加速度有关；$\dot{\theta}^2$ 为向心加速度项；$\dot{\theta}_1\dot{\theta}_2$ 为科里奥利加速度项。

## 2.4.3　多自由度系统的振动模型

**【例 2.8】** 图 2.4.15 为人手臂运动的另一种简化模型，试建立系统的运动微分方程。

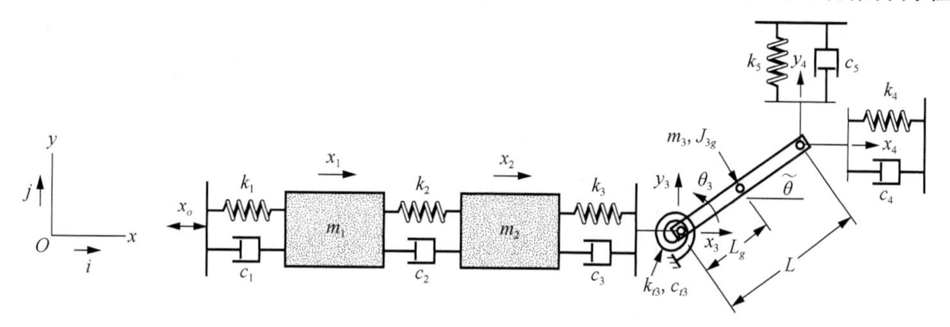


图 2.4.15　人手臂运动的另一种简化模型

**解：** 这是一个多自由度振动系统。手掌、前臂、肘关节，即上臂的运动用 5 个自由度描述，分别为 $x_1$、$x_2$、$x_3$、$y_3$ 和 $\theta_3$。角度 $\tilde{\theta}$ 为系统的名义位置，这里讨论中假定 $\dot{\tilde{\theta}}=0$。手部、前臂和肘关节的水平运动分别用坐标 $x_1$、$x_2$ 和 $x_3$ 描述。坐标 $y_3$ 描述肘的垂直运动，坐标 $\theta_3$ 描述肘关节绕名义位置的旋转运动。在图 2.4.15 中，$x_o$ 表示作用于手掌前端的外部扰动。

手掌简化为集中质量 $m_1$，前臂简化为集中质量 $m_2$，上臂简化成质量为 $m_3$、转动惯量为 $J_{3g}$ 的刚体。各部分的弹性用线弹性系数 $k_1$～$k_5$ 和扭转刚度 $k_{t3}$ 表示。同样地，各部分的线性阻尼用阻尼系数 $c_1$～$c_5$ 和扭转阻尼系数 $c_{t3}$ 表示。

取原点位置为刚体质量 $m_3$ 的中心点，其中心位置的向量为

$$\boldsymbol{r}_g=\left[x_3+L_g\cos\left(\tilde{\theta}+\theta_3\right)\right]\boldsymbol{i}+\left[y_3+L_g\sin\left(\tilde{\theta}+\theta_3\right)\right]\boldsymbol{j} \tag{E2.8.1}$$

质量中心的速度为

$$\boldsymbol{v}_g=\left[\dot{x}_3-L_g\dot{\theta}_3\sin\left(\tilde{\theta}+\theta_3\right)\right]\boldsymbol{i}+\left[\dot{y}_3+L_g\dot{\theta}_3\cos\left(\tilde{\theta}+\theta_3\right)\right]\boldsymbol{j} \tag{E2.8.2}$$

位移 $x_4$ 和 $y_4$ 与坐标 $x_3$、$y_3$ 和 $\theta_3$ 有关，为

$$x_4=x_3+L\cos\left(\tilde{\theta}+\theta_3\right)\quad,\qquad y_4=y_3+L\cos\left(\tilde{\theta}+\theta_3\right) \tag{E2.8.3}$$

由系统动能的定义 $T=\dfrac{1}{2}\sum\limits_{i=1}^{n}m_i\left(\dot{\boldsymbol{r}}_i\cdot\dot{\boldsymbol{r}}_i\right)=\dfrac{1}{2}\sum\limits_{i=1}^{n}m_i\left(\boldsymbol{v}_i\cdot\boldsymbol{v}_i\right)$ 及式(E2.8.1)～式(E2.8.3)，系统的动能为

$$\begin{aligned}T&=\frac{1}{2}m_1\dot{x}_1^2+\frac{1}{2}m_2\dot{x}_2^2+\frac{1}{2}m_3\left(\boldsymbol{v}_g\cdot\boldsymbol{v}_g\right)+\frac{1}{2}J_{3g}\dot{\theta}_3^2\\&=\frac{1}{2}m_1\dot{x}_1^2+\frac{1}{2}m_2\dot{x}_2^2+\frac{1}{2}m_3\left\{\left[\dot{x}_3-L_g\dot{\theta}_3\sin\left(\tilde{\theta}+\theta_3\right)\right]^2+\left[\dot{y}_3+L_g\dot{\theta}_3\cos\left(\tilde{\theta}+\theta_3\right)\right]^2\right\}+\frac{1}{2}J_{3g}\dot{\theta}_3^2\end{aligned} \tag{E2.8.4}$$

系统的势能为

$$\begin{aligned}V=&\frac{1}{2}k_1\left(x_1-x_o\right)^2+\frac{1}{2}k_2\left(x_2-x_1\right)^2+\frac{1}{2}k_3\left(x_3-x_2\right)^2+\frac{1}{2}k_{t3}\left(\tilde{\theta}+\theta_3\right)^2\\&+\frac{1}{2}k_4\left[x_3+L\cos\left(\tilde{\theta}+\theta_3\right)\right]^2+\frac{1}{2}k_5\left[y_3+L\sin\left(\tilde{\theta}+\theta_3\right)\right]^2+m_3g\left[y_3+L_g\sin\left(\tilde{\theta}+\theta_3\right)\right]\end{aligned} \tag{E2.8.5}$$

耗散函数 $D$ 为

$$\begin{aligned}D=&\frac{1}{2}c_1\left(\dot{x}_1-\dot{x}_o\right)^2+\frac{1}{2}c_2\left(\dot{x}_2-\dot{x}_1\right)^2+\frac{1}{2}c_3\left(\dot{x}_3-\dot{x}_2\right)^2+\frac{1}{2}c_{t3}\dot{\theta}_3^2\\&+\frac{1}{2}c_4\left[\dot{x}_3-L\dot{\theta}_3\sin\left(\tilde{\theta}+\theta_3\right)\right]^2+\frac{1}{2}c_5\left[\dot{y}_3+L\dot{\theta}_3\cos\left(\tilde{\theta}+\theta_3\right)\right]^2\end{aligned} \tag{E2.8.6}$$

系统的拉格朗日方程为

$$\frac{\mathrm{d}}{\mathrm{d}t}\left(\frac{\partial T}{\partial \dot{q}_j}\right)-\frac{\partial T}{\partial q_j}+\frac{\partial D}{\partial \dot{q}_j}+\frac{\partial V}{\partial \dot{q}_j}=Q_j \quad (j=1,2,\cdots,N) \tag{E2.8.7}$$

由式(E2.8.4)～式(E2.8.7)可直接得到系统运动方程。对于五自由度系统，分别为

$$\begin{cases}\dfrac{\mathrm{d}}{\mathrm{d}t}\left(\dfrac{\partial T}{\partial \dot{x}_1}\right)-\dfrac{\partial T}{\partial x_1}+\dfrac{\partial D}{\partial \dot{x}_1}+\dfrac{\partial V}{\partial x_1}=Q_1\\ \dfrac{\mathrm{d}}{\mathrm{d}t}\left(\dfrac{\partial T}{\partial \dot{x}_2}\right)-\dfrac{\partial T}{\partial x_2}+\dfrac{\partial D}{\partial \dot{x}_2}+\dfrac{\partial V}{\partial x_2}=Q_2\\ \dfrac{\mathrm{d}}{\mathrm{d}t}\left(\dfrac{\partial T}{\partial \dot{x}_3}\right)-\dfrac{\partial T}{\partial x_3}+\dfrac{\partial D}{\partial \dot{x}_3}+\dfrac{\partial V}{\partial x_3}=Q_3\\ \dfrac{\mathrm{d}}{\mathrm{d}t}\left(\dfrac{\partial T}{\partial \dot{y}_3}\right)-\dfrac{\partial T}{\partial y_3}+\dfrac{\partial D}{\partial \dot{y}_3}+\dfrac{\partial V}{\partial y_3}=Q_4\\ \dfrac{\mathrm{d}}{\mathrm{d}t}\left(\dfrac{\partial T}{\partial \dot{\theta}_3}\right)-\dfrac{\partial T}{\partial \theta_3}+\dfrac{\partial D}{\partial \dot{\theta}_3}+\dfrac{\partial V}{\partial \theta_3}=Q_5\end{cases} \tag{E2.8.8}$$

式中，广义力 $Q_i=0$（$j=1,2,\cdots,5$）。

由于手掌前端的外部扰动 $x_o$ 已经在动能、势能和耗散函数中计算，不再考虑。另外势能计算中考虑了重力作用，也不考虑。将式(E2.8.4)～式(E2.8.7)及式(E2.8.9)代入式(E2.8.8)计算偏微分，可以得到手臂系统的运动微分方程为

$$\begin{cases}m_1\ddot{x}_1+\left(k_1+k_2\right)x_1-k_2x_2+\left(c_1+c_2\right)\dot{x}_1-c_2\dot{x}_2=k_1x_o+c_1\dot{x}_o\\ m_2\ddot{x}_2+\left(k_2+k_3\right)x_2-k_2x_1-k_3x_3+\left(c_2+c_3\right)\dot{x}_2-c_2\dot{x}_1-c_3\dot{x}_3=0\\ m_3\left[\ddot{x}_3-L_g\ddot{\theta}_3\sin\left(\tilde{\theta}+\theta_3\right)-L_g\dot{\theta}_3^2\cos\left(\tilde{\theta}+\theta_3\right)\right]+\left(k_3+k_4\right)x_3-k_3x_2\\ \qquad +k_4L\cos\left(\tilde{\theta}+\theta_3\right)+\left(c_3+c_4\right)\dot{x}_3-c_3\dot{x}_2-c_4L\dot{\theta}_3\sin\left(\tilde{\theta}+\theta_3\right)=0\\ m_3\left[\ddot{y}_3+L_g\ddot{\theta}_3\cos\left(\tilde{\theta}+\theta_3\right)-L_g\dot{\theta}_3^2\sin\left(\tilde{\theta}+\theta_3\right)\right]+k_5\left[y_3+L\sin\left(\tilde{\theta}+\theta_3\right)\right]\\ \qquad +c_5\left[\dot{y}_3+L\dot{\theta}_3\cos\left(\tilde{\theta}+\theta_3\right)\right]=-m_3g\\ \left(J_{3g}+m_3L_g^2\right)\ddot{\theta}_3+m_3L_g\left[-\ddot{x}_3\sin\left(\tilde{\theta}+\theta_3\right)+\ddot{y}_3\cos\left(\tilde{\theta}+\theta_3\right)\right]+k_{t3}\left(\tilde{\theta}+\theta_3\right)\\ \qquad -k_4L\sin\left(\tilde{\theta}+\theta_3\right)\left[x_3+L\cos\left(\tilde{\theta}+\theta_3\right)\right]+k_5L\cos\left(\tilde{\theta}+\theta_3\right)\left[y_3+L\sin\left(\tilde{\theta}+\theta_3\right)\right]\\ \qquad +c_{t3}\dot{\theta}_3-c_4L\sin\left(\tilde{\theta}+\theta_3\right)\left[\dot{x}_3-L\dot{\theta}_3\sin\left(\tilde{\theta}+\theta_3\right)\right]\\ \qquad +c_5L\cos\left(\tilde{\theta}+\theta_3\right)\left[\dot{y}_3+L\cos\left(\tilde{\theta}+\theta_3\right)\right]+m_3gL_g\cos\left(\tilde{\theta}+\theta_3\right)=0\end{cases} \tag{E2.8.9}$$

这是一个非线性微分方程组。单系统做微幅振动时，对名义位置 $\tilde{\theta}$ 进行线性化处理，取为

$$\begin{aligned}\sin\left(\tilde{\theta}+\theta_3\right)&\approx\sin\tilde{\theta}+\theta_3\cos\tilde{\theta}\\ \cos\left(\tilde{\theta}+\theta_3\right)&\approx\cos\tilde{\theta}-\theta_3\sin\tilde{\theta}\end{aligned} \tag{E2.8.10}$$

将式(E2.8.10)代入式(E2.8.9)，仅保留线性项，得到如下线性方程组：

$$
\begin{cases}
m_1\ddot{x}_1+(k_1+k_2)x_1-k_2x_2+(c_1+c_2)\dot{x}_1-c_2\dot{x}_2=k_1x_o+c_1\dot{x}_o\\
m_2\ddot{x}_2+(k_2+k_3)x_2-k_2x_1-k_3x_3+(c_2+c_3)\dot{x}_2-c_2\dot{x}_1-c_3\dot{x}_3=0\\
m_3\left(\ddot{x}_3-L_g\ddot{\theta}_3\sin\tilde{\theta}\right)+(k_3+k_4)x_3-k_3x_2\\
\qquad -k_4L\theta_3\sin\tilde{\theta}+(c_3+c_4)\dot{x}_3-c_3\dot{x}_2-c_4L\dot{\theta}_3\sin\tilde{\theta}=-k_4L\cos\tilde{\theta}\\
m_3\left(\ddot{y}_3+L_g\ddot{\theta}_3\cos\tilde{\theta}\right)+k_5\left(y_3+L\theta_3\cos\tilde{\theta}\right)+c_5\left(\dot{y}_3+L\dot{\theta}_3\cos\tilde{\theta}\right)=-m_3g-k_5L\sin\tilde{\theta}\\
\left(J_{3g}+m_3L_g^2\right)\ddot{\theta}_3+m_3L_g\left(-\ddot{x}_3\sin\tilde{\theta}+\ddot{y}_3\cos\tilde{\theta}\right)+k_{t3}\theta_3\\
\qquad -k_4L\sin\tilde{\theta}\left(x_3-L\theta_3\sin\tilde{\theta}\right)-k_4L^2\theta_3\cos^2\tilde{\theta}\\
\qquad +k_5L\cos\tilde{\theta}\left(y_3+L\theta_3\cos\tilde{\theta}\right)-k_5L^2\theta_3\sin^2\tilde{\theta}+c_{t3}\dot{\theta}_3\\
\qquad -c_4L\sin\tilde{\theta}\left(\dot{x}_3-L\dot{\theta}_3\sin\tilde{\theta}\right)+c_5L\cos\tilde{\theta}\left(\dot{y}_3+L\dot{\theta}_3\cos\tilde{\theta}\right)\\
\qquad -m_3gL_g\theta_3\sin\tilde{\theta}=-m_3gL_g\cos\tilde{\theta}-k_{t3}\tilde{\theta}+(k_4-k_5)L^2\sin\tilde{\theta}\cos\tilde{\theta}
\end{cases}
\tag{E2.8.11}
$$

将式(E2.8.11)写成矩阵形式为

$$
\begin{pmatrix}
m_1 & 0 & 0 & 0 & 0\\
0 & m_2 & 0 & 0 & 0\\
0 & 0 & m_3 & 0 & -m_3L_g\sin\tilde{\theta}\\
0 & 0 & 0 & m_3 & m_3L_g\cos\tilde{\theta}\\
0 & 0 & -m_3L_g\sin\tilde{\theta} & m_3L_g\cos\tilde{\theta} & J_{3g}+m_3L_g^2
\end{pmatrix}
\begin{pmatrix}\ddot{x}_1\\ \ddot{x}_2\\ \ddot{x}_3\\ \ddot{y}_3\\ \ddot{\theta}_3\end{pmatrix}
+\begin{pmatrix}
c_1+c_2 & -c_2 & 0 & 0 & 0\\
-c_2 & c_2+c_3 & -c_3 & 0 & 0\\
0 & -c_3 & c_3+c_4 & 0 & -c_4L\sin\tilde{\theta}\\
0 & 0 & 0 & c_5 & c_5L\cos\tilde{\theta}\\
0 & 0 & -c_4L\sin\tilde{\theta} & c_5L\cos\tilde{\theta} & c_{55}
\end{pmatrix}
\begin{pmatrix}\dot{x}_1\\ \dot{x}_2\\ \dot{x}_3\\ \dot{y}_3\\ \dot{\theta}_3\end{pmatrix}
$$

$$
+\begin{pmatrix}
k_1+k_2 & -k_2 & 0 & 0 & 0\\
-k_2 & k_2+k_3 & -k_3 & 0 & 0\\
0 & -k_3 & k_3+k_4 & 0 & -k_4L\sin\tilde{\theta}\\
0 & 0 & 0 & k_5 & k_5L\cos\tilde{\theta}\\
0 & 0 & -k_4L\sin\tilde{\theta} & k_5L\cos\tilde{\theta} & k_{55}
\end{pmatrix}
\begin{pmatrix}x_1\\ x_2\\ x_3\\ y_3\\ \theta_3\end{pmatrix}
=\begin{pmatrix}k_1x_o+c_1\dot{x}_o\\ 0\\ -k_4L\cos\tilde{\theta}\\ -m_3g-k_5L\sin\tilde{\theta}\\ \widehat{Q}_5\end{pmatrix}
\tag{E2.8.12}
$$

式中，

$$
\begin{cases}
c_{55}=c_{t3}+c_4L^2\sin\tilde{\theta}+c_5L^2\cos\tilde{\theta}\\
k_{55}=k_{t3}+k_4L^2\left(\sin^2\tilde{\theta}-\cos^2\tilde{\theta}\right)+k_5L^2\left(\cos^2\tilde{\theta}-\sin^2\tilde{\theta}\right)-m_3gL_g\sin\tilde{\theta}\\
\widehat{Q}_5=-m_3gL_g\cos\tilde{\theta}-k_{t3}\tilde{\theta}+(k_4-k_5)L^2\sin\tilde{\theta}\cos\tilde{\theta}
\end{cases}
$$

式(E2.8.12)表明，系统的惯性矩阵、阻尼矩阵和刚度矩阵是对称矩阵。这个系统由 5 个二阶常微分方程构成，用于研究关于名义位置 $\tilde{\theta}$ 的小振动情况。这个位置不是平衡位置，仅在操作点处满足 $\dot{\tilde{\theta}}=0$ 。根据实际应用，可以参考不同的平衡位置对非线性方程组进行线性处理。

# 2.5 状态空间模型

在 2.4 节中，建立的运动微分方程一般为二阶微分方程组形式。为了便于进一步分析，在建模过程中，常常会选取一组能够描述系统运动状态的独立变量，即状态变量来表达系统的运动微分方程，这种形式的模型称为状态空间模型。状态空间模型便于数值分析，同时在现代控制工程中得到了广泛应用，这里仅做简要介绍。

## 2.5.1 由简化模型直接建立系统的状态空间模型

将一个实际机械系统简化为力学系统，可直接选取一组能够描述系统运动状态的状态变量，应用力学原理建立系统的状态空间模型。下面通过一个示例，说明建模过程。

**【例 2.9】** 齿轮齿条机械系统如图 2.5.1 所示，其中电机转子的惯性矩为 $J$，作用扭矩为 $\tau_a(t)$。转子用柔性轴与半径为 $R$ 的齿轮相连接，扭转刚度为 $K$，齿轮与直线齿条相啮合，齿条刚性地安装于平动质量块 $M$ 上，齿条和齿轮间的接触力用 $f_a$ 表示。

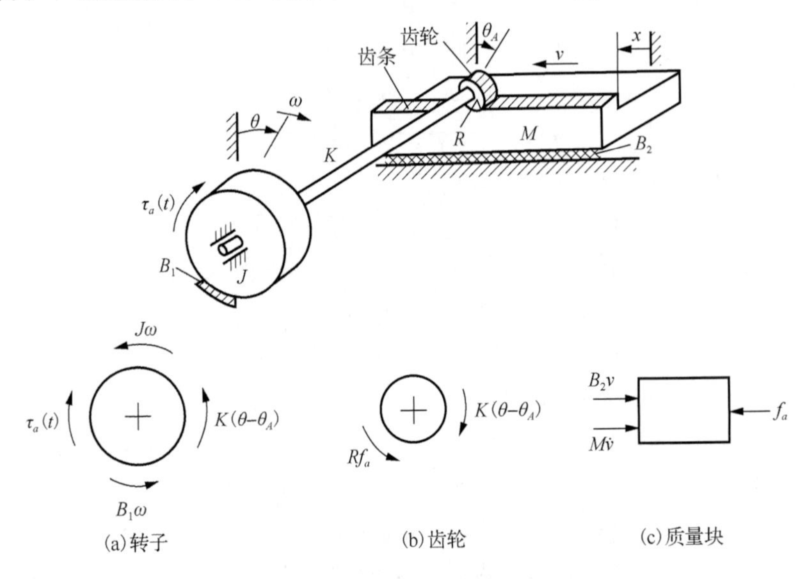


图 2.5.1 齿轮齿条机械系统

**解**：由分离体图，可以得到三个平衡方程：

$$\begin{cases} J\dot{\omega} + B_1\omega + K(\theta - \theta_A) - \tau_a(t) = 0 \\ Rf_a - K(\theta - \theta_A) = 0 \\ M\dot{v} + B_2 v - f_a = 0 \end{cases} \tag{E2.9.1}$$

由于齿条与齿轮间啮合，可得如下几何关系：

$$R\theta_A = x \tag{E2.9.2}$$

将式(E2.9.2)代入式(E2.9.1)的第一式，消去 $\theta_A$，得

$$J\dot{\omega} + B_1\omega + K\theta - \frac{K}{R}x - \tau_a(t) = 0 \tag{E2.9.3a}$$

将式(E2.9.2)代入式(E2.9.1)的第二式，消去 $\theta_A$，联立式(E2.9.1)中的第三式，消去 $f_a$，得

$$M\dot{v}+B_2 v+\frac{K}{R^2}x-\frac{K}{R}\theta=0 \tag{E2.9.3b}$$

系统有三个储能元件，参数分别为 $J$、$M$ 和 $K$。考虑平动质量块 $M$ 的位移 $x$，因此选择齿轮的转角 $\theta$ 和角速度 $\omega$，质量块 $M$ 的位移 $x$ 和速度 $v$ 为状态变量。将式(E2.9.3)改写为

$$\begin{cases}\dot{\theta}=\omega \\ \dot{\omega}=\dfrac{1}{J}\left[-K\theta-B_1\omega+\dfrac{K}{R}x+\tau_a(t)\right] \\ \dot{x}=v \\ \dot{v}=\dfrac{1}{M}\left[\dfrac{K}{R}\theta-\dfrac{K}{R^2}x-B_2 v\right]\end{cases} \tag{E2.9.4}$$

将式(E2.9.4)写成矩阵形式：

$$\begin{pmatrix}\dot{\theta}\\ \dot{\omega}\\ \dot{x}\\ \dot{v}\end{pmatrix}=\begin{pmatrix}0 & 1 & 0 & 0\\ -\dfrac{K}{J} & -\dfrac{B_1}{J} & \dfrac{K}{JR} & 0\\ 0 & 0 & 0 & 1\\ \dfrac{K}{MR} & 0 & -\dfrac{K}{MR^2} & -\dfrac{B_2}{M}\end{pmatrix}\begin{pmatrix}\theta\\ \omega\\ x\\ v\end{pmatrix}+\begin{pmatrix}0\\ \dfrac{1}{J}\\ 0\\ 0\end{pmatrix}\tau_a(t)$$

状态方程为

$$\dot{\boldsymbol{X}}=\boldsymbol{A}\boldsymbol{X}+\boldsymbol{B}u \tag{E2.9.5a}$$

式中，

$$\boldsymbol{A}=\begin{pmatrix}0 & 1 & 0 & 0\\ -\dfrac{K}{J} & -\dfrac{B_1}{J} & \dfrac{K}{JR} & 0\\ 0 & 0 & 0 & 1\\ \dfrac{K}{MR} & 0 & -\dfrac{K}{MR^2} & -\dfrac{B_2}{M}\end{pmatrix},\quad \boldsymbol{B}=\begin{pmatrix}0\\ \dfrac{1}{J}\\ 0\\ 0\end{pmatrix},\quad u=\tau_a(t)$$

输出方程为

$$y=x \tag{E2.9.5b}$$

式(E2.9.5)即为齿轮齿条机械系统的状态空间模型，这是用一阶微分方程组表示的模型。相比二阶微分方程组，一阶微分方程组更便于进行数值计算。状态空间模型是状态空间分析法的基本模型，便于进行系统能控性、能观性、稳定性、综合性分析及最优控制。

## 2.5.2 高阶微分方程的状态空间模型

对于用高阶微分方程描述的线性系统，可通过选择适当的状态变量，把运动方程转化为关于状态变量的一阶微分方程组，从而得到高阶系统的状态空间模型。在现代控制工程中，这个过程称为系统实现问题。

高阶系统的微分方程为

$$y^{(n)}+a_1y^{(n-1)}+a_2y^{(n-2)}+\cdots+a_{n-1}\dot{y}+a_ny=b_0u^{(m)}+b_1u^{(m-1)}+\cdots+b_{m-1}\dot{u}+b_mu \tag{2.5.1}$$

式中，$y$、$y^{(i)}$分别为系统输出函数及其各阶导数$(i=1,2,\cdots,n)$；$a_i$为常系数$(i=1,2,\cdots,n)$；$u$、$u^{(j)}$分别为系统的作用函数及各阶导数$(j=1,2,\cdots,m)$；$b_j$为常系数$(j=1,2,\cdots,m)$；$m\leqslant n$。

作用函数$u$及其各阶导数$u^{(j)}$、输出函数$y$及其各阶导数$y^{(i)}$均为时间$t$的函数，$(j=1,2,\cdots,m)$，$(i=1,2,\cdots,n)$。

下面分两种情况进行讨论。

1) 当高阶微分方程描述的线性系统的输入项中不包含作用函数的各阶导数项时

在这种情况下，系统的微分方程为

$$y^{(n)}+a_1y^{(n-1)}+a_2y^{(n-2)}+\cdots+a_{n-1}\dot{y}+a_ny=u \tag{2.5.2}$$

若已知初始条件$y(0)$、$y^{(i)}(0)$及$t\geqslant 0$时刻的作用函数$u$，则该系统在任何$t\geqslant 0$时刻的行为可完全确定$(i=1,2,\cdots,n-1)$。在这种情况下，可以选取$y$及$y^{(i)}$作为系统的状态变量$(i=1,2,\cdots,n-1)$。从数学处理上看，选系统输出函数及其导数作为状态变量是很方便的，在低阶系统中，它的物理意义较为明确。例如，在机械系统中，若$y$是系统的位移，则状态变量是位移、速度、加速度等，它可以用相应的传感器检测出来。

直接选取$y$、$y^{(i)}$为状态变量$(i=1,2,\cdots,n-1)$，有

$$\begin{cases}x_1=y\\x_2=\dot{x}_1=\dot{y}\\x_3=\dot{x}_2=y^{(2)}\\\vdots\\x_n=\dot{x}_{n-1}=y^{(n-1)}\end{cases} \tag{2.5.3}$$

则式(2.5.2)所示的$n$阶常微分方程可写成由$n$个一阶常微分方程组成的方程组，即有

$$\begin{cases}\dot{x}_1=x_2\\\dot{x}_2=x_3\\\vdots\\\dot{x}_{n-1}=x_n\\\dot{x}_n=-a_nx_1-a_{n-1}x_2\cdots-a_1x_n+u\end{cases} \tag{2.5.4}$$

将式(2.5.4)写成矩阵形式：

$$\begin{pmatrix}\dot{x}_1\\\dot{x}_2\\\vdots\\\dot{x}_n\end{pmatrix}=\begin{pmatrix}0&1&0&\cdots&0\\0&0&1&\cdots&0\\\vdots&\vdots&\vdots&\ddots&\vdots\\0&0&0&\cdots&1\\-a_n&-a_{n-1}&-a_{n-2}&\cdots&-a_1\end{pmatrix}\begin{pmatrix}x_1\\x_2\\\vdots\\x_n\end{pmatrix}+\begin{pmatrix}0\\0\\\vdots\\0\\1\end{pmatrix}u \tag{2.5.5}$$

写成状态方程为

$$\dot{\boldsymbol{X}}=\boldsymbol{AX}+\boldsymbol{B}u \tag{2.5.6a}$$

式中，

$$\dot{\boldsymbol{X}}=\begin{pmatrix}\dot{x}_1\\ \dot{x}_2\\ \vdots\\ \dot{x}_n\end{pmatrix},\quad \boldsymbol{X}=\begin{pmatrix}x_1\\ x_2\\ \vdots\\ x_n\end{pmatrix},\quad \boldsymbol{A}=\begin{pmatrix}0&1&0&\cdots&0\\ 0&0&1&\cdots&0\\ \vdots&\vdots&\vdots&\ddots&\vdots\\ 0&0&0&\cdots&1\\ -a_n&-a_{n-1}&-a_{n-2}&\cdots&-a_1\end{pmatrix},\quad \boldsymbol{B}=\begin{pmatrix}0\\ 0\\ \vdots\\ 0\\ 1\end{pmatrix}$$

输出方程为

$$y=\boldsymbol{CX} \tag{2.5.6b}$$

式中，$\boldsymbol{C}$ 为输出矩阵，具体形式可根据实际情况确定，若指定输出为 $x_1$，则有 $\boldsymbol{C}=\begin{pmatrix}1 & 0 & \cdots & 0\end{pmatrix}$，式(2.5.6)称为式(2.5.2)的状态空间模型。

需要指出，根据上述方法选取的状态变量并不是唯一的，也就是说系统的状态变量并不一定要求是其输出函数。

2) 当线性系统的运动方程中含有作用函数的导数项时

在这种情况下，系统运动微分方程为式(2.5.1)，此时若仍选取输出函数 $y$ 及其各阶导数 $y^{(i)}$ 为系统的状态变量 $(i=1,2,\cdots,n-1)$，由式(2.5.3)可得

$$\begin{cases}\dot{x}_1=x_2\\ \dot{x}_2=x_3\\ \vdots\\ \dot{x}_{n-1}=x_n\\ \dot{x}_n=-a_nx_1-a_{n-1}x_2\cdots-a_1x_n+b_0u^{(n)}+b_1u^{(n-1)}+\cdots+b_{n-1}\dot{u}+b_nu\end{cases} \tag{2.5.7}$$

假设作用函数 $u$ 在 $t=t_0$ 时刻出现一个有限跳跃，则式(2.5.7)表示的状态轨迹在 $t=t_0$ 时刻将产生无穷大跳跃。因此，即使在已知作用函数 $u$ 的情况下，在 $t=t_0$ 以后，系统的状态也不可能由选定的状态向量 $X$ 唯一确定，即此时可能无法得到唯一的解。因此，在线性系统的运动方程中含有作用函数的导数项时，不能将系统的输出函数 $y$ 及其各阶导数 $y^{(i)}$ 直接选作系统的状态变量 $(i=1,2,\cdots,n-1)$，因为这组变量不具备在已知系统输入和初始条件下完全确定系统未来运动状态的特性。

可见，对于式(2.5.1)表示的系统，选取状态变量的原则是，在包含状态变量的 $n$ 个一阶微分方程构成的系统状态方程中，任何一个微分方程均不含有作用函数的导数项。

根据上述原则，选取系统的状态变量如下：

$$\begin{cases}x_1=y-b_0u\\ x_2=\dot{x}_1-h_1u\\ x_3=\dot{x}_2-h_2u\\ \vdots\\ x_n=\dot{x}_{n-1}-h_{n-1}u\end{cases} \tag{2.5.8}$$

式中，

$$\begin{cases}h_1=b_1-a_1b_0\\ h_2=(b_2-a_2b_0)-a_1h_1\\ \vdots\\ h_n=(b_n-a_nb_0)-a_{n-1}h_1-a_{n-2}h_2-\cdots-a_2h_{n-2}-a_1h_{n-1}\end{cases} \tag{2.5.9}$$

通过式(2.5.8)所示的状态变量，可将系统的$n$阶常微分方程写成状态方程：

$$\begin{cases}\dot{x}_1 = x_2 + h_1 u \\ \dot{x}_2 = x_3 + h_2 u \\ \vdots \\ \dot{x}_{n-1} = x_n + h_{n-1} u \\ \dot{x}_n = -a_n x_1 - a_{n-1} x_2 \cdots - a_1 x_n + h_n u\end{cases} \tag{2.5.10}$$

将式(2.5.10)写成矩阵形式：

$$\begin{pmatrix}\dot{x}_1 \\ \dot{x}_2 \\ \vdots \\ \dot{x}_n\end{pmatrix} = \begin{pmatrix}0 & 1 & 0 & \cdots & 0 \\ 0 & 0 & 1 & \cdots & 0 \\ \vdots & \vdots & \vdots & \ddots & \vdots \\ 0 & 0 & 0 & \cdots & 1 \\ -a_n & -a_{n-1} & -a_{n-2} & \cdots & -a_1\end{pmatrix}\begin{pmatrix}x_1 \\ x_2 \\ \vdots \\ x_n\end{pmatrix} + \begin{pmatrix}h_1 \\ h_2 \\ \vdots \\ h_{n-1} \\ h_n\end{pmatrix} u \tag{2.5.11}$$

由式(2.5.8)的第一式得到输出方程为

$$y = \begin{pmatrix}1 & 0 & \cdots & 0\end{pmatrix}\begin{pmatrix}x_1 \\ x_2 \\ \vdots \\ x_n\end{pmatrix} + b_0 u \tag{2.5.12}$$

将式(2.5.11)和式(2.5.12)写成状态空间模型的标准形式，即

$$\begin{cases}\dot{\boldsymbol{X}} = \boldsymbol{A}\boldsymbol{X} + \boldsymbol{B}u \\ y = \boldsymbol{C}\boldsymbol{X} + Du\end{cases} \tag{2.5.13}$$

式中，$D = b_0$；

$$\boldsymbol{X} = \begin{pmatrix}x_1 \\ x_2 \\ \vdots \\ x_n\end{pmatrix};\quad \boldsymbol{A} = \begin{pmatrix}0 & 1 & 0 & \cdots & 0 \\ 0 & 0 & 1 & \cdots & 0 \\ \vdots & \vdots & \vdots & \ddots & \vdots \\ 0 & 0 & 0 & \cdots & 1 \\ -a_n & -a_{n-1} & -a_{n-2} & \cdots & -a_1\end{pmatrix};\quad \boldsymbol{B} = \begin{pmatrix}h_1 \\ h_2 \\ \vdots \\ h_{n-1} \\ h_n\end{pmatrix};\quad \boldsymbol{C} = \begin{bmatrix}1 & 0 & \cdots & 0\end{bmatrix}$$

线性系统运动方程不含作用函数导数项式(2.5.2)与包含作用函数导数项式(2.5.1)的状态方程的差别，只在于控制矩阵$\boldsymbol{B}$不同，而系统矩阵$\boldsymbol{A}$是一样的。其输出方程的差别是，包含作用函数导数项时，增加一项$b_0 u$。

**【例 2.10】** 设控制系统的运动方程为

$$\dddot{y} + 9\ddot{y} + 8\dot{y} + 3y = \ddot{u} + 4\dot{u} - u \tag{E2.10.1}$$

试写出该系统的状态空间表达式。

**解**：将式(E2.10.1)与式(2.5.1)比较，求得

$$a_1 = 9 \quad , \quad a_2 = 8 \quad , \quad a_3 = 3$$

$$b_0 = 0 \quad , \quad b_1 = 1 \quad , \quad b_2 = 4 \quad , \quad b_3 = 1$$

由式(2.5.9)计算得

$$h_1 = 1 \quad , \quad h_2 = -5 \quad , \quad h_3 = 38$$

根据上列各项数据，按式(2.5.11)和式(2.5.12)求得系统的状态空间模型为

$$\begin{pmatrix}\dot{x}_1\\ \dot{x}_2\\ \dot{x}_3\end{pmatrix}=\begin{pmatrix}0&1&0\\0&0&1\\-3&-8&-9\end{pmatrix}\begin{pmatrix}x_1\\x_2\\x_3\end{pmatrix}+\begin{pmatrix}1\\-5\\38\end{pmatrix}u$$

$$y=x_1$$

### 2.5.3　多自由度系统微分方程转换为状态空间模型

对于一般黏性阻尼多自由度机械系统，其动力学微分方程为

$$\boldsymbol{M}\ddot{\boldsymbol{x}}+\boldsymbol{C}\dot{\boldsymbol{x}}+\boldsymbol{K}\boldsymbol{x}=\boldsymbol{F} \tag{2.5.14}$$

式中，$\boldsymbol{M}$ 为正定矩阵，式(2.5.14)变换为

$$\ddot{\boldsymbol{x}}=-\boldsymbol{M}^{-1}\boldsymbol{C}\dot{\boldsymbol{x}}-\boldsymbol{M}^{-1}\boldsymbol{K}\boldsymbol{x}+\boldsymbol{M}^{-1}\boldsymbol{F} \tag{2.5.15}$$

引入辅助方程：

$$\dot{\boldsymbol{x}}=\dot{\boldsymbol{x}} \tag{2.5.16}$$

联立式(2.5.15)和式(2.5.16)，写成矩阵形式：

$$\begin{pmatrix}\dot{\boldsymbol{x}}\\ \ddot{\boldsymbol{x}}\end{pmatrix}=\begin{pmatrix}\boldsymbol{0}&\boldsymbol{I}\\-\boldsymbol{M}^{-1}\boldsymbol{K}&-\boldsymbol{M}^{-1}\boldsymbol{C}\end{pmatrix}\begin{pmatrix}\boldsymbol{x}\\ \dot{\boldsymbol{x}}\end{pmatrix}+\begin{pmatrix}\boldsymbol{0}\\ \boldsymbol{M}^{-1}\end{pmatrix}\boldsymbol{F} \tag{2.5.17}$$

式中，$\boldsymbol{0}$ 和 $\boldsymbol{I}$ 分别为与 $\boldsymbol{M}$ 同阶的零阶矩阵和单位矩阵。

选取状态向量 $\boldsymbol{X}=(\boldsymbol{x}\quad\dot{\boldsymbol{x}})^{\mathrm{T}}$，有 $\dot{\boldsymbol{X}}=(\dot{\boldsymbol{x}}\quad\ddot{\boldsymbol{x}})^{\mathrm{T}}$，则将式(2.5.17)变换为

$$\dot{\boldsymbol{X}}=\begin{pmatrix}\boldsymbol{0}&\boldsymbol{I}\\-\boldsymbol{M}^{-1}\boldsymbol{K}&-\boldsymbol{M}^{-1}\boldsymbol{C}\end{pmatrix}\boldsymbol{X}+\begin{pmatrix}\boldsymbol{0}\\ \boldsymbol{M}^{-1}\end{pmatrix}\boldsymbol{F} \tag{2.5.18}$$

式(2.5.18)即机械结构的状态方程，其输出方程为

$$\boldsymbol{y}=\boldsymbol{C}\boldsymbol{X}+\boldsymbol{D}\boldsymbol{F} \tag{2.5.19}$$

式中，$\boldsymbol{C}$ 为输出矩阵，可根据系统可测变量确定；$\boldsymbol{D}$ 为直接传递矩阵，一般情况下，$\boldsymbol{D}$ 为零矩阵。

将式(2.5.18)和式(2.5.19)联立，则得到机械结构状态空间模型为

$$\begin{cases}\dot{\boldsymbol{X}}=\boldsymbol{A}\boldsymbol{X}+\boldsymbol{B}\boldsymbol{u}\\ \boldsymbol{y}=\boldsymbol{C}\boldsymbol{X}\end{cases} \tag{2.5.20}$$

式中，

$$\boldsymbol{A}=\begin{pmatrix}\boldsymbol{0}&\boldsymbol{I}\\-\boldsymbol{M}^{-1}\boldsymbol{K}&-\boldsymbol{M}^{-1}\boldsymbol{C}\end{pmatrix},\quad \boldsymbol{B}=\begin{pmatrix}\boldsymbol{0}\\ \boldsymbol{M}^{-1}\end{pmatrix},\quad \boldsymbol{u}=\boldsymbol{F}$$

## 2.6　影响系数法

多自由度系统的运动微分方程的一般形式为

$$\boldsymbol{M}\ddot{\boldsymbol{x}}+\boldsymbol{C}\dot{\boldsymbol{x}}+\boldsymbol{K}\boldsymbol{x}=\boldsymbol{0} \tag{2.6.1}$$

式中，

$$\boldsymbol{M}=\begin{pmatrix}m_{11}&m_{12}&\cdots&m_{1n}\\m_{21}&m_{22}&\cdots&m_{2n}\\\vdots&\vdots&\ddots&\vdots\\m_{n1}&m_{n2}&\cdots&m_{nn}\end{pmatrix},\quad \boldsymbol{C}=\begin{pmatrix}c_{11}&c_{12}&\cdots&c_{1n}\\c_{21}&c_{22}&\cdots&c_{2n}\\\vdots&\vdots&\ddots&\vdots\\c_{n1}&c_{n2}&\cdots&c_{nn}\end{pmatrix},\quad \boldsymbol{K}=\begin{pmatrix}k_{11}&k_{12}&\cdots&k_{1n}\\k_{21}&k_{22}&\cdots&k_{2n}\\\vdots&\vdots&\ddots&\vdots\\k_{n1}&k_{n2}&\cdots&k_{nn}\end{pmatrix} \tag{2.6.2}$$

式中，$m_{ij}$ 称为质量影响系数；$c_{ij}$ 称为阻尼影响系数；$k_{ij}$ 称为刚度影响系数。

## 2.6.1 刚度影响系数

刚度影响系数$k_{ij}$定义为除 $j$ 点外的其他所有点固定，$j$ 点产生单位位移时在 $i$ 点所要施加的力。要维持这种状态，在 $i$ 点的合力 $F_i=\sum_{j=1}^{n}k_{ij}x_j$，$i=1,2,\cdots,n$，写成矩阵形式为

$$\boldsymbol{F}=\boldsymbol{K}\boldsymbol{x}$$

式中，

$$\boldsymbol{K}=\begin{pmatrix} k_{11} & k_{12} & \dots & k_{1n} \\ k_{21} & k_{22} & \dots & k_{2n} \\ \vdots & \vdots & \ddots & \vdots \\ k_{n1} & k_{n2} & \dots & k_{nn} \end{pmatrix}, \quad \boldsymbol{x}=\begin{pmatrix} x_1 \\ x_2 \\ \vdots \\ x_n \end{pmatrix}, \quad \boldsymbol{F}=\begin{pmatrix} F_1 \\ F_2 \\ \vdots \\ F_n \end{pmatrix}$$

关于刚度影响系数的几点说明：① 根据 Maxwell 互易定理，使 $j$ 点产生单位变形而其他点的变形为零时在 $i$ 点所需施加的力，与使 $i$ 点产生单位变形而其他点的变形为零时在 $j$ 点所需施加的力相等，故有 $k_{ij}=k_{ji}$，$\boldsymbol{K}$ 为对称矩阵；② 也可应用静力学和固体力学的原理计算刚度影响系数；③ 对于扭转系统的刚度影响系数，可按照单位角位移与产生此角位移所需的扭矩来定义。

确定刚度影响系数的步骤：① 假设从 $j=1$ 开始 $x_j$ 值等于 1，而在其他全部各点的位移 $x_1, x_2, \cdots, x_{j-1}, x_{j+1}, \cdots, x_n$ 均为零。根据定义，一些列的力 $k_{ij}$ 应使系统保持为这一假定的构型(如 $x_j=1, x_1=x_2=\cdots=x_{j-1}=x_{j+1}=\cdots=x_n=0$)。那么根据每个变量的全部静力学平衡方程，可得 $n$ 个刚度影响系数 $k_{ij}$。② 完成第 1 步后，对 $j=2, 3, \cdots, n$ 重复上述步骤。

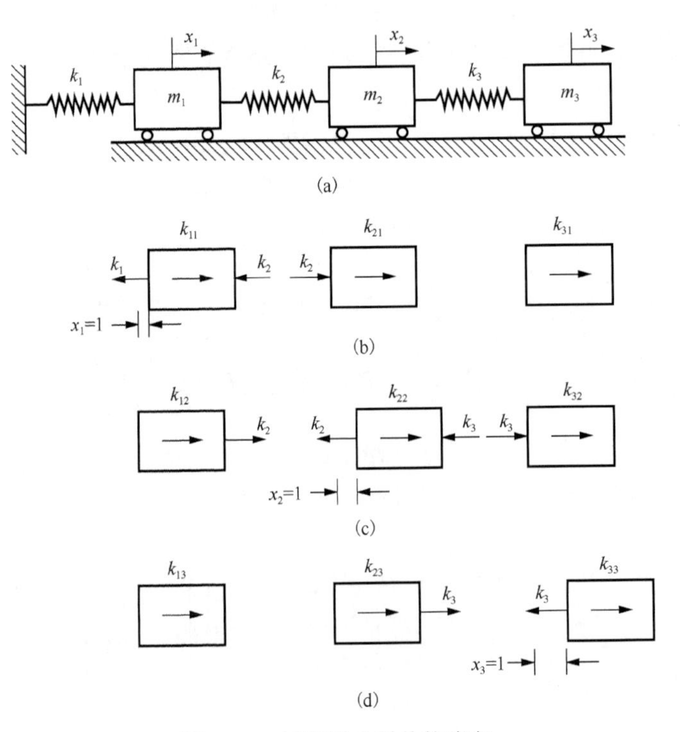


图 2.6.1　刚度影响系数的确定

试确定图 2.6.1 所示系统的刚度影响系数，图 2.6.1(a)中质量 $m_1$、$m_2$ 和 $m_3$ 的位移分别为 $x_1$、$x_2$ 和 $x_3$。

设 $x_1=1$，$x_2=x_3=0$，见图 2.6.1(b)，列写 $x$ 向力的平衡式，得到刚度影响系数的第一列。

对于 $m_1$：　$k_1=-k_2+k_{11}$　→　$k_{11}=k_1+k_2$

对于 $m_2$：　$k_{21}=-k_2$　→　$k_{21}=-k_2$

对于 $m_3$：　$k_{31}=0$　→　$k_{31}=0$

同理，设 $x_2=1$，$x_1=x_3=0$，见图 2.6.1(c)，列写 $x$ 向力的平衡式，得到刚度影响系数的第二列。

对于 $m_1$：　$k_{12}+k_2=0$　→　$k_{12}=-k_2$

对于 $m_2$：　$k_{22}-k_3=k_2$　→　$k_{22}=k_2+k_3$

对于 $m_3$：　$k_{32}=-k_3$　→　$k_{32}=-k_3$

最后，设 $x_3=1$，$x_1=x_2=0$，见图 2.6.1(d)，列写 $x$ 向力的平衡式，得到刚度影响系数的第三列。

对于 $m_1$：　$k_{13}=0$　→　$k_{13}=0$

对于 $m_2$：　$k_{23}+k_3=0$　→　$k_{23}=-k_3$

对于 $m_3$：　$k_{33}=k_3$　→　$k_{33}=k_3$

因此，刚度影响系数矩阵为

$$\boldsymbol{K}=\begin{pmatrix} k_1+k_2 & -k_2 & 0 \\ -k_2 & k_2+k_3 & -k_3 \\ 0 & -k_3 & k_3 \end{pmatrix}$$

确定刚度影响系数 $k_{ij}$ 需要用到静力学平衡方程，当 $n$ 较大时，意味着会有很大的计算工作量，用柔度影响系数 $\delta_{ij}$ 计算较简单。

## 2.6.2　柔度影响系数

柔度影响系数 $\delta_{ij}$ 定义为在 $j$ 点上施加单位载荷时所引起的 $i$ 点的位移。对于线性系统，位移与载荷成正比，有 $x_{ij}=\delta_{ij}F_j$，其中 $x_{ij}$ 为 $i$ 点的位移；$F_j$ 为在 $j$ 点施加的力。$i$ 点的位移总和为 $x_i=\sum_{j=1}^{n}x_{ij}=\sum_{j=1}^{n}\delta_{ij}F_j$，$i=1,2,\cdots,n$，写成矩阵形式为

$$\boldsymbol{x}=\boldsymbol{\Delta F}$$

式中，

$$\boldsymbol{\Delta}=\begin{pmatrix} \delta_{11} & \delta_{12} & \dots & \delta_{1n} \\ \delta_{21} & \delta_{22} & \dots & \delta_{2n} \\ \vdots & \vdots & \ddots & \vdots \\ \delta_{n1} & \delta_{n2} & \dots & \delta_{nn} \end{pmatrix}$$

关于柔度影响系数的几点说明：① 刚度影响系数矩阵与柔度影响系数矩阵是互逆的；② 柔度影响系数矩阵为对称矩阵，即 $\delta_{ij}=\delta_{ji}$；③ 在扭振系统中，$\delta_{ij}$ 定义为在 $j$ 点上施加单

位力矩所引起 $i$ 点的角位移；④ 刚度影响系数矩阵与柔度影响系数矩阵的关系为 $\boldsymbol{K}=\boldsymbol{\Delta}^{-1}$，$\boldsymbol{\Delta}=\boldsymbol{K}^{-1}$。

确定柔度影响系数的步骤：① 假定在 $j$ 点(从 $j=1$ 开始)作用一个单位载荷，根据定义，在其他各点 $i$ 产生的位移即为柔度影响系数 $\delta_{ij}$，所以可用静力学与固体力学中的简单原理求得 $\delta_{ij}$，其中 $i=1, 2, \cdots, n$。② 在完成 $j=1$ 的第 1 步后，对 $j=2, 3, \cdots, n$ 重复上述步骤。若刚度影响系数矩阵已知，柔度影响系数矩阵也可以通过求刚度影响系数矩阵的逆矩阵得到。

试确定图 2.6.2 所示系统的柔度影响系数，图 2.6.2(a) 中质量 $m_1$、$m_2$ 和 $m_3$ 的位移分别为 $x_1$、$x_2$ 和 $x_3$。

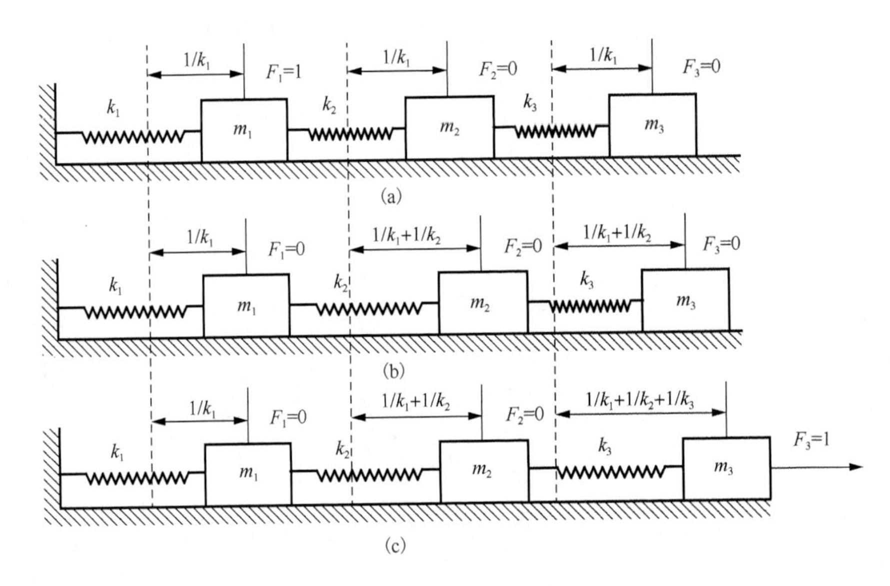


图 2.6.2　柔度影响系数的确定

设作用在质量 $m_1$ 上的力为 $F_1=1$ 且 $F_2=F_3=0$，见图 2.6.2(a)，$x$ 向力的平衡式如下。

对于质量 $m_1$：　$k_1\delta_{11}=k_2(\delta_{21}-\delta_{11})+1$

对于质量 $m_2$：　$k_2(\delta_{21}-\delta_{11})=k_3(\delta_{31}-\delta_{21})$

对于质量 $m_3$：　$k_3(\delta_{31}-\delta_{21})=0$

整理后得到柔度影响系数矩阵的第一列：

$$\delta_{11}=\delta_{21}=\delta_{31}=\frac{1}{k_1}$$

接下来，设 $F_2=1$，$F_1=F_3=0$，见图 2.6.2(b)，$x$ 向力的平衡式如下。

对于质量 $m_1$：　$k_1\delta_{12}=k_2(\delta_{22}-\delta_{11})$

对于质量 $m_2$：　$k_2(\delta_{22}-\delta_{12})=k_3(\delta_{32}-\delta_{22})+1$

对于质量 $m_3$：　$k_3(\delta_{32}-\delta_{22})=0$

整理后得到柔度影响系数矩阵的第二列：

$$\delta_{12}=\frac{1}{k_1},\quad \delta_{22}=\delta_{32}=\frac{1}{k_1}+\frac{1}{k_2}$$

最后，设 $F_3=1$，$F_1=F_3=0$，见图 2.6.2(c)，$x$ 向力的平衡式如下。

对于质量 $m_1$：　　$k_1\,\delta_{13}=k_2(\delta_{23}-\delta_{13})$

对于质量 $m_2$：　　$k_2(\delta_{23}-\delta_{13})=k_3(\delta_{33}-\delta_{23})$

对于质量 $m_3$：　　$k_3(\delta_{33}-\delta_{23})=1$

整理后得到柔度影响系数矩阵的第三列：

$$\delta_{13}=\frac{1}{k_1}\text{，}\quad \delta_{23}=\frac{1}{k_1}+\frac{1}{k_2}\text{，}\quad \delta_{33}=\frac{1}{k_1}+\frac{1}{k_2}+\frac{1}{k_3}$$

因此，有

$$\boldsymbol{\Delta}=\begin{pmatrix}\delta_{11} & \delta_{12} & \delta_{13}\\ \delta_{21} & \delta_{22} & \delta_{23}\\ \delta_{31} & \delta_{32} & \delta_{33}\end{pmatrix}=\begin{pmatrix}\dfrac{1}{k_1} & \dfrac{1}{k_1} & \dfrac{1}{k_1}\\ \dfrac{1}{k_1} & \dfrac{1}{k_1}+\dfrac{1}{k_2} & \dfrac{1}{k_1}+\dfrac{1}{k_2}\\ \dfrac{1}{k_1} & \dfrac{1}{k_1}+\dfrac{1}{k_2} & \dfrac{1}{k_1}+\dfrac{1}{k_2}+\dfrac{1}{k_3}\end{pmatrix}$$

对于图 2.6.1(a)所示的系统，也可用柔度影响系数来建立运动微分方程。设 $x_1$、$x_2$、$x_3$ 分别表示质量 $m_1$、$m_2$、$m_3$ 的位移，系统运动时，质量的惯性力使弹簧产生变形，对于线性弹性体，应用叠加原理可得到

$$x_1=(-m_1\ddot{x}_1)\delta_{11}+(-m_2\ddot{x}_2)\delta_{12}+(-m_3\ddot{x}_3)\delta_{13}$$
$$x_2=(-m_1\ddot{x}_1)\delta_{21}+(-m_2\ddot{x}_2)\delta_{22}+(-m_3\ddot{x}_3)\delta_{23}$$
$$x_3=(-m_1\ddot{x}_1)\delta_{31}+(-m_2\ddot{x}_2)\delta_{32}+(-m_3\ddot{x}_3)\delta_{33}$$

写成矩阵形式：

$$\begin{pmatrix}x_1\\ x_2\\ x_3\end{pmatrix}=\begin{pmatrix}\delta_{11} & \delta_{12} & \delta_{13}\\ \delta_{21} & \delta_{22} & \delta_{23}\\ \delta_{31} & \delta_{32} & \delta_{33}\end{pmatrix}\begin{pmatrix}m_1 & 0 & 0\\ 0 & m_2 & 0\\ 0 & 0 & m_3\end{pmatrix}\begin{pmatrix}-\ddot{x}_1\\ -\ddot{x}_2\\ -\ddot{x}_2\end{pmatrix}$$

或

$$\boldsymbol{x}=-\boldsymbol{\Delta}\boldsymbol{M}\ddot{\boldsymbol{x}} \tag{2.6.3}$$

和

$$\boldsymbol{\Delta}\boldsymbol{M}\ddot{\boldsymbol{x}}+\boldsymbol{x}=0 \tag{2.6.4}$$

对于任意一个 $n$ 自由度无阻尼系统，式(2.6.4)都是正确的，称为位移方程，它是振动微分方程的另一种形式。

$n$ 自由度无阻尼系统的作用力方程写为

$$\boldsymbol{M}\ddot{\boldsymbol{x}}+\boldsymbol{K}\boldsymbol{x}=0 \tag{2.6.5}$$

如果 $\boldsymbol{K}$ 是非奇异的，即 $\boldsymbol{K}$ 的逆矩阵 $\boldsymbol{K}^{-1}$ 存在，那么对式(2.6.5)两端左乘 $\boldsymbol{K}^{-1}$，得

$$\boldsymbol{x}=\boldsymbol{K}^{-1}(-\boldsymbol{M}\ddot{\boldsymbol{x}})$$

与式(2.6.4)比较，有

$$\boldsymbol{\Delta}=\boldsymbol{K}^{-1} \tag{2.6.6}$$

可见，柔度影响系数矩阵$\boldsymbol{\Delta}$与刚度影响系数矩阵 $\boldsymbol{K}$ 之间为互逆关系。当 $\boldsymbol{K}$ 是非奇异时，刚度影响系数矩阵 $\boldsymbol{K}$ 与柔度影响系数矩阵$\boldsymbol{\Delta}$互为逆矩阵；当刚度影响系数矩阵是奇异时，不存在逆矩阵 $\boldsymbol{K}^{1}$，即无柔度影响系数矩阵，此时系统的平衡位置有无限多个或者说其有刚体运动。如图 2.6.3 所示的无约束系统，系统具有刚体运动，因此柔度影响系数矩阵不存在。

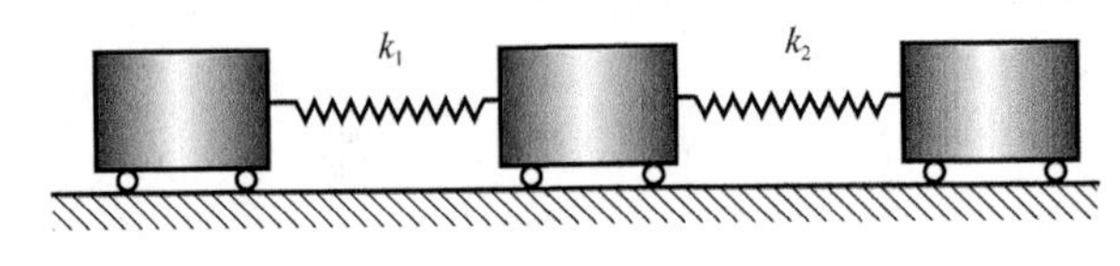


图 2.6.3　无约束系统

## 2.6.3　惯性影响系数

惯性影响系数 $m_{ij}$ 定义为作用在 $i$=1, 2, …, $n$ 点的力，使 $j$ 点产生单位加速度，$j=1,2,\cdots,n$，而在其他各点产生的加速度为零（即 $\ddot{x}_j=1$，$\ddot{x}_1=\ddot{x}_2=\cdots=\ddot{x}_{j-1}=\ddot{x}_{j+1}=\cdots=\ddot{x}_n=0$）。于是，对一个多自由度系统，作用在 $i$ 点的总力 $F_i$ 可以通过对引起加速度 $\ddot{x}_j$ 的各力求和得到，即 $F_i=\sum_{j=1}^{n}m_{ij}\ddot{x}_j$，写成矩阵形式为

$$\boldsymbol{F}=\boldsymbol{m}\ddot{\boldsymbol{x}} \tag{2.6.7}$$

式中，$\boldsymbol{M}$、$\ddot{\boldsymbol{x}}$ 与 $\boldsymbol{F}$ 分别为质量矩阵、加速度向量和力向量。

$$\boldsymbol{M}=\begin{pmatrix} m_{11} & m_{12} & \cdots & m_{1n} \\ m_{21} & m_{22} & \cdots & m_{2n} \\ \vdots & \vdots & \ddots & \vdots \\ m_{n1} & m_{n2} & \cdots & m_{nn} \end{pmatrix},\quad \ddot{\boldsymbol{x}}=\begin{pmatrix} \ddot{x}_1 \\ \ddot{x}_2 \\ \vdots \\ \ddot{x}_n \end{pmatrix},\quad \boldsymbol{F}=\begin{pmatrix} F_1 \\ F_2 \\ \vdots \\ F_n \end{pmatrix}$$

对于线性系统，惯性影响系数是对称的，即 $m_{ij}=m_{ji}$。

确定惯性影响系数的步骤如下：① 假设一组作用在各个点 $i$ 上的力 $F_i$，所引起 $j$ 点的加速度为单位加速度（$\ddot{x}_j=1$，从 $j=1$ 开始），而其他各点的加速度为零（即 $\ddot{x}_j=1$，$\ddot{x}_1=\ddot{x}_2=\cdots=\ddot{x}_{j-1}=\ddot{x}_{j+1}=\cdots=\ddot{x}_n=0$），根据定义，这组力 $F_i$ 就表示惯性影响系数 $m_{ij}$。② 在完成 $j=1$ 的计算后，对 $j=2,3,\cdots,n$，分别重复以上计算。

另外，惯性影响系数 $m_{ij}$ 可以用系统的动能表达式导出，也可以借助冲量-动量关系计算。惯性影响系数 $m_{1j}, m_{2j}, \cdots, m_{nj}$ 可以分别定义为作用在 $i$=1, 2, …, $n$ 点的冲量，以使 $j$ 点产生单位速度，$j=1,2,\cdots,n$，而在其他各点产生的速度为零（即 $\dot{x}_j=1$，$\dot{x}_1=\dot{x}_2=\cdots=\dot{x}_{j-1}=\dot{x}_{j+1}=\cdots=\dot{x}_n=0$）。于是，对一个多自由度系统，作用在点 $i$ 的总冲量可以通过对引起速度 $\dot{x}_j$ 的各冲量求和，得到 $F_i=\sum_{j=1}^{n}m_{ij}\dot{x}_j$，写成矩阵形式为

$$\boldsymbol{F}=\boldsymbol{M}\dot{\boldsymbol{x}} \tag{2.6.8}$$

式中，$\boldsymbol{M}$、$\dot{\boldsymbol{x}}$ 与 $\boldsymbol{F}$ 分别为质量矩阵、速度向量和冲量向量。

$$M=\begin{pmatrix} m_{11} & m_{12} & \cdots & m_{1n} \\ m_{21} & m_{22} & \cdots & m_{2n} \\ \vdots & \vdots & \ddots & \vdots \\ m_{n1} & m_{n2} & \cdots & m_{nn} \end{pmatrix}, \quad \dot{x}=\begin{pmatrix} \dot{x}_1 \\ \dot{x}_2 \\ \vdots \\ \dot{x}_n \end{pmatrix}, \quad F=\begin{pmatrix} F_1 \\ F_2 \\ \vdots \\ F_n \end{pmatrix}$$

对于线性系统，惯性影响系数是对称的，即 $m_{ij}=m_{ji}$。

此时，确定惯性影响系数的步骤如下：① 假设一组作用在各个点 $i$ 上的冲量 $f_{ij}$，引起 $j$ 点的速度为单位速度（$\dot{x}_j=1$，从 $j=1$ 开始），而其他各点的速度为零（即 $\dot{x}_j=1$，$\dot{x}_1=\dot{x}_2=\cdots=\dot{x}_{j-1}=\dot{x}_{j+1}=\cdots=\dot{x}_n=0$）。根据定义，这组冲量 $f_{ij}$ 就表示惯性影响系数 $m_{ij}$。② 在完成 $j=1$ 的计算后，对 $j=2,3,\cdots,n$，分别重复以上计算。

确定如图 2.6.4 所示的拖车与复摆系统的惯性影响系数。令 $x(t)$ 和 $\theta(t)$ 分别表示拖车 $(M)$ 与复摆 $(m)$ 的直线位置与角位置坐标。

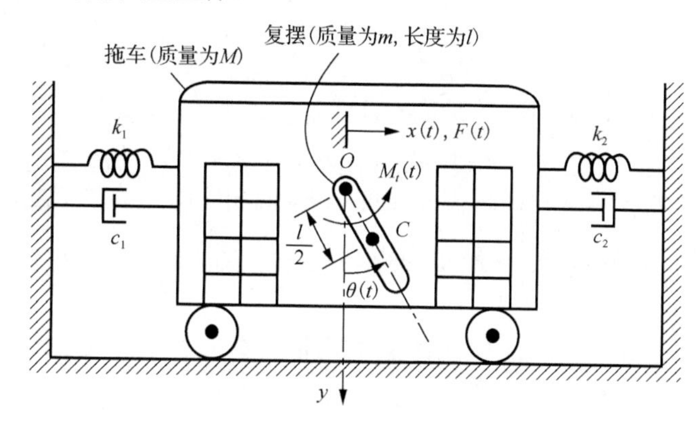


图 2.6.4　拖车与复摆系统

(1) 作用大小为 $f_{11}$ 和 $f_{21}$，分别沿 $x(t)$ 和 $\theta(t)$ 方向的冲量，使得 $\dot{x}=1$，$\dot{\theta}=0$。由线冲量-线动量方程可以得到

$$f_{11}=(M+m)\times 1=M+m$$

由角冲量-角动量方程可以得

$$f_{21}=m\times 1\times\frac{l}{2}=\frac{ml}{2}$$

(2) 作用大小为 $f_{12}$ 和 $f_{22}$，分别沿 $x(t)$ 和 $\theta(t)$ 方向的冲量，使得 $\dot{x}=0$，$\dot{\theta}=1$。由角冲量-角动量方程可以得到

$$f_{12}=m\times 1\times\frac{l}{2}=\frac{ml}{2}$$

由线冲量-线动量方程，得

$$f_{22}=\frac{ml^2}{3}\times 1=\frac{ml^2}{3}$$

因此，惯性影响系数矩阵为

$$M=\begin{pmatrix} M+m & \dfrac{ml}{2} \\ \dfrac{ml}{2} & \dfrac{ml^2}{3} \end{pmatrix}$$

## 2.6.4 阻尼影响系数

阻尼影响系数 $c_{ij}$ 定义为作用在 $i$=1, 2, …, $n$ 点的力，以使 $j$ 点产生单位速度，而在其他各点产生的速度为零（$\dot{x}_j=1$，$\dot{x}_1=\dot{x}_2=\cdots=\dot{x}_{j-1}=\dot{x}_{j+1}=\cdots=\dot{x}_n=0$）。于是，对一个多自由度系统，作用在点 $i$ 的总力 $F_i$ 可以通过对引起速度 $\dot{x}_j$ 的各力求和得到（$j=1,2,\cdots,n$），即 $F_i=\sum_{j=1}^{n}c_{ij}\dot{x}_j$，写成矩阵形式：

$$\boldsymbol{F}=\boldsymbol{c}\dot{\boldsymbol{x}} \tag{2.6.9}$$

式中，$\boldsymbol{c}$、$\dot{\boldsymbol{x}}$ 与 $\boldsymbol{F}$ 分别为阻尼影响系数矩阵、速度向量和力向量。

$$\boldsymbol{c}=\begin{pmatrix} c_{11} & c_{12} & \cdots & c_{1n} \\ c_{21} & c_{22} & \cdots & c_{2n} \\ \vdots & \vdots & \ddots & \vdots \\ c_{n1} & c_{n2} & \cdots & c_{nn} \end{pmatrix}, \quad \dot{\boldsymbol{x}}=\begin{pmatrix} \dot{x}_1 \\ \dot{x}_2 \\ \vdots \\ \dot{x}_n \end{pmatrix}, \quad \boldsymbol{F}=\begin{pmatrix} F_1 \\ F_2 \\ \vdots \\ F_n \end{pmatrix}$$

对于线性系统，阻尼影响系数是对称的，即 $c_{ij}=c_{ji}$。

确定阻尼影响系数的步骤：① 假设一组作用在各个点 $i$ 上的力 $F_i$，所引起 $j$ 点的速度为单位速度（$\dot{x}_j=1$，从 $j=1$ 开始），而其他各点的速度为零（例如 $\dot{x}_j=1$，$\dot{x}_1=\dot{x}_2=\cdots=\dot{x}_{j-1}=\dot{x}_{j+1}=\cdots=\dot{x}_n=0$），根据定义，这组力 $F_i$ 就表示惯性影响系数 $c_{ij}$。② 在完成 $j=1$ 的计算后，对于 $j=2,3,\cdots,n$，分别重复以上计算。

如图 2.6.5 所示的三自由度有阻尼系统，利用惯性影响系数、阻尼影响系数和刚度影响系数的定义建立系统的运动微分方程。

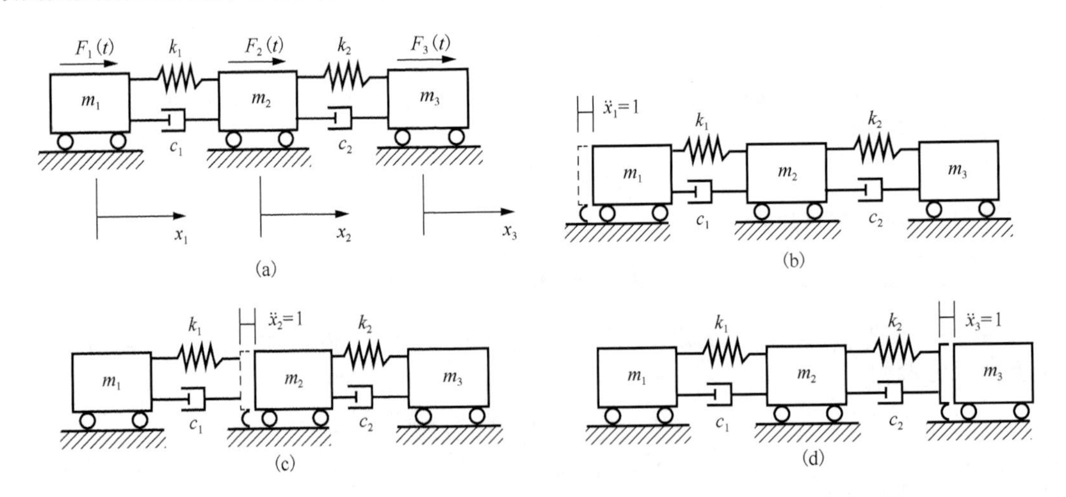


图 2.6.5　三自由度有阻尼系统

质量 $m_1$、$m_2$ 和 $m_3$ 的位移分别为 $x_1$、$x_2$ 和 $x_3$，图 2.6.5 中给出了在质点施加单位加速度的受力平衡关系。只要将单位加速度分别换成单位速度、单位位移，可分别得到确定阻尼影响系数和刚度影响系数的平衡示意图（不再单独画出）。通过列表形式给出确定影响系数的过程，见表 2.6.1。

表 2.6.1　影响系数的确定

| 质点加速度 | $\ddot{x}_1=1,\ddot{x}_2=\ddot{x}_3=0$ | $\ddot{x}_2=1,\ddot{x}_1=\ddot{x}_3=0$ | $\ddot{x}_1=\ddot{x}_2=0,\ddot{x}_3=1$ |
| --- | --- | --- | --- |
| 惯性影响系数 | $m_{11}=m_1\ddot{x}_1=m_1$<br>$m_{21}=0$<br>$m_{31}=0$ | $m_{12}=0$<br>$m_{22}=m_2\ddot{x}_2=m_2$<br>$m_{32}=0$ | $m_{13}=0$<br>$m_{23}=0$<br>$m_{33}=m_3\ddot{x}_3=m_3$ |
| 质点速度 | $\dot{x}_1=1,\dot{x}_2=\dot{x}_3=0$ | $\dot{x}_2=1,\dot{x}_1=\dot{x}_3=0$ | $\dot{x}_1=\dot{x}_2=0,\dot{x}_3=1$ |
| 阻尼影响系数 | $c_{11}=c_1\dot{x}_1=c_1$<br>$c_{21}=c_1(\dot{x}_2-\dot{x}_1)=-c_1$<br>$c_{31}=c_1\dot{x}_3=0$ | $c_{12}=c_1(\dot{x}_2-\dot{x}_1)=-c_1$<br>$c_{22}=c_1\dot{x}_2+c_2\dot{x}_2=c_1+c_2$<br>$c_{32}=c_2(\dot{x}_3-\dot{x}_2)=-c_2$ | $c_{13}=c_2\dot{x}_1=0$<br>$c_{23}=c_2(\dot{x}_3-\dot{x}_2)=-c_2$<br>$c_{33}=c_2\dot{x}_3=c_2$ |
| 质点位移 | $x_1=1,x_2=x_3=0$ | $x_2=1,x_1=x_3=0$ | $x_1=x_2=0,x_3=1$ |
| 刚度影响系数 | $k_{11}=k_1x_1=k_1$<br>$k_{21}=k_1(x_2-x_1)=-k_1$<br>$k_{31}=k_1x_3=0$ | $k_{12}=k_1(x_2-x_1)=-k_1$<br>$k_{22}=k_1x_2+k_2x_2=k_1+k_2$<br>$k_{32}=k_2(x_3-x_2)=-k_2$ | $k_{13}=k_2x_1=0$<br>$k_{23}=k_2(x_3-x_2)=-k_2$<br>$k_{33}=k_2x_3=k_2$ |

由表 2.6.1 可得

$$\boldsymbol{M}=\begin{pmatrix} m_1 & 0 & 0 \\ 0 & m_2 & 0 \\ 0 & 0 & m_3 \end{pmatrix},\quad \boldsymbol{C}=\begin{pmatrix} c_1 & -c_1 & 0 \\ -c_1 & c_1+c_2 & -c_2 \\ 0 & -c_2 & c_3 \end{pmatrix}$$

$$\boldsymbol{K}=\begin{pmatrix} k_1 & -k_1 & 0 \\ -k_1 & k_1+k_2 & -k_2 \\ 0 & -k_2 & k_3 \end{pmatrix},\quad \boldsymbol{F}=\begin{bmatrix} F_1 \\ F_2 \\ F_3 \end{bmatrix}$$

系统的运动微分方程为

$$\boldsymbol{M}\ddot{\boldsymbol{x}}+\boldsymbol{C}\dot{\boldsymbol{x}}+\boldsymbol{K}\boldsymbol{x}=\boldsymbol{F}$$

如图 2.6.6 所示的带转动的系统，利用惯性影响系数和刚度影响系数建立系统的运动微分方程。

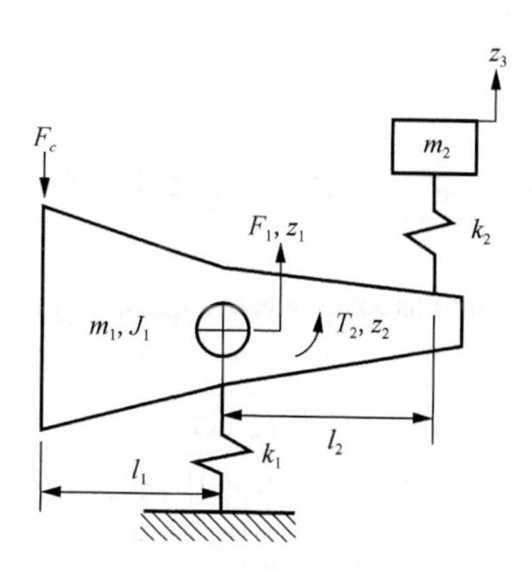


图 2.6.6　带转动的系统

这是一个平动加旋转的机构，转动体的质量为 $m_1$，转动惯量为 $J_1$。端部质量块 $m_2$ 分别由弹簧 $k_1$、$k_2$ 支承。系统的广义坐标分别为 $z_1$、$z_2$、$z_3$，分别表示转动体的平动位移、转动位移和端部质量块的平动位移。

仍然采用列表形式给出影响系数，见表 2.6.2。

表 2.6.2　带转动系统影响系数的确定

| 质点加速度 | $\ddot{z}_1=1,\ddot{z}_2=\ddot{z}_3=0$ | $\ddot{z}_2=1,\ddot{z}_1=\ddot{z}_3=0$ | $\ddot{z}_1=\ddot{z}_2=0,\ddot{z}_3=1$ |
|---|---|---|---|
| 示意图 | | | |
| 惯性影响系数 | $m_{11}=m_1\ddot{z}_1=m_1$<br>$m_{21}=0$<br>$m_{31}=0$ | $m_{12}=0$<br>$m_{22}=J_1\ddot{z}_2=J_1$<br>$m_{23}=0$ | $m_{13}=0$<br>$m_{23}=0$<br>$m_{23}=m_2\ddot{z}_3=m_2$ |
| 质点位移 | $z_1=1,z_2=z_3=0$ | $z_2=1,z_1=z_3=0$ | $z_1=z_2=0,z_3=1$ |
| 示意图 | | | |
| 刚度影响系数 | $k_{11}=k_1z_1+k_2z_1=k_1+k_2$<br>$k_{21}=k_2l_2$<br>$k_{31}=-k_2$ | $k_{12}=k_2l_2$<br>$k_{22}=l_2^2k_2$<br>$k_{32}=-k_2l_2$ | $k_{13}=-k_2$<br>$k_{23}=-k_2l_2$<br>$k_{33}=k_2$ |

系统的运动微分方程为

$$\begin{bmatrix} m_1 & 0 & 0 \\ 0 & J_1 & 0 \\ 0 & 0 & m_2 \end{bmatrix}\begin{bmatrix} \ddot{z}_1 \\ \ddot{z}_2 \\ \ddot{z}_3 \end{bmatrix}+\begin{bmatrix} (k_1+k_2) & l_2k_2 & -k_2 \\ l_2k_2 & l_2^2k_2 & -l_2k_2 \\ -k_2 & -l_2k_2 & k_2 \end{bmatrix}\begin{bmatrix} z_1 \\ z_2 \\ z_3 \end{bmatrix}=\begin{bmatrix} F_1 \\ T_2 \\ 0 \end{bmatrix}=\begin{bmatrix} -F_c \\ F_cl_1 \\ 0 \end{bmatrix}$$

式中，$F_1=-F_c$；$T_2=-F_cl_1$。

# 2.7　连续系统的振动模型

实际振动系统的惯性、弹性和阻尼都是连续分布的，因而称为连续系统或分布参数系统。确定连续系统中无数个质点的运动形态需要无限多个广义坐标，因此连续系统又称为无限自由度系统。连续系统在概念上包括由各种材料制成的弦、杆、轴、梁、膜、板、环、壳，以及各类结构。本节的研究对象限于由均匀的、各向同性线弹性材料制成的杆、轴、梁及薄板，简称弹性体。

## 2.7.1　杆的纵向振动

弹性杆、轴和弦是工程中最基本的构件或部件，例如，各种机构中的连杆、机床主轴和机构中的传动轴、高压输电线可分别简化为杆、轴和弦。

分析杆的纵向振动时，认为杆的横截面在振动中仍保持平面且和原截面保持平行，在这些截面上的点只做沿轴线方向的运动，略去由杆纵向振动引起的横向变形。

分析长度为 $l$ 的直杆，取杆的轴线为 $x$ 轴。记杆在坐标 $x$ 处的横截面面积为 $A(x)$ 、弹性模量为 $E(x)$ 、单位体积质量为 $\rho(x)$ 。用 $u(x,t)$ 表示坐标为 $x$ 的截面在时刻 $t$ 的纵向位移，$f(x,t)$ 是单位长度上均匀分布的轴向外力。取长为 $\mathrm{d}x$ 的杆微段为分离体进行受力分析，如图 2.7.1 所示。下面为了书写简洁，略去自变量 $t$ 和 $x$ 。由材料力学知，该微段左端面的纵向应变和轴向力分别为

$$\varepsilon = \frac{\partial u}{\partial x} \quad , \qquad N = E\varepsilon A = EA\frac{\partial u}{\partial x} \tag{2.7.1}$$

根据牛顿第二定律，有

$$\rho A \mathrm{d}x \frac{\partial^2 u}{\partial t^2} = \left( N + \frac{\partial N}{\partial x}\mathrm{d}x \right) - N + f\mathrm{d}x \tag{2.7.2}$$

将式(2.7.1)代入式(2.7.2)，得

$$\rho A \mathrm{d}x \frac{\partial^2 u}{\partial t^2} = \frac{\partial}{\partial x}\left( EA\frac{\partial u}{\partial x} \right) + f \tag{2.7.3}$$

这就是直杆纵向强迫振动的微分方程。对于均匀材料的等截面直杆，$EA$ 为常数，方程(2.7.3)可简化为

$$\frac{\partial^2 u}{\partial t^2} = c_1^2 \frac{\partial^2 u}{\partial x^2} + \frac{1}{\rho A} f \tag{2.7.4}$$

式中，$c_1 = \sqrt{\dfrac{E}{\rho}}$ ，是杆内弹性纵波沿杆纵向的传播速度。

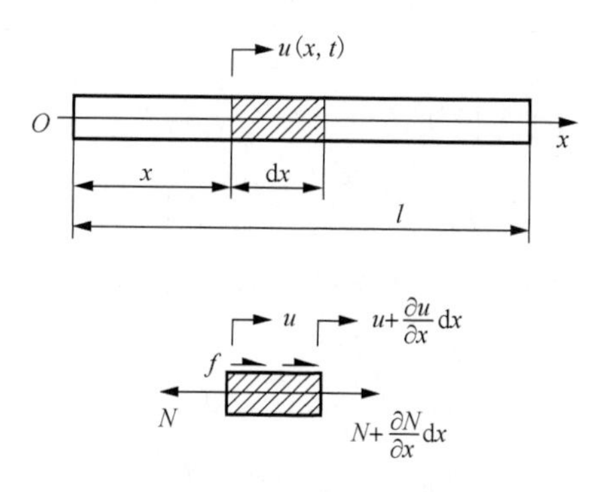


图 2.7.1　直杆及其微段受力分析

考虑自由振动，令方程(2.7.4)中 $f=0$ ，得到等截面直杆做纵向自由振动的偏微分方程为

$$\frac{\partial^2 u}{\partial t^2} = c_1^2 \frac{\partial^2 u}{\partial x^2} \tag{2.7.5}$$

当弹性体在空气或液体中低速运动时，应考虑其受到的黏性阻尼力。以等截面均质直杆为例，根据式(2.7.5)，计及黏性阻尼的直杆的纵向自由振动微分方程为

$$\rho A \frac{\partial^2 u}{\partial t^2} + b\frac{\partial u}{\partial t} - EA\frac{\partial^2 u}{\partial x^2} = 0 \tag{2.7.6}$$

式中，$b$ 为直杆的黏性阻尼系数。

## 2.7.2　圆轴的扭转振动

分析圆轴的扭转振动时，依照材料力学中的纯扭转假设，认为圆轴的横截面在扭转振动中仍保持平面。严格来讲，只有等截面圆轴才能满足这一要求。

取圆轴的轴线作为$x$轴，设圆轴的长度为$x$，截面极惯性矩为$J_p(x)$，材料的剪切模量为$G(x)$，密度为$\rho(x)$。用$\theta(x,t)$表示坐标为$x$的截面在时刻$t$的角位移，$M_e(x,t)$是单位长度轴上分布的外扭矩。取长为d$x$的轴微段作为分离体进行受力分析，如图 2.7.2 所示。

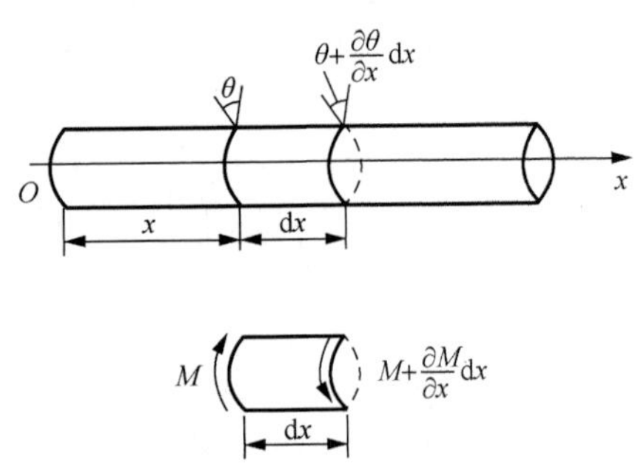


图 2.7.2　圆轴微段受力分析

根据材料力学，圆轴的扭转角应变和扭矩分别为

$$\gamma=\frac{\partial\theta}{\partial x}\quad,\qquad M_t=GJ_p\gamma=GJ_p\frac{\partial\theta}{\partial x}\tag{2.7.7}$$

由理论力学知，圆轴微段的转动惯量为$\rho J_p\mathrm{d}x$，根据动量矩定理有

$$\rho J_p\mathrm{d}x\frac{\partial^2\theta}{\partial t^2}=\left[M_t+\frac{\partial M_t}{\partial x}\mathrm{d}x\right]-M_t+M_e\mathrm{d}x\tag{2.7.8}$$

将式(2.7.7)代入式(2.7.8)，得到圆轴扭转振动微分方程为

$$\rho J_p\frac{\partial^2\theta}{\partial t^2}=\frac{\partial}{\partial x}\left(GJ_p\frac{\partial\theta}{\partial x}\right)+M_e\tag{2.7.9}$$

对于均匀材料的等截面圆轴，$GJ_p$为常数，方程(2.7.9)化为

$$\frac{\partial^2\theta}{\partial t^2}=c_2^2\frac{\partial^2\theta}{\partial x^2}+\frac{1}{\rho J_p}M_e\tag{2.7.10}$$

式中，$c_2=\sqrt{\dfrac{G}{\rho}}$，是圆轴内剪切弹性波沿轴纵向的传播速度。

对于自由振动，$M_e=0$，方程(2.7.10)变为

$$\frac{\partial^2\theta}{\partial t^2}=c_2^2\frac{\partial^2\theta}{\partial x^2}\tag{2.7.11}$$

式(2.7.11)与直杆的纵向自由振动偏微分方程(2.7.5)的形式相同，它们的解在形式上完全一样。

## 2.7.3　弹性梁的振动

以弯曲为主要变形的杆件称为梁，它是工程中广泛采用的一种基本构件，如桁架、钢轨、桥梁等。如果梁的各截面的中心主轴在同一平面内，外载荷也作用于该平面内，则梁的主要变形是弯曲变形，梁在该平面内的横向振动称为弯曲振动。梁的弯曲振动频率通常低于它作

为杆的纵向振动或作为轴的扭转振动频率，更容易被激发。因此，梁的弯曲振动在工程上具有重要意义。

对于细长梁的低频振动，可以忽略梁的剪切变形以及截面绕中性轴转动惯量的影响，这种梁模型称为 Bernoulli-Euler 梁，计及这两种因素的梁模型称为 Timoshenko 梁。

**1．Bernoulli-Euler 梁的弯曲振动**

设有长度为$l$的直梁，取其轴线作为$x$轴，$x$轴原点均取在梁的左端点。建立如图 2.7.3 (a)所示的坐标系，记梁在坐标为$x$处的横截面面积为$A(x)$，材料弹性模量为$E(x)$，密度为$\rho(x)$，截面关于中性轴的惯性矩为$I(x)$。用$w(x,t)$表示坐标为$x$的截面中性轴在时刻$t$的横向位移，$f(x,t)$和$m(x,t)$分别表示单位长度梁上分布的横向外力和外力矩。取长为 d$x$ 的微段作为分离体，其受力分析如图 2.7.3 (b) 所示，其中$Q(x,t)$和$M(x,t)$分别是截面上的剪力和弯矩，$\rho(x)A(x)\mathrm{d}x\dfrac{\partial^2 w(x,t)}{\partial t^2}$是梁微段的惯性力，图中所有力和力矩均按正方向画出。

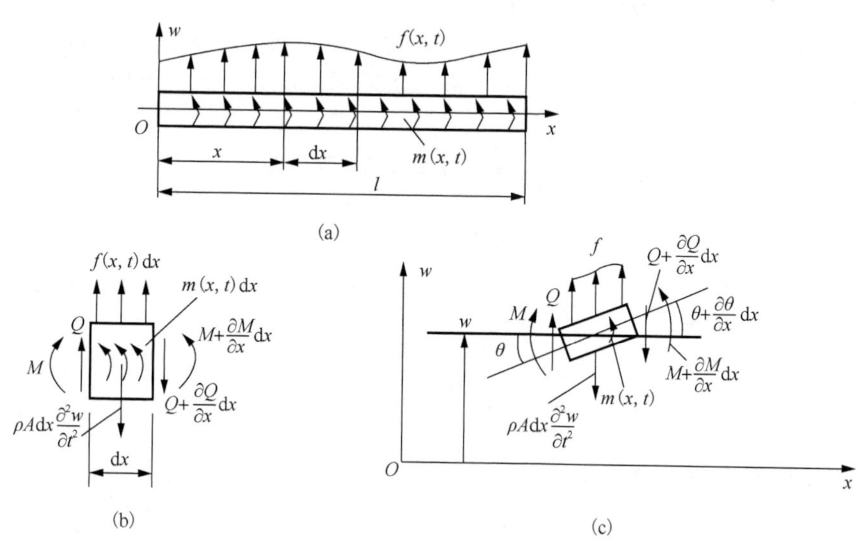


图 2.7.3　梁及其微段受力分析

根据牛顿第二定律，梁微段的横向运动满足如下条件：

$$\rho A \mathrm{d}x \frac{\partial^2 w}{\partial t^2} = Q - \left(Q + \frac{\partial Q}{\partial x}\mathrm{d}x\right) + f\mathrm{d}x = \left(f - \frac{\partial Q}{\partial x}\right)\mathrm{d}x \tag{2.7.12}$$

忽略截面绕中性轴的转动惯量，对单元的右端面一点取矩并略去高阶小量，得

$$M + Q\mathrm{d}x = M + \frac{\partial M}{\partial x}\mathrm{d}x + m\mathrm{d}x \tag{2.7.13}$$

或写为

$$Q = \frac{\partial M}{\partial x} + m \tag{2.7.14}$$

将式(2.7.14)代入式(2.7.12)，得到

$$\rho A \frac{\partial^2 w}{\partial t^2} = f - \left(\frac{\partial^2 M}{\partial x^2} + \frac{\partial m}{\partial x}\right) \tag{2.7.15}$$

由材料力学知，$M = EI\dfrac{\partial^2 w}{\partial x^2}$，代入式(2.7.15)得到 Bernoulli-Euler 梁的弯曲振动微分方程为

$$\rho A\frac{\partial^2 w}{\partial t^2} + \frac{\partial^2}{\partial x^2}\left(EI\frac{\partial^2 w}{\partial x^2}\right) = f - \frac{\partial m}{\partial x} \tag{2.7.16}$$

对于等截面均质直梁，$\rho A$ 和 $EI$ 为常数，于是式(2.7.16)成为

$$\rho A\frac{\partial^2 w}{\partial t^2} + EI\frac{\partial^4 w}{\partial x^4} = f - \frac{\partial m}{\partial x} \tag{2.7.17}$$

令方程(2.7.17)中 $f(x,t) \equiv 0$、$m(x,t) \equiv 0$，得到等截面均质直梁的自由弯曲振动微分方程为

$$\rho A\frac{\partial^2 w}{\partial t^2} + EI\frac{\partial^4 w}{\partial x^4} = 0 \tag{2.7.18}$$

这是一个四阶常系数线性齐次偏微分方程。

对材料阻尼的机理研究需要从微观进行，但通常基于某些等效的宏观阻尼模型进行振动分析。对金属杆件进行简谐加载拉压实验，结果表明杆内的动应力可近似表示成

$$\sigma(x,t) = E\left[\varepsilon(x,t) + \eta\frac{\partial \varepsilon(x,t)}{\partial t}\right] \quad (0 < \eta << 1) \tag{2.7.19}$$

式中，与应变速率有关的项反映了材料的内阻尼。

对于金属材料等截面 Bernoulli-Euler 梁在简谐激励下的稳态振动，相应于式(2.7.19)，梁的弯矩与挠度的关系为

$$M = EI\left(\frac{\partial^2 w}{\partial x^2} + \eta\frac{\partial^3 w}{\partial x^2 \partial t}\right) \tag{2.7.20}$$

于是可得，梁的简谐强迫振动微分方程为

$$\rho A\frac{\partial^2 w}{\partial t^2} + EI\frac{\partial^4 w}{\partial x^4} + \eta EI\frac{\partial^5 w}{\partial t \partial x^4} = f(x)\sin \omega t \tag{2.7.21}$$

**2. 轴向力作用下 Bernoulli-Euler 梁的弯曲振动**

工程中，不少梁形构件在发生弯曲变形的同时还承受轴向力的作用。例如，直升机桨叶和发动机叶片在旋转状态下要受到离心轴向力的作用。为此，需要来分析 Bernoulli-Euler 梁在沿梁纵向变化的轴向力 $S(x)$ 作用下的弯曲固有振动。

如图 2.7.4 所示，梁微段 d$x$ 沿横向所受的外力有：剪力 $Q(x)$ 和 $-Q(x+\mathrm{d}x)$，轴向力 $-S(x)$ 和 $S(x+\mathrm{d}x)$ 在 $w$ 轴上的投影。根据牛顿第二定律，梁微段横向的运动满足如下条件：

$$\begin{aligned}\rho A\mathrm{d}x\frac{\partial^2 w}{\partial t^2} &= Q - \left(Q + \frac{\partial Q}{\partial x}\mathrm{d}x\right) - S\theta + \left(S + \frac{\partial S}{\partial x}\mathrm{d}x\right)\left(\theta + \frac{\partial \theta}{\partial x}\mathrm{d}x\right) \\ &\approx -\frac{\partial Q}{\partial x}\mathrm{d}x + \frac{\partial}{\partial x}(S\theta)\mathrm{d}x\end{aligned} \tag{2.7.22}$$

代入用挠度表示的转角和剪力，得到受轴向力的梁的弯曲自由振动微分方程为

$$\rho A\frac{\partial^2 w}{\partial t^2} - \frac{\partial}{\partial x}\left(S\frac{\partial w}{\partial x}\right) + \frac{\partial^2}{\partial x^2}\left(EI\frac{\partial^2 w}{\partial x^2}\right) = 0 \tag{2.7.23}$$

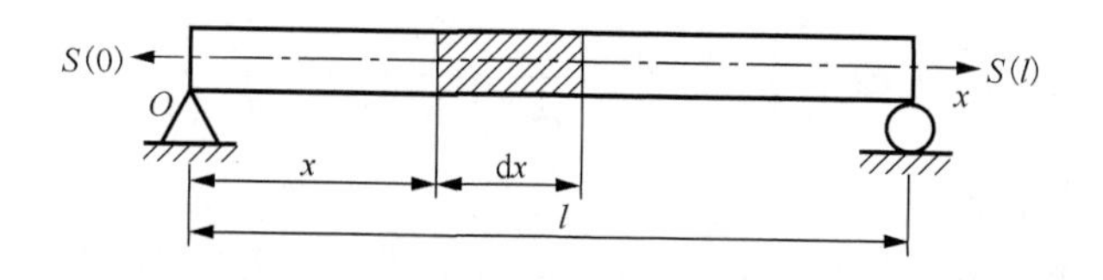


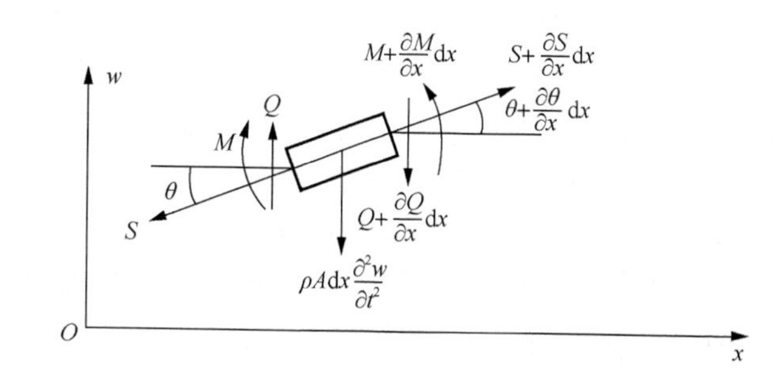


图 2.7.4　具有轴向力作用的梁及其微段受力分析

对于受定常轴向力的等截面均质梁，$S(x)$ 和 $E(x)I(x)$ 为常数，式(2.7.23)可写作

$$\rho A\frac{\partial^2 w}{\partial t^2}-S\frac{\partial^2 w}{\partial x^2}+EI\frac{\partial^4 w}{\partial x^4}=0 \tag{2.7.24}$$

显然，具有轴向力的梁的横向变形可看作无轴向力梁与张力弦横向变形的叠加。

**3．Timoshenko 梁的固有振动**

Bernoulli-Euler 梁适用于描述细长梁以低阶固有振动为主的振动。以简支梁为例，其固有振型是沿梁长度变化的正弦波。随着固有振动阶次的提高，固有振型波数增加，梁被节点平面分成若干短粗的小段。这时，梁的剪切变形及绕截面中性轴转动惯量的影响变得突出，计入这两种影响因素的梁模型称为 Timoshenko 梁，它对变形的基本假设是梁截面在弯曲变形后仍保持平面，但未必垂直于中性轴。

如图 2.7.3(c)所示，取坐标 $x$ 处的梁微段 d$x$ 为分离体。由于剪切变形，梁横截面的法线不再与梁轴线重合。法线转角 $\theta$ 由轴线转角 $\dfrac{\partial w}{\partial x}$ 和剪切角 $\gamma$ 两部分合成:

$$\theta=\frac{\partial w}{\partial x}+\gamma \tag{2.7.25}$$

式中，剪切角可根据材料力学确定:

$$\gamma=\frac{Q}{\beta AG} \tag{2.7.26}$$

式中，对于矩形截面，$\beta=5/6$；对于圆形截面，$\beta=0.9$。

根据牛顿第二定律和动量矩定理，自由振动梁的挠度和转角满足如下条件:

$$\begin{cases}\rho A\dfrac{\partial^2 w}{\partial t^2}+\dfrac{\partial}{\partial x}\left[\beta AG\left(\theta-\dfrac{\partial w}{\partial x}\right)\right]=0\\[2ex]\rho I\dfrac{\partial^2\theta}{\partial t^2}-\dfrac{\partial}{\partial x}\left(EI\dfrac{\partial\theta}{\partial x}\right)+\beta AG\left(\theta-\dfrac{\partial w}{\partial x}\right)=0\end{cases} \tag{2.7.27}$$

式中，$\rho I$ 是单位长度梁对截面惯性主轴的转动惯量，对于均匀材料等截面直梁，$\rho I$、$EI$ 和 $\beta AG$ 为常数。

由式(2.7.27)消去转角 $\theta$，得到自由振动微分方程为

$$\rho A\frac{\partial^2 w}{\partial t^2}+EI\frac{\partial^4 w}{\partial x^4}-\rho I\left(1+\frac{E}{\beta G}\right)\frac{\partial^4 w}{\partial x^2\partial t^2}+\frac{\rho^2 I}{\beta G}\frac{\partial^4 w}{\partial t^4}=0 \tag{2.7.28}$$

**4．梁的弯曲-扭转振动**

若梁的横截面对称，截面形心与质心重合，且沿梁长度方向为$x$轴并使之通过横截面形心，而$y$轴和$z$轴作为横截面的主惯性轴，当梁在$y$轴、$z$轴方向做自由振动时，惯性力正好通过截面形心并与主惯性轴重合，此时无扭转力矩作用于梁上，梁不会发生扭转振动。然而，一旦梁的横截面不对称或虽然对称但截面形心与质心不重合时，梁运动的惯性力将对截面的扰曲中心产生力矩作用，使梁发生扭转形变，于是梁产生弯曲-扭转的耦合振动。

图 2.7.5 所示为一梁的横截面，$y$轴、$z$轴为通过弯曲中心$O$且平行于主惯性轴的两轴，$y_0$轴、$z_0$轴过质心$C$且分别平行于$y$轴和$z$轴。梁产生弯扭-耦合振动，用$y$、$z$表示弯曲中心$O$的位移，用$\varphi$表示截面的转动角度。考虑小幅振动时，$\varphi$很小，此时质心坐标可近似表示为

$$\begin{cases}y_c=y+b\varphi\cos\theta\\ z_c=z+b\varphi\sin\theta\end{cases} \tag{2.7.29}$$

式中，$b=\overline{OC}$。

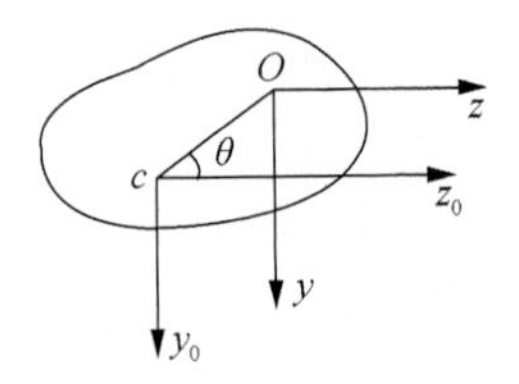


图 2.7.5　梁的横截面

下面考虑$b$和$\theta$都为常数的情形。应用质心运动定理和绕扰曲中心的转动方程并借助前述梁的弯曲振动、轴的扭转振动方程得到梁的弯曲-扭转耦合振动的微分方程为

$$\begin{cases}\rho A\dfrac{\partial^2 y}{\partial t^2}+EI_z\dfrac{\partial^4 y}{\partial x^4}+\rho Ab\cos\theta\dfrac{\partial^2\varphi}{\partial t^2}=0\\ \rho A\dfrac{\partial^2 z}{\partial t^2}+EI_y\dfrac{\partial^4 z}{\partial x^4}+\rho Ab\sin\theta\dfrac{\partial^2\varphi}{\partial t^2}=0\\ \rho I_0\dfrac{\partial^2\varphi}{\partial t^2}+GI_p\dfrac{\partial^2\varphi}{\partial x^2}+\rho Ab\cos\theta\dfrac{\partial^2 y}{\partial t^2}+\rho Ab\sin\theta\dfrac{\partial^2 z}{\partial t^2}=0\end{cases} \tag{2.7.30}$$

式中，$\rho I_0$为横截面对弯曲中心的转动惯量；$GI_p$为抗扭刚度；$I_y$和$I_z$分别为截面对$y$轴、$z$轴的惯性矩。

## 2.7.4　薄板的振动

弹性薄板是指厚度比平面尺寸要小得多的弹性体，它可提供抗弯刚度，如图 2.7.6 所示。在板中，与两表面等距离的平面称为中面。为了描述薄板的振动，建立一个直角坐标系，$(x, y)$平面与中面重合，$z$轴垂直于板面。对薄板弯曲振动的分析基于如下所述的 Kirchhoff 假设。

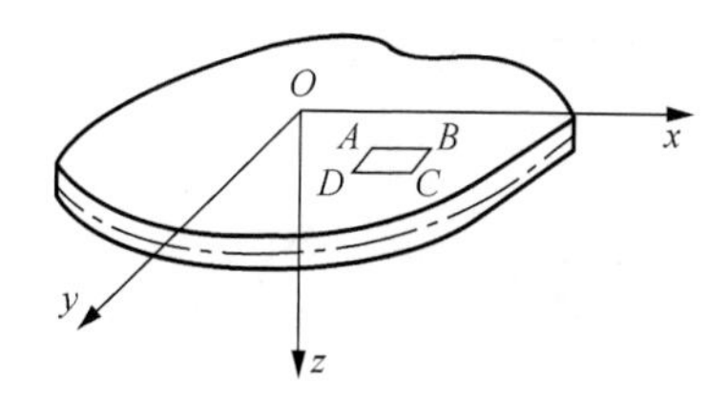


图 2.7.6　薄板的弯曲振动

(1)微振动时，板的挠度远小于厚度，中面挠曲为中性面，中面内无应变。

(2)垂直于平面的法线在板弯曲变形后仍为直线，且垂直于挠曲后的中面；该假设等价于忽略横向剪切变形，即$\gamma_{yz}=\gamma_{xz}=0$。

(3)板弯曲变形时，板的厚度变化可忽略不计，即$\varepsilon_z=0$。

(4)板的惯性主要由平动的质量提供，忽略由于弯曲而产生的转动惯量。

设板的厚度为$h$，材料密度为$\rho$，弹性模量为$E$，泊松比为$\mu$，中面上的各点只产生沿$z$轴方向的微幅振动，运动位移为$w$，下面根据虚功原理导出薄板振动微分方程。

薄板上任意点$a(x,y,z)$的位移为

$$u_a=-z\frac{\partial w}{\partial x}\quad,\quad v_a=-z\frac{\partial w}{\partial y}\quad,\quad w_a=w+o(2) \tag{2.7.31}$$

应变为

$$\begin{cases}\varepsilon_x=\dfrac{\partial u_a}{\partial x}=-z\dfrac{\partial^2 w}{\partial x^2},\varepsilon_y=\dfrac{\partial v_a}{\partial y}=-z\dfrac{\partial^2 w}{\partial y^2}\\ \gamma_{xy}=\dfrac{\partial u_a}{\partial y}+\dfrac{\partial v_a}{\partial x}=-2z\dfrac{\partial^2 w}{\partial x\partial y}\end{cases} \tag{2.7.32}$$

根据胡克定律，沿$x$轴、$y$轴方向的法向应力和在板面内的剪切应力分别为

$$\begin{cases}\sigma_x=\dfrac{E}{1-\mu^2}\left(\varepsilon_x+\mu\varepsilon_y\right)=-\dfrac{Ez}{1-\mu^2}\left(\dfrac{\partial^2 w}{\partial x^2}+\mu\dfrac{\partial^2 w}{\partial y^2}\right)\\ \sigma_y=\dfrac{E}{1-\mu^2}\left(\varepsilon_y+\mu\varepsilon_x\right)=-\dfrac{Ez}{1-\mu^2}\left(\dfrac{\partial^2 w}{\partial y^2}+\mu\dfrac{\partial^2 w}{\partial x^2}\right)\\ \tau_{xy}=G\gamma_{xy}=-\dfrac{Ez}{1+\mu}\dfrac{\partial^2 w}{\partial x\partial y}\end{cases} \tag{2.7.33}$$

于是得到板的势能表达式为

$$\begin{aligned}V&=\frac{1}{2}\iint\int_{-h/2}^{h/2}\left(\sigma_x\varepsilon_x+\sigma_y\varepsilon_y+\tau_{xy}\gamma_{xy}\right)\mathrm{d}z\mathrm{d}x\mathrm{d}y\\&=\frac{1}{2}\iint D\left[\left(\nabla^2 w\right)^2+2\mu\frac{\partial^2 w}{\partial x^2}\frac{\partial^2 w}{\partial y^2}+2(1-\mu)\frac{\partial^2 w}{\partial x\partial y}\right]\mathrm{d}x\mathrm{d}y\end{aligned} \tag{2.7.34}$$

式中，$D=\dfrac{Eh^3}{12\left(1-\mu^2\right)}$，为板的抗弯刚度；$\nabla^2=\dfrac{\partial^2}{\partial x^2}+\dfrac{\partial^2}{\partial y^2}$，为拉普拉斯算子。

板的动能为

$$T=\frac{1}{2}\iint\int_{-h/2}^{h/2}\rho\dot{w}^2\mathrm{d}z\mathrm{d}x\mathrm{d}y=\frac{1}{2}\iint\rho h\dot{w}^2\mathrm{d}x\mathrm{d}y \tag{2.7.35}$$

考虑作用于板上的载荷和边界力，对于作用于板上的分布载荷 $q(x,y,t)$，其虚功可表示为

$$\delta W_1 = \iint q\delta w \mathrm{d}x\mathrm{d}y \tag{2.7.36}$$

对于边界力，设板的边界曲线为 $x = x(s)$，$y = y(s)$，其中 $s$ 表示弧长。边界上点的外法线单位矢量和切向单位矢量分别记为 $\boldsymbol{n}$ 和 $\boldsymbol{\tau}$，在边界上各点作用有法向弯矩 $M_{\mathrm{n}}$、横向力 $Q_{\mathrm{n}}$ 和切向扭矩 $M_{\mathrm{t}}$，如图 2.7.7 所示。

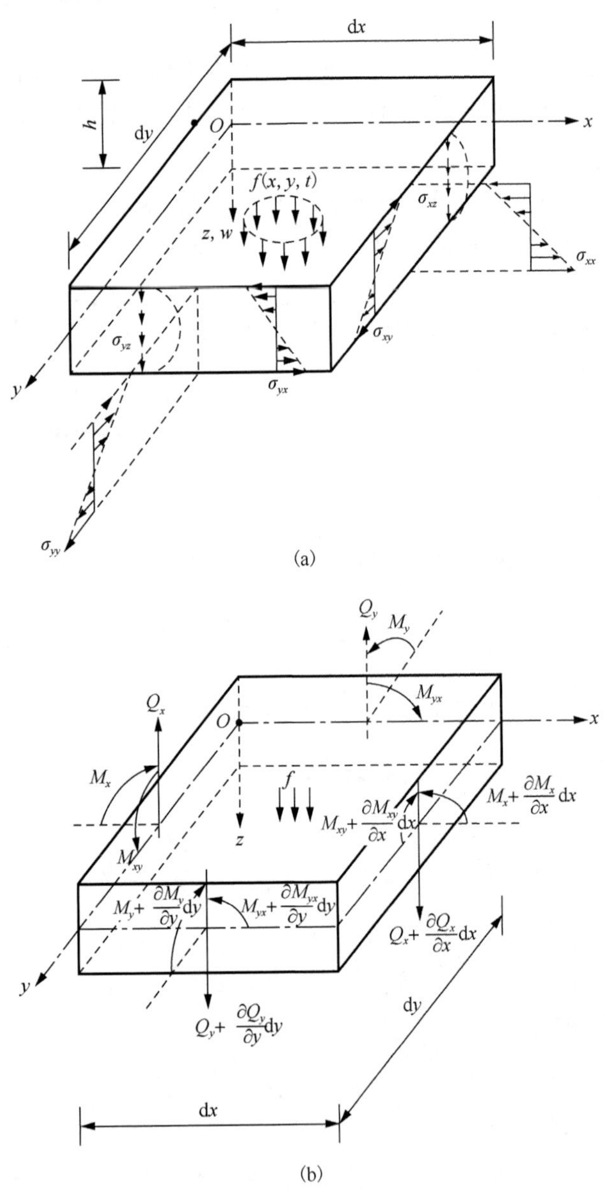


图 2.7.7　边界载荷

这些边界力的虚功为

$$\delta W_2 = -\oint \left( M_{\mathrm{n}} \delta \frac{\partial w}{\partial n} - Q_{\mathrm{n}} \delta w - M_{\mathrm{t}} \frac{\partial w}{\partial s} \right) \mathrm{d}s \tag{2.7.37}$$

根据变分方程：

$$\delta\int_{t_1}^{t_2}(T-V)\mathrm{d}t+\int_{t_1}^{t_2}(\delta W_1+\delta W_2)\mathrm{d}t=0 \tag{2.7.38}$$

利用 Green 公式 $\iint\left(\dfrac{\partial Y}{\partial x}-\dfrac{\partial X}{\partial y}\right)\mathrm{d}x\mathrm{d}y=\oint(X\mathrm{d}x+Y\mathrm{d}y)$，可得

$$\begin{aligned}
&\int_{t_1}^{t_2}\iint\Bigg\{\left(D\nabla^4 w+\rho h\ddot{w}-q\right)\delta w\mathrm{d}x\mathrm{d}y\\
&+\oint\left[D\left(\left(\frac{\partial^2 w}{\partial x^2}+\mu\frac{\partial^2 w}{\partial y^2}\right)\cos^2\theta+\left(\frac{\partial^2 w}{\partial y^2}+\mu\frac{\partial^2 w}{\partial x^2}\right)\sin^2\theta+2(1-\mu)\frac{\partial^2 w}{\partial x\partial y}\sin\theta\cos\theta\right)+M_{\mathrm{n}}\right]\delta\frac{\partial w}{\partial n}\mathrm{d}s\\
&-\oint\left[D\left(\left(\frac{\partial^3 w}{\partial x^3}+\frac{\partial^3 w}{\partial x\partial y^2}\right)\cos\theta+\left(\frac{\partial^3 w}{\partial y^3}+\mu\frac{\partial^3 w}{\partial x^2\partial y}\right)\sin\theta\right)\right.\\
&\left.+\frac{D}{2}\left(\frac{\partial}{\partial s}\left(\frac{\partial^2 w}{\partial y^2}+\mu\frac{\partial^2 w}{\partial x^2}\right)\sin 2\theta-\left(\frac{\partial^2 w}{\partial x^2}+\mu\frac{\partial^2 w}{\partial y^2}\right)\sin 2\theta+(1-\mu)\frac{\partial^2 w}{\partial x\partial y}\cos 2\theta\right)+Q_{\mathrm{n}}-\frac{\partial M_\tau}{\partial s}\right]\delta w\mathrm{d}s\Bigg\}\mathrm{d}t=0
\end{aligned} \tag{2.7.39}$$

式中，$\nabla^4=\dfrac{\partial^4}{\partial x^4}+2\dfrac{\partial^4 w}{\partial x^2\partial y^2}+\dfrac{\partial^4}{\partial y^4}$，为直角坐标系中的二重拉普拉斯算子；$\theta$ 为边界线的外法线和 $x$ 轴之间的夹角。

因 $\delta w$ 任意，$\delta(\partial w/\partial n)$ 和 $\delta w$ 相互独立，由此可得到板的振动微分方程为

$$\rho h\ddot{w}(x,y,t)+D\nabla^4 w(x,y,t)=0 \tag{2.7.40}$$

# 第3章　动力学方程的求解

在上一章中，讨论了系统模型的建立方法，以及单自由度、多自由度和典型的连续模型，本章将讨论各种模型的求解问题。

## 3.1　单自由度系统的振动

如第2章所述，单自由度系统用1个自由度描述系统的运动状态。图3.1.1为一些典型单自由度系统的图例，振动系统的参数有以下三类：①质量 $m$，产生惯性力 $m\ddot{x}$；②弹簧刚度 $k$，产生抵抗力 $kx$；③消耗能量的阻尼元件，用等效黏性阻尼系数 $c$ 表示，阻尼力为 $c\dot{x}$。

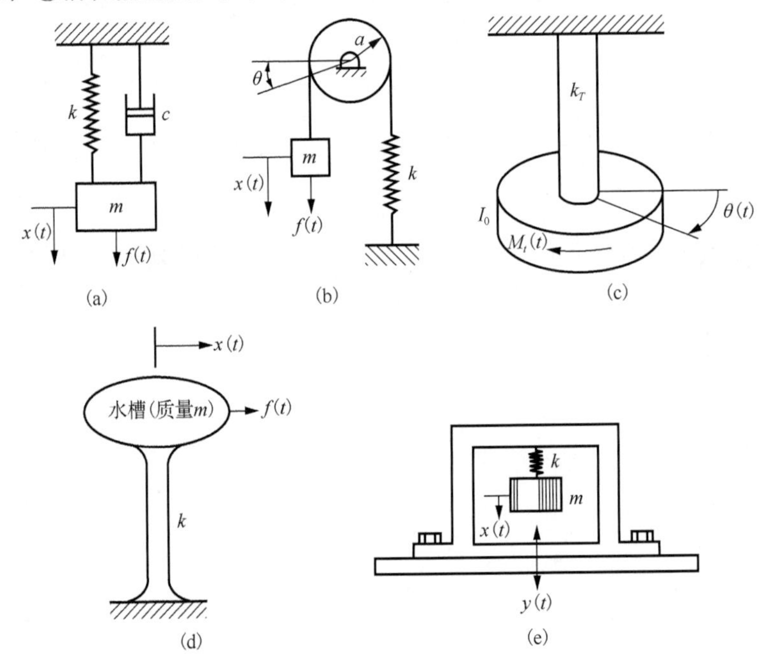


图3.1.1　单自由度系统

有阻尼单自由度系统的强迫振动方程为

$$m\ddot{x}+c\dot{x}+kx=f\left(t\right) \tag{3.1.1}$$

式(3.1.1)两边同除以 $m$，写为

$$\ddot{x}+2\zeta\omega_n\dot{x}+\omega_n^2x=F\left(t\right) \tag{3.1.2}$$

式中，$\omega_n$ 为系统的固有频率，$\omega_n=\sqrt{\dfrac{k}{m}}$；$\zeta$ 为阻尼比，定义为 $\zeta=\dfrac{c}{2m\omega_n}=\dfrac{c}{c_c}$，其中 $c_c$ 为临界阻尼系数，定义为 $c_c=2m\omega_n=2\sqrt{km}$；$F\left(t\right)=\dfrac{f\left(t\right)}{m}$，为单位质量上作用的外力。

下面分别讨论单自由度系统的解及其性质。

### 3.1.1　自由振动

对于无阻尼单自由度系统，其运动微分方程为

$$m\ddot{x}+kx=f(t) \tag{3.1.3}$$

式中，$f(t)$为作用在质量上的力；$x(t)$为质量 $m$ 的位移。

当外作用力为零，即$f(t)=0$时，则系统的自由振动方程为

$$m\ddot{x}+kx=0 \tag{3.1.4}$$

式(3.1.4)的解可表示为

$$x(t)=x_0\cos\omega_n t+\frac{\dot{x}_0}{\omega_n}\sin\omega_n t \tag{3.1.5}$$

式中，$x_0=x$，为$t=0$系统的初始位移；$\dot{x}_0=\mathrm{d}x/\mathrm{d}t$，为$t=0$系统的初始速度。

式(3.1.5)可以写成

$$x(t)=A\cos(\omega_n t-\phi)\quad 或\quad x(t)=A\cos(\omega_n t+\phi_0) \tag{3.1.6}$$

式中，

$$A=\sqrt{x_0^2+\left(\frac{\dot{x}_0}{\omega_n}\right)^2}\ ,\quad \phi=\tan^{-1}\frac{\dot{x}_0}{x_0\omega_n}\ ,\quad \phi_0=\tan^{-1}\frac{x_0\omega_n}{\dot{x}_0} \tag{3.1.7}$$

系统的自由振动响应曲线如图 3.1.2 所示。

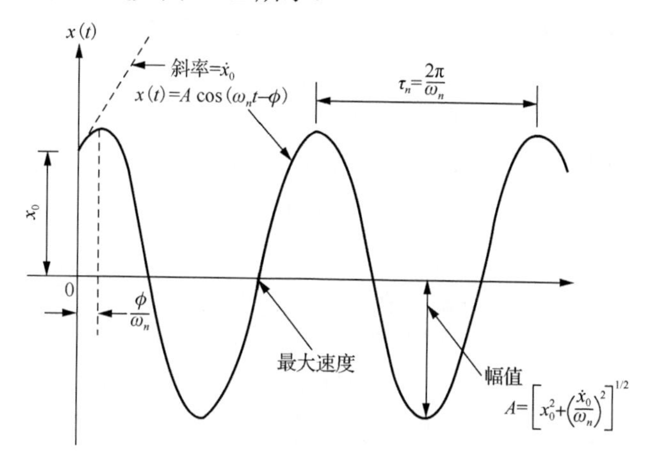


图 3.1.2　系统的自由振动响应曲线

有阻尼系统的自由振动方程为

$$\ddot{x}+2\zeta\omega_n\dot{x}+\omega_n^2x=0 \tag{3.1.8}$$

阻尼比$\zeta<1$时，称为欠阻尼系统；$\zeta=1$时，称为临界阻尼系统；$\zeta>1$时，称为过阻尼系统。对应不同阻尼情况，系统自由振动的解分别如下。

**1．欠阻尼系统($\zeta<1$)**

$$x(t)=\mathrm{e}^{-\zeta\omega_n t}\left(x_0\cos\omega_d t+\frac{\dot{x}_0+\zeta\omega_n x_0}{\omega_d}\sin\omega_d t\right) \tag{3.1.9}$$

式中，$x_0$、$\dot{x}_0$分别为系统的初始位移和初始速度；$\omega_d$称为有阻尼振动的频率。

$$\omega_d=\omega_n\sqrt{1-\zeta^2} \tag{3.1.10}$$

**2．临界阻尼系统**（$\zeta=1$）

$$x(t)=\left[x_0+(\dot{x}_0+\omega_n x_0)t\right]e^{-\omega_n t} \tag{3.1.11}$$

**3．过阻尼系统**（$\zeta>1$）

$$x(t)=C_1 e^{\left(-\zeta+\sqrt{\zeta^2-1}\right)\omega_n t}+C_2 e^{\left(-\zeta-\sqrt{\zeta^2-1}\right)\omega_n t} \tag{3.1.12}$$

式中，

$$\begin{cases} C_1=\dfrac{x_0\omega_n\left(\zeta+\sqrt{\zeta^2-1}\right)+\dot{x}_0}{2\omega_n\sqrt{\zeta^2-1}} \\ C_2=\dfrac{-x_0\omega_n\left(\zeta-\sqrt{\zeta^2-1}\right)-\dot{x}_0}{2\omega_n\sqrt{\zeta^2-1}} \end{cases} \tag{3.1.13}$$

式(3.1.9)、式(3.1.11)和式(3.1.12)的曲线如图3.1.3所示。

在欠阻尼情况下，见图3.1.3(a)，系统的响应为一条等周期衰减曲线，经过一段时间后衰减到零。在临界阻尼情况下，见图3.1.3(c)，系统响应很快衰减到零。图3.1.3(b)所示为过阻尼情况，系统响应衰减到零的时间，一般比前两种情况长。

### 3.1.2　简谐力作用下的强迫振动

无阻尼系统受简谐力 $f(t)=f_0\cos\omega t$ 的作用，运动微分方程为

$$m\ddot{x}+kx=f_0\cos\omega t \tag{3.1.14}$$

式中，$f_0$ 为简谐力的幅值；$\omega$ 为简谐力的频率。

式(3.1.14)的稳态解为

$$x_p(t)=X\cos\omega t \tag{3.1.15}$$

式中，

$$X=\frac{f_0}{k-m\omega^2}=\frac{\delta_{st}}{1-(\omega/\omega_n)^2} \tag{3.1.16}$$

稳态响应的最大幅值为

$$\delta_{st}=\frac{f_0}{k} \tag{3.1.17}$$

式(3.1.17)表示质量在 $f_0$ 作用下的静变形。

$$\frac{X}{\delta_{st}}=\frac{1}{1-(\omega/\omega_n)^2} \tag{3.1.18}$$

式(3.1.18)表示运动动态幅值与静态幅值的比，称为幅值放大系数、幅值放大因子或幅值比。幅值比与频率比的函数关系如图3.1.4所示，系统的响应可以分为以下3种情形。

(1)情形1。当 $0<\omega/\omega_n<1$ 时，式(3.1.18)中的分母为正值，由式(3.1.15)给出系统的响应。此时，称系统的简谐响应 $x_p(t)$ 与外力同相。

(2)情形2。当 $\omega/\omega_n>1$ 时，式(3.1.18)中的分母为负值，稳态解可以表示为

$$x_p(t)=-X\cos\omega t \tag{3.1.19}$$

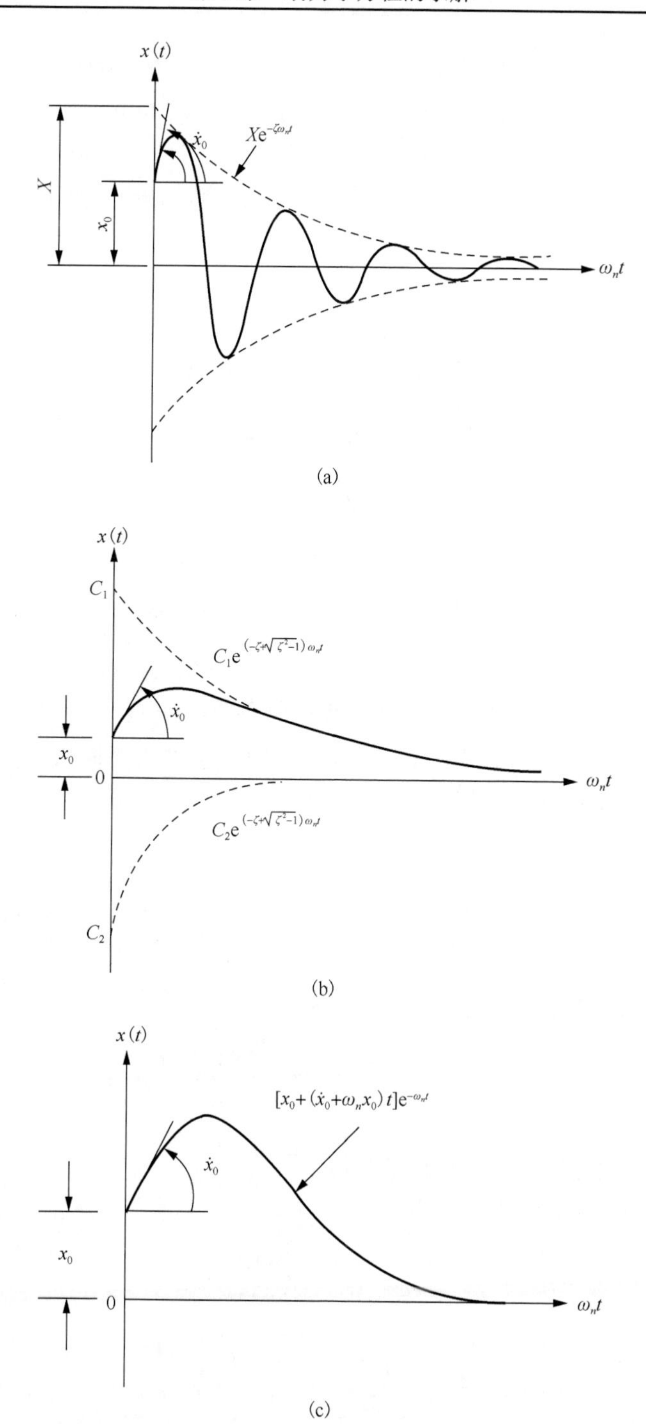


图 3.1.3　有阻尼系统的自由振动响应曲线

式中，运动动态幅值 $X$ 重新定义为另一个正值：

$$X = \frac{\delta_{st}}{(\omega / \omega_n)^2 - 1} \tag{3.1.20}$$

由于 $x_p(t)$ 与 $F(t)$ 符号相反，说明响应与外力反相，即响应与激励有 180°的相角差。此外，当 $\omega/\omega_n \to \infty$ 时，$X \to 0$，即简谐力的频率非常高时，系统的响应趋于零。

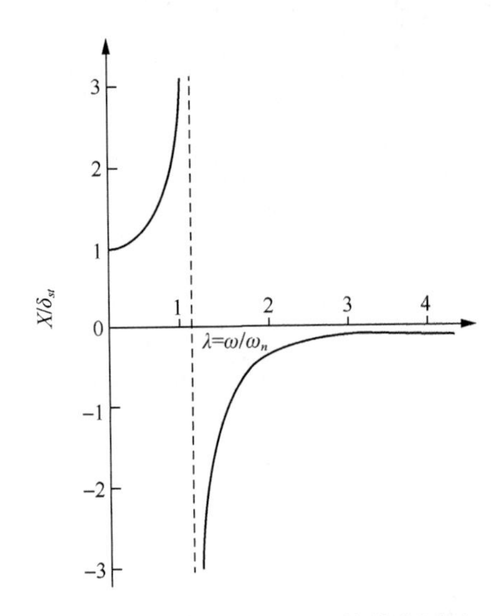


图 3.1.4　无阻尼系统的幅值放大因子

(3) 情形 3。当 $\omega/\omega_n = 1$ 时，由式(3.1.18)给出的幅值 $X$ 为无限大，简谐力频率 $\omega$ 等于系统的固有频率 $\omega_n$，此条件称为共振。

式(3.1.14)的全解为

$$x(t)=\left(x_0-\frac{f_0}{k-m\omega^2}\right)\cos\omega_n t+\frac{\dot{x}_0}{\omega_n}\sin\omega_n t+\frac{f_0}{k-m\omega^2}\cos\omega t \tag{3.1.21}$$

当 $\omega/\omega_n = 1$ 时，称为共振状态，式(3.1.21)改写为

$$x(t)=x_0\cos\omega_n t+\frac{\dot{x}_0}{\omega_n}\sin\omega_n t+\frac{\delta_{st}\omega_n t}{2}\cos\omega t \tag{3.1.22}$$

这个解随着时间变化而无限增大，如图 3.1.5 所示。

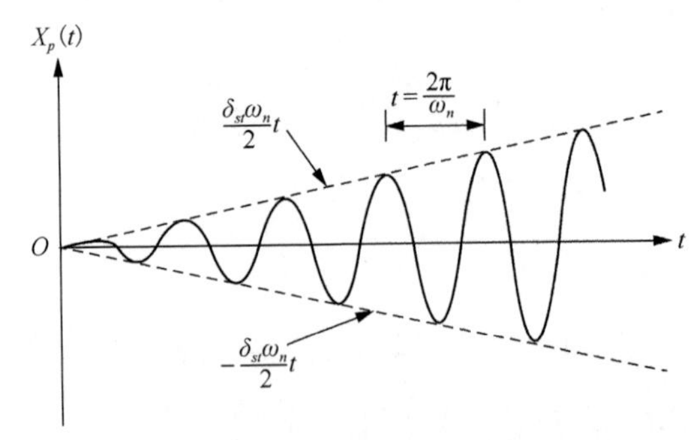


图 3.1.5　当 $\omega/\omega_n = 1$ 时系统的共振响应(无初始条件的影响)

具有黏性阻尼的系统，受简谐力 $f(t)=f_0\cos\omega t$ 的作用，运动微分方程为

$$m\ddot{x}+c\dot{x}+kx=f_0\cos\omega t \tag{3.1.23}$$

式(3.1.23)的特解表示为

$$x_p(t) = X\cos(\omega t - \phi) \tag{3.1.24}$$

式中，$\phi$为相位角。

$$X = \frac{f_0}{\sqrt{(k - m\omega^2)^2 + c^2\omega^2}} = \frac{\delta_{st}}{\sqrt{(1-\lambda^2)^2 + (2\zeta\lambda)^2}} \tag{3.1.25}$$

$$\phi = \tan^{-1}\frac{c\omega}{k - m\omega^2} = \tan^{-1}\frac{2\zeta\lambda}{1-\lambda^2} \tag{3.1.26}$$

式中，$\delta_{st} = \dfrac{f_0}{k}$，为由力$f_0$引起的静变形；$\lambda = \dfrac{\omega}{\omega_n}$，为频率比；阻尼比为$\zeta = \dfrac{c}{c_c} = \dfrac{c}{2\sqrt{mk}} = \dfrac{c}{2m\omega_n}$。

幅值放大因子为

$$\beta = \frac{X}{\delta_{st}} = \frac{1}{\sqrt{(1-\lambda^2)^2 + (2\zeta\lambda)^2}} \tag{3.1.27}$$

图 3.1.6 分别给出了幅值放大因子$\beta$与频率比$\lambda$、相位角$\phi$与频率比$\lambda$之间的函数关系。

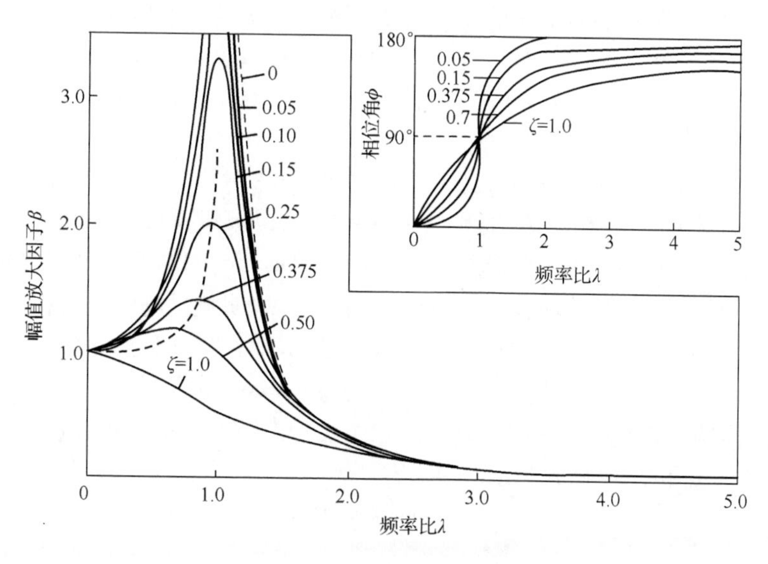


图 3.1.6　有阻尼简谐响应

根据式(3.1.27)与图 3.1.6 可知，幅值放大因子$\beta$具有下列特点。

(1) 对于无阻尼系统($\zeta = 0$)，式(3.1.27)简化为式(3.1.18)。当$\lambda \to 1$时，$\beta \to \infty$。

(2) 对于简谐力的其他频率值，任意大小的阻尼($\zeta > 0$)均使幅值放大因子$\beta$减小。

(3) 对于任意确定的$\lambda$值，阻尼值越大，则$\beta$值越小。

(4) 当简谐力为常力(即$\lambda = 0$)时，$\beta = 1$。

(5) 当发生共振或在其附近时，阻尼的存在将使$\beta$值显著降低。

(6) 强迫振动的幅值随简谐力频率的增加而显著降低(即当$\lambda \to \infty$时，$\beta \to 0$)。

(7) 对于$0<\zeta<\frac{1}{\sqrt{2}}$，若满足如下条件：

$$\lambda=\sqrt{1-2\zeta^2} \text{ 或 } \omega_d=\omega_n\sqrt{1-2\zeta^2} \tag{3.1.28}$$

此时，$\beta$值达到最大。显然，有阻尼固有频率$\omega_d=\omega_n\sqrt{1-2\zeta^2}$，小于无阻尼固有频率$\omega_n$。

(8) 当$\lambda=\sqrt{1-2\zeta^2}$时，$X$的最大值为

$$\left(\frac{X}{\delta_{st}}\right)_{\max}=\frac{1}{2\zeta\sqrt{1-\zeta^2}} \tag{3.1.29}$$

当$\omega=\omega_n$时，$X$的值由式(3.1.30)确定：

$$\left(\frac{X}{\delta_{st}}\right)_{\omega=\omega_n}=\frac{1}{2\zeta} \tag{3.1.30}$$

在振动测试中，若测量出了响应的最大幅值$X_{\max}$，则系统的阻尼比可应用式(3.1.30)来确定。反过来，若已知阻尼值，则可估算出振动系统的最大响应幅值。

(9) 对于$\zeta=\frac{1}{\sqrt{2}}$，当$\lambda=0$时，$\frac{\mathrm{d}\beta}{\mathrm{d}\lambda}=0$。对于$\zeta>\frac{1}{\sqrt{2}}$，$\beta$随着$\lambda$值的增大而单调下降。

根据式(3.1.26)与图3.1.6右上角的小图可知，相位角$\phi$具有下列特点。

(1) 对于无阻尼系统($\zeta=0$)，式(3.1.26)表明，当$0<\lambda<1$时，相位角为零；当$\lambda>1$时，相位角为180°。这表明对无阻尼系统，当$0<\lambda<1$时，响应与激励同相；当$\lambda>1$时，响应与激励反相。

(2) 当$\zeta>0$且$0<\lambda<1$时，相位角为$0<\phi<90°$，表明响应滞后于激励。

(3) 当$\zeta>0$且$\lambda>1$时，相位角为$90°<\phi<180°$，表明响应超前于激励。

(4) 当$\zeta>0$且$\lambda=1$时，相位角为$\phi=90°$，表明激励与响应间的相位差为90°。

(5) 当$\zeta>0$且$\lambda$值较大的情况，相位角接近180°，表明激励与响应反相。

方程(3.1.23)的解由自由衰减振动和简谐振动组成，对于欠阻尼系统，全解为

$$x(t)=X_0\mathrm{e}^{-\zeta\omega_n t}\cos(\omega_d t-\phi_0)+X\cos(\omega t-\phi) \tag{3.1.31}$$

式中，$\omega_d$为有阻尼振动频率；$X$和$\phi$分别见式(3.1.25)和式(3.1.26)；$X_0$和$\phi_0$由初始条件确定。

对于初始条件$x_0$和$\dot{x}_0$，由式(3.1.31)可得

$$x_0=X_0\cos\phi_0+X\cos\phi \tag{3.1.32}$$

$$\dot{x}_0=-\zeta\omega_n X_0\cos\phi_0+\omega_d X_0\sin\phi_0+\omega X\cos\phi \tag{3.1.33}$$

由此可解出$X_0$和$\phi_0$。

当作用在系统的简谐力以复数形式表示时，系统的运动微分方程为

$$m\ddot{x}+c\dot{x}+kx=f_0\mathrm{e}^{\mathrm{i}\omega t} \tag{3.1.34}$$

式中，$\mathrm{i}=\sqrt{-1}$。

此时，式(3.1.34)的特解表示为

$$x_p(t)=X\mathrm{e}^{\mathrm{i}\omega t} \tag{3.1.35}$$

式中，$X$ 为复常数，写为

$$X = \frac{f_0}{k - m\omega^2 + \mathrm{i}c\omega} \tag{3.1.36}$$

进一步改写为

$$\frac{kX}{f_0} = H(\mathrm{i}\omega) = \frac{1}{1 - \lambda^2 + \mathrm{i}2\zeta\lambda} \tag{3.1.37}$$

式中，$H(\mathrm{i}\omega)$ 称为系统的复频率响应，式(3.1.35)重写为

$$x_p(t) = \frac{f_0}{k}\left|H(\mathrm{i}\omega)\right| \mathrm{e}^{\mathrm{i}(\omega t - \phi)} \tag{3.1.38}$$

式中，$\left|H(\mathrm{i}\omega)\right|$ 为 $H(\mathrm{i}\omega)$ 的绝对值。

$$\left|H(\mathrm{i}\omega)\right| = \left|\frac{kX}{f_0}\right| = \frac{1}{\sqrt{\left(1-\lambda^2\right)^2 + \left(2\zeta\lambda\right)^2}} \tag{3.1.39}$$

相位角为

$$\phi = \tan^{-1}\frac{c\omega}{k - m\omega^2} = \tan^{-1}\frac{2\zeta\lambda}{1-\lambda^2} \tag{3.1.40}$$

### 3.1.3　一般力作用下的强迫振动

对于一般形式的作用力 $F(t)$，式(3.1.1)或式(3.1.2)的解可以用两种方式求得，即直接利用脉冲单位响应函数和杜哈梅积分得到或利用拉普拉斯变换得到。

用脉冲单位响应函数和杜哈梅积分直接写出式(3.1.2)的解为

$$x(t) = \mathrm{e}^{-\zeta\omega_n t}\left(x_0 \cos\omega_d t + \frac{\dot{x}_0 + \zeta\omega_n x_0}{\omega_d}\sin\omega_d t\right) + \int_0^t h(t-\tau)F(\tau)\mathrm{d}\tau \tag{3.1.41}$$

式中，等号右边第一项为初始条件的响应；第二项为一般形式的作用力 $F(t)$ 引起的响应，称为杜哈梅积分或函数卷积，其中 $h(t-\tau)$ 称为滞后 $\tau$ 时刻的单位脉冲响应函数。

$$h(t-\tau) = \frac{1}{\omega_d}\mathrm{e}^{-\zeta\omega_n(t-\tau)}\sin\omega_d(t-\tau) \tag{3.1.42}$$

若单位脉冲响应函数作用在 $t=0$ 时刻，则有

$$h(t) = \frac{1}{\omega_d}\mathrm{e}^{-\zeta\omega_n t}\sin\omega_d t \tag{3.1.43}$$

注意，式(3.1.41)为在 $\zeta < 1$ 条件下的振动解。

式(3.1.2)中的各项满足如下拉普拉斯变换关系：

$$\mathcal{L}\left[x(t)\right] = X(s) \tag{3.1.44}$$

$$\mathcal{L}\left[\dot{x}(t)\right] = sX(s) - x(0) \tag{3.1.45}$$

$$\mathcal{L}\left[\ddot{x}(t)\right] = s^2X(s) - sx(0) - \dot{x}(0) \tag{3.1.46}$$

$$\mathcal{L}\left[f(t)\right] = F(s) \tag{3.1.47}$$

式中，$X(s)$ 和 $F(s)$ 分别为 $x(t)$ 和 $F(t)$ 的拉普拉斯变换。

因此，式(3.1.2)写为

$$\left[s^2X(s) - sx(0) - \dot{x}(0)\right] + 2\zeta\omega_n\left[sX(s) - x(0)\right] + \omega_n^2X(s) = F(s)$$

或

$$X(s)=\frac{1}{\Delta}\left[F(s)+\left(s+2\zeta\omega_n\right)x_0+\dot{x}_0\right]$$

式中，$x_0=x(0)$；$\dot{x}_0=\dot{x}(0)$；$\Delta=s^2+2\zeta\omega_n s+\omega_n^2=\left(s+\zeta\omega_n\right)^2+\omega_d^2$。

由拉普拉斯逆变换，有

$$\mathcal{L}^{-1}\left[\frac{1}{\Delta}\right]=\frac{\mathrm{e}^{-\zeta\omega_n t}}{\omega_d}\sin\omega_d t \tag{3.1.48}$$

$$\mathcal{L}^{-1}\left[\frac{s+\zeta\omega_n}{\Delta}\right]=\mathrm{e}^{-\zeta\omega_n t}\cos\omega_d t \tag{3.1.49}$$

$$\mathcal{L}^{-1}\left[\frac{F(s)}{\Delta}\right]=\frac{1}{\omega_d}\int_0^t F(\tau)\mathrm{e}^{-\zeta\omega_n(t-\tau)}\sin\omega_d(t-\tau)\mathrm{d}\tau \tag{3.1.50}$$

系统的解为

$$x(t)=\int_0^t F(\tau)h(t-\tau)\mathrm{d}\tau+g(t)x_0+h(t)\dot{x}_0 \tag{3.1.51}$$

式中，

$$h(t)=\frac{1}{\omega_d}\mathrm{e}^{-\zeta\omega_n t}\sin\omega_d t \tag{3.1.52}$$

$$g(t)=\mathrm{e}^{-\zeta\omega_n t}\left(\cos\omega_d t+\frac{\zeta\omega_n}{\omega_d}\sin\omega_d t\right) \tag{3.1.53}$$

将式(3.1.52)和式(3.1.53)代入式(3.1.51)，整理后得到与式(3.1.41)相同的结果。式(3.1.51)中的第二项和第三项是由于$\mathrm{e}^{-\zeta\omega_n t}$存在的瞬态项，是时间的衰减函数。

**【例 3.1】** 试确定欠阻尼质量弹簧阻尼系统在单位脉冲激励下的解，假定系统为零初始条件。

**解：** 系统的运动微分方程为

$$m\ddot{x}+c\dot{x}+kx=\delta(t)$$

式中，$\delta(t)$为单位脉冲响应函数。

对上式两边进行拉普拉斯变换，初始条件$x_0=\dot{x}_0=0$，得到

$$\left(ms^2+cs+k\right)X(s)=1$$

或

$$X(s)=\frac{1}{ms^2+cs+k}=\frac{1/m}{s^2+2\zeta\omega_n s+\omega_n^2}$$

由于$\zeta<1$，拉普拉斯逆变换为

$$x(t)=\frac{1/m}{\omega_n\sqrt{1-\zeta^2}}\mathrm{e}^{-\zeta\omega_n t}\sin\left(\omega_n\sqrt{1-\zeta^2}\right)t=\frac{1}{m\omega_d}\mathrm{e}^{-\zeta\omega_n t}\sin\omega_d t$$

## 3.2　多自由度系统的振动

一个典型的多自由度系统如图 3.2.1(a)所示。对于多自由度系统，用矩阵形式来表示运动微分方程及分析更为方便。定义$x_i$为质量块$m_i$偏移静平衡位置的位移($i=1,2,\cdots,n$)。通过对图 3.2.1(b)分析，可以得到多自由度系统的运动微分方程，其矩阵形式为

$$\boldsymbol{M}\ddot{\boldsymbol{x}} + \boldsymbol{C}\dot{\boldsymbol{x}} + \boldsymbol{K}\boldsymbol{x} = \boldsymbol{f} \tag{3.2.1}$$

式中，$\boldsymbol{M}$、$\boldsymbol{C}$ 和 $\boldsymbol{K}$ 分别为质量矩阵、阻尼矩阵和刚度矩阵；向量 $\boldsymbol{x}$、$\dot{\boldsymbol{x}}$ 和 $\ddot{\boldsymbol{x}}$ 分别为对应质量的位移、速度和加速度向量；$\boldsymbol{f}$ 为作用于质量上的力向量。

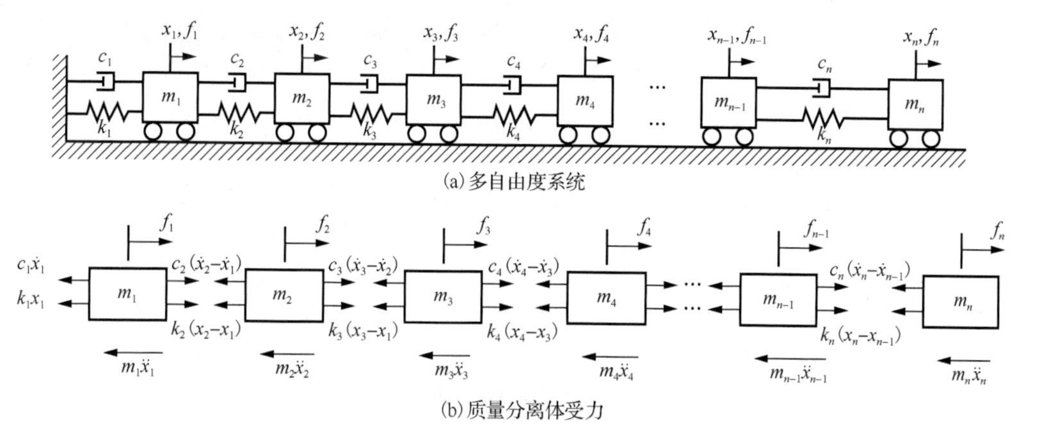


图 3.2.1　多自由系统及质量分离体受力

$$\boldsymbol{M} = \begin{pmatrix} m_1 & 0 & 0 & \cdots & 0 \\ 0 & m_2 & 0 & \cdots & 0 \\ 0 & 0 & m_3 & \cdots & 0 \\ \vdots & \vdots & \vdots & \ddots & \vdots \\ 0 & 0 & 0 & \cdots & m_n \end{pmatrix}, \quad \boldsymbol{C} = \begin{pmatrix} c_1 + c_2 & -c_2 & 0 & \cdots & 0 & 0 \\ -c_2 & c_2 + c_3 & -c_3 & \cdots & 0 & 0 \\ 0 & -c_3 & c_3 + c_4 & \cdots & 0 & 0 \\ \vdots & \vdots & \vdots & \ddots & \vdots & \vdots \\ 0 & 0 & 0 & \cdots & -c_{n-1} & c_n \end{pmatrix}$$

$$\boldsymbol{K} = \begin{pmatrix} k_1 + k_2 & -k_2 & 0 & \cdots & 0 & 0 \\ -k_2 & k_2 + k_3 & -k_3 & \cdots & 0 & 0 \\ 0 & -k_3 & k_3 + k_4 & \cdots & 0 & 0 \\ \vdots & \vdots & \vdots & \ddots & \vdots & \vdots \\ 0 & 0 & 0 & \cdots & -k_{n-1} & k_n \end{pmatrix}, \quad \boldsymbol{x} = \begin{pmatrix} x_1 \\ x_2 \\ x_3 \\ \vdots \\ x_n \end{pmatrix}$$

$$\dot{\boldsymbol{x}} = \begin{pmatrix} \dot{x}_1 \\ \dot{x}_2 \\ \dot{x}_3 \\ \vdots \\ \dot{x}_n \end{pmatrix}, \quad \ddot{\boldsymbol{x}} = \begin{pmatrix} \ddot{x}_1 \\ \ddot{x}_2 \\ \ddot{x}_3 \\ \vdots \\ \ddot{x}_n \end{pmatrix}, \quad \boldsymbol{f} = \begin{pmatrix} f_1 \\ f_2 \\ f_3 \\ \vdots \\ f_n \end{pmatrix}$$

图 3.2.1 讨论的是 $n$ 自由度系统(质量-阻尼-弹簧系统)的特例，其质量矩阵、阻尼矩阵和刚度矩阵的一般形式分别为

$$\boldsymbol{M} = \begin{pmatrix} m_{11} & m_{12} & m_{13} & \cdots & m_{1n} \\ m_{12} & m_{22} & m_{23} & \cdots & m_{2n} \\ \vdots & \vdots & \vdots & \ddots & \vdots \\ m_{1n} & m_{2n} & m_{3n} & \cdots & m_{nn} \end{pmatrix}, \quad \boldsymbol{C} = \begin{pmatrix} c_{11} & c_{12} & c_{13} & \cdots & c_{1n} \\ c_{12} & c_{22} & c_{23} & \cdots & c_{2n} \\ \vdots & \vdots & \vdots & \ddots & \vdots \\ c_{1n} & c_{2n} & c_{3n} & \cdots & c_{nn} \end{pmatrix}$$

$$K=\begin{pmatrix} k_{11} & k_{12} & k_{13} & \cdots & k_{1n} \\ k_{12} & k_{22} & k_{23} & \cdots & k_{2n} \\ \vdots & \vdots & \vdots & \ddots & \vdots \\ k_{1n} & k_{2n} & k_{3n} & \cdots & k_{nn} \end{pmatrix}$$

式(3.2.1)由 $n$ 个二阶微分方程相互耦合，每个二阶微分方程中包含的坐标多于一个，即质量矩阵、阻尼矩阵、刚度矩阵中的非对角元素不为零，系统存在坐标耦合。一般形式的多自由度系统的运动微分方程既存在静力耦合又存在动力耦合。系统存在坐标耦合，每个微分方程不能单独求解，只能同时求解，下面介绍的模态分析方法是求解耦合运动方程的方法之一。

## 3.2.1 特征值问题

无阻尼系统自由振动方程为

$$\boldsymbol{M}\ddot{\boldsymbol{x}}+\boldsymbol{K}\boldsymbol{x}=\boldsymbol{0} \tag{3.2.2}$$

假定式(3.2.2)的解为简谐解：

$$\boldsymbol{x}=\boldsymbol{X}\sin(\omega t+\phi) \tag{3.2.3}$$

有

$$\ddot{\boldsymbol{x}}=-\omega^2\boldsymbol{X}\sin(\omega t+\phi) \tag{3.2.4}$$

式中，$\boldsymbol{X}$ 为位移 $\boldsymbol{x}(t)$ 幅值的向量；$\phi$ 为相位角；$\omega$ 为固有频率。

将式(3.2.3)和式(3.2.4)代入式(3.2.2)，得

$$(\boldsymbol{K}-\omega^2\boldsymbol{M})\boldsymbol{X}=\boldsymbol{0} \tag{3.2.5}$$

式(3.2.5)是以 $X_1, X_2, \cdots, X_n$(分别是 $x_1, x_2, \cdots, x_n$ 的幅值)和 $\omega^2$ 为未知系数的 $n$ 个代数齐次方程组。这个方程组要有关于系数向量 $\boldsymbol{X}$ 的平凡解，式(3.2.5)的系数矩阵的行列式必须等于零，即

$$|\boldsymbol{K}-\omega^2\boldsymbol{M}|=0 \tag{3.2.6}$$

式(3.2.6)为关于 $\omega^2$ 的 $n$ 次多项式方程，称为特征方程或频率方程，其中，$\omega^2$ 称为特征值。

多项式方程(3.2.6)的根为 $n$ 个特征值 $\omega_1^2$，$\omega_2^2$，$\cdots$，$\omega_n^2$，特征值的正根称为系统的固有频率 $\omega_1$，$\omega_2$，$\cdots$，$\omega_n$，通常按固有频率的大小升序排列，即 $\omega_1\leqslant\omega_2\leqslant\cdots\leqslant\omega_n$，最小固有频率值 $\omega_1$ 称为系统的基频。对于每一个固有频率 $\omega_i$，式(3.2.5)相应的非平凡向量 $\boldsymbol{X}^{(i)}$ 满足如下条件：

$$(\boldsymbol{K}-\omega_i^2\boldsymbol{M})\boldsymbol{X}^{(i)}=\boldsymbol{0} \tag{3.2.7}$$

向量 $\boldsymbol{X}^{(i)}$ 称为关于固有频率 $\omega_i$ 的特征向量或模态向量。

式(3.2.7)为 $n$ 阶齐次方程组，可以由任意 $n-1$ 个方程解出 $\boldsymbol{X}_1^{(i)}$，$\boldsymbol{X}_2^{(i)}$，$\cdots$，$\boldsymbol{X}_n^{(i)}$，即在 $n$ 个元素中可以用 $n-1$ 个元素来表示剩下的一个元素。因为式(3.2.7)为 $n$ 阶齐次方程组，如果 $\boldsymbol{X}^{(i)}$ 是式(3.2.7)的解，那么 $a_i\boldsymbol{X}^{(i)}$ 也是式(3.2.7)的解，其中 $a_i$ 是任意常数，这表明所有的坐标同步运动，$\boldsymbol{X}^{(i)}$ 是形变不是幅值。在运动过程中，系统的位形不能改变其形状但能改变大小，固有振型的幅值可通过正交化确定。将特征向量 $\boldsymbol{X}^{(i)}$ 进行正则化处理，则正则化特征向量 $\boldsymbol{X}^{(i)}$ 关于质量矩阵的正交化为

$$\boldsymbol{X}^{(i)\mathrm{T}}\boldsymbol{M}\boldsymbol{X}^{(i)}=1 \quad (i=1,2,\cdots,n) \tag{3.2.8}$$

式中，上标 T 表示转置。

### 3.2.2　模态向量的正交性

模态向量具有一个重要的性质就是关于系统质量矩阵 $\boldsymbol{M}$ 和刚度矩阵 $\boldsymbol{K}$ 的正交性。给定两个不相等的特征值 $\omega_i^2$ 和 $\omega_j^2$，对应不同的特征向量为 $\boldsymbol{X}^{(i)}$ 和 $\boldsymbol{X}^{(j)}$，分别满足式(3.2.7)，有

$$\boldsymbol{K}\boldsymbol{X}^{(i)} = \omega_i^2 \boldsymbol{M}\boldsymbol{X}^{(i)} \tag{3.2.9}$$

$$\boldsymbol{K}\boldsymbol{X}^{(j)} = \omega_j^2 \boldsymbol{M}\boldsymbol{X}^{(j)} \tag{3.2.10}$$

式(3.2.9)和式(3.2.10)两边分别前乘 $\boldsymbol{X}^{(j)\mathrm{T}}$ 和 $\boldsymbol{X}^{(i)\mathrm{T}}$，得

$$\boldsymbol{X}^{(j)\mathrm{T}}\boldsymbol{K}\boldsymbol{X}^{(i)} = \omega_i^2 \boldsymbol{X}^{(j)\mathrm{T}}\boldsymbol{M}\boldsymbol{X}^{(i)} \tag{3.2.11}$$

$$\boldsymbol{X}^{(i)\mathrm{T}}\boldsymbol{K}\boldsymbol{X}^{(j)} = \omega_j^2 \boldsymbol{X}^{(i)\mathrm{T}}\boldsymbol{M}\boldsymbol{X}^{(j)} \tag{3.2.12}$$

注意到 $\boldsymbol{K}$ 和 $\boldsymbol{M}$ 的对称性，将式(3.2.11)减去式(3.2.12)的转置，得

$$\left(\omega_i^2 - \omega_j^2\right)\boldsymbol{X}^{(j)\mathrm{T}}\boldsymbol{M}\boldsymbol{X}^{(i)} = \boldsymbol{0} \tag{3.2.13}$$

由于特征值不相等，即 $\omega_i^2 \neq \omega_j^2$，由式(3.2.13)得

$$\boldsymbol{X}^{(j)\mathrm{T}}\boldsymbol{M}\boldsymbol{X}^{(i)} = \boldsymbol{0} \quad (i \neq j) \tag{3.2.14}$$

将式(3.2.14)代入式(3.2.11)，有

$$\boldsymbol{X}^{(j)\mathrm{T}}\boldsymbol{K}\boldsymbol{X}^{(i)} = \boldsymbol{0} \quad (i \neq j) \tag{3.2.15}$$

式(3.2.14)和式(3.2.15)分别表示不同阶次的特征向量关于质量矩阵和刚度矩阵的正交性。

当 $j = i$ 时，式(3.2.11)和式(3.2.12)变为

$$\boldsymbol{X}^{(i)\mathrm{T}}\boldsymbol{K}\boldsymbol{X}^{(i)} = \omega_i^2 \boldsymbol{X}^{(i)\mathrm{T}}\boldsymbol{M}\boldsymbol{X}^{(i)} \tag{3.2.16}$$

用式(3.2.8)将特征向量进行正则化，由式(3.2.16)得

$$\boldsymbol{X}^{(i)\mathrm{T}}\boldsymbol{K}\boldsymbol{X}^{(i)} = \omega_i^2 \tag{3.2.17}$$

考虑所有的特征向量，式(3.2.8)和式(3.2.17)写成矩阵形式分别为

$$\boldsymbol{X}^{\mathrm{T}}\boldsymbol{M}\boldsymbol{X} = \begin{pmatrix} 1 & & & 0 \\ & 1 & & \\ & & \ddots & \\ 0 & & & 1 \end{pmatrix}, \quad \boldsymbol{X}^{\mathrm{T}}\boldsymbol{K}\boldsymbol{X} = \begin{pmatrix} \omega_1^2 & & & 0 \\ & \omega_2^2 & & \\ & & \ddots & \\ 0 & & & \omega_n^2 \end{pmatrix} \tag{3.2.18}$$

式中，$n \times n$ 阶矩阵 $\boldsymbol{X}$ 称为模态矩阵，由各阶模态向量 $\boldsymbol{X}^{(1)}$，$\boldsymbol{X}^{(2)}$，…，$\boldsymbol{X}^{(n)}$ 组成。

$$\boldsymbol{X} = (\boldsymbol{X}^{(1)} \quad \boldsymbol{X}^{(2)} \quad \cdots \quad \boldsymbol{X}^{(n)}) \tag{3.2.19}$$

### 3.2.3　无阻尼系统的自由振动分析

无阻尼系统的自由振动方程为

$$\boldsymbol{M}\ddot{\boldsymbol{x}} + \boldsymbol{K}\boldsymbol{x} = \boldsymbol{0} \tag{3.2.20}$$

采用模态分析方法可以将 $n$ 阶二次耦合齐次微分方程组(3.2.20)解耦，求得 $n$ 自由度无阻尼系统的自由振动解。

将方程的解 $\boldsymbol{x}(t)$ 写成正则模态 $\boldsymbol{X}^{(i)}$ $(i = 1, 2, \cdots, n)$ 的叠加形式，即

$$\boldsymbol{x}(t) = \sum_{i=1}^{n} \eta_i(t)\boldsymbol{X}^{(i)} = \boldsymbol{X}\boldsymbol{\eta}(t) \tag{3.2.21}$$

式中，$\boldsymbol{X}$ 为正则模态矩阵；$\eta_i(t)$ 为未知的时间函数，称为模态坐标或广义坐标；$\boldsymbol{\eta}(t)$ 为模态

坐标的向量形式。

$$\boldsymbol{\eta}(t)=\begin{pmatrix}\eta_1(t)\\ \eta_2(t)\\ \vdots\\ \eta_n(t)\end{pmatrix} \tag{3.2.22}$$

式(3.2.21)称为展开定理，表示为 $n$ 维空间正交向量的基形式。这就意味着，任意向量，如 $\boldsymbol{x}(t)$ 在 $n$ 维空间中可以由线性独立向量的线性组合生成，如 $\boldsymbol{X}^{(i)}$，其中 $i=1,2,\cdots,n$。将式(3.2.21)代入式(3.2.20)，得

$$\boldsymbol{M}\boldsymbol{X}\ddot{\boldsymbol{\eta}}+\boldsymbol{K}\boldsymbol{X}\boldsymbol{\eta}=\boldsymbol{0} \tag{3.2.23}$$

对式(3.2.23)前乘 $\boldsymbol{X}^{\mathrm{T}}$，得到

$$\boldsymbol{X}^{\mathrm{T}}\boldsymbol{M}\boldsymbol{X}\ddot{\boldsymbol{\eta}}+\boldsymbol{X}^{\mathrm{T}}\boldsymbol{K}\boldsymbol{X}\boldsymbol{\eta}=\boldsymbol{0} \tag{3.2.24}$$

考虑到式(3.2.18)，式(3.2.24)可化简为

$$\ddot{\boldsymbol{\eta}}+\boldsymbol{\omega}^2\boldsymbol{\eta}=\boldsymbol{0} \tag{3.2.25}$$

这是一个 $n$ 阶解耦二次微分方程组，每个方程为

$$\frac{\mathrm{d}^2\eta_i(t)}{\mathrm{d}t^2}+\omega_i^2\eta_i(t)=0\quad(i=1,2,\cdots,n) \tag{3.2.26}$$

如果给定系统的初始条件：

$$\boldsymbol{x}(t=0)=\boldsymbol{x}_0=\begin{pmatrix}x_{1,0}\\ x_{2,0}\\ \vdots\\ x_{n,0}\end{pmatrix},\quad \dot{\boldsymbol{x}}(t=0)=\dot{\boldsymbol{x}}_0=\begin{pmatrix}\dot{x}_{1,0}\\ \dot{x}_{2,0}\\ \vdots\\ \dot{x}_{n,0}\end{pmatrix} \tag{3.2.27}$$

广义坐标 $\boldsymbol{\eta}(t)$ 的初始条件由如下步骤确定。

由式(3.2.21)知，$\boldsymbol{x}(0)=\boldsymbol{X}\boldsymbol{\eta}(0)$，则有 $\boldsymbol{\eta}(0)=\boldsymbol{X}^{-1}\boldsymbol{x}(0)$。为避免求 $\boldsymbol{X}^{-1}$，可以证明 $\boldsymbol{X}^{-1}=\boldsymbol{X}^{\mathrm{T}}\boldsymbol{M}$，有

$$\boldsymbol{\eta}(t)=\boldsymbol{X}^{\mathrm{T}}\boldsymbol{M}\boldsymbol{x}(t) \tag{3.2.28}$$

因此有

$$\begin{pmatrix}\eta_1(0)\\ \eta_2(0)\\ \vdots\\ \eta_n(0)\end{pmatrix}=\boldsymbol{\eta}(0)=\boldsymbol{X}^{\mathrm{T}}\boldsymbol{M}\boldsymbol{x}_0,\quad \begin{pmatrix}\dot{\eta}_1(0)\\ \dot{\eta}_2(0)\\ \vdots\\ \dot{\eta}_n(0)\end{pmatrix}=\dot{\boldsymbol{\eta}}(0)=\boldsymbol{X}^{\mathrm{T}}\boldsymbol{M}\dot{\boldsymbol{x}}_0 \tag{3.2.29}$$

参照式(3.1.5)，式(3.2.26)的解可表示为

$$\eta_i(t)=\eta_i(0)\cos\omega_i t+\frac{\dot{\eta}_i(0)}{\omega_i}\sin\omega_i t\quad(i=1,2,\cdots,n) \tag{3.2.30}$$

式中，$\eta_i(0)$ 和 $\dot{\eta}_i(0)$ 由式(3.2.29)给出。

$$\eta_i(0)=\boldsymbol{X}^{(i)\mathrm{T}}\boldsymbol{M}\boldsymbol{x}_0 \tag{3.2.31}$$

$$\dot{\eta}_i(0)=\boldsymbol{X}^{(i)\mathrm{T}}\boldsymbol{M}\dot{\boldsymbol{x}}_0 \tag{3.2.32}$$

一旦 $\eta_i(t)$ 确定，系统自由振动的解 $\boldsymbol{x}(t)$ 就可以由式(3.2.21)得出。

**【例 3.2】** 两自由度系统如图 3.2.2 所示，用模态分析法求系统的自由振动响应。图中参数数值如下：$m_1=2\text{kg}, m_2=5\text{kg}, k_1=10\text{N/m}, k_2=20\text{N/m}, k_3=5\text{N/m}$，$x_1(0)=0.1\text{m}$，$x_2(0)=0$，$\dot{x}_1(0)=0$，$\dot{x}_2(0)=5\text{m/s}$。

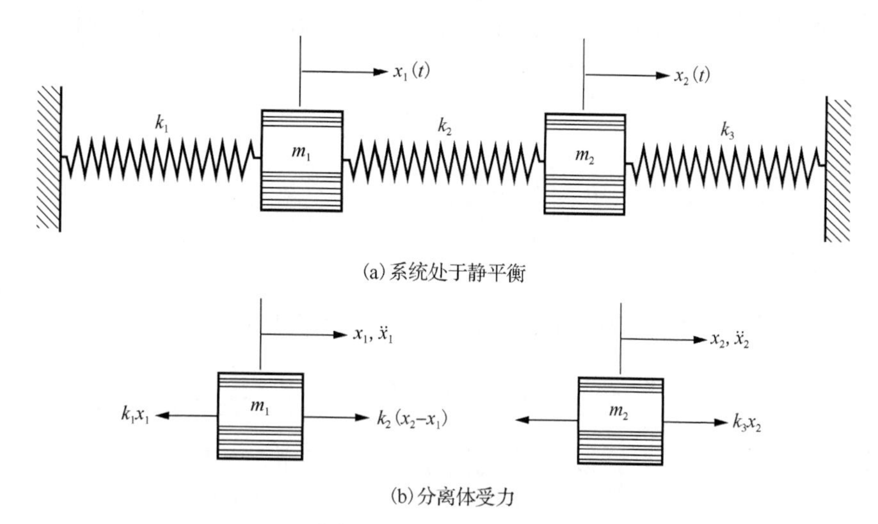


图 3.2.2　两自由度系统

**解**：系统的运动微分方程为

$$\begin{pmatrix} m_1 & 0 \\ 0 & m_2 \end{pmatrix}\begin{pmatrix} \ddot{x}_1 \\ \ddot{x}_2 \end{pmatrix}+\begin{pmatrix} k_1+k_2 & -k_2 \\ -k_2 & k_2+k_3 \end{pmatrix}\begin{pmatrix} x_1 \\ x_2 \end{pmatrix}=\begin{pmatrix} 0 \\ 0 \end{pmatrix} \tag{E3.2.1}$$

假定系统的自由振动为简谐运动形式：

$$x_i(t)=X_i\cos(\omega t+\phi) \quad (i=1,2) \tag{E3.2.2}$$

式中，$X_i$ 为 $x_i(t)$ 的幅值；$\omega$ 为振动频率；$\phi$ 为相位角。

将式(E3.2.2)代入式(E3.2.1)，得到特征值问题：

$$\begin{pmatrix} -\omega^2 m_1+k_1+k_2 & -k_2 \\ -k_2 & -\omega^2 m_2+k_2+k_3 \end{pmatrix}\begin{pmatrix} X_1 \\ X_2 \end{pmatrix}=\begin{pmatrix} 0 \\ 0 \end{pmatrix} \tag{E3.2.3}$$

代入已知数据，式(E3.2.3)写为

$$\begin{pmatrix} -2\omega^2+30 & -20 \\ -20 & -5\omega^2+25 \end{pmatrix}\begin{pmatrix} X_1 \\ X_2 \end{pmatrix}=\begin{pmatrix} 0 \\ 0 \end{pmatrix} \tag{E3.2.4}$$

为求非平凡解 $X_1$ 和 $X_2$，由式(E3.2.4)的系数矩阵行列式等于零，得到频率方程为

$$\begin{vmatrix} -2\omega^2+30 & -20 \\ -20 & -5\omega^2+25 \end{vmatrix}=0$$

或

$$\omega^4-20\omega^2+35=0 \tag{E3.2.5}$$

式(E3.2.5)的根为系统振动的固有频率，得

$$\omega_1 = 1.392028\ \text{rad/s},\quad \omega_2 = 4.249971\ \text{rad/s} \tag{E3.2.6}$$

将 $\omega = \omega_1 = 1.392028\text{rad/s}$ 代入式(E3.2.4)得到 $X_2^{(1)} = 1.306226 X_1^{(1)}$，同样将 $\omega = \omega_2 = 4.249971\text{rad/s}$ 代入式(E3.2.4)得到 $X_2^{(2)} = -0.306226 X_1^{(2)}$。因此，系统的特征向量或模态振型为

$$X^{(1)} = \begin{pmatrix} X_1^{(1)} \\ X_2^{(1)} \end{pmatrix} = \begin{pmatrix} 1 \\ 1.306226 \end{pmatrix} X_1^{(1)} \tag{E3.2.7}$$

$$X^{(2)} = \begin{pmatrix} X_1^{(2)} \\ X_2^{(2)} \end{pmatrix} = \begin{pmatrix} 1 \\ -0.306226 \end{pmatrix} X_1^{(2)} \tag{E3.2.8}$$

式中，$X_1^{(1)}$ 和 $X_1^{(2)}$ 为任意常数。

由模态振型关于质量矩阵的正则化，可求得 $X_1^{(1)}$ 和 $X_1^{(2)}$ 的值：

$$\boldsymbol{X}^{(1)\mathrm{T}} \boldsymbol{M} \boldsymbol{X}^{(1)} = \left(X_1^{(1)}\right)^2 \begin{pmatrix} 1 & 1.306226 \end{pmatrix} \begin{pmatrix} 2 & 0 \\ 0 & 5 \end{pmatrix} \begin{pmatrix} 1 \\ 1.306226 \end{pmatrix} = 1$$

$$\boldsymbol{X}^{(2)\mathrm{T}} \boldsymbol{M} \boldsymbol{X}^{(2)} = \left(X_1^{(2)}\right)^2 \begin{pmatrix} 1 & -0.306226 \end{pmatrix} \begin{pmatrix} 2 & 0 \\ 0 & 5 \end{pmatrix} \begin{pmatrix} 1 \\ -0.306226 \end{pmatrix} = 1$$

得到，$X_1^{(1)} = 0.30815$，$X_1^{(2)} = 0.63643$。

因此，模态矩阵为

$$\boldsymbol{X} = \begin{pmatrix} \boldsymbol{X}^{(1)} & \boldsymbol{X}^{(2)} \end{pmatrix} = \begin{pmatrix} 0.30815 & 0.63643 \\ 0.402513 & -0.19489 \end{pmatrix} \tag{E3.2.9}$$

坐标变换为

$$\boldsymbol{x}(t) = \boldsymbol{X} \boldsymbol{\eta}(t) \tag{E3.2.10}$$

将式(E3.2.1)写成解耦标量微分方程形式：

$$\frac{\mathrm{d}^2 \eta_i(t)}{\mathrm{d}t^2} + \omega_i^2 \eta_i(t) = 0 \quad (i = 1, 2) \tag{E3.2.11}$$

$\eta_i(t)$ 的初始条件由式(3.2.31)和式(3.2.32)确定，有

$$\eta_i(0) = \boldsymbol{X}^{(i)\mathrm{T}} \boldsymbol{M} \boldsymbol{x}(0) \text{或} \boldsymbol{\eta}(0) = \boldsymbol{X}^{\mathrm{T}} \boldsymbol{M} \boldsymbol{x}(0) \tag{E3.2.12}$$

$$\dot{\eta}_i(0) = \boldsymbol{X}^{(i)\mathrm{T}} \boldsymbol{M} \dot{\boldsymbol{x}}(0) \text{或} \dot{\boldsymbol{\eta}}(0) = \boldsymbol{X}^{\mathrm{T}} \boldsymbol{M} \dot{\boldsymbol{x}}(0) \tag{E3.2.13}$$

$$\boldsymbol{\eta}(0) = \begin{pmatrix} 0.30815 & 0.63643 \\ 0.402513 & -0.19489 \end{pmatrix}^{\mathrm{T}} \begin{pmatrix} 2 & 0 \\ 0 & 5 \end{pmatrix} \begin{pmatrix} 0.1 \\ 0 \end{pmatrix} = \begin{pmatrix} 0.06163 \\ 1.27286 \end{pmatrix} \tag{E3.2.14}$$

$$\dot{\boldsymbol{\eta}}(0) = \begin{pmatrix} 0.30815 & 0.63643 \\ 0.402513 & -0.19489 \end{pmatrix}^{\mathrm{T}} \begin{pmatrix} 2 & 0 \\ 0 & 5 \end{pmatrix} \begin{pmatrix} 0 \\ 5 \end{pmatrix} = \begin{pmatrix} 10.06282 \\ -4.87225 \end{pmatrix} \tag{E3.2.15}$$

式(E3.2.11)的解由式(3.2.30)得到：

$$\eta_i(t) = \eta_i(0)\cos\omega_i t + \frac{\dot{\eta}_i(0)}{\omega_i}\sin\omega_i t \quad (i = 1, 2) \tag{E3.2.16}$$

代入式(E3.2.14)和式(E3.2.15)的初始条件，得到

$$\eta_1(t) = 0.061630\cos 1.392028t + 7.22889\sin 1.392028t$$

$$\eta_2(t) = 0.127286\cos 4.249971t - 1.14642\sin 4.249971t$$

由式(E3.2.10)得，质量块 $m_1$ 和 $m_2$ 的位移(单位：m)为

$$x(t)=\begin{pmatrix}0.30815 & 0.63643\\0.402513 & -0.19489\end{pmatrix}\begin{pmatrix}0.061630\cos 1.392028t+7.22889\sin 1.392028t\\0.127286\cos 4.249971t-1.14642\sin 4.249971t\end{pmatrix}$$

$$=\begin{pmatrix}0.01899\cos 1.39203t+2.22758\sin 1.39203t+0.08101\cos 4.24997t-0.72962\sin 4.24997t\\0.02481\cos 1.39203t+2.90972\sin 1.39203t-0.02481\cos 4.24997t+0.22346\sin 4.24997t\end{pmatrix}$$

### 3.2.4　无阻尼系统的强迫振动分析

无阻尼系统的强迫振动方程为

$$\boldsymbol{M}\ddot{\boldsymbol{x}}+\boldsymbol{K}\boldsymbol{x}=\boldsymbol{f}(t) \tag{3.2.33}$$

假设系统的特征值 $\omega_i^2$ 和对应的特征向量 $X^{(i)}$ 已知，式(3.2.33)的解由特征向量线性组合而成：

$$\boldsymbol{x}(t)=\sum_{i=1}^{n}\eta_i(t)\boldsymbol{X}^{(i)}=\boldsymbol{X}\boldsymbol{\eta}(t) \tag{3.2.34}$$

式中，$\eta_i(t)$ 为模态坐标，$i=1,2,\cdots,n$；$\boldsymbol{X}$ 为模态矩阵。

将式(3.2.34)代入式(3.2.33)，并前乘 $\boldsymbol{X}^{\mathrm{T}}$ 得到

$$\boldsymbol{X}^{\mathrm{T}}\boldsymbol{M}\boldsymbol{X}\ddot{\boldsymbol{\eta}}+\boldsymbol{X}^{\mathrm{T}}\boldsymbol{K}\boldsymbol{X}\boldsymbol{\eta}=\boldsymbol{X}^{\mathrm{T}}\boldsymbol{f} \tag{3.2.35}$$

由式(3.2.18)，式(3.2.35)写为

$$\ddot{\boldsymbol{\eta}}+\omega^2\boldsymbol{\eta}=\boldsymbol{Q} \tag{3.2.36}$$

式中，$\boldsymbol{Q}$ 称为模态力向量(或广义力)。

$$\boldsymbol{Q}=\boldsymbol{X}^{\mathrm{T}}\boldsymbol{f} \tag{3.2.37}$$

由式(3.2.36)得到 $n$ 个解耦微分方程，写成标量形式为

$$\frac{\mathrm{d}^2\eta_i(t)}{\mathrm{d}t^2}+\omega_i^2\eta_i(t)=Q_i(t)\quad(i=1,2,\cdots,n) \tag{3.2.38}$$

式中，

$$Q_i(t)=\boldsymbol{X}^{(i)\mathrm{T}}\boldsymbol{f}(t)\quad(i=1,2,\cdots,n) \tag{3.2.39}$$

式(3.2.38)中的每个方程都是单自由度无阻尼系统的强迫振动方程，因此式(3.2.38)的每个解用 $\eta_i(t)$、$Q_i(t)$、$\eta_{i,0}$ 和 $\dot{\eta}_{i,0}$ 分别替换 $x(t)$、$F(t)$、$x_0$ 和 $\dot{x}_0$，式(3.1.51)～式(3.1.53)取 $\omega_d=\omega_i$，$\zeta=0$，则有

$$\eta_i(t)=\int_0^t Q_i(\tau)h(t-\tau)\mathrm{d}\tau+g(t)\eta_{i,0}+h(t)\dot{\eta}_{i,0} \tag{3.2.40}$$

式中，

$$h(t)=\frac{1}{\omega_i}\sin\omega_i t \tag{3.2.41}$$

$$g(t)=\cos\omega_i t \tag{3.2.42}$$

初始条件 $\eta_{i,0}$ 和 $\dot{\eta}_{i,0}$ 由式(3.2.31)和式(3.2.32)用已知的 $x_0$ 和 $\dot{x}_0$ 确定。

### 3.2.5　具有比例阻尼系统的强迫振动分析

引入比例阻尼，式(3.2.1)的阻尼矩阵表达为系统质量矩阵和刚度矩阵的线性组合：

$$\boldsymbol{C}=\alpha\boldsymbol{M}+\beta\boldsymbol{K} \tag{3.2.43}$$

式中，$\alpha$ 和 $\beta$ 为已知常数。

将式(3.2.43)代入式(3.2.1)，得

$$M\ddot{x} + (\alpha M + \beta K)\dot{x} + Kx = f \tag{3.2.44}$$

如前所述，在模态分析中，式(3.2.44)的假定为

$$x(t) = X\eta(t) \tag{3.2.45}$$

将式(3.2.45)代入式(3.2.44)，并前乘$X^{\mathrm{T}}$，得到

$$X^{\mathrm{T}}MX\ddot{\eta} + (\alpha X^{\mathrm{T}}MX + \beta X^{\mathrm{T}}KX)\dot{\eta} + X^{\mathrm{T}}KX\eta = X^{\mathrm{T}}f \tag{3.2.46}$$

考虑式(3.2.18)，式(3.2.46)可化简为

$$\ddot{\eta} + (\alpha I + \beta\omega^2)\dot{\eta} + \omega^2\eta = Q \tag{3.2.47}$$

式中，

$$Q = X^{\mathrm{T}}f \tag{3.2.48}$$

由前面定义可得

$$\alpha + \beta\omega_i^2 = 2\zeta_i\omega_i \quad (i = 1, 2, \cdots, n) \tag{3.2.49}$$

式中，$\zeta_i$ 称为第 $i$ 阶模态阻尼因子。

式(3.2.47)重写为标量形式：

$$\frac{\mathrm{d}^2\eta_i(t)}{\mathrm{d}t^2} + 2\zeta_i\omega_i\frac{\mathrm{d}\eta_i(t)}{\mathrm{d}t} + \omega_i^2\eta_i(t) = Q_i(t) \quad (i = 1, 2, \cdots, n) \tag{3.2.50}$$

式(3.2.50)中的每一个方程都认为对应的是单自由度黏性阻尼系统，其解由式(3.1.51)～式(3.1.53)得到。因此，式(3.2.50)的解为

$$\eta_i(t) = \int_0^t Q_i(\tau)h(t-\tau)\mathrm{d}\tau + g(t)\eta_{i,0} + h(t)\dot{\eta}_{i,0} \tag{3.2.51}$$

式中，

$$h(t) = \frac{1}{\omega_{di}}\mathrm{e}^{-\zeta_i\omega_{ni}t}\sin\omega_{di}t \tag{3.2.52}$$

$$g(t) = \mathrm{e}^{-\zeta_i\omega_{ni}t}\left(\cos\omega_{di}t + \frac{\zeta\omega_{ni}}{\omega_{di}}\sin\omega_{di}t\right) \tag{3.2.53}$$

式中，$\omega_{di}$ 为第 $i$ 阶阻尼振动频率，其表达式为

$$\omega_{di} = \omega_{ni}\sqrt{1-\zeta_i^2} \tag{3.2.54}$$

### 3.2.6 简谐激励的强迫振动

如图 3.2.3(a)所示的受简谐激励的两自由度有阻尼系统，可以用 $x_1(t)$ 和 $x_2(t)$ 两个坐标来完全描述。由图 3.2.3(b)，应用牛顿运动定律可得系统的振动微分方程为

$$\begin{cases} m_1\ddot{x}_1 = F_1(t) - c_1\dot{x}_1 + c_2(\dot{x}_2 - \dot{x}_1) - k_1x_1 + k_2(x_2 - x_1) \\ m_2\ddot{x}_2 = F_2(t) - c_2(\dot{x}_2 - \dot{x}_1) - c_3\dot{x}_2 - k_2(x_2 - x_1) - k_3x_2 \end{cases} \tag{3.2.55}$$

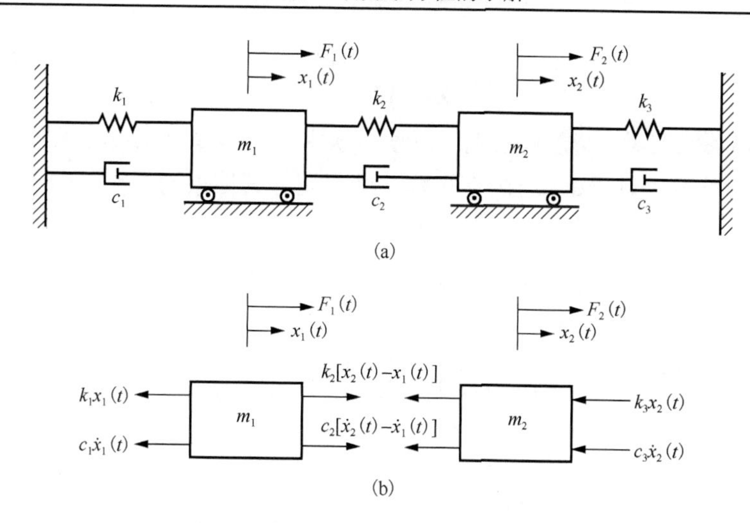


图 3.2.3　受简谐激励的两自由度有阻尼系统

写成矩阵形式为

$$\begin{pmatrix} m_1 & 0 \\ 0 & m_2 \end{pmatrix}\begin{pmatrix} \ddot{x}_1 \\ \ddot{x}_2 \end{pmatrix}+\begin{pmatrix} c_1+c_2 & -c_2 \\ -c_2 & c_2+c_3 \end{pmatrix}\begin{pmatrix} \dot{x}_1 \\ \dot{x}_2 \end{pmatrix}+\begin{pmatrix} k_1+k_2 & -k_2 \\ -k_2 & k_2+k_3 \end{pmatrix}\begin{pmatrix} x_1 \\ x_2 \end{pmatrix}=\begin{pmatrix} F_1(t) \\ F_2(t) \end{pmatrix} \tag{3.2.56}$$

由方程(3.2.56)可以看出，矩阵 $\boldsymbol{M}$ 、$\boldsymbol{C}$ 和 $\boldsymbol{K}$ 都是对称的，矩阵元素为

$$m_{11}=m_1 \quad , \quad m_{12}=m_{21}=0 \quad , \quad m_{22}=m_2$$

$$c_{11}=c_1+c_2 \quad , \quad c_{12}=c_{21}=-c_2 \quad , \quad c_{22}=c_2+c_3$$

$$k_{11}=k_1+k_2 \quad , \quad k_{12}=k_{21}=-k_2 \quad , \quad k_{22}=k_2+k_3$$

由此，方程(3.2.56)改写为

$$\begin{cases} m_{11}\ddot{x}_1+m_{12}\ddot{x}_2+c_{11}\dot{x}_1+c_{12}\dot{x}_2+k_{11}x_1+k_{12}x_2=F_1(t) \\ m_{21}\ddot{x}_1+m_{22}\ddot{x}_2+c_{21}\dot{x}_1+c_{22}\dot{x}_2+k_{21}x_1+k_{22}x_2=F_2(t) \end{cases} \tag{3.2.57}$$

这样，原来的对角质量阵被一个更为一般的非对角但是对称的矩阵所代替。考虑 $F_1(t)$ 和 $F_2(t)$ 为简谐激励，即

$$F_1(t)=F_1\mathrm{e}^{\mathrm{i}\omega t} \quad , \quad F_2(t)=F_2\mathrm{e}^{\mathrm{i}\omega t} \tag{3.2.58}$$

并设稳态响应为

$$x_1(t)=X_1\mathrm{e}^{\mathrm{i}\omega t} \quad , \quad x_2(t)=X_2\mathrm{e}^{\mathrm{i}\omega t} \tag{3.2.59}$$

一般说来，式(3.2.59)中的 $X_1$ 和 $X_2$ 是取决于简谐激励频率 $\omega$ 和系统参数的复量。把式(3.2.58)和式(3.2.59)代入方程(3.2.57)，得到两个代数方程：

$$\begin{cases} \left(-\omega^2 m_{11}+\mathrm{i}\omega c_{11}+k_{11}\right)X_1+\left(-\omega^2 m_{12}+\mathrm{i}\omega c_{12}+k_{12}\right)X_2=F_1 \\ \left(-\omega^2 m_{12}+\mathrm{i}\omega c_{21}+k_{21}\right)X_1+\left(-\omega^2 m_{22}+\mathrm{i}\omega c_{22}+k_{22}\right)X_2=F_2 \end{cases} \tag{3.2.60}$$

引入记号：

$$Z_{ij}(\omega)=-\omega^2 m_{ij}+\mathrm{i}\omega c_{ij}+k_{ij} \quad (i、j=1,2) \tag{3.2.61}$$

于是方程(3.2.60)可以改写为

$$\begin{cases} Z_{11}(\omega)X_1+Z_{12}(\omega)X_2=F_1 \\ Z_{21}(\omega)X_1+Z_{22}(\omega)X_2=F_2 \end{cases} \tag{3.2.62}$$

写成矩阵形式为

$$\boldsymbol{Z}(\omega)\boldsymbol{X}=\boldsymbol{F} \tag{3.2.63}$$

式中，$\boldsymbol{X}$ 为位移幅值向量；$\boldsymbol{F}$ 为激励幅值向量；矩阵 $\boldsymbol{Z}(\omega)$ 显然是对称矩阵。

方程(3.2.63)的解可以用 $\boldsymbol{Z}(\omega)$ 的逆矩阵左乘得到，其结果为

$$\boldsymbol{X}=\left[\boldsymbol{Z}(\omega)\right]^{-1}\boldsymbol{F} \tag{3.2.64}$$

式中，逆矩阵 $\left[\boldsymbol{Z}(\omega)\right]^{-1}$ 可以表示为如下形式：

$$\begin{aligned}\left[\boldsymbol{Z}(\omega)\right]^{-1}&=\frac{1}{\det\left[\boldsymbol{Z}(\omega)\right]}\begin{pmatrix}Z_{22}(\omega) & -Z_{12}(\omega)\\ -Z_{22}(\omega) & Z_{11}(\omega)\end{pmatrix}\\&=\frac{1}{Z_{11}(\omega)Z_{22}(\omega)-Z_{12}^{2}(\omega)}\begin{pmatrix}Z_{22}(\omega) & -Z_{12}(\omega)\\ -Z_{22}(\omega) & Z_{11}(\omega)\end{pmatrix}\end{aligned} \tag{3.2.65}$$

把方程(3.2.65)代入方程(3.2.64)，进行乘法运算可得解为

$$\begin{cases}X_1(\omega)=\dfrac{Z_{22}(\omega)F_1-Z_{12}(\omega)F_2}{Z_{11}(\omega)Z_{22}(\omega)-Z_{12}^{2}(\omega)}\\[2ex] X_2(\omega)=\dfrac{-Z_{21}(\omega)F_1+Z_{11}(\omega)F_2}{Z_{11}(\omega)Z_{22}(\omega)-Z_{12}^{2}(\omega)}\end{cases} \tag{3.2.66}$$

将式(3.2.66)代入式(3.2.59)即可得两自由度系统受简谐激励的稳态响应的复数表达式。

**【例 3.3】** 如图 3.2.4 所示的系统，设 $m_1=m$，$m_2=2m$，$c_1=c_2=c_3=0$，$k_1=k_2=k$，$k_3=2k$，并设 $F_1(t)=F_0\sin\omega t$，$F_2(t)=0$。求系统的稳态响应，并绘出频率响应曲线。

**解：** 根据已知条件，由式(3.2.61)得 $Z_{11}(\omega)=k_{11}-\omega^2m_{11}=2k-\omega^2m$，$Z_{12}(\omega)=Z_{21}(\omega)=k_{12}=-k$，$Z_{22}(\omega)=k_{22}-\omega^2m_{22}=3k-2\omega^2m$。

于是由式(3.2.66)可得稳态响应的幅值为

$$X_1(\omega)=\frac{\left(3k-2\omega^2m\right)F_0}{\left(2k-\omega^2m\right)\left(3k-2\omega^2m\right)-k^2}=\frac{\left(3k-2\omega^2m\right)F_0}{2m^2\omega^4-7mk\omega^2+5k^2}$$

$$X_2(\omega)=\frac{kF_0}{2m^2\omega^4-7mk\omega^2+5k^2}$$

已知 $X_1$ 和 $X_2$ 的分母为特征行列式，即

$$\det\left(\omega^2\right)=2m^2\omega^4-7mk\omega^2+5k^2=2m^2\left(\omega^2-\omega_1^2\right)\left(\omega^2-\omega_2^2\right)=0$$

式中，$\omega_1^2=\dfrac{k}{m}$；$\omega_2^2=\dfrac{5k}{2m}$，为系统固有频率的平方。

因此，稳态响应的幅值可以写成

$$X_1(\omega)=\frac{2F_0}{5k}\frac{\dfrac{3}{2}-\left(\dfrac{\omega}{\omega_1}\right)^2}{\left[1-\left(\dfrac{\omega}{\omega_1}\right)^2\right]\left[1-\left(\dfrac{\omega}{\omega_2}\right)^2\right]},\quad X_2(\omega)=\frac{F_0}{5k}\frac{1}{\left[1-\left(\dfrac{\omega}{\omega_1}\right)^2\right]\left[1-\left(\dfrac{\omega}{\omega_2}\right)^2\right]}$$

$X_1(\omega)$ 对 $\dfrac{\omega}{\omega_1}$ 和 $X_2(\omega)$ 对 $\dfrac{\omega}{\omega_1}$ 的频率响应曲线如图 3.2.4 所示，从图中可以看出，当 $\omega=\omega_1$ 或

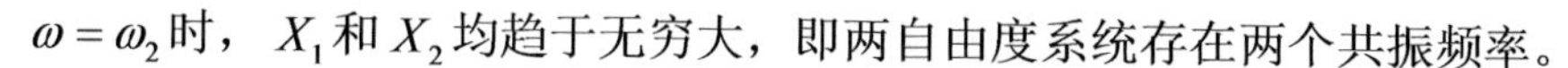

$\omega = \omega_2$ 时，$X_1$ 和 $X_2$ 均趋于无穷大，即两自由度系统存在两个共振频率。

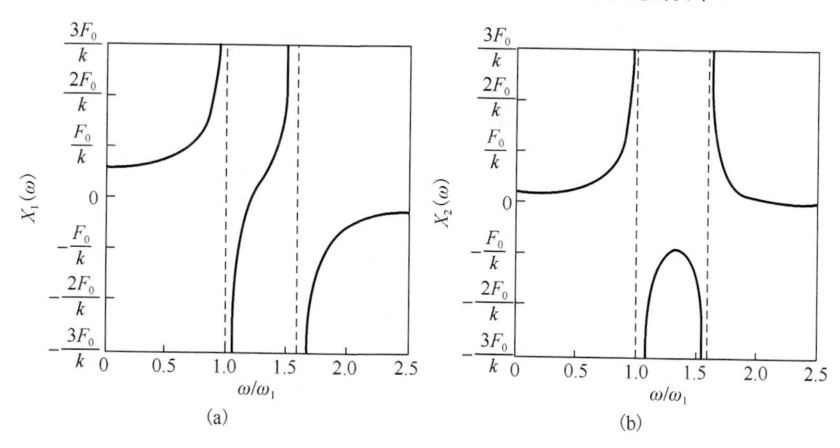


图 3.2.4　频率响应曲线

## 3.2.7　动力减振器

### 1．无阻尼动力减振器

机器或结构在交变力的作用下，特别是固有频率接近激励频率时将引起强烈的振动。为了减小振动，一般通过改变系统的质量或刚度来实现，但有时这是不可能做到的，在这种情况下，采用动力减振器是一种有效的减振措施。然而加上动力减振器以后，必然会增加系统的自由度数目，如原来的单自由度系统会变为两自由度系统，因而就有两个固有频率，每当激励频率与其中任一固有频率相等时，系统都会发生共振。因此，如果激励频率可以在相当大的范围内改变，动力减振器只能使原来的有一个共振频率的振动系统改变为有两个共振频率的振动系统，不能起到减振的作用。动力减振器只适用于激励频率基本固定的情形，如同步电机等匀速运转的机器，虽然产生了两个固有频率，但一般来说这两个固有频率不等于激振频率，因而避免了共振。

考虑图 3.2.5 所示的系统，由质量质量 $m_1$ 和弹簧 $k_1$ 组成的系统称为主系统，而由质量 $m_2$ 和弹簧 $k_2$ 组成的附加系统称为动力减振器，这个组合系统的振动微分方程为

$$\begin{cases} m_1\ddot{x}_1 + \left(k_1 + k_2\right)x_1 - k_2x_2 = F_1\sin\omega t \\ m_2\ddot{x}_2 - k_2x_1 + k_2x_2 = 0 \end{cases} \tag{3.2.67}$$

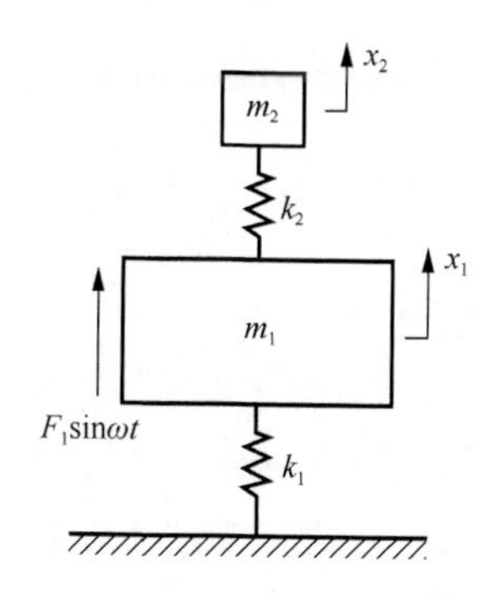


图 3.2.5　无阻尼动力减振器

设其解为

$$x_1(t) = X_1 \sin\omega t \quad , \quad x_2(t) = X_2 \sin\omega t \tag{3.2.68}$$

代入方程(3.2.67)得

$$\begin{pmatrix} k_1 + k_2 - \omega^2 m_1 & -k_2 \\ -k_2 & k_2 - \omega^2 m_2 \end{pmatrix} \begin{pmatrix} X_1 \\ X_2 \end{pmatrix} = \begin{pmatrix} F_1 \\ 0 \end{pmatrix} \tag{3.2.69}$$

从而可以得出：

$$\begin{cases} X_1 = \dfrac{(k_2 - \omega^2 m_2)F_1}{(k_1 + k_2 - \omega^2 m_1)(k_2 - \omega^2 m_2) - k_2^2} \\ X_2 = \dfrac{k_2 F_1}{(k_1 + k_2 - \omega^2 m_1)(k_2 - \omega^2 m_2) - k_2^2} \end{cases} \tag{3.2.70}$$

习惯上，引入下列符号：$\omega_n = \sqrt{\dfrac{k_1}{m_1}}$，为主系统的固有频率；$\omega_\alpha = \sqrt{\dfrac{k_2}{m_2}}$，为动力减振器的固有频率；$x_{st} = \dfrac{F_1}{k_1}$，为主系统的静变形；$\mu = \dfrac{m_2}{m_1}$，为动力减振器质量与主系统质量的比值。

于是，方程(3.2.70)可以写为

$$\begin{cases} X_1 = \dfrac{\left[1 - (\omega/\omega_\alpha)^2\right] x_{st}}{\left[1 + \mu(\omega_\alpha/\omega_n)^2 - (\omega/\omega_\alpha)^2\right]\left[1 - (\omega/\omega_\alpha)^2\right] - \mu(\omega_\alpha/\omega_n)^2} \\ X_2 = \dfrac{x_{st}}{\left[1 + \mu(\omega_\alpha/\omega_n)^2 - (\omega/\omega_\alpha)^2\right]\left[1 - (\omega/\omega_\alpha)^2\right] - \mu(\omega_\alpha/\omega_n)^2} \end{cases} \tag{3.2.71}$$

根据方程(3.2.71)可以看出，当 $\omega = \omega_\alpha$ 时，主系统的振幅 $X_1$ 减小到零，因而动力减振器实际上可以完成设计所要求的任务，也就是说，只要动力减振器的固有频率等于激励频率，就可以消除主系统的振动，使主系统保持不动。此外，还可以从方程(3.2.71)中的第二式看出，当 $\omega = \omega_\alpha$ 时，动力减振器以频率 $\omega$ 振动，其振幅 $X_2$ 为

$$X_2 = -\left(\frac{\omega_n}{\omega_\alpha}\right)^2 \frac{x_{st}}{\mu} = -\frac{F_1}{k_2} \tag{3.2.72}$$

将其代入方程(3.2.68)中的第二式，有

$$x_2(t) = -\frac{F_1}{k_2} \sin\omega t \tag{3.2.73}$$

由此得出，在任何瞬时，动力减振器弹簧中的力为

$$k_2 x_2 = -F_1 \sin\omega t \tag{3.2.74}$$

这也就是动力减振器对主系统的作用力，它正好平衡了主系统上的作用力 $F_1 \sin\omega t$，使主系统的振动转移到动力减振器上来。

主系统的频率响应曲线如图 3.2.6 所示，从图中可以看出，当 $\omega_n = \omega_\alpha$ 时，$X_1 = 0$，主系统不发生振动，图中阴影部分可以认为是动力减振器工作良好的频率范围。显然，附加动力减振器后，系统由单自由度变为两自由度，出现了两个共振频率。为了消除主系统的振动，同时又不产生新的共振，使主系统能够安全地工作在远离新的共振点的频率范围内，附加动力减振器后，两自由度系统的固有频率应相距较远。

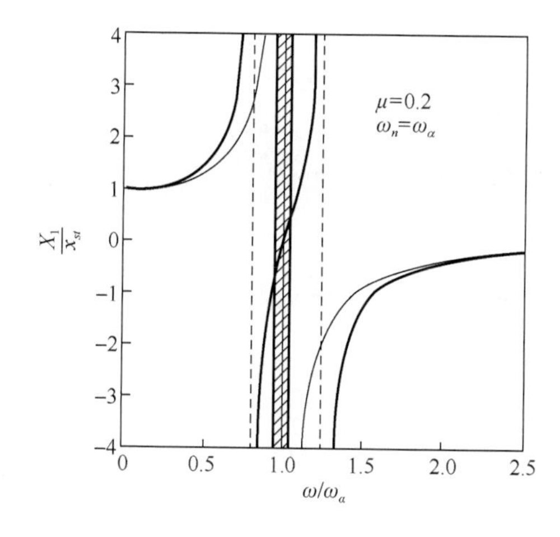


图 3.2.6　主系统的频率响应曲线

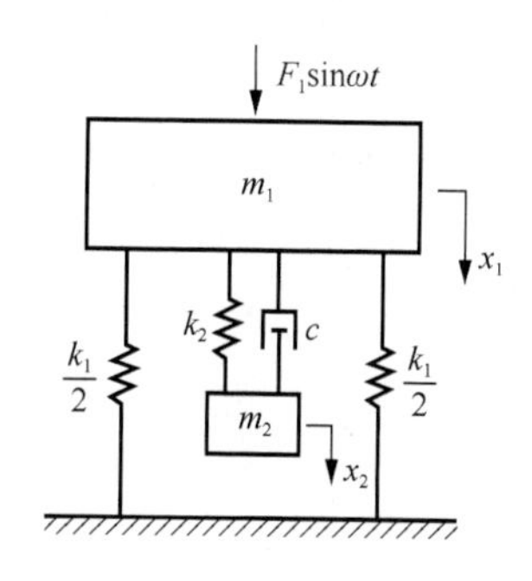


图 3.2.7　有阻尼动力减振器

### 2．有阻尼动力减振器

无阻尼动力减振器是为了在某个给定的频率消除主系统的振动而设计的，适用于激励频率不变或稍有变动的工作设备。但有些设备的激励频率在一个比较宽的范围内变动，要消除其振动，就需要应用有阻尼动力减振器。

考虑如图 3.2.7 所示的系统，由质量 $m_1$ 和弹簧 $k_1$ 组成的系统是主系统。为了使系统能在相当宽的频率范围内工作，同时使主系统的振动减小到所要求的程度，设计了由质量 $m_2$、弹簧 $k_2$ 和黏性阻尼器 $c$ 组成的系统，称为有阻尼动力减振器，这个组合系统的振动微分方程为

$$\begin{cases} m_1\ddot{x}_1 + c\dot{x}_1 - c\dot{x}_2 + (k_1+k_2)x_1 - k_2x_2 = F_1\sin\omega t \\ m_2\ddot{x}_2 - c\dot{x}_1 + c\dot{x}_2 - k_2x_1 + k_2x_2 = 0 \end{cases} \tag{3.2.75}$$

仍只考虑稳态振动，用复量表示法，以 $F_1\mathrm{e}^{\mathrm{i}\omega t}$ 表示方程(3.2.75)中第一式右端的激励，并设

$$x_1(t) = X_1\mathrm{e}^{\mathrm{i}(\omega t-\phi)}\quad,\quad x_2(t) = X_2\mathrm{e}^{\mathrm{i}(\omega t-\phi)} \tag{3.2.76}$$

应该注意，这里的实量振幅 $X_1$ 和 $X_2$ 与第 4.4 节的复量幅值(式(3.2.59))相差 $\mathrm{e}^{-\mathrm{i}\varphi}$。将式(3.2.76)代入方程(3.2.75)，有

$$\begin{pmatrix} k_1+k_2-\omega^2m_1+\mathrm{i}\omega c & -(k_2+\mathrm{i}\omega c) \\ -(k_2+\mathrm{i}\omega c) & k_2-\omega^2m_2+\mathrm{i}\omega c \end{pmatrix}\begin{pmatrix} X_1\mathrm{e}^{-\mathrm{i}\phi} \\ X_2\mathrm{e}^{-\mathrm{i}\phi} \end{pmatrix} = \begin{pmatrix} F_1 \\ 0 \end{pmatrix} \tag{3.2.77}$$

相应的频率方程为

$$\begin{aligned} \det[Z(\omega)] &= \begin{vmatrix} k_1+k_2-\omega^2m_1+\mathrm{i}\omega c & -(k_2+\mathrm{i}\omega c) \\ -(k_2+\mathrm{i}\omega c) & k_2-\omega^2m_2+\mathrm{i}\omega c \end{vmatrix} \\ &= (k_1-\omega^2m_1)(k_2-\omega^2m_2) - \omega^2k_2m_2 + \mathrm{i}\omega c(k_1-\omega^2m_1-\omega^2m_2) \end{aligned} \tag{3.2.78}$$

从而得出

$$X_1\mathrm{e}^{-\mathrm{i}\phi} = \frac{F_1}{\det[Z(\omega)]}(k_2-\omega^2m_2+\mathrm{i}\omega c)\quad,\quad X_2\mathrm{e}^{-\mathrm{i}\phi} = \frac{F_1}{\det[Z(\omega)]}(k_2+\mathrm{i}\omega c) \tag{3.2.79}$$

因而有

$$\begin{cases} X_1=\left|X_1 e^{-i\phi}\right|=F_1\sqrt{\dfrac{\left(k_2-\omega^2 m_2\right)^2+\omega^2c^2}{\left[\left(k_1-\omega^2 m_1\right)\left(k_2-\omega^2 m_2\right)-\omega^2 k_2 m_2\right]^2+\omega^2c^2\left(k_1-\omega^2 m_1-\omega^2 m_2\right)^2}} \\ X_2=\left|X_2 e^{-i\phi}\right|=F_1\sqrt{\dfrac{k_2^2+\omega^2c^2}{\left[\left(k_1-\omega^2 m_1\right)\left(k_2-\omega^2 m_2\right)-\omega^2 k_2 m_2\right]^2+\omega^2c^2\left(k_1-\omega^2 m_1-\omega^2 m_2\right)^2}} \end{cases} \tag{3.2.80}$$

引入符号：

$$\omega_1=\sqrt{\frac{k_1}{m_1}}\ ,\quad \omega_2=\sqrt{\frac{k_2}{m_2}}\ ,\quad x_{st}=\frac{F_1}{k_1}\ ,\quad \mu=\frac{m_2}{m_1}$$

$$\alpha=\frac{\omega_2}{\omega_1}\ ,\quad \lambda=\frac{\omega}{\omega_1}\ ,\quad \zeta=\frac{c}{2m_2\omega_1}$$

把式(3.2.80)中的第一式写成无量纲的形式为

$$\frac{X_1}{x_{st}}=\sqrt{\frac{\left(\alpha^2-\lambda^2\right)^2+\left(2\zeta\lambda\right)^2}{\left[\left(1-\lambda^2\right)\left(\alpha^2-\lambda^2\right)-\mu\alpha^2\lambda^2\right]^2+\left(2\zeta\lambda\right)^2\left(1-\lambda^2-\mu\lambda^2\right)^2}} \tag{3.2.81}$$

可见，$X_1$是$\alpha$、$\lambda$、$\mu$和$\zeta$的函数，由于$\mu$和$\alpha$是已知的，$X_1/x_{st}$为$\lambda$和$\zeta$的函数。

图 3.2.8 为对应于$\mu$=1/20、$\alpha$=1 的主系统的频率响应曲线，从图中曲线可以得出如下结论。

(1) 当$\zeta=0$时，相当于无阻尼强迫振动，此时的曲线同图 3.2.6 中的曲线具有相同的形式。当$\lambda=0.895$和$\lambda=1.12$时，为两个共振频率。

由式(3.2.81)可得，无阻尼动力减振器的主系统振幅的无量纲表达式为

$$\frac{X_1}{x_{st}}=\pm\frac{\alpha^2-\lambda^2}{\left(1-\lambda^2\right)\left(\alpha^2-\lambda^2\right)-\mu\alpha^2\lambda^2} \tag{3.2.82}$$

此时，$X_1/x_{st}$为$\lambda$的函数，其中$\mu$和$\alpha$是已知的。

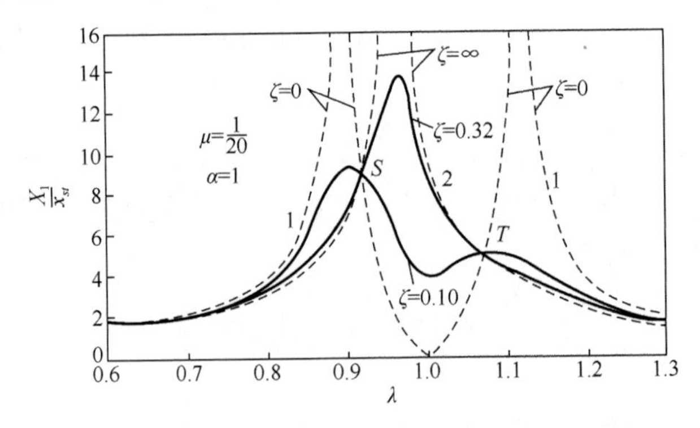


图 3.2.8　主系统的频率响应曲线$\left(M=\dfrac{1}{20}、\alpha=1\right)$

(2) 当$\zeta=\infty$时，相当于$m_1$和$m_2$刚性连接，系统成为以质量$m_1+m_2$和刚度$k_1$构成的单自由度系统，此时的曲线同图 3.2.6 中具有相同的形式。当$\lambda$ =0.976 时，为共振频率。

这种极端的情况，可采用单自由度系统(质量$m_1+m_2$和刚度$k_1$)理论进行研究，可得动

力减振器的主系统振幅的无量纲表达式为

$$\frac{X_1}{x_{st}}=\pm\frac{1}{1-\lambda^2}=\pm\frac{1}{1-(\omega/\omega_n)^2}=\pm\frac{1}{1-\left[\omega^2(m_1+m_2)/k_1\right]} \tag{3.2.83}$$

式中，固有频率 $\omega_n^2=k_1/(m_1+m_2)$。

应用式(3.2.81)，可以得到同样的结果，即

$$\begin{aligned}\frac{X_1}{x_{st}}&=\left(\frac{X_1}{x_{st}}\right)_{\zeta=\infty}=\pm\frac{1}{1-\lambda^2-\mu\lambda^2}\\&=\pm\frac{1}{1-(\omega/\omega_1)^2-(m_2/m_1)(\omega/\omega_1)^2}=\pm\frac{1}{1-\left[\omega^2(m_1+m_2)k_1\right]}\end{aligned} \tag{3.2.84}$$

此时，$X_1/x_{st}$ 为$\lambda$的函数，其中$\mu$是已知的。

(3) 对于其他情况，响应曲线介于$\zeta=0$和$\zeta=\infty$的曲线之间，图 3.2.8 中给出了$\zeta=0.10$和$\zeta=0.32$两条曲线。从图中可以看出，阻尼使共振点附近的振幅显著减小，而在激励频率$\omega<<\omega_1$或$\omega>>\omega_2$的范围内，阻尼的影响是很小的。

(4) 有趣的是，无论$\zeta$值如何，所有响应曲线都交于 $S$ 点和 $T$ 点。这表明，对于这两点的频率，质量 $m_1$ 稳态响应的振幅 $X_1$ 与动力减振器的阻尼 $c$ 无关。因此，在设计有阻尼动力减振器时，可以使 $X_1/x_{st}$ 在 $S$ 点和 $T$ 点所对应的振幅以下。据此，合理地选择最佳阻尼比$\zeta$和最佳频率比$\alpha$，可达到在相当宽的频率范围内减小主系统振动的目的。

由于所有响应曲线都交于 $S$ 点和 $T$ 点，为了寻求与 $S$ 点和 $T$ 点相对应的 $\lambda_S=(\omega/\omega_1)_S$ 和 $\lambda_T=(\omega/\omega_1)_T$，最简便的方法就是令$\zeta=0$和$\zeta=\infty$情况下主系统振幅的无量纲表达式(3.2.82)和式(3.2.84)相等，即

$$\frac{\alpha^2-\lambda^2}{(1-\lambda^2)(\alpha^2-\lambda^2)-\mu\alpha^2\lambda^2}=\pm\frac{1}{1-\lambda^2-\mu\lambda^2} \tag{3.2.85}$$

式(3.2.85)等号右边取正号，有 $\mu\lambda^4=0$，即 $\lambda=0$，这不是所期望的，因而取负号，得

$$\lambda^4-\frac{2(1+\alpha^2+\mu\alpha^2)}{2+\mu}\lambda^2+\frac{2\alpha^2}{2+\mu}=0 \tag{3.2.86}$$

由式(3.2.86)可以求得 $S$ 点和 $T$ 点对应的 $\lambda_S$ 和 $\lambda_T$ 的表达式 。由于 $S$ 点和 $T$ 点的响应与动力减振器的阻尼 $c$ 无关，要确定 $\lambda_S$ 和 $\lambda_T$ 的大小，任何阻尼值的频率响应方程都可以应用，简单的做法就是利用无阻尼或有无穷阻尼频率响应方程。显然，相对比较简单的是利用有无穷阻尼频率响应方程，可以得到

$$\frac{X_{1S}}{x_{st}}=\frac{1}{1-\lambda_S^2-\mu\lambda_S^2} \tag{3.2.87}$$

$$\frac{X_{1T}}{x_{st}}=\frac{1}{1-\lambda_T^2-\mu\lambda_T^2} \tag{3.2.88}$$

对于工程问题，并不要求使主系统的振幅 $X_1$ 一定为零，只要小于允许的数值就可以了。为了使主系统在相当宽的频率范围内工作，通常是这样来设计动力减振器：① 令 $X_{1S}=X_{1T}$；②使 $X_{1S}$ 和 $X_{1T}$ 为某个频率响应曲线的最大值；③合理选择和确定动力减振器参数，把 $X_{1S}$ 和 $X_{1T}$ 控制在要求的数值以内。

由 $X_{1S}=X_{1T}$，得

$$\frac{1}{1-\lambda_S^2-\mu\lambda_S^2}=-\frac{1}{1-\lambda_T^2-\mu\lambda_T^2} \tag{3.2.89}$$

或

$$\lambda_T^2+\lambda_S^2=\frac{2}{1+\mu} \tag{3.2.90}$$

$\lambda_S^2$ 和 $\lambda_T^2$ 为方程(3.2.86)的两个根，并且两个根之和等于中间项的负系数，即

$$\frac{2}{1+\mu}=\lambda_T^2+\lambda_S^2=\frac{2\left(1+\alpha^2+\mu\alpha^2\right)}{2+\mu} \tag{3.2.91}$$

从而解得

$$\alpha=\frac{\omega_2}{\omega_1}=\frac{1}{1+\mu}=\frac{1}{1+\dfrac{m_2}{m_1}} \tag{3.2.92}$$

如果动力减振器的质量 $m_2$ 已选定，那么 $\mu$ 值为已知，从方程(3.2.92)即可确定 $\alpha$ 的值，由该值可确定动力减振器的频率和弹簧刚度系数。为了确定对应于 $S$ 点和 $T$ 点的强迫振动的振幅，将方程(3.2.86)的两个根代入方程(3.2.87)和方程(3.2.88)。

将方程(3.2.92)代入方程(3.2.86)得

$$\lambda^4-\frac{2}{2+\mu}\lambda^2+\frac{2}{(2+\mu)(1+\mu)^2}=0 \tag{3.2.93}$$

得出

$$\lambda_{S,T}^2=\frac{1}{1+\mu}\left(1\mp\sqrt{\frac{\mu}{2+\mu}}\right) \tag{3.2.94}$$

然后由方程(3.2.87)和方程(3.2.88)可得

$$\frac{X_{1S}}{x_{st}}=\sqrt{\frac{2+\mu}{\mu}}=\frac{X_{1T}}{x_{st}} \tag{3.2.95}$$

已知主系统允许的最大振动，可通过式(3.2.95)确定 $\mu$，从而确定动力减振器质量 $m_2$。把由式(3.2.95)得到的 $\mu$ 值代入式(3.2.92)，可得 $\alpha$，即确定了 $\omega_2$，从而得到了动力减振器弹簧的弹簧刚度系数 $k_2$。最后，要确定动力减振器中阻尼器的阻尼系数 $c$。为使 $X_{1S}$ 和 $X_{1T}$ 为频率响应曲线的最大值，应在频率响应曲线的 $S$ 点和 $T$ 点做水平切线，从而可确定相应的 $\zeta$ 值。使 $X_{1S}$ 和 $X_{1T}$ 为最大值的 $\zeta$ 值并不相等，故取平均值得

$$\zeta=\frac{c}{2m_2\omega_1}=\sqrt{\frac{3\mu}{8(1+\mu)^3}} \tag{3.2.96}$$

动力减振器参数 $m_2$、$k_2$ 和 $c$ 确定以后，就与主系统构成了一个确定的两自由度系统，其频率响应方程和曲线都是确定的，在 $S$ 点和 $T$ 点有最大值，且小于允许的数值。

如图 3.2.9 所示，$S$ 点和 $T$ 点的两条频率响应曲线分别具有水平切线($\mu$ =1/4)。对于这两条切线，在 $S$ 点和 $T$ 点以外的响应值相差很小。显然，在相当宽的频率范围内，主系统有着小于允许振幅的振动，这就达到了减小主系统振动的目的。

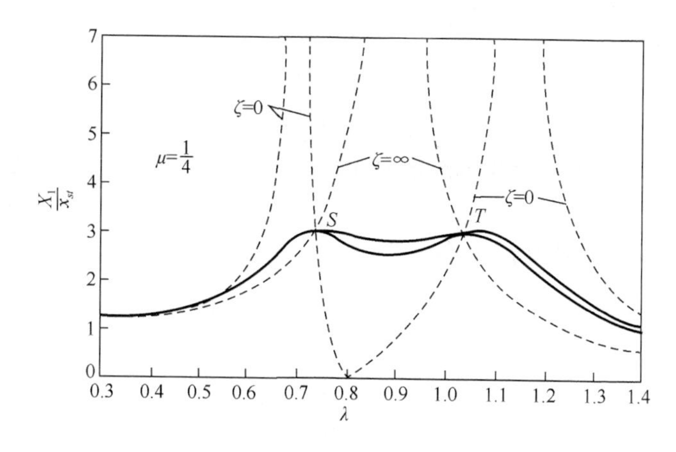


图 3.2.9　减振频率响应曲线

## 3.2.8　一般黏性阻尼系统的强迫振动分析

模态振型叠加法仅适用于无阻尼系统和比例阻尼系统。在许多情况下，阻尼对振动系统响应的影响是次要的，可忽略不计。然而，如果与系统的固有周期相比，所分析的是系统在相当长时间内的响应，则必须考虑系统的阻尼。此外，当激励力(如简谐力)的频率在系统的固有频率附近时，阻尼也是相当重要的，必须予以考虑。一般情况下，阻尼的影响并不是预先知道的，故对任意系统的振动分析都必须考虑阻尼的影响。

对于大多数实际问题，一般难以确定阻尼来源与大小。在系统中可能存在多种类型的阻尼，如库仑阻尼、黏性阻尼和滞后阻尼等。此外，阻尼的性质是未知的，如线性、二次、三次或其他类型的变化，即使已知阻尼的来源和性质，也难以获得阻尼的精确大小。对于许多实际系统，通过实验获得的阻尼值可用于振动分析。有些阻尼以结构阻尼的形式存在于汽车、航天器和机械结构中，在某些应用场合，如汽车悬架系统、飞机起落架以及机器的隔振系统等，都有意引入阻尼。由于阻尼系统的分析要涉及冗长的数学运算，在许多振动研究中，阻尼可忽略不计或者按比例阻尼考虑。

式(3.2.43)是阻尼系统存在固有振型的充分不必要条件，而必要条件是能将阻尼矩阵对角化的变换也能使耦合的运动微分方程解耦。这比式(3.2.43)的限制条件少，因而能满足此条件的可能性更大。

对于一般的阻尼系统，阻尼矩阵不可能同质量矩阵和刚度矩阵一样同时实现对角化。此种情况下，系统的特征值可能为正实数和负实数也可能是具有负实部的复数。复特征值将成对存在，并对应着复共轭对形式的特征矢量。求阻尼系统特征值问题的常用方法是将 $n$ 个耦合的二阶运动微分方程转化为 $2n$ 个非耦合的一阶微分方程。

$n$ 自由度一般黏性阻尼系统的运动微分方程为式(3.2.1)，即

$$\boldsymbol{M}\ddot{\boldsymbol{x}}+\boldsymbol{C}\dot{\boldsymbol{x}}+\boldsymbol{K}\boldsymbol{x}=\boldsymbol{f}$$

在一般黏性阻尼下，模态矩阵不能将阻尼矩阵 $\boldsymbol{C}$ 对角化，系统不能解耦。可以采用状态空间分析法，将式(3.2.1)转化为状态空间形式，求得系统的解。引入辅助方程 $\dot{\boldsymbol{x}}(t)=\dot{\boldsymbol{x}}(t)$ 与式(3.2.1)联立，有

$$\dot{\boldsymbol{x}}(t)=\dot{\boldsymbol{x}}(t) \tag{3.2.97}$$

$$\ddot{\boldsymbol{x}}(t)=-\boldsymbol{M}^{-1}\boldsymbol{C}\dot{\boldsymbol{x}}(t)-\boldsymbol{M}^{-1}\boldsymbol{K}\boldsymbol{x}(t)+\boldsymbol{M}^{-1}\boldsymbol{f}(t) \tag{3.2.98}$$

定义新的 $2n$ 维状态向量 $\boldsymbol{y}(t)$ 为

$$\boldsymbol{y}(t)=\begin{pmatrix}\boldsymbol{x}(t)\\ \dot{\boldsymbol{x}}(t)\end{pmatrix} \tag{3.2.99}$$

式(3.2.98)和式(3.2.99)可以写成状态向量形式：

$$\dot{\boldsymbol{y}}(t)=\boldsymbol{A}\boldsymbol{y}(t)+\boldsymbol{B}\boldsymbol{f}(t) \tag{3.2.100}$$

式中，系数矩阵 $\boldsymbol{A}$ 和 $\boldsymbol{B}$ 分别为 $2n\times 2n$ 维和 $2n\times n$ 维矩阵。

$$\boldsymbol{A}=\begin{pmatrix}\boldsymbol{0} & \boldsymbol{I}\\ -\boldsymbol{M}^{-1}\boldsymbol{K} & -\boldsymbol{M}^{-1}\boldsymbol{C}\end{pmatrix} \tag{3.2.101}$$

$$\boldsymbol{B}=\begin{pmatrix}\boldsymbol{0}\\ \boldsymbol{M}^{-1}\end{pmatrix} \tag{3.2.102}$$

下面进行状态空间模态分析。我们先考虑系统自由振动的情况，即令 $\boldsymbol{f}=\boldsymbol{0}$，式(3.2.100)变为

$$\dot{\boldsymbol{y}}(t)=\boldsymbol{A}\boldsymbol{y}(t) \tag{3.2.103}$$

这是 $2n$ 维一阶微分方程组，假定式(3.2.103)的解具有如下形式：

$$\boldsymbol{y}(t)=\boldsymbol{Y}\mathrm{e}^{\lambda t} \tag{3.2.104}$$

式中，$\boldsymbol{Y}$ 为常数向量；$\lambda$ 为标量常数。

将式(3.2.104)代入式(3.2.103)，消去 $\mathrm{e}^{\lambda t}$ 项，得到

$$\boldsymbol{A}\boldsymbol{Y}=\lambda\boldsymbol{Y} \tag{3.2.105}$$

式(3.2.105)为非对称实矩阵 $\boldsymbol{A}$ 的标准代数特征值问题，式(3.2.105)的解为特征值 $\lambda_i$ 和相应的特征向量 $\boldsymbol{Y}^{(i)}$ $(i=1,2,\cdots,2n)$。这些特征值可以是实数，也可以是复数，如果是复数，它的共轭复数 $\bar{\lambda}_i$ 也是系统的特征值。同样，与 $\lambda_i$ 和 $\bar{\lambda}_i$ 相对应的特征向量分别为 $\boldsymbol{Y}^{(i)}$ 和 $\bar{\boldsymbol{Y}}^{(i)}$，也是共轭成对的。式(3.2.105)中对应的特征向量 $\boldsymbol{Y}^{(i)}$ 称为矩阵 $\boldsymbol{A}$ 的右特征向量。矩阵 $\boldsymbol{A}$ 转置后对应的特征向量称为矩阵 $\boldsymbol{A}$ 的左特征向量。由特征值问题可得，对应特征值 $\lambda_i$ 的左特征向量为

$$\boldsymbol{A}^{\mathrm{T}}\boldsymbol{Z}=\lambda\boldsymbol{Z} \tag{3.2.106}$$

由于矩阵 $\boldsymbol{A}$ 和 $\boldsymbol{A}^{\mathrm{T}}$ 的行列式相等，对应式(3.2.105)和式(3.2.106)的特征方程为

$$\left|\boldsymbol{A}-\lambda\boldsymbol{I}\right|\equiv\left|\boldsymbol{A}^{\mathrm{T}}-\lambda\boldsymbol{I}\right|=0 \tag{3.2.107}$$

因此，由式(3.2.105)和式(3.2.106)求得相应的右、左特征向量。可见，矩阵 $\boldsymbol{A}$ 和 $\boldsymbol{A}^{\mathrm{T}}$ 的特征向量是不同的。由 $\boldsymbol{Y}^{(i)}$ 和 $\boldsymbol{Z}^{(j)}$ 的特征值问题，可以得到特征向量 $\boldsymbol{Y}^{(i)}$ $(i=1,2,\cdots,2n)$ 和 $\boldsymbol{Z}^{(j)}$ $(i=1,2,\cdots,2n)$ 之间的关系：

$$\boldsymbol{A}\boldsymbol{Y}^{(i)}=\lambda_i\boldsymbol{Y}^{(i)}\quad,\qquad \boldsymbol{A}^{\mathrm{T}}\boldsymbol{Z}^{(j)}=\lambda_j\boldsymbol{Z}^{(j)} \tag{3.2.108}$$

或

$$\boldsymbol{Z}^{(j)\mathrm{T}}\boldsymbol{A}=\lambda_j\boldsymbol{Z}^{(j)\mathrm{T}} \tag{3.2.109}$$

式(3.2.108)的第一式前乘 $\boldsymbol{Z}^{(j)\mathrm{T}}$，式(3.2.109)后乘 $\boldsymbol{Y}^{(i)}$，得

$$\boldsymbol{Z}^{(j)\mathrm{T}}\boldsymbol{A}\boldsymbol{Y}^{(i)}=\lambda_i\boldsymbol{Z}^{(j)\mathrm{T}}\boldsymbol{Y}^{(i)} \tag{3.2.110}$$

$$\boldsymbol{Z}^{(j)\mathrm{T}}\boldsymbol{A}\boldsymbol{Y}^{(i)}=\lambda_j\boldsymbol{Z}^{(j)\mathrm{T}}\boldsymbol{Y}^{(i)} \tag{3.2.111}$$

式(3.2.110)减去式(3.2.111)，得

$$\left(\lambda_i - \lambda_j\right)\boldsymbol{Z}^{(j)\mathrm{T}}\boldsymbol{Y}^{(i)} = 0 \tag{3.2.112}$$

如果 $\lambda_i \neq \lambda_j$，式(3.2.112)变为

$$\boldsymbol{Z}^{(j)\mathrm{T}}\boldsymbol{Y}^{(i)} = 0 \quad (i、j = 1, 2, \cdots, 2n) \tag{3.2.113}$$

式(3.2.113)表明，对应不同的特征值 $\lambda_i$ 和 $\lambda_j$，矩阵 $\boldsymbol{A}$ 的第 $i$ 阶右特征值与第 $j$ 阶左特征值是正交的。将式(3.2.113)代入式(3.2.110)或式(3.2.111)，得到

$$\boldsymbol{Z}^{(j)\mathrm{T}}\boldsymbol{A}\boldsymbol{Y}^{(i)} = 0 \quad (i、j = 1, 2, \cdots, 2n) \tag{3.2.114}$$

使式(3.2.110)或(3.2.111)中 $i = j$，则有

$$\boldsymbol{Z}^{(j)\mathrm{T}}\boldsymbol{A}\boldsymbol{Y}^{(i)} = \lambda_i \boldsymbol{Z}^{(j)\mathrm{T}}\boldsymbol{Y}^{(i)} \quad (i、j = 1, 2, \cdots, 2n) \tag{3.2.115}$$

将矩阵的右特征向量和左特征向量进行正则化处理，即有

$$\boldsymbol{Z}^{(j)\mathrm{T}}\boldsymbol{Y}^{(i)} = 1 \quad (i、j = 1, 2, \cdots, 2n) \tag{3.2.116}$$

由式(3.2.115)得到

$$\boldsymbol{Z}^{(j)\mathrm{T}}\boldsymbol{A}\boldsymbol{Y}^{(i)} = \lambda_i \quad (i、j = 1, 2, \cdots, 2n) \tag{3.2.117}$$

将式(3.2.116)和式(3.2.117)写成矩阵形式，有

$$\boldsymbol{Z}^{\mathrm{T}}\boldsymbol{Y} = \boldsymbol{I} \tag{3.2.118}$$

$$\boldsymbol{Z}^{\mathrm{T}}\boldsymbol{A}\boldsymbol{Y} = \boldsymbol{\lambda} \tag{3.2.119}$$

式中，右特征向量矩阵和左特征向量矩阵分别定义为

$$\boldsymbol{Y} \equiv \begin{pmatrix} \boldsymbol{Y}^{(1)} & \boldsymbol{Y}^{(2)} & \cdots & \boldsymbol{Y}^{(2n)} \end{pmatrix} \tag{3.2.120}$$

$$\boldsymbol{Z} \equiv \begin{pmatrix} \boldsymbol{Z}^{(1)} & \boldsymbol{Z}^{(2)} & \cdots & \boldsymbol{Z}^{(2n)} \end{pmatrix} \tag{3.2.121}$$

特征值为对角矩阵形式：

$$\boldsymbol{\lambda} = \begin{pmatrix} \lambda_1 & & & 0 \\ & \lambda_2 & & \\ & & \ddots & \\ 0 & & & \lambda_{2n} \end{pmatrix} \tag{3.2.122}$$

利用模态分析，将状态方程(3.2.100)的解定义为右特征向量的线性组合形式：

$$\boldsymbol{y}(t) = \sum_{i=1}^{2n} \eta_i(t)\boldsymbol{Y}^{(i)} = \boldsymbol{Y}\boldsymbol{\eta}(t) \tag{3.2.123}$$

式中，$\eta_i(t)$ $(i = 1, 2, \cdots, 2n)$ 为模态坐标；$\boldsymbol{\eta}(t)$ 为模态坐标矩阵。

$$\boldsymbol{\eta}(t) = \begin{pmatrix} \eta_1(t) \\ \eta_2(t) \\ \vdots \\ \eta_n(t) \end{pmatrix} \tag{3.2.124}$$

将式(3.2.123)代入式(3.2.100)，且前乘 $\boldsymbol{Z}^{\mathrm{T}}$，得

$$\boldsymbol{Z}^{\mathrm{T}}\boldsymbol{Y}\dot{\boldsymbol{\eta}}(t) = \boldsymbol{Z}^{\mathrm{T}}\boldsymbol{A}\boldsymbol{Y}\boldsymbol{\eta}(t) + \boldsymbol{Z}^{\mathrm{T}}\boldsymbol{B}\boldsymbol{f}(t) \tag{3.2.125}$$

由式(3.2.118)和式(3.2.119)可得，式(3.2.125)变换为

$$\dot{\boldsymbol{\eta}}(t) = \boldsymbol{\lambda}\boldsymbol{\eta}(t) + \boldsymbol{Q}(t) \tag{3.2.126}$$

将式(3.2.126)写成标量方程形式，有

$$\frac{\mathrm{d}\eta_i(t)}{\mathrm{d}t}=\lambda_i\eta_i(t)+Q_i(t)\quad(i=1,2,\cdots,2n)\tag{3.2.127}$$

式中，模态力向量为

$$\boldsymbol{Q}(t)=\boldsymbol{Z}^{\mathrm{T}}\boldsymbol{B}\boldsymbol{f}(t)\tag{3.2.128}$$

第 $i$ 阶模态力为

$$Q_i(t)=\boldsymbol{Z}^{(i)\mathrm{T}}\boldsymbol{B}\boldsymbol{f}(t)\quad(i=1,2,\cdots,2n)\tag{3.2.129}$$

式(3.2.127)的第 $i$ 阶模态解为一阶常微分方程的解，有

$$\eta_i(t)=\int_0^t \mathrm{e}^{\lambda_i(t-\tau)}Q_i(\tau)\mathrm{d}\tau+\mathrm{e}^{\lambda_i t}\eta_i(0)\quad(i=1,2,\cdots,2n)\tag{3.2.130}$$

将式(3.2.130)合写为矩阵形式，有

$$\boldsymbol{\eta}(t)=\int_0^t \mathrm{e}^{\boldsymbol{\lambda}(t-\tau)}\boldsymbol{Q}(\tau)\mathrm{d}\tau+\mathrm{e}^{\boldsymbol{\lambda}t}\boldsymbol{\eta}(0)\tag{3.2.131}$$

式中，$\boldsymbol{\eta}(0)$ 为 $\boldsymbol{\eta}(t)$ 的初始条件。

为确定 $\boldsymbol{\eta}(0)$，将式(3.2.123)前乘 $\boldsymbol{Z}^{(i)\mathrm{T}}$，得

$$\boldsymbol{Z}^{(i)\mathrm{T}}\boldsymbol{y}(t)=\boldsymbol{Z}^{(i)\mathrm{T}}\boldsymbol{Y}\boldsymbol{\eta}(t)\tag{3.2.132}$$

考虑式(3.2.113)，有

$$\eta_i(t)=\boldsymbol{Z}^{(i)\mathrm{T}}\boldsymbol{y}(t)\quad(i=1,2,\cdots,2n)\tag{3.2.133}$$

令式(3.2.133)中 $t=0$，可以得到 $\eta_i(t)$ 的初始条件为

$$\eta_i(0)=\boldsymbol{Z}^{(i)\mathrm{T}}\boldsymbol{y}(0)\quad(i=1,2,\cdots,2n)\tag{3.2.134}$$

这样，由式(3.2.123)和式(3.2.131)，最后得到式(3.2.100)的解为

$$\boldsymbol{y}(t)=\int_0^t \boldsymbol{Y}\mathrm{e}^{\boldsymbol{\lambda}(t-\tau)}\boldsymbol{Q}(\tau)\mathrm{d}\tau+\boldsymbol{Y}\mathrm{e}^{\boldsymbol{\lambda}t}\boldsymbol{\eta}(0)\tag{3.2.135}$$

**【例 3.4】** 用模态分析法求如图 3.2.10 所示的两自由度有阻尼系统的强迫振动响应。相关数据如下：$m_1$=2kg，$m_2$= 5kg，$k_1$= 10N/m，$k_2$= 20N/m，$k_3$= 5N/m，$c_1$= 2N·s/m，$c_2$= 3 N·s/m，$c_3$= 1.0N·s/m。当 $t\geqslant 0$ 时，$f_1(\mathrm{t})=0$，$f_2(\mathrm{t})=5\mathrm{N}$，假定初始条件等于零。

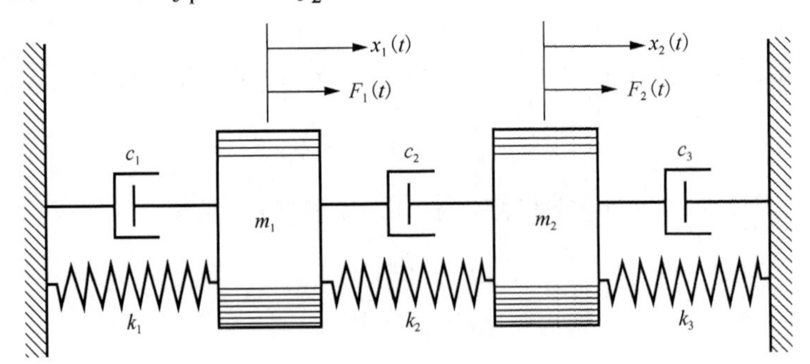


图 3.2.10　两自由度有阻尼系统

**解：** 系统的运动微分方程为

$$\boldsymbol{M}\ddot{\boldsymbol{x}}+\boldsymbol{C}\dot{\boldsymbol{x}}+\boldsymbol{K}\boldsymbol{x}=\boldsymbol{f}\tag{E3.4.1}$$

式中，

$$\boldsymbol{M}=\begin{pmatrix}m_1 & 0\\ 0 & m_2\end{pmatrix}=\begin{pmatrix}2 & 0\\ 0 & 5\end{pmatrix}\quad,\quad \boldsymbol{C}=\begin{pmatrix}c_1+c_2 & -c_2\\ -c_2 & c_2+c_3\end{pmatrix}=\begin{pmatrix}5 & -3\\ -3 & 4\end{pmatrix}$$

$$\boldsymbol{K}=\begin{pmatrix} k_1+k_2 & -k_2 \\ -k_2 & k_2+k_3 \end{pmatrix}=\begin{pmatrix} 30 & -20 \\ -20 & 25 \end{pmatrix},\quad \boldsymbol{x}=\begin{pmatrix} x_1 \\ x_2 \end{pmatrix},\quad \dot{\boldsymbol{x}}=\begin{pmatrix} \dot{x}_1 \\ \dot{x}_2 \end{pmatrix},\quad \ddot{\boldsymbol{x}}=\begin{pmatrix} \ddot{x}_1 \\ \ddot{x}_2 \end{pmatrix}$$

$$\boldsymbol{f}=\begin{pmatrix} f_1 \\ f_2 \end{pmatrix}$$

将式(E3.4.1)写成状态空间形式：

$$\dot{\boldsymbol{y}}(t)=\boldsymbol{A}\boldsymbol{y}(t)+\boldsymbol{B}\boldsymbol{f}(t) \tag{E3.4.2}$$

式中，

$$\boldsymbol{A}=\begin{pmatrix} \boldsymbol{0} & \boldsymbol{I} \\ -\boldsymbol{M}^{-1}\boldsymbol{K} & -\boldsymbol{M}^{-1}\boldsymbol{C} \end{pmatrix}=\begin{pmatrix} 0 & 0 & 1 & 0 \\ 0 & 0 & 0 & 1 \\ -15 & 10 & -\frac{5}{2} & \frac{3}{2} \\ 4 & -5 & \frac{3}{5} & -\frac{4}{5} \end{pmatrix},\quad \boldsymbol{B}=\begin{pmatrix} \boldsymbol{0} \\ \boldsymbol{M}^{-1} \end{pmatrix}=\begin{pmatrix} 0 & 0 \\ 0 & 0 \\ \frac{1}{2} & 0 \\ 0 & \frac{1}{5} \end{pmatrix},\quad \boldsymbol{y}=\begin{pmatrix} x_1 \\ x_2 \\ \dot{x}_1 \\ \dot{x}_2 \end{pmatrix}$$

系统关于$\boldsymbol{Y}$的特征值问题为

$$\boldsymbol{A}\boldsymbol{Y}=\lambda\boldsymbol{I}\boldsymbol{Y}$$

或

$$\begin{pmatrix} 0 & 0 & 1 & 0 \\ 0 & 0 & 0 & 1 \\ -15 & 10 & -\frac{5}{2} & \frac{3}{2} \\ 4 & -5 & \frac{3}{5} & -\frac{4}{5} \end{pmatrix}\begin{pmatrix} Y_1 \\ Y_2 \\ Y_3 \\ Y_4 \end{pmatrix}=\lambda\begin{pmatrix} Y_1 \\ Y_2 \\ Y_3 \\ Y_4 \end{pmatrix} \tag{E3.4.3}$$

解特征值问题式(E3.4.3)得到

$\lambda_1=-1.4607+3.9902\mathrm{i}$，$\lambda_2=-1.4607-3.9902\mathrm{i}$，$\lambda_3=-0.1893+1.3794\mathrm{i}$，$\lambda_4=-0.1893-1.3794\mathrm{i}$

$$\begin{aligned}\boldsymbol{Y}&=\begin{pmatrix} \boldsymbol{Y}^{(1)} & \boldsymbol{Y}^{(2)} & \boldsymbol{Y}^{(3)} & \boldsymbol{Y}^{(4)} \end{pmatrix}\\ &=\begin{pmatrix} -0.0754-0.2060\mathrm{i} & -0.0754+0.2060\mathrm{i} & -0.0543-0.3501\mathrm{i} & -0.0543+0.3501\mathrm{i} \\ 0.0258+0.0608\mathrm{i} & 0.0258-0.0608\mathrm{i} & -0.0630-0.4591\mathrm{i} & -0.0630+0.4591\mathrm{i} \\ 0.9321 & 0.9321 & 0.4932-0.0085\mathrm{i} & 0.4932+0.0085\mathrm{i} \\ -0.2803+0.0142\mathrm{i} & -0.2803-0.0142\mathrm{i} & 0.6452 & 0.6452 \end{pmatrix}\end{aligned}$$

系统关于$\boldsymbol{Z}$的特征值问题为

$$\boldsymbol{A}^{\mathrm{T}}\boldsymbol{Z}=\lambda\boldsymbol{I}\boldsymbol{Z}$$

或

$$\begin{pmatrix} 0 & 0 & -15 & 4 \\ 0 & 0 & 10 & -5 \\ 1 & 0 & -\frac{5}{2} & \frac{3}{2} \\ 0 & 1 & \frac{3}{5} & -\frac{4}{5} \end{pmatrix}\begin{pmatrix} Z_1 \\ Z_2 \\ Z_3 \\ Z_4 \end{pmatrix}=\lambda\begin{pmatrix} Z_1 \\ Z_2 \\ Z_3 \\ Z_4 \end{pmatrix} \tag{E3.4.4}$$

由前面的$\lambda_i$求出$\boldsymbol{Z}^{(i)}$为

$$\boldsymbol{Z}=\begin{pmatrix}Z^{(1)} & Z^{(2)} & Z^{(3)} & Z^{(4)}\end{pmatrix}$$

$$=\begin{pmatrix}0.7763 & 0.7763 & 0.2337-0.0382\mathrm{i} & 0.2337+0.0382\mathrm{i}\\ -0.5911+0.0032\mathrm{i} & -0.5911-0.0032\mathrm{i} & 0.7775 & 0.7775\\ 0.0642-0.1709\mathrm{i} & 0.0642+0.1709\mathrm{i} & 0.0156-0.1697\mathrm{i} & 0.0156+0.1697\mathrm{i}\\ -0.0418+0.1309\mathrm{i} & -0.0418-0.1309\mathrm{i} & 0.0607-0.5538\mathrm{i} & 0.0607+0.5538\mathrm{i}\end{pmatrix}$$

模态力向量为

$$\boldsymbol{Q}(t)=\boldsymbol{ZBf}(t)$$

$$=\begin{pmatrix}0.7763 & 0.7763 & 0.2337-0.0382\mathrm{i} & 0.2337+0.0382\mathrm{i}\\ -0.5911+0.0032\mathrm{i} & -0.5911-0.0032\mathrm{i} & 0.7775 & 0.7775\\ 0.0642-0.1709\mathrm{i} & 0.0642+0.1709\mathrm{i} & 0.0156-0.1697\mathrm{i} & 0.0156+0.1697\mathrm{i}\\ -0.0418+0.1309\mathrm{i} & -0.0418-0.1309\mathrm{i} & 0.0607-0.5538\mathrm{i} & 0.0607+0.5538\mathrm{i}\end{pmatrix}\begin{pmatrix}0 & 0\\ 0 & 0\\ 0.5 & 0\\ 0 & 0.2\end{pmatrix}\begin{pmatrix}0\\ 5\end{pmatrix}$$

$$=\begin{pmatrix}-0.0418+0.1309\mathrm{i}\\ -0.0418-0.1309\mathrm{i}\\ 0.0607-0.5538\mathrm{i}\\ 0.0607+0.5538\mathrm{i}\end{pmatrix}$$

因为$x_1(0)$、$x_2(0)$、$\dot{x}_1(0)$和$\dot{x}_2(0)$均为零，所以由式(3.2.93)得$\eta_1(0)=0$ ($i$ =1, 2, 3, 4)。因此，模态坐标$\eta_i(t)$为

$$\eta_i(t)=\int_0^t \mathrm{e}^{\lambda_i(t-\tau)}Q_i(\tau)\mathrm{d}\tau \quad (i=1,2,3,4) \tag{E3.4.5}$$

因此，$Q_i(\tau)$为常数(复量)，由式(E3.4.5)得

$$\eta_i(t)=\frac{Q_i}{\lambda_i}\left(\mathrm{e}^{\lambda_i t}-1\right) \quad (i=1,2,3,4) \tag{E3.4.6}$$

将已经求得的$Q_i$和$\lambda_i$代入式(E3.4.6)，则$\eta_i(t)$为

$$\begin{aligned}\eta_1(t)&=(0.0323-0.0014\mathrm{i})\left[\mathrm{e}^{(-1.4607+3.9902\mathrm{i})t}-1\right]\\ \eta_2(t)&=(0.0323+0.0014\mathrm{i})\left[\mathrm{e}^{(-1.4607-3.9902\mathrm{i})t}-1\right]\\ \eta_3(t)&=(-0.4+0.0109\mathrm{i})\left[\mathrm{e}^{(-0.1893+1.3794\mathrm{i})t}-1\right]\\ \eta_4(t)&=(-0.4-0.0109\mathrm{i})\left[\mathrm{e}^{(-0.1893-1.3794\mathrm{i})t}-1\right]\end{aligned} \tag{E3.4.7}$$

最后，由式(3.2.82)将状态变量变换为原坐标：

$$\boldsymbol{y}(t)=\boldsymbol{Y\eta}(t) \tag{E3.4.8}$$

因此，可得

$$y_1(t)=0.0456\left[\mathrm{e}^{(-1.4607+3.9902\mathrm{i})t}-1\right] \quad (\mathrm{m})$$

$$y_2(t)=0.0623\left[\mathrm{e}^{(-1.4607-3.9902\mathrm{i})t}-1\right] \quad (\mathrm{m})$$

$$y_3(t)=-0.3342\left[\mathrm{e}^{(-0.1893+1.3794\mathrm{i})t}-1\right] \quad (\mathrm{m/s})$$

$$y_3(t)=-0.5343\left[\mathrm{e}^{(-0.1893-1.3794\mathrm{i})t}-1\right] \quad (\mathrm{m/s})$$

# 3.3　弹性体的振动

在 2.6 节中，建立了几种弹性体的运动微分方程，它们都是偏微分方程。求解偏微分方程的一种方法就是分离变量法，即将时间和空间的变量分离，通过分离变量将偏微分方程转化为常微分方程组，由边界条件得出固有振动，利用固有振型的正交性将系统解耦，最后用振型叠加法得到系统的自由振动或强迫振动。

## 3.3.1　杆的纵向自由振动

### 1. 杆的纵向自由振动的解

将均匀材料等截面直杆做纵向自由振动的偏微分方程(2.7.5)可写为

$$\frac{\partial^2 u}{\partial t^2}=c^2\frac{\partial^2 u}{\partial x^2} \tag{3.3.1}$$

式中，$c=\sqrt{\dfrac{E}{\rho}}$，是杆内弹性纵波沿杆纵向的传播速度。

因为系统为无阻尼的，我们可以类比多自由度系统的固有振动，假设一个主振动模态，即系统在做某一种形式的自由振动时，系统中所有质点都做简谐振动，同时振幅达到最大值，且同时经过各自的平衡点。直杆有无限多个质点，故固有振型不再像有限自由度那样是折线，而是一条曲线，称该曲线为固有振型函数，记为$U(x)$，因此可设直杆的纵向自由振动具有如下形式：

$$u(x,t)=U(x)\sin(\omega t+\theta) \tag{3.3.2}$$

将式(3.3.2)代入由式(3.3.1)表示的纵向自由振动方程中，得

$$-U(x)\omega^2\sin(\omega t+\theta)=c^2\frac{\mathrm{d}^2U(x)}{\mathrm{d}x^2}\sin(\omega t+\theta) \tag{3.3.3}$$

消去$\sin(\omega t+\theta)$得到

$$\frac{\mathrm{d}^2U(x)}{\mathrm{d}x^2}+\left(\frac{\omega}{c}\right)^2U(x)=0 \tag{3.3.4}$$

因此，固有振型函数为

$$U(x)=a_1\cos\frac{\omega}{c}x+a_2\sin\frac{\omega}{c}x \tag{3.3.5}$$

上述结果是在假设直杆做简谐振动的条件下得到的，一般地，可以假设直杆的位移函数为空间函数和时间函数之积，即

$$u(x,t)=U(x)q(t) \tag{3.3.6}$$

将式(3.3.2)代入直杆的纵向自由振动方程(3.3.1)，有

$$\frac{\ddot{q}(t)}{q(t)}=c^2\frac{U''(x)}{U(x)} \tag{3.3.7}$$

式(3.3.7)中，左端是$t$的函数，右端是$x$的函数，且$x$和$t$彼此独立，故两端必同时等于一常数。可以证明，该常数不会为正数，记为$-\omega^2\leqslant 0$，得到两个独立的常微分方程：

$$\begin{cases} U''(x)+\left(\dfrac{\omega}{c}\right)^2 U(x)=0 \\ \ddot{q}(t)+\omega^2 q(t)=0 \end{cases} \tag{3.3.8}$$

式(3.3.8)中的第一个方程即为式(3.3.4)，而由第二个方程可解出

$$q(t)=b_1\cos\omega t+b_2\sin\omega t \tag{3.3.9}$$

式中，$\omega$ 为直杆纵向自由振动的固有频率，固有振型的系数和固有频率由直杆的各种边界条件确定；时间函数 $q(t)$ 中的系数 $b_1$ 和 $b_2$ 由直杆运动的初始条件确定。

将式(3.3.5)和式(3.3.9)代入式(3.3.6)，可得直杆的振动位移函数为

$$u(x,t)=\left(a_1\cos\frac{\omega}{c}x+a_2\sin\frac{\omega}{c}x\right)(b_1\cos\omega t+b_2\sin\omega t) \tag{3.3.10}$$

直杆的边界条件是杆两端对变形和轴向力的约束条件，又称为几何边界条件和动力边界条件。如果杆的端部固支或自由，称其为简单边界条件，如表 3.3.1 所示。

**表 3.3.1　直杆常见的边界条件**

| 端部情况 | 左端 | 右端 |
|---|---|---|
| 固支-固支 | $u(0,t)=0$ | $u(l,t)=0$ |
| 自由-自由 | $u'(0,t)=0$ | $u'(l,t)=0$ |
| 弹性载荷 | $ku(0,t)=EAu'(0,t)$ | $ku(l,t)=-EAu'(l,t)$ |
| 惯性载荷 | $m\ddot{u}(0,t)=EAu'(0,t)$ | $\ddot{u}(l,t)=-EAu'(l,t)$ |

**【例 3.5】** 求两端固支杆的纵向振动固有频率和固有振型。

**解：** 直杆上点的位移函数为

$$u(x,t)=\left(a_1\cos\frac{\omega}{c}x+a_2\sin\frac{\omega}{c}x\right)(b_1\cos\omega t+b_2\sin\omega t)$$

代入边界条件 $u(0,t)=0$ ，$u(l,t)=0$ 可得

$$a_1=0\quad,\quad\sin\frac{\omega}{c}l=0$$

上式即为纵向振动的频率方程，其解为

$$\frac{\omega}{c}l=n\pi$$

固有频率为

$$\omega_n=\frac{n\pi c}{l}=\frac{n\pi}{l}\sqrt{\frac{E}{\rho}}\quad(n=0,1,2,\cdots)$$

相应的第 $n$ 阶固有振型函数为

$$U_n(x)=\sin\frac{\omega_n}{c}x=\sin\frac{n\pi}{l}x\quad(n=0,1,2,\cdots)$$

固有振型函数仅表示各点振幅的相对比值，故上述固有振型函数是取 $a_2=1$ 得到的。

**【例 3.6】** $x=0$ 端固定，$x=l$ 端自由的均质直杆，在其自由端作用一个轴向力 $F_0$，现突然撤去作用力 $F_0$，求杆的纵向运动。

**解**：该系统的边界条件条件为$u(0,t)=0$，$u'(l,t)=0$，即

$$U(0)=0 \quad , \quad U'(l)=0$$

将式(3.3.5)在$x=0$的值及其导数在$x=l$的值代入上式，得到

$$a_1=0 \quad , \quad a_2\frac{\omega}{c}\cos\frac{\omega}{c}l=0$$

为得到$U(x)$的非零解，$a_1$和$a_2$不能同时为零，从而有频率方程为

$$\cos\frac{\omega}{c}l=0$$

由此，可求出无限多个固有频率：

$$\omega_n=\frac{n\pi}{2l}c=\frac{n\pi}{2l}\sqrt{\frac{E}{\rho}} \quad (n=1,3,5,\cdots)$$

将固有频率$\omega_n$代入式(3.3.5)，并注意到$a_1=0$，得

$$U_n(x)=a_2\sin\frac{n\pi}{2l}x \quad (n=1,3,5,\cdots) \tag{E3.6.1}$$

像多自由度系统的固有振型一样，固有振型函数的值是相对的，即$a_2$可以是任意常数。不妨取式(E3.6.1)中$a_2=1$，则有

$$U_n(x)=\sin\frac{n\pi}{2l}x \quad (n=1,3,5,\cdots)$$

根据振型叠加法，直杆的纵向运动为

$$u(x,t)=\sum_{n=1,3,5}^{+\infty}\sin\frac{n\pi x}{2l}\left(b_{1n}\cos\omega_n t+b_{2n}\sin\omega_n t\right) \tag{E3.6.2}$$

式中，常数$b_{1n}$和$b_{2n}$由初始条件确定。

杆在静力$F_0$作用下的均匀初始应变和初速度为

$$u(x,0)=\frac{F_0x}{EA} \quad , \quad \dot{u}(x,0)=0$$

根据式(E3.6.2)，有

$$\begin{cases} u(x,0)=\displaystyle\sum_{n=1,3,5,\cdots}^{+\infty}b_{1n}\sin\frac{n\pi x}{2l}=\frac{F_0x}{EA} \\ \dot{u}(x,0)=\displaystyle\sum_{n=1,3,5,\cdots}^{+\infty}b_{2n}\frac{n\pi c}{2l}\sin\frac{n\pi x}{2l}=0 \end{cases} \tag{E3.6.3}$$

由式(E3.6.3)中的第二式得，$b_{2n}=0$，再利用三角函数的正交性，得

$$b_{1n}\int_0^l\sin^2\left(\frac{n\pi x}{2l}\right)\mathrm{d}x=\int_0^l\frac{F_0x}{EA}\sin\left(\frac{n\pi x}{2l}\right)\mathrm{d}x \tag{E3.6.4}$$

对于奇数$n$，式(E3.6.4)的结果是

$$b_{1n}=\frac{8F_0l}{n^2\pi^2EA}(-1)^{\frac{n-2}{2}} \quad (n=1,3,5,\cdots)$$

设$n=2m-1$，则杆的纵向运动为

$$u(x,t)=\frac{8F_0l}{\pi^2EA}\sum_m^{+\infty}\left[\frac{(-1)^m}{(2m-1)^2}\sin\frac{(2m-1)\pi x}{2l}\right]\cos\frac{(2m-1)\pi c}{2l}t$$

由此可见，杆的自由振动由无限多个固有振动线性组合而成，但高阶固有振动的贡献并不大。这种情况具有一定的普遍性，所以工程上一般仅关心无限自由度系统的低阶模态的贡献。

通过例 3.3 和例 3.4 的分析，可绘出三种边界条件下等截面直杆的前三阶固有振型，如图 3.3.1 所示。类似于对多自由度系统固有振型的分析，称图中固有振型曲线与坐标轴的交点为节点，系统固有振动幅值在节点处为零。对于简单边界条件的杆，第 $n$ 阶固有振型有 $n-1$ 个节点。

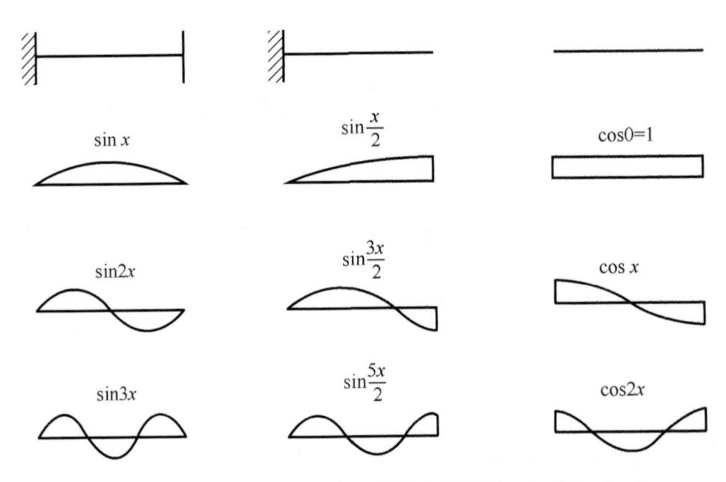


图 3.3.1　等截面直杆的前三阶固有振型 ($0\leqslant x\leqslant l$，$l=\pi$)

**【例 3.7】** 均匀材料等截面直杆，$x=0$ 端固定、$x=l$ 端具有集中质量 $m$，求其固有频率。

**解**：该杆的边界条件为

$$U(0)=0 \quad , \quad m\omega^2 U(l)=EAU'(l)$$

将式(3.3.5)及其导数在杆端点的值代入式(a)，得到

$$a_1=0 \quad , \quad m\omega^2 \sin\frac{\omega l}{c}=EA\frac{\omega}{c}\cos\frac{\omega l}{c} \tag{E3.7.1}$$

式(E3.7.1)中的第二式就是杆的频率方程。

为了求解这一超越代数方程，引入如下无量纲参数：

$$\alpha=\frac{\rho Al}{m} \quad , \quad \beta=\frac{\omega l}{c} \tag{E3.7.2}$$

式中，$\alpha$ 是杆的质量与杆端集中质量的比值。

从而将频率方程改写为

$$\beta\tan\beta=\alpha \tag{E3.7.3}$$

参照图 3.3.2，对于给定的 $\alpha$，在 $(\beta,\gamma)$ 平面上作出曲线 $\gamma=\tan\beta$ 和 $\gamma=\alpha/\beta$，两曲线交点的横坐标 $\beta_r$ 即为方程(E3.7.3)的解，代回式(E3.7.2)得固有频率 $\omega_r=c\beta_r/l$。如果图解法的精度不满足要求，可将其结果作为初值，再用数值分析方法得到高精度的解。图 3.3.2 显示了质量比 $\alpha=1$ 时方程(E3.7.3)中最小的几个根，由此得出 $\omega_1\approx 0.86c/l$、$\omega_2\approx 3.426c/l$ 和 $\omega_2\approx 6.427c/l$。现对该系统作进一步分析。

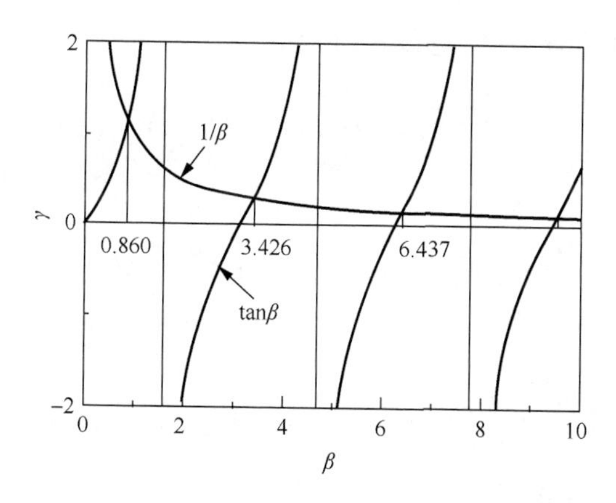


图 3.3.2　用图解法确定杆的固有频率（$\alpha=1$）

(1) 如果杆的质量相对于集中质量很小，即 $\alpha \ll 1$，则方程(E3.7.3)的最小根也很小，故 $\beta\tan\beta \approx \beta^2=\alpha$。由此解出第 1 阶固有频率为

$$\omega_1=\frac{c}{l}\sqrt{\frac{\rho Al}{m}}=\sqrt{\frac{EA}{ml}}=\sqrt{\frac{k}{m}}$$

式中，$k=EA/l$，是整根杆的静拉压刚度。

这一结果与将弹性杆简化为无质量弹簧得到的单自由度系统固有频率一致。

(2) 若杆质量小于集中质量，但比值 $\alpha<1$，不是非常小，可取泰勒级数展开 $\tan\beta=\beta+\beta^3/3$，将方程(E3.7.3)写作

$$\beta^2\left(1+\frac{\beta^2}{3}\right)=\alpha$$

解出 $\beta_1^2$ 并取泰勒级数展开至二次项：

$$\beta_1^2=\frac{3}{2}\left(\sqrt{1+\frac{4\alpha}{3}}-1\right)\approx\alpha-\frac{\alpha^2}{3}\approx\frac{\alpha}{1+\alpha/3}$$

由此，得到第 1 阶固有频率为

$$\omega_1=\frac{c\beta_1}{l}=\sqrt{\frac{EA/l}{m+\rho Al/3}}=\sqrt{\frac{k}{m+\rho Al/3}}$$

这一结果相当于将杆质量的 1/3 加到集中质量上后得到的单自由度振动固有频率，这是用 Rayleigh 法得到的近似解。

**2. 固有振型的正交性**

无限自由度系统的固有振动与多自由度系统的固有振动一样，各阶模态之间彼此不交换能量，即其固有振型具有正交性。

杆的第 $n$ 阶固有频率 $\omega_n$ 和固有振型函数 $U_n(x)$ 满足方程(3.3.8)，即

$$U_n''(x)+\left(\frac{\omega_n}{c}\right)^2U_n(x)=0 \tag{3.3.11}$$

将其乘以 $U_m(x)$，并沿杆长对 $x$ 积分，得

$$\left(\frac{\omega_n}{c}\right)^2 \int_0^l U_m(x)U_n(x)\mathrm{d}x = -\int_0^l U_m(x)U_n''(x)\mathrm{d}x$$
$$= -\int_0^l U_m(x)\mathrm{d}U_n'(x) = -U_m(x)U_n'(x)\Big|_0^l + \int_0^l U_n'(x)U_m'(x)\mathrm{d}x \tag{3.3.12}$$

若杆具有固定或自由边界，则有

$$\left(\frac{\omega_n}{c}\right)^2 \int_0^l U_n(x)U_m(x)\mathrm{d}x = \int_0^l U_n'(x)U_m'(x)\mathrm{d}x \tag{3.3.13}$$

同理得

$$\left(\frac{\omega_m}{c}\right)^2 \int_0^l U_m(x)U_n(x)\mathrm{d}x = \int_0^l U_m'(x)U_n'(x)\mathrm{d}x \tag{3.3.14}$$

式(3.3.13)和式(3.3.14)相减得

$$\frac{\omega_n^2 - \omega_m^2}{c^2}\int_0^l U_n(x)U_m(x)\mathrm{d}x = 0 \tag{3.3.15}$$

当$n \neq m$时，杆的固有频率互异，从而有

$$\int_0^l U_n(x)U_m(x)\mathrm{d}x = 0 \quad (n \neq m) \tag{3.3.16}$$

代回式(3.3.13)得

$$\int_0^l U_n'(x)U_m'(x)\mathrm{d}x = 0 \quad (n \neq m) \tag{3.3.17}$$

式(3.3.16)和式(3.3.17)就是杆的固有振型函数正交关系。固有振型函数正交性的物理意义表示各主振型之间的能量不能传递，即对应主振型$U_n$振动时的惯性力不会激起主振型$U_m$的振动。同样，弹性变形之间也不会引起耦合。当$n = m$时，可以定义杆的第$n$阶模态质量和模态刚度为

$$M_n = \int_0^l \rho A U_n^2(x)\mathrm{d}x \quad , \quad K_n = \int_0^l EA\left[U_n'(x)\right]^2 \mathrm{d}x \quad (n = 1, 2, 3, \cdots) \tag{3.3.18}$$

它们的大小取决于对固有振型函数的归一化形式，但其比值总满足如下条件：

$$\omega_n^2 = \frac{K_n}{M_n} \quad (n = 1, 2, 3, \cdots) \tag{3.3.19}$$

对于端点固定或自由的非均匀材料变截面直杆，其固有振型函数的正交关系式变为

$$\begin{cases} \int_0^l \rho(x)A(x)U_n(x)U_m(x)\mathrm{d}x = M_n\delta_{nm} \\ \int_0^l E(x)A(x)U_n'(x)U_m'(x)\mathrm{d}x = K_n\delta_{nm} \end{cases} \tag{3.3.20}$$

更一般地，若杆在$x = 0$端有弹簧$k_0$和集中质量$m_0$，在$x = l$端有弹簧$k_l$和集中质量$m_l$，按能量互不交换原则可写出固有振型函数的正交关系为

$$\begin{cases} \int_0^l \rho(x)A(x)U_n(x)U_m(x)\mathrm{d}x + m_0U_n(0)U_m(0) + m_lU_n(l)U_m(l) = M_n\delta_{nm} \\ \int_0^l E(x)A(x)U_n'(x)U_m'(x)\mathrm{d}x + k_0U_n(0)U_m(0) + k_lU_n(l)U_m(l) = K_n\delta_{nm} \end{cases} \tag{3.3.21}$$

## 3.3.2　圆轴的扭转振动

圆轴的扭转振动方程与杆的纵向自由振动方程形式相同，下面通过两个例子进行简要说明。

【例 3.8】 如图 3.3.3 所示，求一端固定、一端有扭转弹簧(简称扭簧)作用的圆轴的固有频率及其固有振型函数。

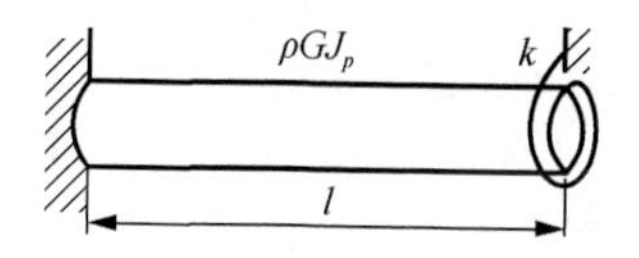


图 3.3.3　圆轴的扭转振动

**解：** 系统的固有振动方程为

$$\theta(x,t)=\left(a_1\cos\frac{\omega}{c}x+a_2\sin\frac{\omega}{c}x\right)(b_1\cos\omega t+b_2\sin\omega t)$$

边界条件为

$$\theta(0,t)=0 \quad , \quad GJ_p\theta'(l,t)=-k\theta(l,t)$$

代入边界条件可得

$$a_1=0 \quad , \quad GJ_p\frac{\omega}{c}\cos\frac{\omega}{c}l=-k\sin\frac{\omega}{c}l \tag{E3.8.1}$$

式(E3.8.1)中的第二式即为频率方程，可进一步简化为

$$\frac{\tan\frac{\omega}{c}l}{\frac{\omega}{c}l}=-\frac{GJ_p}{kl}=\alpha$$

给定 $\alpha$ 值即可确定各阶固有频率，相应的固有振型函数为

$$W_n(x)=\sin\frac{\omega_n}{c}x$$

下面考虑两个极值情况。

(1) $k\to\infty$ 时，此时右端相当于固定端，$\alpha=0$，频率方程为

$$\tan\frac{\omega}{c}l=0$$

解得

$$\omega_n=\frac{n\pi c}{l}=\frac{n\pi}{l}\sqrt{\frac{G}{\rho}} \quad (n=1,2,3,\cdots)$$

相应的固有振型函数为

$$W_n(x)=\sin\frac{n\pi}{l}x \quad (n=1,2,3,\cdots)$$

(2) $k=0$，右端相当于自由端，$\alpha=\infty$，此时有

$$\cos\frac{\omega}{c}l=0$$

解得固有频率和固有振型函数分别为

$$\omega_n=\frac{n\pi}{2l}\sqrt{\frac{G}{\rho}} \quad , \quad W_n(x)=\sin\frac{n\pi}{2l}x \quad (n=1,2,3,\cdots)$$

上述结果和例 3.5 中直杆的纵向振动固有特性在形式上相同。

**【例 3.9】** 如图 3.3.4 所示，设轴一端固定、一端含有转动惯量为 $I$ 的圆盘，试求该系统的固有频率及固有振型函数。

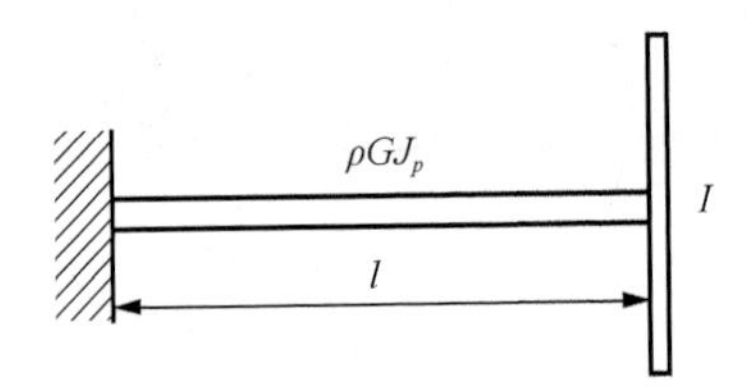


图 3.3.4　含圆盘的轴系扭转振动

**解：** 系统右端相当于附加有惯性载荷，边界条件为

$$\theta(0,t)=0 \quad , \quad GJ_p\theta'(l,t)=-I\theta''(l,t)$$

由第一个边界条件可得 $a_1=0$，由第二个边界条件得到

$$GJ_p\frac{\omega}{c}\cos\frac{\omega}{c}l=I\omega^2\sin\frac{\omega}{c}l$$

令轴的转动惯量与圆盘的转动惯量比为 $\alpha=\dfrac{\rho J_p l}{I}$，$\beta=\dfrac{\omega}{c}l$，则频率方程为

$$\beta\tan\beta=\alpha$$

上述结果与例 3.7 在形式上完全相同。若轴的转动惯量远小于圆盘的转动惯量，即 $\alpha<<1$，则根据例 3.7 的讨论，此时轴系扭转振动的第 1 阶固有频率为

$$\omega_1=\sqrt{\frac{GJ_p}{Il}}$$

若轴的转动质量小于盘的转动惯量，但比值 $\alpha<1$ 不是非常小，则根据例 3.7 的讨论，此时轴系扭转振动的第 1 阶固有频率为

$$\omega_1=\sqrt{\frac{GJ_p}{l\left(I+\dfrac{1}{3}\rho J_p\right)}} \tag{E3.9.1}$$

式(E3.9.1)即为将轴转动惯量的 1/3 加到圆盘上后单自由度系统的扭转振动频率，也是用 Rayleigh 法得到的近似解。当 $\alpha\approx1$ 时，用 Rayleigh 法计算的基频误差不到 1%，因此工程振动力学中的近似计算方法实际上能够满足足够的精度要求。

### 3.3.3　含黏性阻尼的弹性杆纵向振动

真实系统的振动总要受到阻尼影响，仅以杆和梁为例，介绍计入黏性阻尼或材料内阻尼后如何对弹性体进行振动分析。

当弹性体在空气或液体中低速运动时，应考虑其受到的黏性阻尼力。以等截面均质直杆为例，计及黏性阻尼的直杆纵向自由振动微分方程为

$$\rho A\frac{\partial^2 u}{\partial t^2}+c_0\frac{\partial u}{\partial t}-EA\frac{\partial^2 u}{\partial x^2}=0 \tag{3.3.22}$$

式中，$c_0$ 表示单位长度杆的黏性阻尼系数。

设杆的运动为

$$u(x,t)=\sum_{n=1}^{+\infty}U_n(x)q_n(t) \tag{3.3.23}$$

类似 3.2 节中的分析，方程(3.3.22)可解耦为模态坐标描述的单自由度系统：

$$M_n\ddot{q}_n(t)+C_n\dot{q}_n(t)+K_nq_n(t)=f_n(t)\quad(n=1,2,3,\cdots) \tag{3.3.24}$$

式中，$C_n$ 为模态阻尼系数。

$$C_n=c\int_0^l U_n^2(x)\mathrm{d}x\quad(n=1,2,3,\cdots) \tag{3.3.25}$$

显然，具有黏性阻尼的弹性杆是一个比例阻尼系统，系统的模态质量、模态刚度、模态力与无阻尼系统相同，模态坐标下的初始条件也与无阻尼系统相同。方程(3.3.24)的解为

$$q_n(t)=\mathrm{e}^{-\zeta_n\omega_n t}\left[q_n(0)\cos\omega_{dn}t+\frac{\dot{q}_n(0)+\zeta_n\omega_n q_n(0)}{\omega_{dn}}\sin\omega_{dn}t\right]+\frac{1}{M_n\omega_{dn}}\int_0^t \mathrm{e}^{-\zeta_n\omega_n(t-\tau)}\sin\omega_{dn}(t-\tau)f_n(t)\mathrm{d}\tau \tag{3.3.26}$$

式中，

$$\zeta_n=\frac{C_n}{M_n\omega_{dn}}\quad,\quad\omega_{dn}=\omega_n\sqrt{1-\zeta_n^2} \tag{3.3.27}$$

将式(3.3.26)代回式(3.3.23)，即得到具有黏性阻尼弹性杆的纵向自由振动。

### 3.3.4　Bernoulli-Euler 梁的弯曲振动

#### 1. Bernoulli-Euler 梁的弯曲振动固有频率和固有振型

Bernoulli-Euler 梁的弯曲振动微分方程为

$$\rho A\frac{\partial^2 w}{\partial t^2}+EI\frac{\partial^4 w}{\partial x^4}=0 \tag{3.3.28}$$

用分离变量法求解这个四阶常系数线性齐次偏微分方程，设梁的横向固有振动为

$$w(x,t)=W(x)q(t) \tag{3.3.29}$$

将式(3.3.29)代入方程(3.3.28)得

$$\rho AW(x)\ddot{q}(t)+EIW^{(4)}(x)q(t)=0 \tag{3.3.30}$$

式中，$W^{(4)}(x)$ 表示 $W(x)$ 对 $x$ 的 4 阶导数。

式(3.3.30)还可写为

$$\frac{EI}{\rho A}\frac{W^{(4)}(x)}{W(x)}=-\frac{\ddot{q}(t)}{q(t)} \tag{3.3.31}$$

该方程左端为 $x$ 的函数，右端为 $t$ 的函数，且 $x$ 与 $t$ 彼此独立，故方程两端必同时等于一个常数。可以证明该常数非负，记为 $\omega^2\geqslant0$。因此，式(3.3.31)可分离为两个独立的常微分方程：

$$\begin{cases}W^{(4)}(x)-s^4W(x)=0\\ \ddot{q}(t)+\omega^2q(t)=0\end{cases} \tag{3.3.32}$$

式中，

$$s^4 = \frac{EI}{\rho A}\omega^2 \tag{3.3.33}$$

解方程(3.3.32)得

$$\begin{cases} W(x) = a_1 \cos sx + a_2 \sin sx + a_3 \cosh sx + a_4 \sinh sx \\ q(t) = b_1 \cos \omega t + b_2 \sin \omega t \end{cases} \tag{3.3.34}$$

式(3.3.34)中的第一式描述了梁横向振动幅值沿梁长的分布，并含有待定的固有频率$\omega$。梁横向振动幅值在梁的两端必须满足给定的边界条件，由此可确定$\omega$、$a_1$和$a_2$(或比值)。式(3.3.34)中的第二式则描述了梁振动随时间的简谐变化，如同前面一样，常数$b_1$和$b_2$由系统的初始条件来确定。

边界条件要考虑四个量，即扰度、转角、弯矩和剪力。类似于杆的边界条件，将限制挠度、转角的边界条件称为几何边界条件，而限制弯矩、剪力的边界条件称为动力边界条件。直梁常见的边界条件如表 3.3.2 所示(表中只给出右端的弯矩和剪力，左端的弯矩和剪力取负号)。

**表 3.3.2　直梁常见的边界条件**

| 端部情况 | 挠度 $w$ | 转角 $\frac{\partial w}{\partial x}$ | 右端弯矩 $M = EI\frac{\partial^2 w}{\partial x^2}$ | 右端剪力 $Q = EI\frac{\partial^3 w}{\partial x^3}$ |
|---|---|---|---|---|
| 固支 | $w=0$ | $\frac{\partial w}{\partial x}=0$ | | |
| 自由 | | | $M=0$ | $Q=0$ |
| 铰支 | $w=0$ | $\frac{\partial^2 w}{\partial x^2}=0$ | | |
| 弹性载荷 | | | $M=-k\frac{\partial w}{\partial x}$ | $Q=kw$ |
| 惯性载荷 | | | $M=0$ | $Q=m\frac{\partial^2 w}{\partial x^2}$ |

下面以简支梁为例求其固有频率和固有振型函数，其边界条件分别为

$$W(0)=0 \quad , \quad W''(0)=0$$

$$W(l)=0 \quad , \quad W''(l)=0$$

将$W(0)=0$，$W''(0)=0$代入式(3.3.34)中的第一式及其二阶导数，得

$$a_1 + a_3 = 0 \quad , \quad -a_1 + a_3 = 0$$

由此得出

$$a_1 = a_3 = 0$$

将$W(l)=0$，$W''(l)=0$及$a_1 = a_3 = 0$代入式(3.3.34)中的第一式及其二阶导数，得

$$a_2 \sin sl + a_4 \sinh sl = 0 \quad , \quad -a_2 \sin sl + a_4 \sinh sl = 0$$

于是得

$$a_2 \sin sl = 0 \quad , \quad a_4 \sinh sl = 0$$

简支梁无刚体运动，故$sl \neq 0$，从而得出频率方程为

$$\sin sl = 0 \quad , \quad a_2 \neq 0 \quad , \quad a_4 = 0$$

其解为

$$s_n = \frac{n\pi}{l} \quad (n = 1, 2, 3, \cdots)$$

由式(3.3.33)得出固有频率为

$$\omega_n = s_n^2 \sqrt{\frac{EI}{\rho A}} \approx (n\pi)^2 \sqrt{\frac{EI}{\rho A l^4}} \quad (n = 1, 2, 3, \cdots)$$

相应的固有振型函数为

$$W_n(x) = \sin\frac{n\pi x}{l} \quad (n = 1, 2, 3, \cdots)$$

简支梁的固有频率和固有振型函数比较简单，下面分析其他边界条件的情况。

(1)两端自由。

频率方程为

$$\cos sl \cosh sl = 1$$

$s_0 = 0$表示整个梁做刚体运动，除此之外其余所有特征根近似为

$$s_n l = \left(n + \frac{1}{2}\right)\pi \quad (n = 1, 2, 3, \cdots)$$

固有频率为

$$\omega_n = s_n^2 \sqrt{\frac{EI}{\rho A}} = \left(n + \frac{1}{2}\right)^2 \pi^2 \sqrt{\frac{EI}{\rho A l^4}} \quad (n = 1, 2, 3, \cdots)$$

相应的固有振型为

$$W_n(x) = \cosh s_n x + \cos s_n x + v_n(\sinh s_n x + \sin s_n x) \quad (n = 1, 2, 3, \cdots)$$

式中，$v_n = -\dfrac{\sinh s_n l + \sin s_n l}{\cosh s_n l + \cos s_n l}$。

(2)两端固支。

频率方程为

$$\cos s_n l \cosh s_n l = 1$$

此时特征根和固有频率与两端自由时完全相同，而固有振型函数不同，为

$$W_n(x) = \cosh s_n x - \cos s_n x + v_n(\sinh s_n x - \sin s_n x) \quad (n = 1, 2, 3, \cdots)$$

(3)悬臂梁。

频率方程为

$$\cos s_n l \cosh s_n l = -1$$

该方程的根可由图解法大致确定后再用数值方法精确化，其由小到大依次为

$$s_n l = 1.8751, 4.6941, 7.8548, 10.9955, 14.1372, \cdots$$

固有频率为

$$\omega_n = s_n^2 \sqrt{\frac{EI}{\rho A}} = (s_n l)^2 \sqrt{\frac{EI}{\rho A l^4}} \quad (n = 1, 2, 3, \cdots)$$

固有振型函数为

$$W_n(x) = \cosh s_n x - \cos s_n x + v_n(\sinh s_n x - \sin s_n x) \quad (n = 1, 2, 3, \cdots)$$

式中，$v_n = -\dfrac{\sinh s_n l - \sin s_n l}{\cosh s_n l + \cos s_n l}$。

从上述结果可见一个有趣的现象：略去刚体运动后，两端自由梁与两端固支梁的频率方程相同，而一端铰支、一端自由梁与一端铰支、一端固支梁的频率方程相同。图 3.3.5 给出了相应梁的前三阶固有振型，如果把对应零固有频率的刚体运动振型包括在内，简单边界条件下梁的第 $n$ 阶固有振型均有 $n-1$ 个节点。可以证明，这是杆、轴、梁等一维弹性体固有振型的共性。

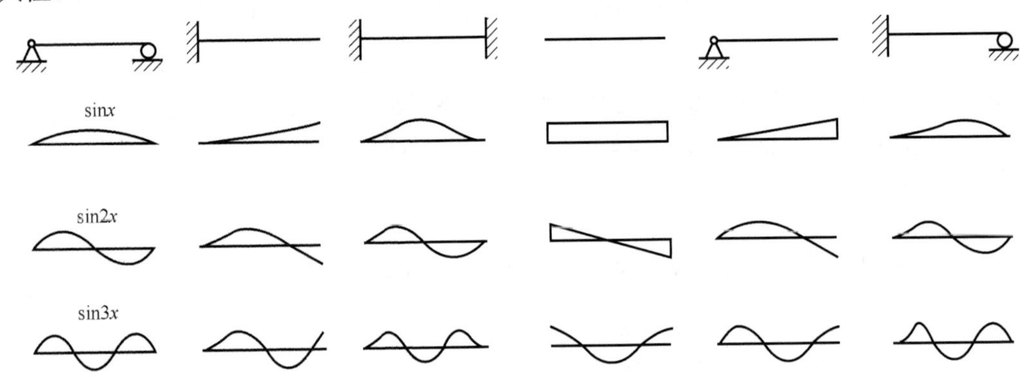


图 3.3.5 简单边界条件下等截面均质梁的前三阶固有振型（$0 \leqslant x \leqslant l$，$l = \pi$）

**【例 3.10】** 如图 3.3.6 所示，求一端固支、一端简支的等截面均质梁的固有频率。

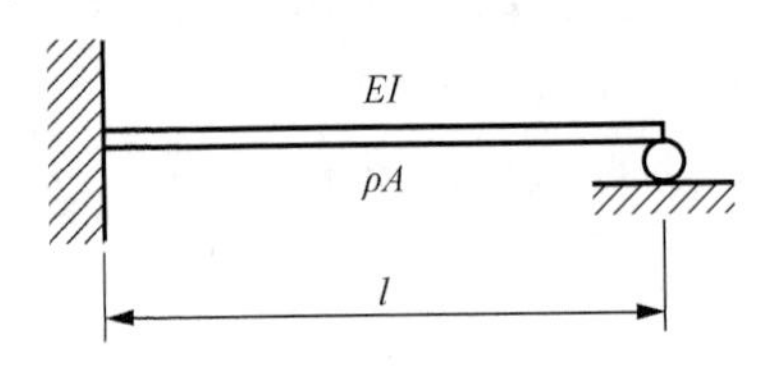


图 3.3.6 固支-简支等截面均质梁

**解**：根据式(3.3.34)，梁的固有振型函数为

$$W(x) = a_1 \cos sx + a_2 \sin sx + a_3 \cosh sx + a_4 \sinh sx$$

固支端边界条件为

$$W(0) = 0 \quad , \quad W'(0) = 0$$

因此，可得 $a_1 + a_3 = 0$，$a_2 + a_4 = 0$，将固有振型函数写为

$$W(x) = a_1(\cos sx - \cosh sx) + a_2(\sin sx - \sinh sx)$$

简支端边界条件为

$$W(l) = 0 \quad , \quad W''(l) = 0$$

根据上式可得

$$\begin{cases} a_1(\cos sl - \cosh sl) + a_2(\sin sl - \sinh sl) = 0 \\ -a_1(\cos sl + \cosh sl) - a_2(\sin sl + \sinh sl) = 0 \end{cases}$$

上式有非零解的条件是

$$\begin{vmatrix} \cos sl - \cosh sl & \sin sl - \sinh sl \\ -(\cos sl + \cosh sl) & -(\sin sl + \sinh sl) \end{vmatrix} = 0$$

展开上式得频率方程为

$$\tan sl = \tanh sl$$

可用图解法解该超越方程，其近似解为

$$s_n l \approx \left(n + \frac{1}{4}\right)\pi \quad (n = 1, 2, 3, \cdots)$$

**2．固有振型的正交性**

考察具有简单边界条件的等截面均质梁，其固有频率 $\omega_n$ 和固有振型函数 $W_n(x)$ 满足方程(3.3.32)中的第一式：

$$s_n^4 W_n(x) = W_n^{(4)}(x) \tag{3.3.35}$$

将式(3.3.35)两端同乘以 $W_m(x)$ 并沿梁长对 $x$ 积分，利用分部积分得

$$\begin{aligned} s_n^4 \int_0^l W_m(x) W_n(x) \mathrm{d}x &= \int_0^l W_m(x) W_n^{(4)}(x) \mathrm{d}x \\ &= W_m(x) W_n^{(3)}(x)\Big|_0^l - W_m'(x) W_n''(x)\Big|_0^l + \int_0^l W_m''(x) W_n''(x) \mathrm{d}x \end{aligned} \tag{3.3.36}$$

根据简单边界(固定端、铰支端、自由端)条件，式(3.3.36)右端前两项总为零，故有

$$\int_0^l W_m''(x) W_n''(x) \mathrm{d}x = s_n^4 \int_0^l W_m(x) W_n(x) \mathrm{d}x \tag{3.3.37}$$

因为 $n$ 和 $m$ 是任取的，交换次序有

$$\int_0^l W_n''(x) W_m''(x) \mathrm{d}x = s_m^4 \int_0^l W_n(x) W_m(x) \mathrm{d}x \tag{3.3.38}$$

式(3.3.37)和式(3.3.38)相减得

$$\left(s_n^4 - s_m^4\right) \int_0^l W_n(x) W_m(x) \mathrm{d}x = 0 \tag{3.3.39}$$

除了两端自由梁的两个零固有频率，当 $n \neq m$ 时总有 $s_n \neq s_m$，故得

$$\int_0^l W_n(x) W_m(x) \mathrm{d}x = 0 \quad (n \neq m) \tag{3.3.40}$$

根据 $s_n \neq 0$ 或 $s_m \neq 0$ 将式(3.3.40)代回式(3.3.37)或式(3.3.38)，得到

$$\int_0^l W_n''(x) W_m''(x) \mathrm{d}x = 0 \quad (n \neq m) \tag{3.3.41}$$

式(3.3.40)和式(3.3.41)即为等截面均质梁固有振型函数的正交性条件。

对于不等截面非均质梁，固有振型函数的正交性条件为

$$\begin{cases} \int_0^l \rho(x) A(x) W_n(x) W_m(x) \mathrm{d}x = M_n \delta_{nm} \\ \int_0^l \rho(x) A(x) W_n''(x) W_m''(x) \mathrm{d}x = K_n \delta_{nm} \end{cases} \tag{3.3.42}$$

式中，$M_n$ 和 $K_n$ 分别为第 $n$ 阶模态质量和模态刚度，其大小取决于固有振型函数 $W_n(x)$ 归一化系数的大小，但总满足如下条件：

$$K_n = \omega^2 M_n \quad (n = 1, 2, 3, \cdots) \tag{3.3.43}$$

**【例 3.11】** 试求两端铰支等截面均质梁在下列两种扰动下的自由振动。

(1) $w(x, 0) = \sin\dfrac{\pi x}{l}$，$\dfrac{\partial w(x, 0)}{\partial t} = 0$。

(2)梁在初始瞬时处于平衡状态，在 $x = a$ 处的微段 $\varepsilon$ 内受脉冲力作用，引起在 $x = a$ 处的初速度为 $v_0$。

**解**：梁的自由振动是各阶固有振动的线性组合：

$$w(x,t)=\sum_{n=1}^{+\infty}W_n(x)\left(b_{1n}\cos\omega_n t+b_{2n}\sin\omega_n t\right) \tag{E3.11.1}$$

简支梁的固有频率及固有振型函数已在 3.3.1 节中给出，分别为

$$\omega_n=(n\pi)^2\sqrt{\frac{EI}{\rho Al^4}}\quad,\quad W_n(x)=\sin\frac{n\pi x}{l}\quad(n=1,2,3,\cdots) \tag{E3.11.2}$$

(1) 将式(E3.11.2)中的固有振型代入式(E3.11.1)，再代入初始条件(第一种扰动)得

$$\sum_{n=1}^{+\infty}b_{1n}\sin\frac{n\pi x}{l}=\sin\frac{\pi x}{l}\quad,\quad\sum_{n=1}^{+\infty}\omega_n b_{2n}\sin\frac{n\pi x}{l}=0 \tag{E3.11.3}$$

比较式(E3.11.3)两端同阶简谐的系数得

$$\begin{cases}b_{11}=1,\,b_{1n}=0 & (n=2,3,4,\cdots)\\ b_{2n}=0 & (n=1,2,3,\cdots)\end{cases} \tag{E3.11.4}$$

于是梁的弯曲自由振动为

$$w(x,t)=\sin\frac{\pi x}{l}\cos\omega_1 t \tag{E3.11.5}$$

这说明，若初始条件与梁的第 1 阶固有振型成比例，响应中仅含第 1 阶固有振动成分。

(2) 由初位移为零可得

$$\sum_{n=1}^{+\infty}b_{1n}\sin\frac{n\pi x}{l}=0 \tag{E3.11.6}$$

解出

$$b_{1n}=0\quad(n=1,2,3,\cdots) \tag{E3.11.7}$$

再考察初速度条件：

$$\frac{\partial w(x,0)}{\partial t}=\sum_{n=1}^{+\infty}\omega_n b_{2n}\sin\frac{n\pi x}{l} \tag{E3.11.8}$$

将式(E3.11.8)两端同乘$\sin\frac{n\pi x}{l}$后沿梁长对 $x$ 积分，根据固有振型正交性得

$$\begin{aligned}b_{2m}&=\frac{2}{\omega_m l}\int_0^l\frac{\partial w(x,0)}{\partial t}\sin\frac{m\pi x}{l}dx=\frac{2}{\omega_m l}\int_{a-\frac{\varepsilon}{2}}^{a+\frac{\varepsilon}{2}}\sin\frac{m\pi x}{l}\mathrm{d}x\\&=\frac{4v_0}{m\pi\omega_m}\sin\frac{m\pi a}{l}\sin\frac{m\pi\varepsilon}{2l}\approx\frac{2\varepsilon v_0}{\omega_m l}\sin\frac{m\pi a}{l}\qquad(m=1,2,3,\cdots)\end{aligned} \tag{E3.11.9}$$

于是得到梁的弯曲自由振动为

$$w(x,t)=\frac{2\varepsilon v_0}{l}\sum_{n=1}^{+\infty}\left[\frac{1}{\omega_n}\sin\frac{n\pi a}{l}\sin\frac{n\pi x}{l}\right]\sin\omega_n t \tag{E3.11.10}$$

可见，对于一般初始扰动，梁的自由振动响含有各阶固有振动成分。当$a=l/2$时，该梁的自由振动为

$$w(x,t)=\frac{2\varepsilon v_0}{l}\sum_{n=1,3,5,\cdots}^{+\infty}\left[(-1)^{\frac{n-1}{2}}\frac{1}{\omega_n}\sin\frac{n\pi x}{l}\right]\sin\omega_n t \tag{E3.11.11}$$

由于初始条件具有对称性，响应中只含具有对称振型的各阶固有振动。

### 3．振型叠加法计算梁的振动响应

利用振型函数的正交性，类似于有限自由度系统的模态分析方法，可以使连续系统的偏微分方程变换成一系列用主坐标表示的常微分方程。仍用振型叠加法求解，为此引入模态坐标变换：

$$w(x,t)=\sum_{n=1}^{+\infty}W_n(x)q_n(t) \tag{3.3.44}$$

将其代入方程(2.7.16)得

$$\rho A\sum_{n=1}^{+\infty}W_n(x)\ddot{q}_n(t)+EI\sum_{n=1}^{+\infty}W_n^{(4)}(x)q_n(t)=f-\frac{\partial m}{\partial x} \tag{3.3.45}$$

相应的初始条件为

$$\begin{cases}w(x,0)=w_0(x)=\displaystyle\sum_{n=1}^{+\infty}W_n(x)q_n(0)\\ \dfrac{\partial w(x,0)}{\partial t}=v_0(x)=\displaystyle\sum_{n=1}^{+\infty}W_n(x)\dot{q}_n(0)\end{cases} \tag{3.3.46}$$

将式(3.3.45)和式(3.3.46)两端同乘并沿梁长对 $x$ 积分，利用固有振型正交性得到

$$M_n\ddot{q}_n(t)+K_nq_n(t)=f_n(t)\quad (n=1,2,3,\cdots) \tag{3.3.47a}$$

式中，$M_n$ 和 $K_n$ 分别为第 $n$ 阶模态质量和模态刚度。

$$\begin{cases}q_n(0)=\dfrac{1}{M_n}\displaystyle\int_0^l\rho Aw_0(x)W_n(x)\mathrm{d}x\\ \dot{q}_n(0)=\dfrac{1}{M_n}\displaystyle\int_0^l\rho Av_0(x)W_n(x)\mathrm{d}x\end{cases}\quad (n=1,2,3,\cdots) \tag{3.3.47b}$$

第 $n$ 阶模态力为

$$f_n(t)=\int_0^l\left(f-\frac{\partial m}{\partial x}\right)W_n(x)\mathrm{d}x\quad (n=1,2,3,\cdots) \tag{3.3.48}$$

对于无刚体运动的梁，具有分布外力矩 $m(x,t)$ 时，将式(3.3.48)分部积分，则模态力可表示为

$$f_n(t)=\int_0^l\left[fW_n(x)+m(x,t)W_n'(x)\right]\mathrm{d}x\quad (n=1,2,3,\cdots) \tag{3.3.49}$$

方程(3.3.47a)与初始条件(3.3.47b)构成一组解耦的单自由度无阻尼系统强迫振动问题。梁振动响应的解为各阶主振动的叠加，得

$$w(x,t)=\sum_{n=1}^{+\infty}W_n(x)\left[q_n(0)\cos\omega_nt+\frac{\dot{q}_n(0)}{\omega_n}\sin\omega_nt+\int_0^t\frac{\sin\omega_n(t-\tau)}{M_n\omega_n}f_n(\tau)\mathrm{d}\tau\right] \tag{3.3.50}$$

**【例 3.12】** 一阶跃力 $F_0$ 突然作用于等截面均质简支梁的中央，求梁的振动响应。

**解**：简支梁的固有频率和固有振型函数分别为

$$\omega_n=(n\pi)^2\sqrt{\frac{EI}{\rho Al^4}}\quad ,\quad W_n(x)=\sin\frac{n\pi x}{l}\quad (n=1,2,3,\cdots)$$

于是，模态质量、模态刚度和模态力分别为

$$M_n=\int_0^l\rho A\sin^2\frac{n\pi x}{l}\mathrm{d}x=\frac{1}{2}\rho Al\quad ,\quad K_n=\omega_n^2M_n\quad (n=1,2,3,\cdots) \tag{E3.12.1}$$

$$f_n(t)=F_0\sin\frac{n\pi}{2}=\begin{cases}(-1)^{\frac{n-1}{2}}F_0 & (n=1,3,5,\cdots)\\ 0 & (n=2,4,6,\cdots)\end{cases}\tag{E3.12.2}$$

注意，梁初始是静止的，由方程(3.3.47)解出各模态坐标在阶跃模态力下的响应为

$$q_n(t)=\frac{f_n(t)}{K_n}(1-\cos\omega_n t)\quad (n=1,2,3,\cdots)\tag{E3.12.3}$$

将式(E3.12.1)～式(E3.12.3)代入模态变换式(3.3.44)，得到梁的强迫振动响应为

$$w(x,t)=\frac{2F_0l^3}{\pi^4EI}\sum_{n=1,3,5,\cdots}^{+\infty}\left[(-1)^{\frac{n-1}{2}}\frac{1}{n^4}\sin\frac{n\pi x}{l}\right](1-\cos\omega_n t)\tag{E3.12.4}$$

由于外载荷作用在梁的中央，载荷对称，零状态响应中仅含具有对称振型的各阶振动成分。

**【例 3.13】** 均质简支梁在 $x=x_0$ 处受到简谐力 $F_0=f_0\sin\omega t$ 的作用，设梁的初始条件为零，求梁的稳态响应。

**解**：利用例 3.12 中的结果，简支梁模态质量 $M_n=\frac{1}{2}\rho Al$，固有振型函数 $W_n(x)=\sin\frac{n\pi x}{l}$，则梁的正则振型 $W_{Nn}$ 为

$$W_{Nn}(x)=\sqrt{\frac{\rho Al}{2}}\sin\frac{n\pi x}{l}\quad (n=1,2,3,\cdots)$$

模态力为

$$\begin{aligned}f_{Nn}(t)&=\int_0^l f_0\sin\omega t\cdot\delta(x-x_0)W_{Nn}(x)\mathrm{d}x\\&=\sqrt{\frac{\rho Al}{2}}f_0\sin\frac{n\pi x_0}{l}\sin\omega t\end{aligned}$$

参考式(3.3.50)中括号的最后一项，在零初始条件下，有

$$\begin{aligned}q_{Nn}(t)&=\frac{1}{\omega_n}\int_0^l f_{Nn}\sin\omega_n(t-\tau)\mathrm{d}\tau=\frac{1}{\omega_n}\sqrt{\frac{\rho Al}{2}}f_0\sin\frac{n\pi x_0}{l}\int_0^l\sin\omega_n(t-\tau)\sin\tau\mathrm{d}\tau\\&=\sqrt{\frac{2}{\rho Al}}\frac{f_0}{\omega_n^2-\omega^2}\sin\frac{n\pi x_0}{l}\left(\sin\omega t-\frac{\omega}{\omega_n}\sin\omega_n t\right)\end{aligned}$$

于是，梁的稳态振动为

$$w(x,t)=\frac{2}{\rho Al}\sum_n^{+\infty}\frac{f_0}{\omega_n^2-\omega^2}\sin\frac{n\pi x_0}{l}\sin\frac{n\pi x}{l}\left(\sin\omega t-\frac{\omega}{\omega_n}\sin\omega_n t\right)$$

可见，当激励频率接近于梁的某阶固有频率时将引起该阶模态的共振。

### 3.3.5 受定常轴向力的等截面均质梁的固有振动

对于受定常轴向力的等截面均质梁，自由振动方程为式(2.7.24)，即

$$\rho A\frac{\partial^2 w}{\partial t^2}-S\frac{\partial^2 w}{\partial x^2}+EI\frac{\partial^4 w}{\partial x^4}=0$$

显见，具有轴向力的梁的横向变形可看作无轴向力梁与张力弦横向变形的叠加，方程(2.7.24)的解仍设为

$$w(x,t)=W(x)\sin(\omega t+\theta)\tag{3.3.51}$$

代入方程(2.7.24)，得到

$$EIW^{(4)}(x)-SW''(x)-\rho A\omega^2 W(x)=0 \tag{3.3.52}$$

令

$$\alpha=\sqrt{\frac{S}{EI}}\quad,\quad \beta^4=\omega^2\frac{\rho A}{EI} \tag{3.3.53}$$

代入式(3.3.52)得

$$W^{(4)}(x)-\alpha^2 W''(x)-\beta^4 W(x)=0 \tag{3.3.54}$$

方程(3.3.54)的解为

$$W(x)=a_1\cos s_1x+a_2\sin s_1x+a_3\cosh s_2x+a_4\sinh s_2x \tag{3.3.55}$$

式中，

$$s_1=\sqrt{-\frac{\alpha^2}{2}+\sqrt{\frac{\alpha^4}{4}+\beta^4}}\quad,\quad s_2=\sqrt{\frac{\alpha^2}{2}+\sqrt{\frac{\alpha^4}{4}+\beta^4}} \tag{3.3.56}$$

式(3.3.55)中，常数$a_n\ (n=1,2,3,4)$由梁的边界条件确定。

以简支梁为例，端点的边界条件为

$$W(0)=0\quad,\quad W''(0)=0\quad,\quad W(l)=0\quad,\quad W''(l)=0 \tag{3.3.57}$$

代入式(3.3.55)得

$$\begin{cases}a_1=a_3=0\\ a_2\sin s_1l+a_4\sinh s_2x=0\\ -a_2s_1^2\sin s_1l+a_4s_2^2\sinh s_2x=0\end{cases} \tag{3.3.58}$$

根据系数行列式为零的条件，可导出其频率方程为

$$\sin s_1l=0 \tag{3.3.59}$$

将该方程的根$s_1=n\pi/l$代回式(3.3.56)中的第一式，可得到第$i$阶固有频率为

$$\omega_n=\left(\frac{n\pi}{l}\right)^2\sqrt{\frac{EI}{\rho A}}\sqrt{1+\frac{S}{EI}\left(\frac{l}{n\pi}\right)^2}\qquad(n=1,2,3,\cdots) \tag{3.3.60}$$

当轴向力$S=0$时，式(3.3.60)即为一般简支梁的固有频率。从式(3.3.60)可见，轴向力$S$对梁弯曲振动固有频率有影响。有了轴向拉力$S$后，梁的刚度增加，固有频率升高。若将拉力改为压力，将$S$取负值代入式(3.3.60)，则使梁的固有频率下降。若轴向压力达到欧拉临界压力，即

$$S=\frac{\pi^2}{l^2}EI \tag{3.3.61}$$

此时，第1阶固有频率下降为零，受压梁成为失稳压杆而破坏。

对于由方程(2.7.24)描述的受变轴向力的变截面梁，问题比上述情况复杂得多，其解难以用解析式写出，一般只能寻求近似解。至于实际的发动机叶片，各截面主惯性轴不在一个平面内，由此会引起双向弯曲耦合振动或弯曲-扭转耦合振动，对于这类梁结构的动力学设计，通常采用与式(3.3.60)类似的近似公式估算固有频率，进行参数初步设计，然后用有限元方法进行较精确的计算校核。

### 3.3.6　Timoshenko 梁的固有振动

对于均匀材料的等截面 Timoshenko 梁，其自由振动微分方程为式(2.7.28)，即

$$\rho A\frac{\partial^2 w}{\partial t^2}+EI\frac{\partial^4 w}{\partial x^4}-\rho I\left(1+\frac{E}{\beta G}\right)\frac{\partial^4 w}{\partial x^2\partial t^2}+\frac{\rho^2 I}{\beta G}\frac{\partial^4 w}{\partial t^4}=0$$

现以简支梁为例，考察剪切变形与转动惯量对梁振动固有频率的影响。根据边界条件，设该梁的第 $n$ 阶固有振动为

$$w_n(x,t)=\sin\frac{n\pi x}{l}\sin\omega_n t \tag{3.3.62}$$

代入方程(2.7.28)，得到有非零解应满足的频率方程为

$$\frac{\rho^2 I}{\beta G}\omega_n^4-\left[\rho A+\rho I\left(1+\frac{E}{\beta G}\right)\left(\frac{n\pi}{l}\right)^2\right]\omega_n^2+EI\left(\frac{n\pi}{l}\right)^4=0 \tag{3.3.63}$$

式(3.3.63)中的第一项与其他几项相比通常很小，可以忽略不计。从而有

$$\rho A\omega_n^2+\rho I\left(\frac{n\pi}{l}\right)^2\omega_n^2+\frac{\rho EI}{\beta G}\left(\frac{n\pi}{l}\right)^2\omega_n^2-EI\left(\frac{n\pi}{l}\right)^4=0 \tag{3.3.64}$$

式中，左端第二项和第三项分别反映了转动惯量和剪切变形的影响。

(1) 当不计剪切变形和转动惯量的影响时，略去式(3.3.64)左端的第二项和第三项，得

$$\omega_n=\left(\frac{n\pi}{l}\right)^2\sqrt{\frac{EI}{\rho A}}=\omega_{n0} \tag{3.3.65}$$

式(3.3.65)即为两端铰支 Bernoulli-Euler 梁的固有频率。

(2) 当忽略剪切变形的影响，只计及转动惯量的影响时，有

$$\omega_n=\omega_{n0}\sqrt{1+\frac{I}{A}\left(\frac{n\pi}{l}\right)^2} \tag{3.3.66}$$

(3) 当不计转动惯量的影响，只计及剪切变形的影响时，有

$$\omega_n=\omega_{n0}\sqrt{1+\frac{EI}{\beta AG}\left(\frac{n\pi}{l}\right)^2} \tag{3.3.67}$$

(4) 既计及转动惯量，又计及剪切变形的影响时，有

$$\omega_n=\omega_{n0}\sqrt{1+\left(\frac{n\pi}{l}\right)^2\frac{I}{A}\left(1+\frac{E}{\beta G}\right)} \tag{3.3.68}$$

以矩形截面的钢制梁为例，由 $\beta=5/6$ 和泊松比 $\mu=0.28$ 得

$$\frac{E}{\beta G}=\frac{2(1+\mu)}{\beta}\approx 3 \tag{3.3.69}$$

这说明，剪切变形的影响比转动惯量的影响大。此外，由式(3.3.68)可以看出，Bernoulli-Euler 梁的固有频率比真实值偏高。如果第 $i$ 阶固有振型的半波长 $l/n$ (相邻两节点间的距离)是梁截面高度 $h$ 的 10 倍，那么转动惯量与剪切变形的总修正量约为 1.6%。

### 3.3.7　含有材料阻尼的弹性梁的简谐强迫振动

含有材料阻尼的弹性梁的简谐强迫振动微分方程为式(2.7.21)，即

$$\rho A\frac{\partial^2 w}{\partial t^2}+EI\frac{\partial^4 w}{\partial x^4}+\eta EI\frac{\partial^5 w}{\partial t\partial x^4}=f(x)\sin\omega t$$

设梁的运动为

$$w(x,t)=\sum_{n=1}^{+\infty}W_n(x)q_n(t) \tag{3.3.70}$$

则解耦后的模态坐标微分方程为

$$\ddot{q}_n(t)+\eta\omega_n^2\dot{q}_n(t)+\omega_n^2q_n(t)=f_n\sin\omega t \quad (n=1,2,3,\cdots) \tag{3.3.71}$$

式中，模态力的幅值为

$$f_n=\frac{\int_0^l W_n(x)f(x)\mathrm{d}x}{\rho A\int_0^l W_n^2(x)\mathrm{d}x} \quad (n=1,2,3,\cdots) \tag{3.3.72}$$

方程(3.3.71)的稳态解为

$$q_n(t)=\frac{f_n}{\sqrt{\left(\omega_n^2-\omega^2\right)^2+\left(\eta\omega_n^2\omega\right)^2}}\sin\left[\omega t-\tan^{-1}\left(\frac{\eta\omega_n^2\omega}{\omega_n^2-\omega^2}\right)\right] \quad (n=1,2,3,\cdots) \tag{3.3.73}$$

代回式(2.7.21)，即得到梁的稳态振动响应。

## 3.3.8　弯曲-扭转振动

梁的弯曲振动方程、轴的扭转振动方程为式(2.7.30)，即

$$\begin{cases}\rho A\dfrac{\partial^2 y}{\partial t^2}+EI_z\dfrac{\partial^4 y}{\partial x^4}+\rho Ab\cos\theta\dfrac{\partial^2\varphi}{\partial t^2}=0\\ \rho A\dfrac{\partial^2 z}{\partial t^2}+EI_y\dfrac{\partial^4 z}{\partial x^4}+\rho Ab\sin\theta\dfrac{\partial^2\varphi}{\partial t^2}=0\\ \rho I_0\dfrac{\partial^2\varphi}{\partial t^2}+GI_p\dfrac{\partial^2\varphi}{\partial x^2}+\rho Ab\cos\theta\dfrac{\partial^2 y}{\partial t^2}+\rho Ab\sin\theta\dfrac{\partial^2 z}{\partial t^2}=0\end{cases}$$

设梁做主振动，其解为

$$y=Y(x)\sin\omega t\quad,\quad z=Z(x)\sin\omega t\quad,\quad \varphi=\Phi(x)\sin\omega t \tag{3.3.74}$$

将式(3.3.74)代入方程(2.7.30)得到

$$\begin{cases}EI_z\dfrac{\mathrm{d}^4Y}{\mathrm{d}x^4}-\rho A\omega^2Y-\left(\rho Ab\omega^2\cos\theta\right)\Phi=0\\ EI_y\dfrac{\mathrm{d}^4Z}{\mathrm{d}x^4}-\rho A\omega^2Z-\left(\rho Ab\omega^2\sin\theta\right)\Phi=0\\ GI_p\dfrac{\mathrm{d}^2\Phi}{\mathrm{d}x^2}-\rho I_0\omega^2\Phi-\left(\rho Ab\omega^2\cos\theta\right)Y-\left(\rho Ab\omega^2\sin\theta\right)Z=0\end{cases} \tag{3.3.75}$$

上述方程不易求解，为了说明问题，这里考虑几种特殊情况：①弯心 $O$ 和质心 $C$ 位于 $y$ 轴上，$\theta=90^\circ$ 或 $270^\circ$，此时方程(3.3.75)中的第一式成为在 $y$ 方向上独立的弯曲振动，而第二式和第三式形成弯曲-扭转耦合振动；②弯心 $O$ 和质心 $C$ 位于 $z$ 轴上，$\theta=0^\circ$ 或 $180^\circ$，此时方程(3.3.75)中的第二式成为在 $z$ 方向上的独立弯曲振动，而第一式和第三式在 $y$ 方向发生弯曲-扭转耦合振动；③若弯心 $O$ 和质心 $C$ 重合，则梁在三个方向的振动彼此独立。下面以第①种情况为例来说明具体求解过程。

当 $\theta=90^\circ$ 时，只需讨论方程(3.3.75)中的第二式和第三式，即

$$\begin{cases}EI_y\dfrac{\mathrm{d}^4Z}{\mathrm{d}x^4}-\rho A\omega^2Z-\rho Ab\omega^2\Phi=0\\ GI_p\dfrac{\mathrm{d}^2\Phi}{\mathrm{d}x^2}-\rho I_0\omega^2\Phi-\rho Ab\omega^2Z=0\end{cases} \tag{3.3.76}$$

由式(3.3.78)中的第一式解出$\Phi$，并对$\Phi$求二阶导数后代入第二式得到

$$\frac{\mathrm{d}^6Z}{\mathrm{d}x^6}-\frac{\rho I_0\omega^2}{GI_p}\frac{\mathrm{d}^4Z}{\mathrm{d}x^4}-\frac{\rho A\omega^2}{EI_y}\frac{\mathrm{d}^2Z}{\mathrm{d}x^2}+\frac{\rho A\omega^4}{GI_pEI_y}\left(\rho I_0-\rho Ab^2\right)Z=0 \tag{3.3.77}$$

其特征方程为

$$s^6-\frac{\rho I_0\omega^2}{GI_p}s^4-\frac{\rho A\omega^2}{EI_y}s^2+\frac{\rho A\omega^4}{GI_pEI_y}\left(\rho I_0-\rho Ab^2\right)=0 \tag{3.3.78}$$

若$\rho Ab^2>\rho I_0$，则上述特征方程有一个正实根和两个负实根，即

$$\begin{cases}s_1^2=r+p+\dfrac{\rho I_0\omega^2}{3GI_p}\\ s_2^2=-\left(\dfrac{-1+\sqrt{3}}{2}r+\dfrac{-1-\sqrt{3}}{2}p+\dfrac{\rho I_0\omega^2}{3GI_p}\right)\\ s_3^2=-\left(\dfrac{-1-\sqrt{3}}{2}r+\dfrac{-1+\sqrt{3}}{2}p+\dfrac{\rho I_0\omega^2}{3GI_p}\right)\end{cases} \tag{3.3.79}$$

式中，

$$r=\sqrt[3]{-\frac{q}{2}+\sqrt{\left(\frac{q}{2}\right)^2+\left(\frac{Q}{3}\right)^2}} \tag{3.3.80}$$

$$p=\sqrt[3]{-\frac{q}{2}-\sqrt{\left(\frac{q}{2}\right)^2+\left(\frac{Q}{3}\right)^2}} \tag{3.3.81}$$

式中，

$$q=\frac{1}{27}\left(\frac{\rho I_0\omega^2}{GI_p}\right)^3-\frac{\rho A\omega^4}{GI_pEI_y}\left(\rho Ab^2-\rho I_0\right) \tag{3.3.82}$$

$$Q=\frac{1}{3}\left(\frac{\rho I_0\omega^2}{GI_p}\right)^2-\frac{\rho A\omega^2}{EI_y} \tag{3.3.83}$$

因此，固有振型函数可表示为

$$Z(x)=a_1\sinh s_1x+a_2\cosh s_1x+a_3\sin s_2x+a_4\cos s_2x+a_5\sin s_3x+a_6\cos s_3x \tag{3.3.84}$$

式中，常系数$a_n\ (n=1,2,\cdots,6)$由边界条件确定，其中两个为扭转作用、四个为弯曲作用。

例如，对于简支梁的弯曲-扭转耦合振动，其边界条件为

$$\begin{cases}Z(0)=0\,,\ Z'(0)=0\,,\ \Phi(0)=0\\ EI_yZ''(l)=0\,,\ EI_yZ'''(l)=0\,,\ \Phi'(l)=0\end{cases} \tag{3.3.85}$$

式(3.3.85)中的两个扭转边界条件可以转变成弯曲条件，即

$$\begin{cases}\Phi(0)=0\Rightarrow Z^{(4)}(0)=0\\ \Phi'(l)=0\Rightarrow \dfrac{EI_y}{\rho Ab\omega^2}Z^{(5)}(l)-\dfrac{1}{b}Z'(l)=0\end{cases} \tag{3.3.86}$$

根据$x=0$的三个边界条件可得三个方程：

$$\begin{cases} a_2 + a_4 + a_6 = 0 \\ a_1 s_1 + a_3 s_2 + a_5 s_3 = 0 \\ a_2 s_1^4 + a_4 s_2^4 + a_6 s_3^4 = 0 \end{cases} \tag{3.3.87}$$

解得

$$a_1 = -\frac{s_2}{s_1} a_3 - \frac{s_3}{s_1} a_5 \quad , \quad a_2 = \frac{s_2^4 - s_3^4}{s_1^4 - s_2^4} a_6 \quad , \quad a_4 = -\frac{s_1^4 - s_3^4}{s_1^4 - s_2^4} a_6 \tag{3.3.88}$$

将上述部分系数代入方程(3.3.84)，得

$$\begin{aligned} Z(x) = {} & a_3 \left( \sinh s_2 x - \frac{s_2}{s_1} \sinh s_1 x \right) + a_5 \left( \sin s_2 x - \frac{s_3}{s_1} \sinh s_1 x \right) \\ & + a_6 \left( \cos s_3 x + \frac{s_2^4 - s_3^4}{s_1^4 - s_2^4} \cosh s_1 x - \frac{s_1^4 - s_3^4}{s_1^4 - s_2^4} \cos s_2 x \right) \end{aligned} \tag{3.3.89}$$

再根据 $x = l$ 的三个边界条件可得关于 $a_3$、$a_5$、$a_6$ 的三个齐次方程组，由齐次方程组系数行列式为零的条件可得频率方程，解该频率方程即可求出相应的参数。

通过进一步的计算分析表明，扭转振动对于弯曲振动的基频影响很小，而对于弯曲振动高阶频率的影响则逐步加大。

### 3.3.9　薄板的振动

薄板的振动微分方程为式(2.7.40)，即

$$\rho h \ddot{w}(x, y, t) + D \nabla^4 w(x, y, t) = 0$$

对于长为 $a$、宽为 $b$ 的矩形薄板，可采用分离变量法求解，设

$$w(x, y, t) = W(x, y) q(t) \tag{3.3.90}$$

代入方程(2.7.40)，可得

$$\frac{\ddot{q}(t)}{q(t)} = -\frac{D}{\rho h} \frac{\nabla^4 W(x, y)}{W(x, y)} = -\omega^2 \tag{3.3.91}$$

分离为

$$\begin{cases} \nabla^4 W(x, y) - \beta^4 W(x, y) = 0 \\ \ddot{q}(t) + \omega^2 q(t) = 0 \end{cases} \tag{3.3.92}$$

式中，

$$\beta^4 = \frac{\rho h}{D} \omega^2 \tag{3.3.93}$$

如果板的四边均为简支，可设满足边界条件的试探解为

$$W(x, y) = W_0 \sin \frac{m\pi x}{a} \sin \frac{n\pi y}{b} \tag{3.3.94}$$

代入方程(3.3.92)中的第一式，得出板的频率方程为

$$\beta_{mn}^4 = \pi^4 \left[ \left( \frac{m}{a} \right)^2 + \left( \frac{n}{b} \right)^2 \right]^2 \quad (m、n = 1, 2, 3, \cdots) \tag{3.3.95}$$

代入式(3.3.93)，得到固有频率为

$$\omega_{mn} = \pi^2 \sqrt{\frac{D}{\rho h}} \left( \frac{m^2}{a^2} + \frac{n^2}{b^2} \right) \quad (m、n = 1, 2, 3, \cdots) \tag{3.3.96}$$

相应的固有振型函数为

$$W_{mn}(x, y) = \sin\frac{m\pi x}{a}\sin\frac{n\pi y}{b} \quad (m、n = 1, 2, 3, \cdots) \tag{3.3.97}$$

当$a/b$为有理数时，矩形板的固有频率会出现重频；对应重频的固有振型，其形态不是唯一的。

长宽比$\dfrac{b}{a}$一定时，两组不同的$(m, n)$值可能给出相同的固有频率，对于正方形板，这种现象尤为明显。式(3.3.96)中，令$b = a$，得到正方形板的固有频率为

$$\omega_{mn} = \pi^2 \sqrt{\frac{D}{\rho h}} \left( \frac{m^2 + n^2}{a^2} \right) \quad (m、n = 1, 2, 3, \cdots) \tag{3.3.98}$$

显然，当$m \neq n$时，每个固有频率至少是频率方程的二重根，即有$\omega_{mn} = \omega_{nm}$。在二重根的情况下，$W_{mn}$与$W_{nm}$都是对应于同一固有频率的主振型，因此相应于固有频率$\omega_{mn} = \omega_{nm}$的主振型为的$W_{mn}$与$W_{nm}$的线性组合，即

$$W = AW_{mn} + BW_{nm} \tag{3.3.99}$$

现在来讨论四边简支矩形板($a \neq b$)的前几阶固有频率及相应的主振型。当$m = n = 1$时，由式(3.3.96)与式(3.3.97)得到

$$\omega_{11} = \pi^2 \sqrt{\frac{D}{\rho h}} \left( \frac{1}{a^2} + \frac{1}{b^2} \right), \quad W_{11}(x, y) = \sin\frac{\pi x}{a}\sin\frac{\pi y}{b}$$

如图 3.3.7(a)所示，这时薄板沿$x$及$y$方向都只有一个正弦半波，最大扰度位置在板的中央，即$x = \dfrac{a}{2}$，$y = \dfrac{b}{2}$。当$m = 2$，$n = 1$时，固有频率及相应的主振型为

$$\omega_{11} = \pi^2 \sqrt{\frac{D}{\rho h}} \left( \frac{4}{a^2} + \frac{1}{b^2} \right), \quad W_{11}(x, y) = \sin\frac{2\pi x}{a}\sin\frac{\pi y}{b}$$

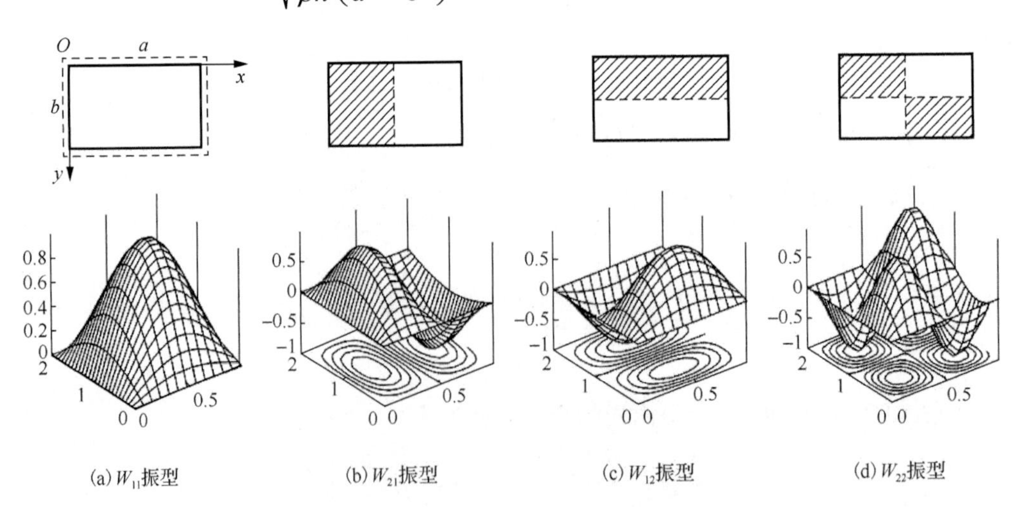


(a) $W_{11}$振型　(b) $W_{21}$振型　(c) $W_{12}$振型　(d) $W_{22}$振型

图 3.3.7　四边简支矩形板节线及振型图

如图 3.3.7(b)所示，这时薄板沿 $x$ 方向有两个正弦半波，沿 $y$ 方向只有一个正弦半波，这时沿 $x=\dfrac{a}{2}$ 出现一条节线，节线两边的扰度方向相反，节线位置可以从节线方程 $W_{21}=0$ 得到。图 3.3.7(c)和(d)分别是 $W_{12}$ 及 $W_{22}$ 振型图。

由图 3.3.7 可以看到，四边简支矩形板内出现的节线总与周边平行，而且对应于一个固有频率一般有固定的节线位置。但对于正方形板，由于每个固有频率都是重根，对应于一个固有频率的主振型会出现不同的节线位置。例如，对应于二重根固有频率 $\omega_{21}$ 的主振型为

$$W=A\sin\frac{2\pi x}{a}\sin\frac{\pi y}{a}+B\sin\frac{\pi x}{a}\sin\frac{2\pi y}{a}$$

当 $A=B$ 时，上式成为

$$W=2A\sin\frac{\pi x}{a}\sin\frac{\pi y}{a}\left(\cos\frac{\pi x}{a}+\cos\frac{\pi y}{a}\right)$$

令 $W=0$，解得出现在正方形板内的节线为 $x+y=a$。

而当 $A=-B$ 时，可以得到

$$W=2A\sin\frac{\pi x}{a}\sin\frac{\pi y}{a}\left(\cos\frac{\pi x}{a}-\cos\frac{\pi y}{a}\right)$$

由节线方程 $W=0$ 可解得节线为 $x-y=a$。

对应固有频率 $\omega_{21}$ 的可能出现的几种节线及振型图如图 3.3.8 所示。

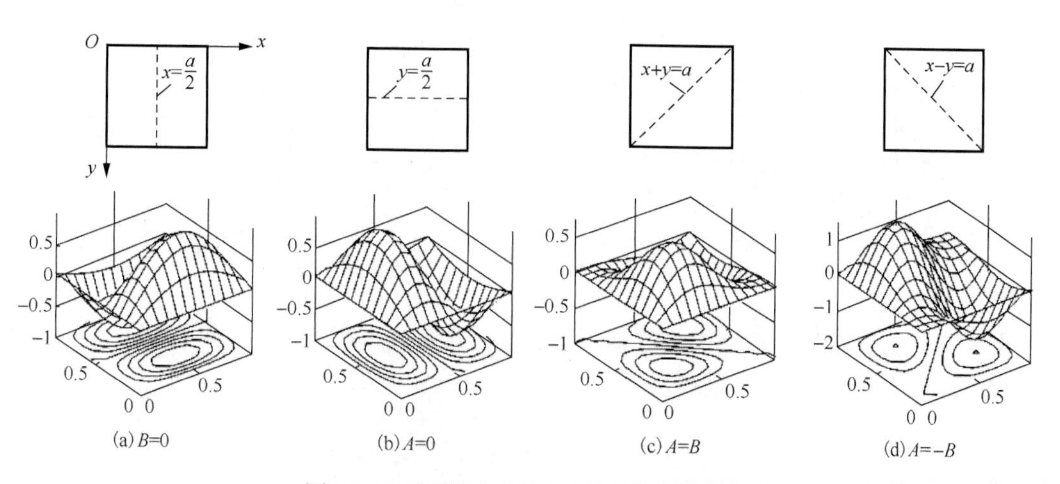


图 3.3.8　对应固有频率 $\omega_{21}$ 的节线及振型图

用同样的方法可以分析对应二重根固有频率 $\omega_{31}$ 的主振型，它可以表示为

$$W=A\sin\frac{3\pi x}{a}\sin\frac{\pi y}{a}+B\sin\frac{\pi x}{a}\sin\frac{3\pi y}{a}$$

对应固有频率 $\omega_{31}$ 的可能出现的几种节线及振型图如图 3.3.9 所示，图 3.3.10 则是对应于二重根固有频率 $\omega_{41}$ 的几种节线及振型图，其主振型的表达式为

$$W=A\sin\frac{4\pi x}{a}\sin\frac{\pi y}{a}+B\sin\frac{\pi x}{a}\sin\frac{4\pi y}{a}$$

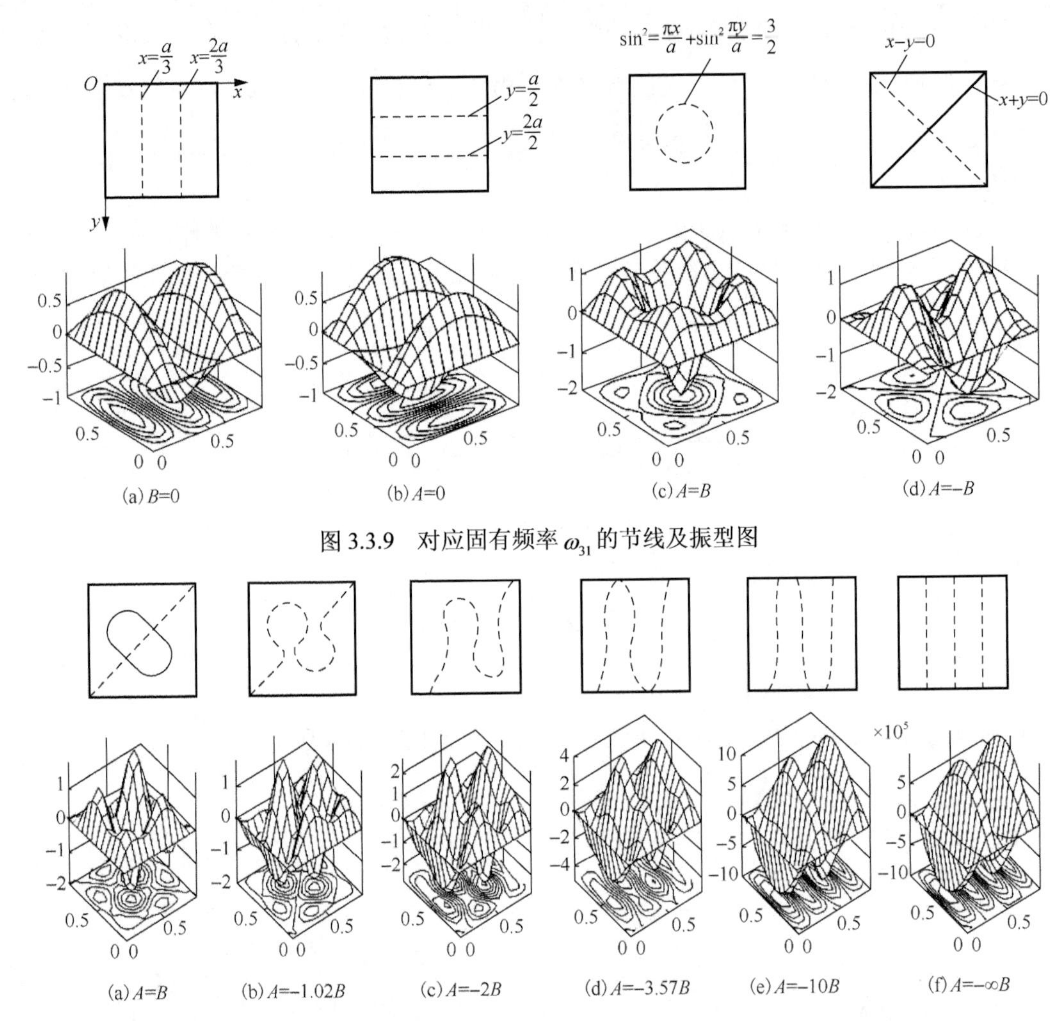


图 3.3.9　对应固有频率 $\omega_{31}$ 的节线及振型图

图 3.3.10　对应固有频率 $\omega_{41}$ 的节线及振型图

至于其他边界条件的矩形板或其他形状的板，目前尚未得到显式的解析解。关于各种近似求解方法的内容可参考其他专著。

# 3.4　数值计算方法

## 3.4.1　特征值问题的数值计算方法

对于大、中型结构的特征值问题，已发展出了若干有效的求解方法，如 Rayleigh-Ritz 法、同时逆迭代法、子空间迭代法、行列式搜索法、Lanczos 法等。这些方法在结构动力分析中，占有十分重要的地位。下面介绍几种大、中型结构特征值问题的基本求解方法。

### 1. Rayleigh-Ritz 法

在实际问题中，人们最关心的不是全部特征对，而只是其中的一小部分，如前 $q$ 阶（$q \ll n$）特征对。在这种情况下，可以用一种近似的有效方法，将 $n$ 阶广义特征值问题化为 $q$ 阶广义特征值问题，这就是 Rayleigh-Ritz 法，或称为 Ritz 变换法，它的最大优越性在于降低了方程阶数，简化了计算，可求出近似特征对。

由 Rayleigh 商的性质得

$$\lambda_1 = \lambda_{\min} = \min \boldsymbol{R}(\boldsymbol{x}) = \min\left(\frac{\boldsymbol{x}^{\mathrm{T}}\boldsymbol{K}\boldsymbol{x}}{\boldsymbol{x}^{\mathrm{T}}\boldsymbol{M}\boldsymbol{x}}\right) \tag{3.4.1}$$

这里取极小值的过程是对 $n$ 个特征向量构成的 $n$ 维空间中的所有 $\boldsymbol{x}$ 进行的，而分析的思想是取极小的过程可以近似地在一个 $q$ 维空间中进行。若要求解系统的前 $p$ 阶特征对，则先选取 $q \geqslant p$ 个线性无关的向量 $\boldsymbol{y}_i (i=1,2,\cdots,q)$，令 $\boldsymbol{x}$ 为这些向量的线性组合，有

$$\boldsymbol{x} = a_1\boldsymbol{y}_1 + a_2\boldsymbol{y}_2 + \cdots + a_q\boldsymbol{y}_q = \sum_{i=1}^{q} a_i\boldsymbol{y}_i = \boldsymbol{Y}\boldsymbol{a} \tag{3.4.2}$$

式中，$\boldsymbol{y}_i$ 称为 Ritz 基向量；$\boldsymbol{Y}$ 是由 Ritz 基向量构成的 $n \times q$ 阶矩阵；$a_i$ 为待定常数，称为 Ritz 坐标。

$\boldsymbol{a}$ 满足的方程，可以通过 Rayleigh 商的极小化过程导出，有

$$\boldsymbol{R}(\boldsymbol{x}) = \frac{\boldsymbol{x}^{\mathrm{T}}\boldsymbol{K}\boldsymbol{x}}{\boldsymbol{x}^{\mathrm{T}}\boldsymbol{M}\boldsymbol{x}} = \frac{\boldsymbol{a}^{\mathrm{T}}\boldsymbol{Y}^{\mathrm{T}}\boldsymbol{K}\boldsymbol{Y}\boldsymbol{a}}{\boldsymbol{a}^{\mathrm{T}}\boldsymbol{Y}^{\mathrm{T}}\boldsymbol{M}\boldsymbol{Y}\boldsymbol{a}} \tag{3.4.3}$$

若记 $\boldsymbol{K}^* = \boldsymbol{Y}^{\mathrm{T}}\boldsymbol{K}\boldsymbol{Y}$，$\boldsymbol{M}^* = \boldsymbol{Y}^{\mathrm{T}}\boldsymbol{M}\boldsymbol{Y}$，则有

$$\boldsymbol{R}(\boldsymbol{x}) = \frac{\boldsymbol{a}^{\mathrm{T}}\boldsymbol{K}^*\boldsymbol{a}}{\boldsymbol{a}^{\mathrm{T}}\boldsymbol{M}^*\boldsymbol{a}} = \rho \tag{3.4.4}$$

在极小化过程中，$\boldsymbol{R}(\boldsymbol{x})$ 取极小的必要条件是 $\dfrac{\partial \boldsymbol{R}(\boldsymbol{x})}{\partial \boldsymbol{a}} = \boldsymbol{0}$，利用二次型对向量求偏导的法则，得

$$2\left(\boldsymbol{a}^{\mathrm{T}}\boldsymbol{M}^*\boldsymbol{a}\right)\boldsymbol{K}^*\boldsymbol{a} - 2\left(\boldsymbol{a}^{\mathrm{T}}\boldsymbol{K}^*\boldsymbol{a}\right)\boldsymbol{M}^*\boldsymbol{a} = \boldsymbol{0} \tag{3.4.5}$$

即

$$\boldsymbol{K}^*\boldsymbol{a} = \frac{\boldsymbol{a}^{\mathrm{T}}\boldsymbol{K}^*\boldsymbol{a}}{\boldsymbol{a}^{\mathrm{T}}\boldsymbol{M}^*\boldsymbol{a}}\boldsymbol{M}^*\boldsymbol{a} \tag{3.4.6}$$

由式(3.4.4)，式(3.4.6)变为

$$\boldsymbol{K}^*\boldsymbol{a} = \rho\boldsymbol{M}^*\boldsymbol{a} \tag{3.4.7}$$

式中，$\boldsymbol{K}^*$ 和 $\boldsymbol{M}^*$ 都是 $q \times q$ 阶矩阵；$\boldsymbol{a}$ 是新的 Ritz 坐标向量。

式(3.4.7)就是 $\boldsymbol{a}$ 应满足的方程，实际上，它不是一个广义特征值问题。$\boldsymbol{K}$、$\boldsymbol{M}$ 和 $\boldsymbol{Y}$ 都是已知的，所以 $\boldsymbol{K}^*$ 和 $\boldsymbol{M}^*$ 很容易计算出。$\boldsymbol{K}^*$ 和 $\boldsymbol{M}^*$ 称为原刚度矩阵和质量矩阵在由 $\boldsymbol{y}_i (i=1,2,\cdots,q)$ 所构成的 $q$ 维子空间上的投影，于是系统的特征值问题转化为求解 $q$ 阶广义特征值问题。由于 $q \ll n$，式(3.4.7)就相对容易求解了，得到 $q$ 个特征值 $\rho_1$，$\rho_2$，$\cdots$，$\rho_q$，它们是原系统特征值 $\lambda_1$，$\lambda_2$，$\cdots$，$\lambda_q$ 的近似值。同时，还可得到 $q$ 个子空间的特征向量：

$$\boldsymbol{x}_i = \sum_{j=1}^{q} a_j^i \boldsymbol{y}_i \qquad (i=1,2,\cdots,q) \tag{3.4.8}$$

它们是原系统特征向量 $\boldsymbol{\psi}_1$，$\boldsymbol{\psi}_2$，$\cdots$，$\boldsymbol{\psi}_q$ 的近似值，在这个分析中，计算出的特征值近似值取上界，即

$$\lambda_1 \leqslant \rho_1，\ \lambda_2 \leqslant \rho_2，\ \cdots，\ \lambda_q \leqslant \rho_q \tag{3.4.9}$$

一般来说，用此方法求低阶特征值和相应的特征向量时效果较好，而计算高阶特征值和相应的特征向量时效果较差。计算精度与事先假设的向量 $\boldsymbol{y}_i$ 的近似程度以及数量 $q$ 与 $n$ 的比

值有关。若假设的 Ritz 基向量所张成的 $q$ 维空间正好就是原系统的前 $q$ 个特征向量所在的子空间或非常接近于这个子空间，则将求出一个非常好的 $q$ 组特征对。后面将介绍的 Lanczos 法就能构造出近似程度较好的 Ritz 基向量，称为 Lanczos 向量。有时为了找到最好的近似解，采用迭代的方法使假设的 Ritz 基向量不断逼近特征向量所在的子空间，这就是我们将要介绍的子空间迭代法。

### 2．子空间迭代法

子空间迭代法是求解大型特征值问题低阶特征对的有效方法，它实质上是 Rayleigh-Ritz 法和同时逆迭代法的组合。

用同时逆迭代法中的初始向量组作为 Ritz 基向量，利用 Rayleigh-Ritz 法在子空间中求解低阶广义特征值问题，再用子空间中的特征向量作为 Ritz 基向量的坐标，得到一组新的 Ritz 基向量，即迭代向量。因为新的迭代向量以子空间中的特征向量作为坐标，所以保证了它们关于质量矩阵的正交性。由于经过了一次迭代，新的迭代向量就更加逼近真实的低阶特征子空间。不断重复这个过程，直到得到满意的结果为止，这样就解决了 Rayleigh-Ritz 法中 Ritz 基向量的选择和同时迭代法中迭代向量的正交化问题。只要初始的 Ritz 基向量正交，就能保证收敛于精确的特征对。

下面简要介绍子空间迭代法的基本步骤。为了避免丢根，如果计算 $p$ 个特征对，则选取 $q$ 个初始迭代向量，这里 $q>p$，它们构成 $q\times n$ 阶矩阵 $\boldsymbol{X}_1$，第 $k$ 步的迭代式为

$$\boldsymbol{K}\bar{\boldsymbol{X}}_{k+1}=\boldsymbol{M}\boldsymbol{X}_k \quad (k=1,2,3,\cdots) \tag{3.4.10}$$

这是同时迭代的过程。显然，$\boldsymbol{X}_{k+1}$ 比 $\boldsymbol{X}_k$ 更逼近真实的特征子空间，形成子空间投影矩阵：

$$\boldsymbol{K}_{k+1}=\bar{\boldsymbol{X}}_{k+1}^{\mathrm{T}}\boldsymbol{K}\boldsymbol{X}_{k+1} \tag{3.4.11a}$$

$$\boldsymbol{M}_{k+1}=\bar{\boldsymbol{X}}_{k+1}^{\mathrm{T}}\boldsymbol{M}\boldsymbol{X}_{k+1} \tag{3.4.11b}$$

求解子空间特征系统：

$$\boldsymbol{K}_{k+1}\boldsymbol{A}_{k+1}=\boldsymbol{M}_{k+1}\boldsymbol{X}_{k+1}\boldsymbol{\Lambda}_{k+1} \tag{3.4.12}$$

这是 Rayleigh-Ritz 分析，$\boldsymbol{\Lambda}_{k+1}$ 就是近似的特征值矩阵。再计算近似的特征向量，也就是改进的新 Ritz 基向量。

$$\boldsymbol{X}_{k+1}=\bar{\boldsymbol{X}}_{k+1}\boldsymbol{A}_{k+1} \tag{3.4.13}$$

显然，由于 $\boldsymbol{A}_{k+1}$ 是子空间上的特征向量，是关于 $\boldsymbol{M}_{k+1}$ 正交归一的，则 $\boldsymbol{X}_{k+1}$ 也必然是关于 $\boldsymbol{M}$ 正交归一。这是因为

$$\boldsymbol{X}_{k+1}^{\mathrm{T}}\boldsymbol{M}\boldsymbol{X}_{k+1}=\boldsymbol{A}_{k+1}^{\mathrm{T}}\boldsymbol{X}_{k+1}^{\mathrm{T}}\boldsymbol{M}\boldsymbol{X}_{k+1}\boldsymbol{A}_{k+1}=\boldsymbol{A}_{k+1}^{\mathrm{T}}\boldsymbol{M}_{k+1}\boldsymbol{A}_{k+1}=\boldsymbol{I} \tag{3.4.14}$$

于是，$\boldsymbol{X}_{k+1}$ 可作为新的迭代矩阵。当 $k\to\infty$ 时，有

$$\boldsymbol{\Lambda}_{k+1}\to\boldsymbol{\Lambda} \quad , \qquad \boldsymbol{X}_{k+1}\to\boldsymbol{\Phi} \tag{3.4.15}$$

在上面的步骤中，每一次迭代都要解 $q$ 个线性方程组，求 $q$ 个子空间特征对。在程序中，通常采用如下的步骤。

首先，假设 $q$ 个初始向量 $\boldsymbol{X}_1$，取 $\boldsymbol{Y}_1=\boldsymbol{M}\boldsymbol{X}_1$，并设 $q=\min(2p,p+1)$，对刚度矩阵 $\boldsymbol{K}$ 进行三角分解：

$$\boldsymbol{K}=\boldsymbol{L}\boldsymbol{D}\boldsymbol{L}^{\mathrm{T}} \tag{3.4.16a}$$

然后，作如下运算：

$$\boldsymbol{L}\boldsymbol{D}\boldsymbol{L}^{\mathrm{T}}\bar{\boldsymbol{X}}_{k+1}=\boldsymbol{Y}_k \tag{3.4.16b}$$

$$\boldsymbol{K}_{k+1}=\bar{\boldsymbol{X}}_{k+1}\boldsymbol{Y}_k \tag{3.4.16c}$$

$$\bar{\boldsymbol{Y}}_{k+1}=\boldsymbol{M}\bar{\boldsymbol{X}}_{k+1} \tag{3.4.16d}$$

$$\boldsymbol{M}_{k+1}=\bar{\boldsymbol{X}}_{k+1}^{\mathrm{T}}\bar{\boldsymbol{Y}}_{k+1} \tag{3.4.16e}$$

$$\boldsymbol{K}_{k+1}\boldsymbol{A}_{k+1}=\boldsymbol{M}_{k+1}\boldsymbol{A}_{k+1}\boldsymbol{\Lambda}_{k+1} \tag{3.4.16f}$$

$$\boldsymbol{Y}_{k+1}=\bar{\boldsymbol{Y}}_{k+1}\boldsymbol{A}_{k+1} \tag{3.4.16g}$$

式中，$k=1,2,3,\cdots$。

最后，进行收敛性判断。对于给定的允许误差 TOL，若满足如下条件：

$$\frac{\left|\lambda_i^{(k+1)}-\lambda_i^{(k)}\right|}{\lambda_i^{(k+1)}}\leqslant \mathrm{TOL}\qquad (i=1,2,\cdots,q) \tag{3.4.17}$$

则停止迭代。

### 3. Lanczos 法

Lanczos 法被认为是目前求解大型矩阵特征值问题的最有效方法，与子空间迭代法相比，其计算量要小得多。

Lanczos 法的求解步骤为向量迭代、Ritz 分析和解三对角矩阵特征值问题。首先，通过向量迭代产生正交的近似 Ritz 基向量，由 Ritz 基变换使原问题转化为低阶的三对角矩阵，然后求解三对角矩阵的特征值得到原问题的一组特征值，再通过 Ritz 基变换，将三对角矩阵的特征向量变换到原问题的特征向量。

Lanczos 法用于求解标准特征值问题时称为标准 Lanczos 法，用于求解广义特征值时问题称为广义 Lanczos 法；若按向量迭代所采用的正迭代和逆迭代，又可将其分为一般 Lanczos 法和逆 Lanczos 法。下面介绍一般的标准 Lanczos 法和广义逆 Lanczos 法。

1) 标准 Lanczos 法

设标准特征值问题为

$$\boldsymbol{K}\boldsymbol{x}=\lambda\boldsymbol{x} \tag{3.4.18}$$

式中，$\boldsymbol{K}$ 为 $n\times n$ 阶矩阵。

首先选取适当的初始迭代向量 $\{u_1\}$，且 $\boldsymbol{U}_1^{\mathrm{T}}\boldsymbol{U}_1=1$，计算如下式子：

$$\boldsymbol{K}\boldsymbol{U}_{k+1}=\left(\boldsymbol{K}\boldsymbol{U}_k-\alpha_k\boldsymbol{U}_k-\beta_k\boldsymbol{U}_{k-1}\right)/\beta_{k+1} \tag{3.4.19}$$

式中，

$$\beta_1=0 \tag{3.4.20a}$$

$$\alpha_k=\boldsymbol{U}_k^{\mathrm{T}}\boldsymbol{K}\boldsymbol{U}_k \tag{3.4.20b}$$

$$\beta_{k+1}=\left\|\boldsymbol{K}-\boldsymbol{U}_k-\alpha_k\boldsymbol{U}_k-\beta_k\boldsymbol{U}_{k-1}\right\|_2 \tag{3.4.20c}$$

式中，$k=1,2,\cdots,m-1$，$k\leqslant n$；$\|\ \|_2$ 为 2 范数。

于是得

$$\boldsymbol{T}_m=\begin{pmatrix}\alpha_1 & \beta_2 & & & & \\ \beta_2 & \alpha_2 & \beta_3 & & & \\ & \beta_3 & \alpha_3 & \beta_4 & & \\ & & \ddots & \ddots & \ddots & \\ & & & b_{m-1} & \alpha_{m-1} & \beta_m \\ & & & & \beta_m & \alpha_m\end{pmatrix} \tag{3.4.21}$$

求解此矩阵的特征值，就得到 $\boldsymbol{K}$ 的 $m$ 个最高阶特征值。

在程序的实施过程中，常采用如下格式。

选取初始向量$\boldsymbol{U}_1$，且$\boldsymbol{U}_1^{\mathrm{T}}\boldsymbol{U}_1=1$，计算如下公式：

$$\boldsymbol{u}_1=\boldsymbol{K}\boldsymbol{u}_1 \tag{3.4.22}$$

令$\beta_1=0$，作如下运算：

$$\alpha_k=\boldsymbol{U}_k^{\mathrm{T}}\boldsymbol{U}_k \tag{3.4.23a}$$

$$w_k=\boldsymbol{u}_k-\alpha_k\boldsymbol{U}_k \tag{3.4.23b}$$

$$\beta_{k+1}=\boldsymbol{w}_k^{\mathrm{T}}\boldsymbol{w}_k \tag{3.4.23c}$$

$$\boldsymbol{U}_{k+1}=\boldsymbol{w}_k^{\mathrm{T}}/\beta_{k+1} \tag{3.4.23d}$$

$$\boldsymbol{U}_{k+1}=\boldsymbol{K}\boldsymbol{U}_k-\beta_{k+1}\boldsymbol{U}_k \tag{3.4.23e}$$

式中，$k=1,2,\cdots,m$。

当$k=m$时，完成式(3.4.23a)的运算，即求出$\alpha_m$后，停止迭代，于是就构成式(3.4.21)中的$\boldsymbol{T}_m$。用矩阵式表示以上过程，即

$$\boldsymbol{K}\boldsymbol{V}_m=\boldsymbol{V}_m\boldsymbol{T}_m+\beta_{m+1}\boldsymbol{U}_{m+1}\boldsymbol{e}_m^{\mathrm{T}} \tag{3.4.24}$$

式中，$\boldsymbol{V}_m^{\mathrm{T}}\boldsymbol{V}_m=\boldsymbol{I}_m$，$\boldsymbol{I}_m$是$m$阶单位矩阵；$\boldsymbol{e}_m$是$\boldsymbol{I}_m$的第$m$列；$\boldsymbol{V}_m^{\mathrm{T}}\boldsymbol{K}\boldsymbol{V}_m=\boldsymbol{T}_m$，而$\boldsymbol{V}_m^{\mathrm{T}}=[\boldsymbol{U}_1\quad \boldsymbol{U}_2\quad \cdots\quad \boldsymbol{U}_m]$就是所需的Ritz基，其中$\boldsymbol{U}_i$称为Lanczos向量，也就是Ritz变换中的Ritz基向量，它们是相互正交的。

若$m<n$，则这一过程称为截断的Lanczos过程，所导出的$\boldsymbol{T}_m$是一个低阶的三对角矩阵。理论分析证明，由截断Lanczos过程产生的Lanczos向量所构成的子空间逼近于原问题的最大特征向量组成的子空间，因而$\boldsymbol{T}_m$的特征值就是原问题中最大特征值的近似值。

最后的工作就是求解$\boldsymbol{T}_m$的特征值，可选用二分法或正交三角分解法等方法。

由于舍入误差的影响，Lanczos向量的正交性得不到严格的保证，这将严重影响最后结果的精度，所以在实际处理问题过程中，必须对Lanczos向量进行再正交化处理，确保Lanczos法的可靠性，一般采用Gram-Schmidt正交化方法。但是，并不需要对每一个Lanczos向量进行再正交化处理，以减少运算次数。于是人们提出了各种部分正交化的算法，如选择正交算法、周期正交算法等。

由运算过程可以看出，在对三对角矩阵的特征值求解前，全部运算量较小，尤其是对大型对称稀疏矩阵，该方法更具备优越性，采用Lanczos法时，需要小心处理的是再正交化过程，即如何尽可能减少正交运算，获得较好的Lanczos向量，以提高Lanczos法的效率和精度。

2) 广义逆Lanczos法

广义逆Lanczos法的运算过程，基本上与标准Lanczos法相同。设广义特征值问题为

$$\boldsymbol{K}\boldsymbol{x}=\lambda\boldsymbol{M}\boldsymbol{x} \tag{3.4.25}$$

式中，$\boldsymbol{K}$为$n\times n$阶实对称正定矩阵；$\boldsymbol{M}$为对称矩阵。

选取适当的初始迭代向量$\boldsymbol{U}_1$，且$\boldsymbol{U}_1^{\mathrm{T}}\boldsymbol{M}\boldsymbol{U}_1=1$，计算如下公式：

$$\boldsymbol{u}_1=\boldsymbol{K}^{-1}\boldsymbol{M}\boldsymbol{U}_1 \tag{3.4.26}$$

令$\beta_1=0$，作如下运算：

$$\alpha_k=\boldsymbol{U}_k^{\mathrm{T}}\boldsymbol{M}\boldsymbol{U}_k \tag{3.4.27a}$$

$$\boldsymbol{w}_k=\boldsymbol{u}_k-\alpha_k\boldsymbol{U}_k \tag{3.4.27b}$$

$$\beta_{k+1}=\boldsymbol{w}_k^{\mathrm{T}}\boldsymbol{M}\boldsymbol{w}_k \tag{3.4.27c}$$

$$U_{k+1} = w_k / \beta_{k+1} \tag{3.4.27d}$$

$$u_{k+1} = K^{-1}MU_{k+1} - \beta_{k+1}U_k \tag{3.4.27e}$$

式中，$k=1,2,\cdots,m$。

当$k=m$时，完成式(3.4.27a)的运算，即求出$\alpha_m$后，停止迭代，于是得到$\alpha_k$和$\beta_k$，构成式(3.4.21)中的$m$阶三对角矩阵$T_m$，此矩阵对应的标准特征值问题为

$$T_m X_m = \frac{1}{\lambda} X_m \tag{3.4.28}$$

式(3.4.28)中的全部特征值$\lambda_i$（$i=1,2,\cdots,m$）就是广义特征值[式(3.4.25)]的最小特征值组的近似值。当$m<n$时，就是截断广义逆 Lanczos 法。

在广义逆 Lanczos 法中，对 Lanczos 向量的再正交性化处理也是必不可少的。最简单的再正交化方法仍然是采用 Gram-Schmidt 正交化方法，其处理方法完全类似于前面介绍的标准 Lanczos 法。

Lanczos 向量构成原问题的特征子空间，因此也可以采用类似于子空间迭代法的方法来求解较精确的特征值。目前，Lanczos 法已被广泛应用于求解大型特征值问题。

特征值问题的求解方法很多，这里只是介绍了几种基本的常用方法。在选择特征值问题解法时，首先要考虑问题的特点，如$M$矩阵和$K$矩阵的带宽、正定性、要求的特征对数目等，然后根据各种求解方法的有效性和特点综合加以选择。求解特征值问题，尤其是解大型特征值问题时，一般采用几种方法的组合，不直接采用单一方法。

雅可比方法可用于求解全部特征对，它不能求指定特征对。如果问题带宽很大、维数很高，雅可比方法的运算量就会大大增加，因此雅可比方法适合求解小型特征值问题。

对于大带宽、矩阵维数不高的情况，可以先采用 Householder 变换，将其化为三对角矩阵，再采用正交三角分解法、同时逆迭代法或二分法求解。行列式搜索法适合用于$M$、$K$矩阵为小带宽时的前$p$个特征对的求解。对于大型特征值问题，多采用子空间迭代法、Lanczos 法等。

### 3.4.2　求解微分方程的数值计算方法

振型叠加法并非总是有效的，如计算时间短、外载荷变化剧烈、求解瞬态响应问题、求解非线性或时变系统的动力响应时，该方法便不适用了。此时，应考虑采用直接积分法。

下面用线性加速度$\ddot{x}$假设来说明直接积分法的求解过程，并在此基础上介绍应用较广的 Wilson-$\theta$法、Newmark 法和 Ronge-Kutta 法。

1. Wilson-$\theta$ 法

设在时间区间$t \to t+\Delta t$，即$\Delta t$很小的时间间隔内，加速度$\ddot{x}$是线性的。对于结构各自由度，有

$$\frac{\ddot{x}_{i(t+\Delta t)} - \ddot{x}_{it}}{\Delta t} = b_i$$

就整个结构系统而言，有

$$\frac{\ddot{x}_{t+\Delta t} - \ddot{x}_t}{\Delta t} = b \tag{3.4.29}$$

则在时间域$t \to t+\Delta t$ (用$\tau$表示时间域$t \to t+\Delta t$内的任一瞬时) 内有

$$\ddot{x}_{t+\tau} = \ddot{x}_t + \frac{\tau}{\Delta t}\left(\ddot{x}_{t+\Delta t} - \ddot{x}_t\right) = \ddot{x}_t + \tau b \tag{3.4.30}$$

就$\tau$进行积分，得

$$\dot{\boldsymbol{x}}_{t+\tau}=\dot{\boldsymbol{x}}_t+\ddot{\boldsymbol{x}}_t\tau+\frac{\boldsymbol{b}}{2}\tau^2 \tag{3.4.31}$$

再对式(3.4.31)积分一次得

$$\boldsymbol{x}_{t+\tau}=\boldsymbol{x}_t+\dot{\boldsymbol{x}}_t\tau+\frac{1}{2}\ddot{\boldsymbol{x}}_t\tau^2+\frac{\boldsymbol{b}}{6}\tau^3 \tag{3.4.32}$$

式(3.4.30)～式(3.4.32)是在线性加速度假设的前提下，得到的在时间域$t\to t+\Delta t$内的任一瞬时$\tau$的状态向量和初瞬时$t$的状态向量之间的关系。用式(3.4.29)的左端替换$\boldsymbol{b}$，得

$$\ddot{\boldsymbol{x}}_{t+\Delta t}=\frac{6}{\Delta t^2}\left(\boldsymbol{x}_{t+\Delta t}-\boldsymbol{x}_t\right)-\frac{6}{\Delta t}\dot{\boldsymbol{x}}_t-2\ddot{\boldsymbol{x}}_t \tag{3.4.33}$$

$$\dot{\boldsymbol{x}}_{t+\Delta t}=\frac{3}{\Delta t}\left(\boldsymbol{x}_{t+\Delta t}-\boldsymbol{x}_t\right)-2\dot{\boldsymbol{x}}_t-\frac{\Delta t}{2}\ddot{\boldsymbol{x}}_t \tag{3.4.34}$$

代入一般黏性阻尼多自由度系统运动微分方程，可得$t+\Delta t$时刻的运动方程为

$$\boldsymbol{M}\ddot{\boldsymbol{x}}_{t+\Delta t}+\boldsymbol{C}\dot{\boldsymbol{x}}_{t+\Delta t}+\boldsymbol{K}\boldsymbol{x}_{t+\Delta t}=\boldsymbol{F}_{t+\Delta t} \tag{3.4.35}$$

将式(3.4.33)和式(3.4.34)代入式(3.4.35)并整理得

$$\left(\boldsymbol{K}+\frac{3}{\Delta t}\boldsymbol{C}+\frac{6}{\Delta t^2}\boldsymbol{M}\right)\boldsymbol{x}_{t+\Delta t}=\boldsymbol{F}_{t+\Delta t}+\boldsymbol{M}\left(2\ddot{\boldsymbol{x}}_t+\frac{6}{\Delta t}\dot{\boldsymbol{x}}_t+\frac{6}{\Delta t^2}\boldsymbol{x}_t\right)+\boldsymbol{C}\left(\frac{\Delta t}{2}\ddot{\boldsymbol{x}}_t+2\dot{\boldsymbol{x}}_t+\frac{3}{\Delta t}\boldsymbol{x}_t\right)$$

或简写为

$$\bar{\boldsymbol{K}}\boldsymbol{x}_{t+\Delta t}=\bar{\boldsymbol{F}}_{t+\Delta t} \tag{3.4.36}$$

式中，$\bar{\boldsymbol{K}}$为有效刚度矩阵；$\bar{\boldsymbol{F}}_{t+\Delta t}$为有效荷载矩阵。

$$\bar{\boldsymbol{K}}=\boldsymbol{K}+\frac{3}{\Delta t}\boldsymbol{C}+\frac{6}{\Delta t^2}\boldsymbol{M} \tag{3.4.37}$$

$$\bar{\boldsymbol{F}}_{t+\Delta t}=\boldsymbol{F}_{t+\Delta t}+\boldsymbol{M}\left(2\ddot{\boldsymbol{x}}_t+\frac{6}{\Delta t}\dot{\boldsymbol{x}}_t+\frac{6}{\Delta t^2}\boldsymbol{x}_t\right)+\boldsymbol{C}\left(\frac{\Delta t}{2}\ddot{\boldsymbol{x}}_t+2\dot{\boldsymbol{x}}_t+\frac{3}{\Delta t}\boldsymbol{x}_t\right) \tag{3.4.38}$$

按静力方程求解方法求解式(3.4.36)可得$\boldsymbol{x}_{t+\Delta t}$。反复上述计算，最后即得待求时刻$T$的动力响应值$\ddot{\boldsymbol{x}}_T,\dot{\boldsymbol{x}}_T,\boldsymbol{x}_T$。

Wilson-$\theta$法是上述方法的改进，它依然假设加速度向量在时间间隔$t\to t+\theta\Delta t$内呈线性变化，$t\to t+\theta\Delta t$是比时间步长$\Delta t$更大的时间区间($\theta$>0)。根据这一假设，在$t+\tau$时刻的加速度为

$$\ddot{\boldsymbol{x}}_{t+\tau}=\ddot{\boldsymbol{x}}_t+\frac{\tau}{\theta\Delta t}\left(\ddot{\boldsymbol{x}}_{t+\theta\Delta t}-\ddot{\boldsymbol{x}}_t\right)\quad(0\leqslant\tau\leqslant\theta\Delta t) \tag{3.4.39}$$

对式(3.4.39)积分，并令$\tau=\theta\Delta t$，经整理后可得到用$\boldsymbol{x}_{t+\theta\Delta t}$表示其速度和加速度的关系式：

$$\dot{\boldsymbol{x}}_{t+\theta\Delta t}=\frac{3}{\theta\Delta t}\left(\boldsymbol{x}_{t+\theta\Delta t}-\boldsymbol{x}_t\right)-2\dot{\boldsymbol{x}}_t-\frac{\theta\Delta t}{2}\ddot{\boldsymbol{x}}_t \tag{3.4.40}$$

$$\ddot{\boldsymbol{x}}_{t+\theta\Delta t}=\frac{6}{\theta^2\Delta t^2}\left(\boldsymbol{x}_{t+\theta\Delta t}-\boldsymbol{x}_t\right)-\frac{6}{\theta\Delta t}\dot{\boldsymbol{x}}_t-2\ddot{\boldsymbol{x}}_t \tag{3.4.41}$$

相应地，在$\tau=\theta\Delta t$时刻的动力学方程可写为

$$\boldsymbol{M}\ddot{\boldsymbol{x}}_{t+\theta\Delta t}+C\dot{\boldsymbol{x}}_{t+\theta\Delta t}+\boldsymbol{K}\boldsymbol{x}_{t+\theta\Delta t}=\boldsymbol{F}_{t+\theta\Delta t} \tag{3.4.42}$$

将式(3.4.40)和式(3.4.41)代入式(3.4.42)，即可得到表示$\tau=\theta\Delta t$时刻的位移$\boldsymbol{x}_{t+\theta\Delta t}$与$t$时刻的位移。速度和加速度的状态向量的递推关系式为

$$\tilde{\boldsymbol{K}}\boldsymbol{x}_{t+\theta\Delta t}=\tilde{\boldsymbol{F}}_{t+\theta\Delta t} \tag{3.4.43}$$

式中，

$$\tilde{\boldsymbol{K}} = \boldsymbol{K} + \alpha_0 \boldsymbol{M} + \alpha_1 \boldsymbol{C} \tag{3.4.44}$$

$$\tilde{\boldsymbol{F}}_{t+\theta\Delta t} = \boldsymbol{F}_{t+\theta\Delta t} + \boldsymbol{M}\left(\alpha_0 \boldsymbol{x}_t + \alpha_2 \dot{\boldsymbol{x}}_t + 2\ddot{\boldsymbol{x}}_t\right) + \boldsymbol{C}\left(\alpha_1 \dot{\boldsymbol{x}}_t + 2\dot{\boldsymbol{x}}_t + \alpha_3 \ddot{\boldsymbol{x}}_t\right) \tag{3.4.45}$$

认为 $\tilde{\boldsymbol{K}}$ 仍是正定矩阵，故求解线性方程组时可采用 $\tilde{\boldsymbol{K}}$ 的三角分解计算出在 $\tau = \theta\Delta t$ 时刻的节点位移向量。然后，根据线性加速度假设，由式(3.4.46)确定结构在 $t+\Delta t$ 时刻的位移、速度和加速度向量：

$$\begin{cases} \boldsymbol{x}_{t+\Delta t} = \boldsymbol{x}_t + \Delta t\, \dot{\boldsymbol{x}}_t + \alpha_8\left(\ddot{\boldsymbol{x}}_{t+\Delta t} + 2\ddot{\boldsymbol{x}}_t\right) \\ \dot{\boldsymbol{x}}_{t+\Delta t} = \dot{\boldsymbol{x}}_t + \alpha_7\left(\ddot{\boldsymbol{x}}_{t+\Delta t} + \ddot{\boldsymbol{x}}_t\right) \\ \ddot{\boldsymbol{x}}_{t+\Delta t} = \alpha_4\left(\boldsymbol{x}_{t+\Delta t} - \boldsymbol{x}_t\right) + \alpha_5 \dot{\boldsymbol{x}}_t + \alpha_6 \ddot{\boldsymbol{x}}_t \end{cases} \tag{3.4.46}$$

式(3.4.44)～式(3.4.46)中，各参数为

$$\alpha_0 = \frac{6}{(\theta\Delta t)^2}, \quad \alpha_1 = \frac{3}{\theta\Delta t}, \quad \alpha_2 = 2a_1, \quad \alpha_3 = \frac{\theta\Delta t}{2}$$

$$\alpha_4 = \frac{a_0}{\theta}, \quad \alpha_5 = -\frac{a_2}{\theta}, \quad \alpha_6 = 1 - \frac{3}{\theta}, \quad \alpha_7 = \frac{\Delta t}{2}, \quad \alpha_8 = -\frac{\Delta t^2}{6}$$

当 $\theta = 1.37$ 时，Wilson-$\theta$ 法是无条件稳定的，即精度仅与所选步长 $\Delta t$ 有关，而不会出现发散。在实际应用时，一般取 $\theta = 0.14$ 。Wilson-$\theta$ 法对高阶振型具有较高的算法阻尼，这实际上相当于取消了动态响应中高阶模态的贡献。由于实用中的高阶振型没有实际意义，通过积分过程的算法阻尼效应消除高阶振型的影响是合理的。

### 2. Newmark 法

Newmark 法实质上是线性加速度法的一种推广，它采用下列假设：

$$\dot{\boldsymbol{x}}_{t+\Delta t} = \dot{\boldsymbol{x}}_t + \left[(1-\delta)\ddot{\boldsymbol{x}}_t + \delta \ddot{\boldsymbol{x}}_{t+\Delta t}\right]\Delta t \tag{3.4.47}$$

$$\boldsymbol{x}_{t+\Delta t} = \boldsymbol{x}_t + \dot{\boldsymbol{x}}_t \Delta t + \left[\left(\frac{1}{2} - \alpha\right)\ddot{\boldsymbol{x}}_t + \alpha \ddot{\boldsymbol{x}}_{t+\Delta t}\right]\Delta t^2 \tag{3.4.48}$$

式中，$\alpha$ 和 $\delta$ 是根据积分精度和稳定性要求而确定的参数。

当 $\delta = 1/2$ 和 $\alpha = 1/6$ 时，式(3.4.47)和式(3.4.48)相当于线性加速度法，因为这时它们可以从式(3.4.49)(时间间隔 $\Delta t$ 内线性假设的加速度表达式)积分得到：

$$\ddot{\boldsymbol{x}}_{t+\tau} = \ddot{\boldsymbol{x}}_t + \left(\ddot{\boldsymbol{x}}_{t+\Delta t} - \ddot{\boldsymbol{x}}_t\right)\tau/\Delta t \tag{3.4.49}$$

式中，$0 \leqslant \tau \leqslant \Delta t$ 。

Newmark 法中时间 $t+\Delta t$ 的位移解答 $\boldsymbol{x}_{t+\Delta t}$ 是通过满足时间 $t+\Delta t$ 的运动方程得到的：

$$\boldsymbol{M}\ddot{\boldsymbol{x}}_{t+\Delta t} + \boldsymbol{C}\dot{\boldsymbol{x}}_{t+\Delta t} + \boldsymbol{K}\boldsymbol{x}_{t+\Delta t} = \boldsymbol{F}_{t+\Delta t} \tag{3.4.50}$$

为此，首先从式(3.4.48)解得

$$\ddot{\boldsymbol{x}}_{t+\Delta t} = \frac{1}{\alpha\Delta t^2}\left(\boldsymbol{x}_{t+\Delta t} - \boldsymbol{x}_t\right) - \frac{1}{\alpha\Delta t}\dot{\boldsymbol{x}}_t - \left(\frac{1}{2\alpha} - 1\right)\ddot{\boldsymbol{x}}_t \tag{3.4.51}$$

将式(3.4.51)代入式(3.4.47)和式(3.4.48)，然后再一并代入式(3.4.50)，则得到由 $\boldsymbol{x}_t$、$\dot{\boldsymbol{x}}_t$、$\ddot{\boldsymbol{x}}_t$ 计算 $\boldsymbol{x}_{t+\Delta t}$ 的表达式：

$$\begin{aligned} \left(\boldsymbol{K} + \frac{1}{\alpha\Delta t^2}\boldsymbol{M} + \frac{\delta}{\alpha\Delta t}\boldsymbol{C}\right)\boldsymbol{x}_{t+\Delta t} = {} & \boldsymbol{F}_{t+\Delta t} + \boldsymbol{M}\left[\frac{1}{\alpha\Delta t^2}\boldsymbol{x}_t + \frac{1}{\alpha\Delta t}\dot{\boldsymbol{x}}_t + \left(\frac{1}{2\alpha} - 1\right)\ddot{\boldsymbol{x}}_t\right] \\ & + \boldsymbol{C}\left[\frac{\delta}{\alpha\Delta t}\boldsymbol{x}_t + \left(\frac{\delta}{\alpha} - 1\right)\dot{\boldsymbol{x}}_t + \left(\frac{\delta}{2\alpha} - 1\right)\Delta t\ddot{\boldsymbol{x}}_t\right] \end{aligned} \tag{3.4.52}$$

用 Newmark 法求解运动方程的算法步骤可归结如下。

1) 初始计算

(1) 形成刚度矩阵 $\boldsymbol{K}$、质量矩阵 $\boldsymbol{M}$ 和阻尼矩阵 $\boldsymbol{C}$。

(2) 给定 $\boldsymbol{x}_t$、$\dot{\boldsymbol{x}}_t$、$\ddot{\boldsymbol{x}}_t$。

(3) 选择时间步长 $\Delta t$、参数 $\alpha$ 和 $\delta$，并计算积分常数。

$$\delta \geqslant 0.50, \quad \alpha \geqslant 0.25(0.5+\delta)^2$$

$$c_0=\frac{1}{\alpha\Delta t^2}, \quad c_1=\frac{\delta}{\alpha\Delta t}, \quad c_2=\frac{1}{\alpha\Delta t}, \quad c_3=\frac{1}{2\alpha}-1$$

$$c_4=\frac{\delta}{\alpha}-1, \quad c_5=\frac{\Delta t}{2}\left(\frac{\delta}{\alpha}-2\right), \quad c_6=\Delta t(1-\delta), \quad c_7=\delta\Delta t$$

(4) 形成有效刚度矩阵 $\bar{\boldsymbol{K}}$：$\bar{\boldsymbol{K}}=\boldsymbol{K}+c_0\boldsymbol{M}+c_1\boldsymbol{C}$。

(5) 三角分解 $\bar{\boldsymbol{K}}$，$\bar{\boldsymbol{K}}=\boldsymbol{LDL}^{\mathrm{T}}$。

2) 对于每一个时间步长

(1) 计算时间 $t+\Delta t$ 的有效载荷。

$$\bar{\boldsymbol{F}}_{t+\Delta t}=\boldsymbol{F}_{t+\Delta t}+\boldsymbol{M}\left(c_0\boldsymbol{x}_t+c_2\dot{\boldsymbol{x}}_t+c_3\ddot{\boldsymbol{x}}_t\right)+\boldsymbol{C}\left(c_1\boldsymbol{x}_t+c_4\dot{\boldsymbol{x}}_t+c_5\ddot{\boldsymbol{x}}_t\right)$$

(2) 求解时间 $t+\Delta t$ 的位移。

$$\boldsymbol{LDL}^{\mathrm{T}}\boldsymbol{x}_{t+\Delta t}=\bar{\boldsymbol{F}}_{t+\Delta t}$$

(3) 计算时间 $t+\Delta t$ 的加速度和速度。

$$\ddot{\boldsymbol{x}}_{t+\Delta t}=c_0\left(\boldsymbol{x}_{t+\Delta t}-\boldsymbol{x}_t\right)-c_1\dot{\boldsymbol{x}}_t-c_3\ddot{\boldsymbol{x}}_t$$

$$\dot{\boldsymbol{x}}_{t+\Delta t}=\dot{\boldsymbol{x}}_t+c_6\ddot{\boldsymbol{x}}_t+c_7\ddot{\boldsymbol{x}}_{t+\Delta t}$$

一般情况下，用 Newmark 法求解方程(3.4.52)时，刚度矩阵 $\boldsymbol{K}$ 总是非对角矩阵，因此在求解 $\boldsymbol{x}_{t+\Delta t}$ 时，有效刚度矩阵 $\bar{\boldsymbol{K}}$ 的求逆是必须的(在线性分析中只需分解一次)。这是由于在导出式(3.4.52)时，利用了 $t+\Delta t$ 时刻的运动方程(3.4.50)，这种算法称为隐式算法。当 $\delta \geqslant 0.5$ 和 $\alpha \geqslant 0.25(0.5+\delta)^2$ 时，Newmark 法是无条件稳定的，即时间步长 $\Delta t$ 的大小可不影响解的稳定性。此时，$\Delta t$ 的选择主要根据解的精度要求确定，即可根据对结构响应有主要贡献的若干基本振型的周期来确定，例如，$\Delta t$ 可选择为 $T_p$ (对应于若干基本振型周期中的最小者)的若干分之一。

在直接积分法中，正确选择步长 $\Delta t$ 至关重要。这是因为，若积分步长过小将影响计算效率，反之若过大，将会由算法阻尼的固有误差引起振幅的衰减而影响计算精度。由于计算前并不了解哪些振型对响应的贡献最大，只能根据动载荷的频谱特性来选取步长。一般原则是，取积分步长 $\Delta t$ 小于载荷频谱中所关心的最高频率的倒数的十分之一。

### 3．Ronge-Kutta 法

Ronge-Kutta 法是一种广泛应用的数值解法，适用于求解一般的一阶常微分方程组。

$$\dot{\boldsymbol{v}}(t)=\boldsymbol{p}\left[\boldsymbol{v}(t),t\right] \tag{3.4.53}$$

式中，$\boldsymbol{p}(\boldsymbol{v},t)$ 是向量 $\boldsymbol{v}$ 和时间 $t$ 的任意连续函数。

该方法基于对 $\boldsymbol{v}(t+\Delta t)$ 在 $\boldsymbol{v}(t)$ 处的泰勒展开式进行修正，一般取到 4 阶导数项，其递推公式为

$$\boldsymbol{v}(t+\Delta t)=\boldsymbol{v}(t)+\frac{1}{6}(\boldsymbol{b}_1+2\boldsymbol{b}_2+2\boldsymbol{b}_3+\boldsymbol{b}_4) \tag{3.4.54}$$

式中，

$$\begin{cases}\boldsymbol{b}_1=\boldsymbol{p}\left[\boldsymbol{v}(t),t\right]\Delta t, \quad \boldsymbol{b}_2=\boldsymbol{p}\left[\boldsymbol{v}(t)+\dfrac{\boldsymbol{b}_1}{2},t+\dfrac{\Delta t}{2}\right]\Delta t \\ \boldsymbol{b}_3=\boldsymbol{p}\left[\boldsymbol{v}(t)+\dfrac{\boldsymbol{b}_2}{2},t+\dfrac{\Delta t}{2}\right]\Delta t, \quad \boldsymbol{b}_4=\boldsymbol{p}\left[\boldsymbol{v}(t)+\boldsymbol{b}_3,t+\Delta t\right]\Delta t\end{cases} \tag{3.4.55}$$

应用该方法求解一般黏性阻尼多自由度系统时，先要把它转化为方程(3.4.53)的形式。为此，有

$$\ddot{\boldsymbol{x}}(t)=-\boldsymbol{M}^{-1}\left[\boldsymbol{K}\boldsymbol{x}(t)+\boldsymbol{C}\dot{\boldsymbol{x}}(t)\right]+\boldsymbol{M}^{-1}\boldsymbol{f}(t) \tag{3.4.56}$$

引入 $2n$ 维状态向量：

$$\boldsymbol{v}(t)=\begin{pmatrix}\boldsymbol{x}(t)\\ \dot{\boldsymbol{x}}(t)\end{pmatrix} \tag{3.4.57}$$

则式(3.4.56)可写成一阶微分方程组：

$$\dot{\boldsymbol{v}}(t)=\begin{pmatrix}0 & I\\ -\boldsymbol{M}^{-1}\boldsymbol{K} & -\boldsymbol{M}^{-1}\boldsymbol{C}\end{pmatrix}\boldsymbol{v}(t)+\begin{pmatrix}0\\ \boldsymbol{M}^{-1}\boldsymbol{f}(t)\end{pmatrix} \tag{3.4.58}$$

从而可用 Runge-Kutta 法求解。

## 3.5　灵敏度分析

当结构设计或数学模型需要修改时，往往有多种修改方案可供选择，也有很多设计参数可供调整。结构动态特性的灵敏度分析是指分析各个结构参数或设计变量的改变对结构动态特性变化的敏感程度(或变化率)，从而可以确定何种修改方案最为有效。

灵敏度是一个广泛的概念，从数学意义上可理解为：若一函数 $F(x)$ 可导，其一阶灵敏度可表示为

$$S=(F)_j=\frac{\partial F(x)}{\partial x_j} \quad 或 \quad S=\frac{\Delta F(x)}{\Delta x_j}$$

前者称为一阶微分灵敏度，后者称为一阶差分灵敏度。除一阶灵敏度外，还有高阶灵敏度，高阶灵敏度的计算公式为

$$S^n=(F)_j^n=\frac{\partial F^n(x)}{\partial x_j^n} \quad 或 \quad S^n=\frac{\Delta F^n(x)}{\Delta x_j^n}$$

反映结构动力特性的参数或目标函数，一般有特征值、特征向量、传递函数等，可根据分析问题的要求，确定使用何种动力特性参数进行灵敏度分析。

在 2.5 节中推导了机械系统的状态空间模型，本节将从一般黏性阻尼系统的状态空间模型出发，推导特征值和特征向量的灵敏度。

一般黏性阻尼系统的运动微分方程为

$$\boldsymbol{M}\ddot{\boldsymbol{x}}+\boldsymbol{C}\dot{\boldsymbol{x}}+\boldsymbol{K}\boldsymbol{x}=\boldsymbol{F} \tag{3.5.1}$$

引入辅助方程：

$$\boldsymbol{M}\dot{\boldsymbol{x}}=\boldsymbol{M}\dot{\boldsymbol{x}} \tag{3.5.2}$$

将式(3.5.1)和式(3.5.2)写成矩阵形式：

$$\begin{pmatrix} \mathbf{0} & \boldsymbol{M} \\ \boldsymbol{M} & \boldsymbol{C} \end{pmatrix}\begin{pmatrix} \ddot{\boldsymbol{x}} \\ \dot{\boldsymbol{x}} \end{pmatrix}+\begin{pmatrix} -\boldsymbol{M} & \mathbf{0} \\ \mathbf{0} & \boldsymbol{K} \end{pmatrix}\begin{pmatrix} \dot{\boldsymbol{x}} \\ \boldsymbol{x} \end{pmatrix}=\begin{pmatrix} \mathbf{0} \\ \boldsymbol{F} \end{pmatrix} \tag{3.5.3}$$

取状态向量 $\boldsymbol{X}=\begin{pmatrix} \dot{\boldsymbol{x}} \\ \boldsymbol{x} \end{pmatrix}$，将式(3.5.3)写成 $2n$ 个一阶微分方程：

$$\boldsymbol{A}\dot{\boldsymbol{X}}+\boldsymbol{B}\boldsymbol{X}=\boldsymbol{P} \tag{3.5.4}$$

式中，$\boldsymbol{A}=\begin{pmatrix} \mathbf{0} & \boldsymbol{M} \\ \boldsymbol{M} & \boldsymbol{C} \end{pmatrix}$； $\boldsymbol{B}=\begin{pmatrix} -\boldsymbol{M} & \mathbf{0} \\ \mathbf{0} & \boldsymbol{K} \end{pmatrix}$； $\boldsymbol{P}=\begin{pmatrix} \mathbf{0} \\ \boldsymbol{F} \end{pmatrix}$。

式(3.5.4)的特征值问题为

$$(s\boldsymbol{A}+\boldsymbol{B})\boldsymbol{\psi}=\mathbf{0} \tag{3.5.5}$$

式中，$\boldsymbol{\psi}$ 为特征向量矩阵。

正交性条件满足如下条件：

$$\begin{cases} \boldsymbol{\psi}^{\mathrm{T}}\boldsymbol{A}\boldsymbol{\psi}=\boldsymbol{a} \\ \boldsymbol{\psi}^{\mathrm{T}}\boldsymbol{B}\boldsymbol{\psi}=\boldsymbol{b} \\ \boldsymbol{b}=-\boldsymbol{a}\boldsymbol{\Lambda} \end{cases} \tag{3.5.6}$$

## 3.5.1　特征值灵敏度

对于第 $r$ 阶模态，有

$$(\lambda_r\boldsymbol{A}+\boldsymbol{B})\boldsymbol{\psi}_r=\mathbf{0} \tag{3.5.7a}$$

式中，$\boldsymbol{\psi}_r=\begin{pmatrix} \lambda_r\boldsymbol{\psi}_r \\ \boldsymbol{\psi}_r \end{pmatrix}$。

同样有

$$\boldsymbol{\psi}_r^{\mathrm{T}}(\lambda_r\boldsymbol{A}+\boldsymbol{B})=\mathbf{0} \tag{3.5.7b}$$

式(3.5.7a)前乘 $\boldsymbol{\psi}_r^{\mathrm{T}}$，并对结构变量 $u$ 求偏导数，有

$$\frac{\partial\boldsymbol{\psi}_r^{\mathrm{T}}}{\partial u}(\lambda_r\boldsymbol{A}+\boldsymbol{B})\boldsymbol{\psi}_r+\boldsymbol{\psi}_r^{\mathrm{T}}\frac{\partial(\lambda_r\boldsymbol{A}+\boldsymbol{B})}{\partial u}\boldsymbol{\psi}_r+\boldsymbol{\psi}_r^{\mathrm{T}}(\lambda_r\boldsymbol{A}+\boldsymbol{B})\frac{\partial\boldsymbol{\psi}_r}{\partial u}=\mathbf{0} \tag{3.5.8}$$

考虑到式(3.5.6)，则由式(3.5.8)可得

$$\boldsymbol{\psi}_r^{\mathrm{T}}\frac{\partial(\lambda_r\boldsymbol{A}+\boldsymbol{B})}{\partial u}\boldsymbol{\psi}_r=\mathbf{0}$$

将上式展开，有

$$\boldsymbol{\psi}_r^{\mathrm{T}}\frac{\partial\lambda_r}{\partial u}\boldsymbol{A}\boldsymbol{\psi}_r+\boldsymbol{\psi}_r^{\mathrm{T}}\left(\lambda_r\frac{\partial\boldsymbol{A}}{\partial u}+\frac{\partial\boldsymbol{B}}{\partial u}\right)\boldsymbol{\psi}_r=\mathbf{0}$$

考虑到矩阵 $\boldsymbol{A}$ 的复模态正交性[式(3.5.5)]，有

$$\frac{\partial\lambda_r}{\partial u}=-\frac{1}{a_r}\boldsymbol{\psi}_r^{\mathrm{T}}\left(\lambda_r\frac{\partial\boldsymbol{A}}{\partial u}+\frac{\partial\boldsymbol{B}}{\partial u}\right)\boldsymbol{\psi}_r$$

将矩阵 $\boldsymbol{A}$、$\boldsymbol{B}$ 和 $\boldsymbol{\psi}_r$ 代入式(3.5.8)，化简后，得到结构特征值对结构参数 $u$ 的一阶灵敏度公式：

$$\frac{\partial\lambda_r}{\partial u}=-\frac{1}{a_r}\boldsymbol{\psi}_r^{\mathrm{T}}\left(\lambda_r^2\frac{\partial\boldsymbol{M}}{\partial u}+\lambda_r\frac{\partial\boldsymbol{C}}{\partial u}+\frac{\partial\boldsymbol{K}}{\partial u}\right)\boldsymbol{\psi}_r \tag{3.5.9}$$

式(3.5.9)中的结构参数$u$可以是$\boldsymbol{M}$、$\boldsymbol{C}$、$\boldsymbol{K}$矩阵中任意第$i$行第$j$列的元素，可分别表示为$m_{ij}$、$c_{ij}$、$k_{ij}$，由此可直接推导出特征值对$m_{ij}$、$c_{ij}$、$k_{ij}$及灵敏度公式。

用$m_{ij}$代替式(3.5.9)中的$u$，则有

$$\frac{\partial\lambda_r}{\partial m_{ij}}=-\frac{\lambda_r^2}{a_r}\boldsymbol{\psi}_r^{\mathrm{T}}\frac{\partial\boldsymbol{M}}{\partial m_{ij}}\boldsymbol{\psi}_r$$

$\boldsymbol{M}$为对称矩阵，因此有

$$\frac{\partial m_{ij}}{\partial m_{ij}}=\frac{\partial m_{ji}}{\partial m_{ij}}=1$$

当$i\neq j$时，有

$$\boldsymbol{\psi}_r^{\mathrm{T}}\frac{\partial\boldsymbol{M}}{\partial m_{ij}}\boldsymbol{\psi}_r=\begin{pmatrix}\psi_1 & \psi_2 & \cdots & \psi_N\end{pmatrix}_r\begin{pmatrix}0 & & & \\ & \ddots & 1_{ij} & \\ & & \ddots & \\ & 1_{ij} & & \ddots \\ & & & 0\end{pmatrix}\begin{pmatrix}\psi_1\\ \psi_2\\ \vdots\\ \psi_N\end{pmatrix}_r=\psi_{jr}\psi_{ir}+\psi_{ir}\psi_{jr}=2\psi_{ir}\psi_{jr}$$

故

$$\frac{\partial\lambda_r}{\partial m_{ij}}=-\frac{2\lambda_r^2}{a_r}\psi_{ir}\psi_{jr}\quad(i\neq j)$$

当$i=j$时，有

$$\boldsymbol{\psi}_r^{\mathrm{T}}\frac{\partial\boldsymbol{M}}{\partial m_{ij}}\boldsymbol{\psi}_r=\begin{pmatrix}\psi_1 & \psi_2 & \cdots & \psi_N\end{pmatrix}_r\begin{pmatrix}0 & & 0\\ & 1_{ij} & \\ 0 & & 0\end{pmatrix}\begin{pmatrix}\psi_1\\ \psi_2\\ \vdots\\ \psi_N\end{pmatrix}_r=\psi_{ir}\psi_{jr}=\psi_{ir}^2$$

故

$$\frac{\partial\lambda_r}{\partial m_{ij}}=-\frac{\lambda_r^2}{a_r}\psi_{ir}^2\quad(i=j)$$

由此可得

$$\frac{\partial\lambda_r}{\partial m_{ij}}=\begin{cases}-\dfrac{2\lambda_r^2}{a_r}\psi_{ir}\psi_{jr} & (i\neq j)\\[2ex] -\dfrac{\lambda_r^2}{a_r}\psi_{ir}^2 & (i=j)\end{cases}\tag{3.5.10}$$

同理，可推导出特征值对$k_{ij}$、$c_{ij}$的灵敏度公式：

$$\frac{\partial\lambda_r}{\partial k_{ij}}=\begin{cases}-\dfrac{2}{a_r}\psi_{ir}\psi_{jr} & (i\neq j)\\[2ex] -\dfrac{1}{a_r}\psi_{ir}^2 & (i=j)\end{cases}\tag{3.5.11}$$

$$\frac{\partial\lambda_r}{\partial c_{ij}}=\begin{cases}-\dfrac{2\lambda_r}{a_r}\psi_{ir}\psi_{jr} & (i\neq j)\\[2ex] -\dfrac{\lambda_r}{a_r}\psi_{ir}^2 & (i=j)\end{cases}\tag{3.5.12}$$

为便于查找使用，将一阶特征值灵敏度计算式列于表 3.5.1 中。

表 3.5.1 一阶特征值灵敏度

| $S(\lambda_r/u)=\dfrac{\partial\lambda_r}{\partial u}$ | $-\dfrac{1}{a_r}\{\psi\}_r^{\mathrm{T}}\left(\lambda_r^2\dfrac{\partial[M]}{\partial u}+\lambda_r\dfrac{\partial[C]}{\partial u}+\dfrac{\partial[K]}{\partial u}\right)\{\psi\}_r$ | |
|---|---|---|
| | $i\neq j$ | $i=j$ |
| $S(\lambda_r/m_{ij})=\dfrac{\partial\lambda_r}{\partial m_{ij}}$ | $-\dfrac{2\lambda_r^2}{a_r}\psi_{ir}\psi_{jr}$ | $-\dfrac{\lambda_r^2}{a_r}\psi_{ir}^2$ |
| $S(\lambda_r/k_{ij})=\dfrac{\partial\lambda_r}{\partial k_{ij}}$ | $-\dfrac{2}{a_r}\psi_{ir}\psi_{jr}$ | $-\dfrac{1}{a_r}\psi_{ir}^2$ |
| $S(\lambda_r/c_{ij})=\dfrac{\partial\lambda_r}{\partial c_{ij}}$ | $-\dfrac{2\lambda_r}{a_r}\psi_{ir}\psi_{jr}$ | $-\dfrac{\lambda_r}{a_r}\psi_{ir}^2$ |

## 3.5.2 特征向量灵敏度

由于$\boldsymbol{\psi}_s$是由特征向量构成的$2n\times 2n$维向量空间的一组基，第$r$阶特征向量$\boldsymbol{\psi}_r$对结构参数$u$的偏导数就是特征向量$\boldsymbol{\psi}_s$的一个线性组合：

$$\frac{\partial \boldsymbol{\psi}_r}{\partial u}=\sum_{s=1}^{2n}g_s\boldsymbol{\psi}_s \tag{3.5.13}$$

当$s\neq r$时，对式(3.5.6a)求结构参数$u$的偏导数，并将式(3.5.13)代入，得

$$(\lambda_r\boldsymbol{A}+\boldsymbol{B})\sum_{s=1}^{2n}g_s\boldsymbol{\psi}_s+\frac{\partial(\lambda_r\boldsymbol{A}+\boldsymbol{B})}{\partial u}\boldsymbol{\psi}_r=\{0\}$$

上式前乘$\boldsymbol{\psi}_s^{\mathrm{T}}$，得

$$\boldsymbol{\psi}_s^{\mathrm{T}}(\lambda_r\boldsymbol{A}+\boldsymbol{B})\sum_{s=1}^{2n}g_s\boldsymbol{\psi}_s+\boldsymbol{\psi}_s^{\mathrm{T}}\frac{\partial(\lambda_r\boldsymbol{A}+\boldsymbol{B})}{\partial u}\boldsymbol{\psi}_r=\{0\}$$

考虑正交性条件[式(3.5.5)]，则有

$$g_sa_s(\lambda_r-\lambda_s)=-\boldsymbol{\psi}_s^{\mathrm{T}}\frac{\partial\lambda_r}{\partial u}\boldsymbol{A}\boldsymbol{\psi}_r-\boldsymbol{\psi}_s^{\mathrm{T}}\left(\lambda_r\frac{\partial\boldsymbol{A}}{\partial u}+\frac{\partial\boldsymbol{B}}{\partial u}\right)\boldsymbol{\psi}_r$$

$\boldsymbol{\psi}_s^{\mathrm{T}}\boldsymbol{A}\boldsymbol{\psi}_r=\boldsymbol{0}$，故有

$$g_s=\frac{1}{a_s(\lambda_s-\lambda_r)}\boldsymbol{\psi}_s^{\mathrm{T}}\left(\lambda_r\frac{\partial\boldsymbol{A}}{\partial u}+\frac{\partial\boldsymbol{B}}{\partial u}\right)\boldsymbol{\psi}_r \tag{3.5.14}$$

将矩阵$\boldsymbol{A}$、$\boldsymbol{B}$和$\boldsymbol{\psi}_r$代入式(3.5.14)，化简后可得

$$g_s=\frac{1}{a_s(\lambda_s-\lambda_r)}\boldsymbol{\psi}_s^{\mathrm{T}}\left(\lambda_r^2\frac{\partial\boldsymbol{M}}{\partial u}+\lambda_r\frac{\partial\boldsymbol{C}}{\partial u}+\frac{\partial\boldsymbol{K}}{\partial u}\right)\boldsymbol{\psi}_r \tag{3.5.15}$$

当$s=r$时，利用关于矩阵$\boldsymbol{A}$的正交性条件[式(3.5.5)]求结构参数$u$的偏导数，有

$$\frac{\partial\boldsymbol{\psi}_r^{\mathrm{T}}}{\partial u}\boldsymbol{A}\boldsymbol{\psi}_r+\boldsymbol{\psi}_r^{\mathrm{T}}\frac{\partial\boldsymbol{A}}{\partial u}\boldsymbol{\psi}_r+\boldsymbol{\psi}_r^{\mathrm{T}}\boldsymbol{A}\frac{\partial\boldsymbol{\psi}_r}{\partial u}=\boldsymbol{0}$$

由于$s=r$，将式(3.5.13)中的下角标“$s$”改为“$r$”后代入上式，再考虑正交性条件和$\dfrac{\partial\boldsymbol{\psi}_r^{\mathrm{T}}}{\partial u}\boldsymbol{A}\boldsymbol{\psi}_r=\boldsymbol{\psi}_r^{\mathrm{T}}\boldsymbol{A}\dfrac{\partial\boldsymbol{\psi}_r}{\partial u}=\boldsymbol{0}$，则有

$$g_r = -\frac{1}{2a_r}\boldsymbol{\psi}_r^{\mathrm{T}}\frac{\partial \boldsymbol{A}}{\partial u}\boldsymbol{\psi}_r \tag{3.5.16}$$

将矩阵 $\boldsymbol{A}$ 、 $\boldsymbol{B}$ 和 $\boldsymbol{\psi}_r$ 代入式(3.5.16)，化简后可得到

$$g_r = -\frac{1}{2a_r}\boldsymbol{\psi}_r^{\mathrm{T}}\left(2\lambda_r\frac{\partial \boldsymbol{M}}{\partial u}+\frac{\partial \boldsymbol{C}}{\partial u}\right)\boldsymbol{\psi}_r \tag{3.5.17}$$

将式(3.5.13)、式(3.5.15)和式(3.5.17)结合起来，便得到模态振型灵敏度计算公式：

$$\frac{\partial \boldsymbol{\psi}_r}{\partial u} = -\frac{1}{2a_r}\boldsymbol{\psi}_r^{\mathrm{T}}\left(2\lambda_r\frac{\partial \boldsymbol{M}}{\partial u}+\frac{\partial \boldsymbol{C}}{\partial u}\right)\boldsymbol{\psi}_r + \sum_{\substack{s=1\\ s\neq r}}^{2n}\frac{1}{a_s(\lambda_s-\lambda_r)}\boldsymbol{\psi}_s^{\mathrm{T}}\left(\lambda_r^2\frac{\partial \boldsymbol{M}}{\partial u}+\lambda_r\frac{\partial \boldsymbol{C}}{\partial u}+\frac{\partial \boldsymbol{K}}{\partial u}\right)\boldsymbol{\psi}_r \tag{3.5.18}$$

分别用 $m_{ij}$ 、 $c_{ij}$ 及 $k_{ij}$ 代替结构参数 $u$ ，可得出特征向量对质量、阻尼及刚度的灵敏度计算公式。

(1) 当 $s \neq r$ 时，用 $m_{ij}$ 代替式(3.5.15)中的 $u$ ，得

$$g_s = \frac{\lambda_r^2}{a_s(\lambda_s-\lambda_r)}\boldsymbol{\psi}_s^{\mathrm{T}}\frac{\partial \boldsymbol{M}}{\partial m_{ij}}\boldsymbol{\psi}_r$$

当 $i \neq j$ 时，有

$$g_s = \frac{\lambda_r^2}{a_s(\lambda_s-\lambda_r)}(\psi_{is}\psi_{jr}+\psi_{js}\psi_{ir}) \quad (s\neq r, i\neq j)$$

当 $i = j$ 时，有

$$g_s = \frac{\lambda_r^2}{a_s(\lambda_s-\lambda_r)}\psi_{is}\psi_{jr} \quad (s\neq r, i=j)$$

(2) 当 $s = r$ 时，用 $m_{ij}$ 代替式(3.5.17)中的 $u$ ，得

$$g_r = -\frac{\lambda_r}{a_r}\boldsymbol{\psi}_r^{\mathrm{T}}\frac{\partial \boldsymbol{M}}{\partial m_{ij}}\boldsymbol{\psi}_r$$

当 $i \neq j$ 时，有

$$g_r = -\frac{2\lambda_r}{a_r}\psi_{ir}\psi_{jr} \quad (s=r, i\neq j)$$

当 $i = j$ 时，有

$$\boldsymbol{\psi}_r^{\mathrm{T}}\frac{\partial \boldsymbol{M}}{\partial m_{ij}}\boldsymbol{\psi}_r = \psi_{ir}^2$$

故

$$g_r = -\frac{\lambda_r}{a_r}\psi_{ir}^2 \quad (s=r, i=j)$$

分别用 $\alpha_s$ 、 $\beta_s$ 及 $\gamma_s$ 代替 $g_s$ 表示特征向量对质量、阻尼及刚度的灵敏度系数。因此，特征向量 $\boldsymbol{\psi}_r$ 对质量矩阵中任一元素 $m_{ij}$ 的一阶灵敏度为

$$S(\boldsymbol{\psi}_r / m_{ij}) = \frac{\partial \boldsymbol{\psi}_r}{\partial m_{ij}} = \sum_{s=1}^{n}\alpha_s\boldsymbol{\psi}_s \tag{3.5.19}$$

式中，

$$\alpha_s=\begin{cases}\dfrac{\lambda_r^2}{a_s(\lambda_s-\lambda_r)}(\psi_{is}\psi_{jr}+\psi_{js}\psi_{ir}) & (s\neq r,i\neq j)\\ \dfrac{\lambda_r^2}{a_s(\lambda_s-\lambda_r)}\psi_{is}\psi_{ir} & (s\neq r,i=j)\\ -\dfrac{2\lambda_r}{a_r}\psi_{ir}\psi_{jr} & (s=r,i\neq j)\\ -\dfrac{\lambda_r}{a_r}\psi_{ir}^2 & (s=r,i=j)\end{cases}$$

同理，可推出特征向量对 $c_{ij}$、$k_{ij}$ 的灵敏度公式。

特征向量 $\boldsymbol{\psi}_r$ 对刚度矩阵中任一元素 $k_{ij}$ 的一阶灵敏度为

$$S(\boldsymbol{\psi}_r/k_{ij})=\frac{\partial\boldsymbol{\psi}_r}{\partial k_{ij}}=\sum_{s=1}^{N}\beta_s\boldsymbol{\psi}_s \tag{3.5.20}$$

式中，

$$\beta_s=\begin{cases}\dfrac{1}{a_s(\lambda_s-\lambda_r)}(\psi_{is}\psi_{jr}+\psi_{js}\psi_{ir}) & (s\neq r,i\neq j)\\ \dfrac{1}{a_s(\lambda_s-\lambda_r)}\psi_{is}\psi_{ir} & (s\neq r,i=j)\\ 0 & (s=r,i\neq j)\\ 0 & (s=r,i=j)\end{cases}$$

特征向量 $\boldsymbol{\psi}_r$ 对阻尼矩阵中任一元素 $c_{ij}$ 的一阶灵敏度为

$$S(\boldsymbol{\psi}_r/c_{ij})=\frac{\partial\boldsymbol{\psi}_r}{\partial c_{ij}}=\sum_{s=1}^{N}\gamma_s\boldsymbol{\psi}_s \tag{3.5.21}$$

式中，

$$\gamma_s=\begin{cases}\dfrac{\lambda_r}{a_s(\lambda_s-\lambda_r)}(\psi_{is}\psi_{jr}+\psi_{js}\psi_{ir}) & (s\neq r,i\neq j)\\ \dfrac{\lambda_r}{a_s(\lambda_s-\lambda_r)}\psi_{is}\psi_{jr} & (s\neq r,i=j)\\ -\dfrac{1}{a_r}\psi_{ir}\psi_{jr} & (s=r,i\neq j)\\ -\dfrac{1}{2a_r}\psi_{ir}^2 & (s=r,i=j)\end{cases}$$

为了方便查用，将上述推导特征向量对质量、阻尼及刚度矩阵的灵敏度列于表 3.5.2 中。

表 3.5.2　一阶特征向量灵敏度

| $S(\boldsymbol{\psi}_r/u)=\dfrac{\partial\boldsymbol{\psi}_r}{\partial u}$ | | $s\neq r$ | | $s=r$ | |
|---|---|---|---|---|---|
| | | $\dfrac{\boldsymbol{\psi}_s^{\mathrm{T}}\left(\lambda_r^2\dfrac{\partial\boldsymbol{M}}{\partial u}+\lambda_r\dfrac{\partial\boldsymbol{C}}{\partial u}+\dfrac{\partial\boldsymbol{K}}{\partial u}\right)\boldsymbol{\psi}_r}{a_s(\lambda_s-\lambda_r)}$ | | $-\dfrac{\boldsymbol{\psi}_r^{\mathrm{T}}\left(2\lambda_r\dfrac{\partial\boldsymbol{M}}{\partial u}+\dfrac{\partial\boldsymbol{C}}{\partial u}\right)\boldsymbol{\psi}_r}{2a_r}$ | |
| | | $i\neq j$ | $i=j$ | $i\neq j$ | $i=j$ |
| $S(\boldsymbol{\psi}_r/m_{ij})=\dfrac{\partial\boldsymbol{\psi}_r}{\partial m_{ij}}=\sum_{s=1}^{n}\alpha_s\boldsymbol{\psi}_s$ | $\alpha_s$ | $\dfrac{\lambda_r^2(\psi_{is}\psi_{jr}+\psi_{js}\psi_{ir})}{a_s(\lambda_s-\lambda_r)}$ | $\dfrac{\lambda_r^2\psi_{is}\psi_{jr}}{a_s(\lambda_s-\lambda_r)}$ | $-\dfrac{2\lambda_r}{a_r}\psi_{ir}\psi_{jr}$ | $-\dfrac{\lambda_r}{a_r}\psi_{ir}^2$ |
| $S(\boldsymbol{\psi}_r/k_{ij})=\dfrac{\partial\boldsymbol{\psi}_r}{\partial k_{ij}}=\sum_{s=1}^{n}\beta_s\boldsymbol{\psi}_s$ | $\beta_s$ | $\dfrac{\psi_{is}\psi_{jr}+\psi_{js}\psi_{ir}}{a_s(\lambda_s-\lambda_r)}$ | $\dfrac{\psi_{is}\psi_{jr}}{a_s(\lambda_s-\lambda_r)}$ | 0 | 0 |
| $S(\boldsymbol{\psi}_r/c_{ij})=\dfrac{\partial\boldsymbol{\psi}_r}{\partial c_{ij}}=\sum_{s=1}^{n}\gamma_s\boldsymbol{\psi}_s$ | $\gamma_s$ | $\dfrac{\lambda_r(\psi_{is}\psi_{jr}+\psi_{js}\psi_{ir})}{a_s(\lambda_s-\lambda_r)}$ | $\dfrac{\lambda_r\psi_{is}\psi_{jr}}{a_s(\lambda_s-\lambda_r)}$ | $-\dfrac{1}{a_r}\psi_{ir}\psi_{jr}$ | $-\dfrac{1}{2a_r}\psi_{ir}^2$ |

对于无阻尼实模态系统，可由特征方程$\left(-\omega_r^2\boldsymbol{M}+\boldsymbol{K}\right)\boldsymbol{\psi}_r=\boldsymbol{0}$和正交性条件$\boldsymbol{\psi}_r^{\mathrm{T}}\boldsymbol{M}\boldsymbol{\psi}_r=\boldsymbol{m}_r$，$\boldsymbol{\psi}_r^{\mathrm{T}}\boldsymbol{K}\boldsymbol{\psi}_r=\boldsymbol{k}_r$，导出特征值、特征向量的灵敏度公式。这里，推导过程略，直接给出计算公式：

$$\frac{\partial\omega_r}{\partial u}=\frac{1}{2m_r}\boldsymbol{\psi}_r^{\mathrm{T}}\left(-\omega_r\frac{\partial\boldsymbol{M}}{\partial u}+\frac{1}{\omega_r}\frac{\partial\boldsymbol{K}}{\partial u}\right)\boldsymbol{\psi}_r \tag{3.5.22}$$

$$\frac{\partial\boldsymbol{\psi}_r}{\partial u}=-\frac{1}{2m_r}\boldsymbol{\psi}_r^{\mathrm{T}}\frac{\partial\boldsymbol{M}}{\partial u}\boldsymbol{\psi}_r+\sum_{\substack{s=1\\ s\neq r}}^{2n}\frac{1}{m_r\left(\omega_r^2-\omega_s^2\right)}\boldsymbol{\psi}_s^{\mathrm{T}}\left(-\omega_r^2\frac{\partial\boldsymbol{M}}{\partial u}+\frac{\partial\boldsymbol{K}}{\partial u}\right)\boldsymbol{\psi}_r \tag{3.5.23}$$

无阻尼实模态系统一阶特征值及一阶特征向量灵敏度分别列于表 3.5.3 和表 3.5.4 中。关于特征值和特征向量的高阶灵敏度分析，可参看有关书籍。

表 3.5.3　无阻尼实模态系统一阶特征值灵敏度

| $S(\omega_r/u)=\dfrac{\partial\omega_r}{\partial u}$ | $\dfrac{1}{2m_r}\boldsymbol{\psi}_r^{\mathrm{T}}\left(-\omega_r\dfrac{\partial\boldsymbol{M}}{\partial u}+\dfrac{1}{\omega_r}\dfrac{\partial\boldsymbol{K}}{\partial u}\right)\boldsymbol{\psi}_r$ | |
|---|---|---|
| | $i\neq j$ | $i=j$ |
| $S(\omega_r/m_{ij})=\dfrac{\partial\omega_r}{\partial m_{ij}}$ | $-\dfrac{\omega_r}{m_r}\psi_{ir}\psi_{jr}$ | $-\dfrac{1}{2m_r}\omega_r\psi_{ir}^2$ |
| $S(\omega_r/k_{ij})=\dfrac{\partial\omega_r}{\partial k_{ij}}$ | $\dfrac{\psi_{ir}\psi_{jr}}{m_r\omega_r}$ | $\dfrac{\psi_{ir}^2}{2m_r\omega_r}$ |

表 3.5.4　无阻尼实模态系统一阶特征向量灵敏度

| $S(\boldsymbol{\psi}_r/u)=\dfrac{\partial\boldsymbol{\psi}_r}{\partial u}$ | | $s\neq r$ | | $s=r$ | |
|---|---|---|---|---|---|
| | | $\dfrac{\boldsymbol{\psi}_s^{\mathrm{T}}\left(-\omega_r^2\dfrac{\partial\boldsymbol{M}}{\partial u}+\dfrac{\partial\boldsymbol{K}}{\partial u}\right)\boldsymbol{\psi}_r}{m_r\left(\omega_r^2-\omega_s^2\right)}$ | | $-\dfrac{1}{2m_r}\boldsymbol{\psi}_r^{\mathrm{T}}\dfrac{\partial\boldsymbol{M}}{\partial u}\boldsymbol{\psi}_r$ | |
| | | $i\neq j$ | $i=j$ | $i\neq j$ | $i=j$ |
| $S(\boldsymbol{\psi}_r/m_{ij})=\dfrac{\partial\boldsymbol{\psi}_r}{\partial m_{ij}}=\sum_{s=1}^{n}\alpha_s\boldsymbol{\psi}_s$ | $\alpha_s$ | $\dfrac{\omega_r^2(\psi_{is}\psi_{jr}+\psi_{js}\psi_{ir})}{m_r\left(\omega_r^2-\omega_s^2\right)}$ | $\dfrac{\omega_r^2\psi_{is}\psi_{jr}}{m_r\left(\omega_r^2-\omega_s^2\right)}$ | $-\dfrac{\psi_{is}\psi_{jr}}{m_r}$ | $-\dfrac{1}{2m_r}\psi_{ir}^2$ |
| $S(\boldsymbol{\psi}_r/k_{ij})=\dfrac{\partial\boldsymbol{\psi}_r}{\partial k_{ij}}=\sum_{s=1}^{n}\beta_s\boldsymbol{\psi}_s$ | $\beta_s$ | $\dfrac{\psi_{is}\psi_{jr}+\psi_{js}\psi_{ir}}{m_r\left(\omega_r^2-\omega_s^2\right)}$ | $\dfrac{\psi_{is}\psi_{jr}}{m_r\left(\omega_r^2-\omega_s^2\right)}$ | 0 | 0 |

# 第 4 章　传递矩阵分析法

传统的传递矩阵分析法常用于研究弹性构件组成的一维线性系统振动问题，最早用于求解圆盘轴的扭转振动问题，之后推广到求解轴的横振动问题。随着计算机的发展及矩阵计算在振动研究中的应用逐渐广泛，传递矩阵分析法在解决梁、梁形多重结构、加弦板、加肋结构、弯曲多跨结构、柱形壳、刚性环等静力学和动力学问题，以及转子动力学中得到了长期普遍应用。

采用传递矩阵分析法处理链式结构系统时，只需要把各元件的传递矩阵按序相乘即可求得整个系统的总传递矩阵。由于链式结构的连接点状态矢量和系统自由度的多少对总传递矩阵的阶次没有影响，对高自由度巨大系统动力学问题的求解也不会有任何困难。事实上，链式系统传递矩阵的阶次仅依赖于决定系统各元件状态的微分方程的阶次，因而涉及的系统矩阵阶次低，计算速度快，且计算结果可以满足工程实际需要。传递矩阵分析法建模灵活、计算效率高、无须建立系统的总体动力学方程，已在机器人学、兵器、航空、航天、机械等诸多现代工程、科学和技术领域得到了广泛应用。

传递矩阵分析法含有离散力学方法和连续力学方法的特点，随着其研究的不断深入和广泛应用，它的应用范围正在逐步扩大，如二维系统动力学问题、时变结构动力学离散时间传递矩阵分析、传递矩阵分析法与有限元法相结合、多体系统传递矩阵分析等。

鉴于传递矩阵的特点及其在机械动力学、多体动力学领域的发展趋势，本章主要介绍传递矩阵分析法的基本概念、单元传递矩阵、无阻尼系统和阻尼系统的特征值问题以及稳态响应问题。

## 4.1　简化模型与等效

图 4.1.1 为五自由度链式质量-弹簧系统，系统中各个元件的运动依次传递，相互影响。图 4.1.2 为阶梯轴振动系统的简化模型，同时考虑了阶梯轴的弯曲运动和扭转运动。图 4.1.3 为圆盘轴传动系统[图 4.1.3(a)]及其带扭振参数单元[图 4.1.3(b)]。图 4.1.4(a)为变截面轴扭振系统，图 4.1.4(b)为等效圆盘扭振模型，图 4.1.4(c)和(d)为单元受力分析。图 4.1.5(a)为变截面轴弯曲振动系统，单元模型如图 4.1.5(b)所示，单元受力分析如图 4.1.5(c)和(d)所示。

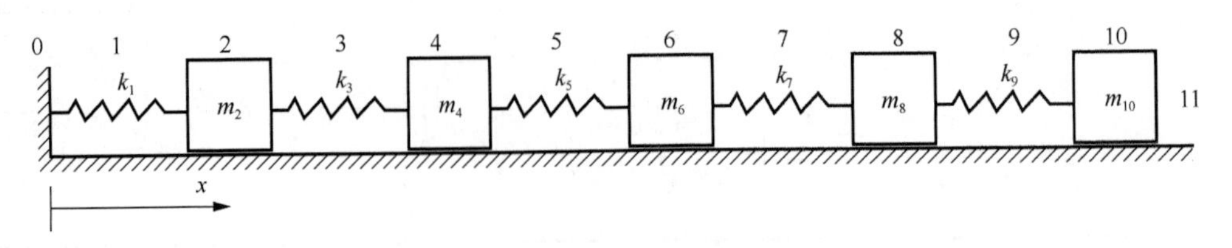


图 4.1.1　五自由度链式质量-弹簧系统

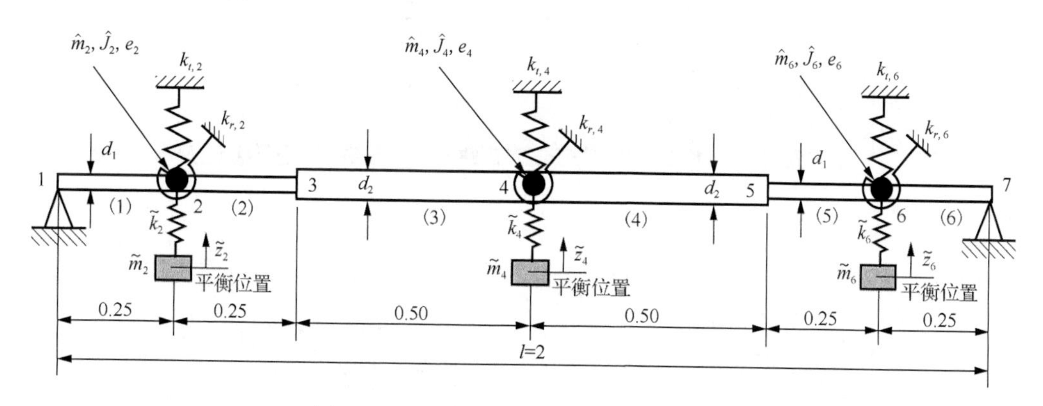


图 4.1.2　阶梯轴弯曲扭转系统(单位：m)

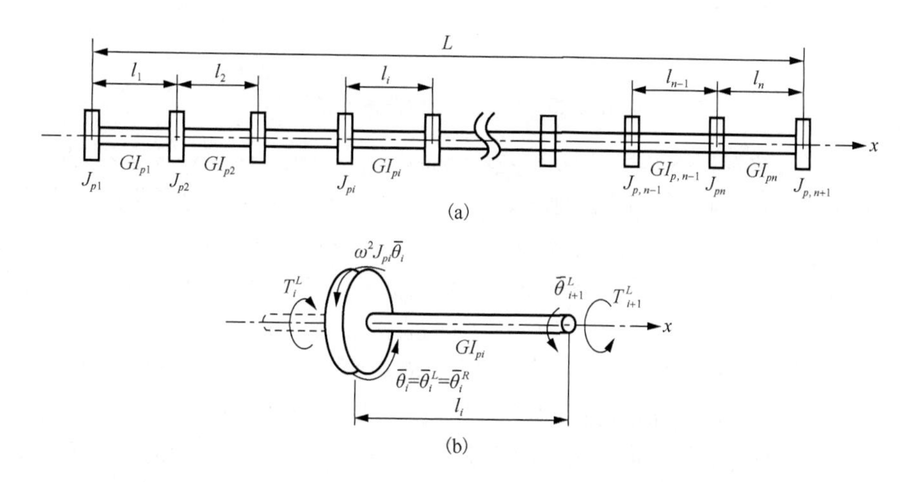


图 4.1.3　圆盘轴传动系统及其带扭振参数单元

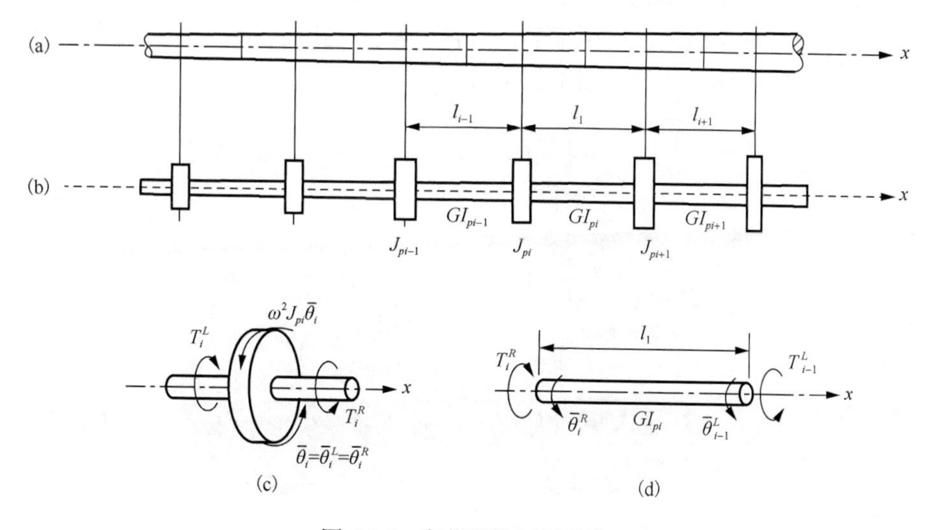


图 4.1.4　变截面轴扭振系统

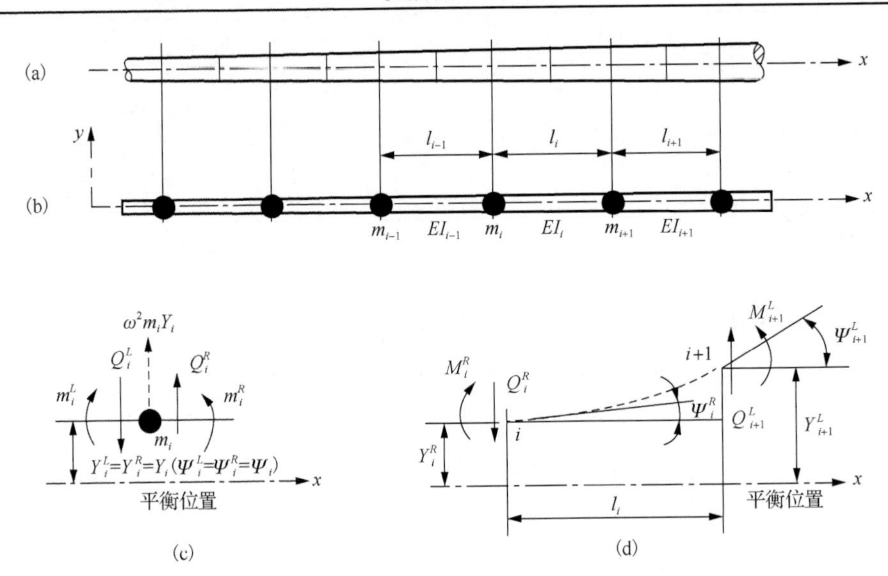


图 4.1.5　变截面轴弯曲振动系统

图 4.1.6 为多管火箭发射车多体动力学系统简化模型。根据多体系统传递矩阵分析法“体”和“铰”统一编号的原则，在图中，地面边界编号为 0；6 个车轮与地面连接的弹簧及与之并联的阻尼器依次编号为 1、2、3、4、5、6；6 个车轮依次编号为 7、8、9、10、11、12；6 个车轮与车体连接的弹簧与之并联的阻尼器依次编号为 13、14、15、16、17、18；车体、回转部分、起落部分依次编号为 19、21、23；方向机的作用以及元件 19 与元件 21 的连接、高低机和平衡机的作用以及元件 21 与元件 23 的连接弹簧及与之并联的阻尼器分别编号 20、22；摇架与第 $i$ 个定向管间的两处连接扭簧和弹簧及与之并联的阻尼器分别编号为 $17+7i$ 、$18+7i$ ，第 $i$ 个定向管的后端面自由边界编号为 $19+7i$ ，第 $i$ 个定向管的尾部编号为 $20+7i$ ，第 $i$ 个定向管前支撑框与后支撑框之间部分的编号为 $21+7i$ ，前支撑框前面部分的编号为 $22+7i$ ，第 $i$ 个定向管的前端面自由边界编号为 $23+7i$ 。多管火箭反射动力学模型即为：在地面支撑和燃气射流及弹炮耦合作用下的，由各种弹簧、扭簧、阻尼器连接的 44 个刚体、40 个弹性体和 6 个集中质量组成的多刚柔体系统。

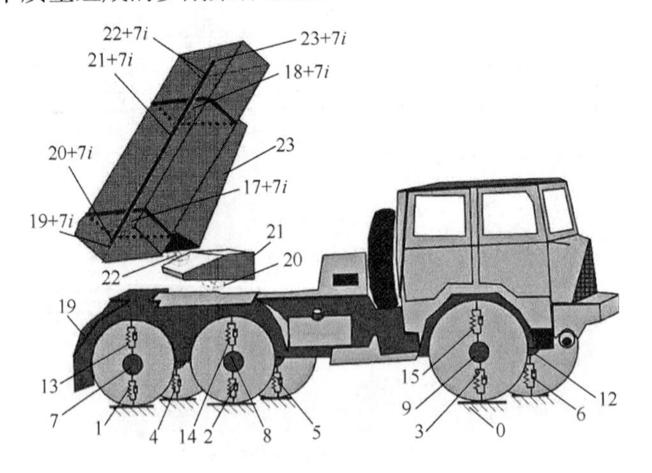


图 4.1.6　多管火箭发射车多体动力学系统简化模型

当计算传动系统的扭转振动时，根据传动链的特点，常将只有串联传动件的传动链简化为单支当量扭振系统，将具有平行分支传动的传动链简化为多支当量扭振系统。

如图 4.1.7 上半部分所示的传动链，其由一系列串联的传动件组成，只有一条传动路线。可按如下方法步骤将其简化为图 4.1.7 下半部分所示的单支当量扭振系统进行计算。原系统扭转刚度和转动惯量分别用 $k_i'$ 、$J_i'$ 表示，等效后的扭转刚度和转动惯量分别用 $k_i$ 、$J_i$ 表示，其中 $k_{皮}$ 表示皮带传动扭转刚度。

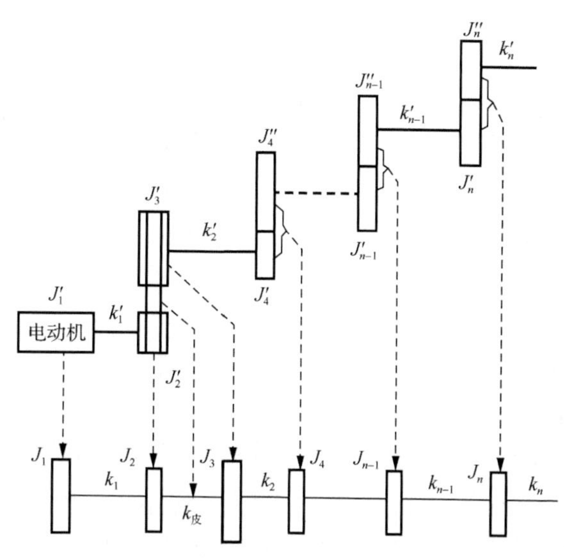


图 4.1.7　单支当量扭振系统

(1) 计算每一轴段的扭转刚度和转动惯量，将各轴段的转动惯量集中到该轴段两端的零件上，使各轴段简化为无质量的弹性轴段。弹性轴段的扭转刚度应与实际轴段的扭转刚度相等，转动惯量一般可平均地分配到轴段两端。

(2) 计算和轴一起转动的各零件的转动惯量和扭转刚度，并将它们简化为刚性圆盘和弹性轴段。

经过上述两个步骤，可将实际传动链简化为由一系列无质量的弹性轴段和无弹性的刚性圆盘组成的轴盘系统。

(3) 将所有在不同轴线上的弹性轴段和刚性圆盘转换到同一个轴线上，构成单一轴线的当量轴盘系统，如图 4.1.7 下半部分所示。当量系统各元件的参数，根据转换前后系统动能和势能不变的原则确定。

如图 4.1.8 所示的起重机起升机构传动系统及其等效模型，引起系统扭转振动的主要因素为弹性联轴器及转轴的扭转弹性。将所有构件的转动惯量(或质量)转化至同一轴线，对于图 4.1.8(a) 中的系统，可向轴 I 中心线转化成为如图 4.1.8(b) 所示的多自由度扭振系统，等效参数如下：

$$\begin{cases} J_{1e}=J_1, \quad J_{2e}=J_2, \quad J_{3e}=\dfrac{J_3}{i_{12}^2}, \quad J_{4e}=\dfrac{J_4}{i_{12}^2}, \quad J_{5e}=\dfrac{J_5}{i_{13}^2}, \quad J_{6e}=\dfrac{mR^2}{i_{13}^2} \\ k_{12e}=k_{12}, \quad k_{34e}=\dfrac{k_{34}}{i_{12}^2}, \quad k_{56e}=\dfrac{k_{56}R^2}{i_{13}^2} \end{cases}$$

式中，$k_{12}$、$k_{34}$ 为弹性联轴器连接刚度系数；钢丝绳的刚度系数为 $k_{56}=\dfrac{EA}{L}$，$E$ 为钢丝绳的弹性模量，$A$ 为钢丝绳的截面面积，$L$ 为钢丝绳长度；$i_{12}=\dfrac{\omega_1}{\omega_2}$；$i_{13}=\dfrac{\omega_1}{\omega_3}$；$R$ 为卷筒的半径。

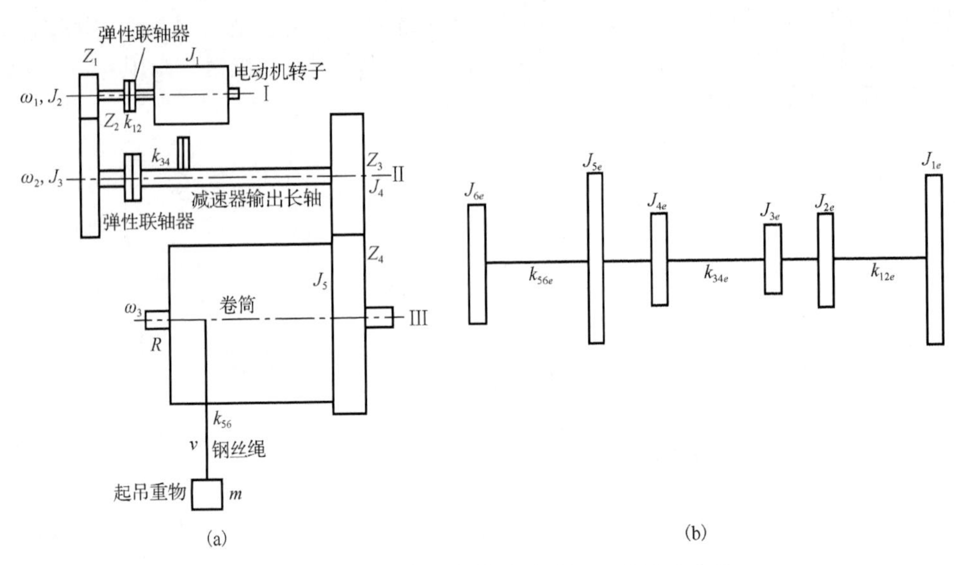


图 4.1.8　起重机起升机构传动系统及其等效模型

行走式机械传动系统如图 4.1.9(a)所示。行走式机械在行走和作业时，由于外部激励力或惯性力的作用，其传动系统会产生弯曲振动，甚至出现共振现象。当传动系统中轴的跨度较大时，弯曲振动将对轴、轴承、齿轮和密封件等重要零件的正确啮合和工作产生不良影响，从而降低其使用寿命。

行走式机械传动系统的动力学模型如图 4.1.9(b)所示。质量较为集中的部件，如发动机、变速器和车桥可简化为集中在各部件质心处的集中质量，如图所示的 0、1、8 点；质量较为分散的部件，如传动轴，可简化为若干个离散的质量，如图所示的 4、5、6 点，简化时应遵循动能不变的原则。万向节处是铰接的，以空心圆表示铰接点，如图所示的 3、7 点，2 点为无质量点。发动机和变速器的弹性支座以及轮胎的弹性，根据势能相等的原则，简化为相应的刚度 $k_0$、$k_2$ 和 $k_8$。各梁段的抗弯刚度 $E_iI_i$ 可根据相应截面处的弹性模量 $E_i$ 和截面特性 $I_i$ 来计算。

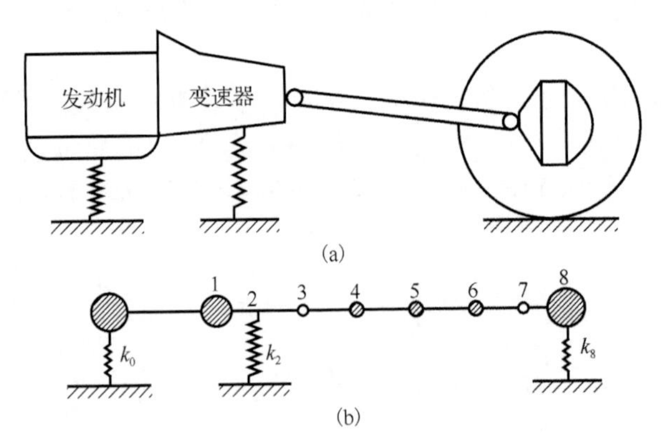


图 4.1.9　行走式机械传动系统及其动力学模型

# 4.2　状态矢量、传递方程和传递矩阵

## 4.2.1　状态矢量

力学系统中任一点的状态矢量是一个列阵，表示该点的力学状态，其元素包括该点状态变量的位移(包括角位移)与内力(包括内力矩)。如图 4.2.1 所示的弹簧-质量系统，可分割为 $n=6$ 个元件，3 个弹簧和 3 个集中质量依次串联成链式系统，末端编号为 $n+1=7$，传递方向为从左到右，对元件依次从 1 到 6 进行编号，固定端编号为 0。用弹簧或质量的状态表示连接点 $P_{i,j}$ 的状态矢量 $\boldsymbol{Z}_{i,j}$ 为

$$\boldsymbol{Z}_{i,j}=\left(x\,,q_x\right)_{i,j}^{\mathrm{T}} \tag{4.2.1}$$

式中，$x_{i,j}$ 为 $P_{i,j}$ 点的位移在惯性系中的坐标；$q_{xi,j}$ 为 $P_{i,j}$ 点的内力。

类似地处理，如图 4.2.2 所示的扭转振动系统，用扭杆或圆盘的状态表示状态矢量为

$$\boldsymbol{Z}_{i,j}=\left(\theta_x\,,m_x\right)_{i,j}^{\mathrm{T}} \tag{4.2.2}$$

式中，$\theta_{xi,j}$ 为 $P_{i,j}$ 点的角位移；$m_{xi,j}$ 为 $P_{i,j}$ 点的内力矩(扭矩)。

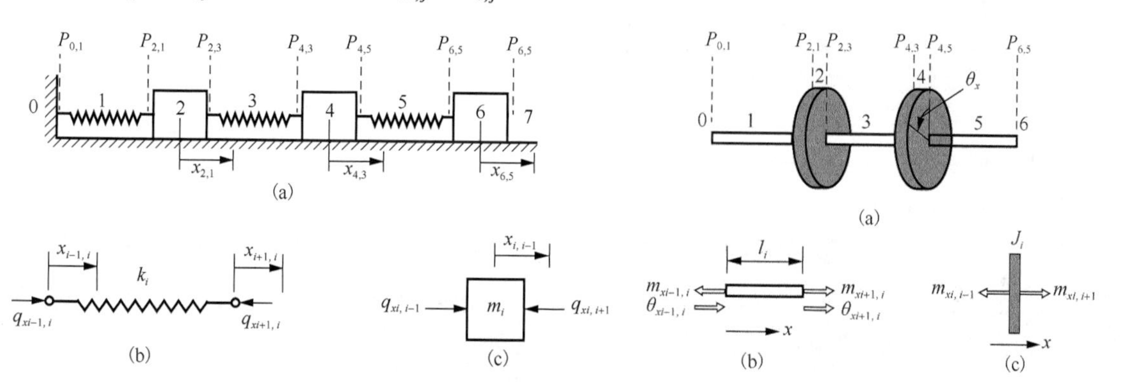


图 4.2.1　弹簧-质量系统及弹簧、质量单元

图 4.2.2　扭转振动系统及扭杆、圆盘单元

如图 4.2.3(a)所示的由多段等截面弹性梁组成的阶梯梁平面横向振动系统，每个连接点 $P_{i,j}$ 的状态矢量为

$$\boldsymbol{Z}_{i,j}=\left(y\,,\theta_z\,,m_z\,,q_y\right)_{i,j}^{\mathrm{T}} \tag{4.2.3}$$

式中，$y_{i,j}$ 为 $P_{i,j}$ 点在 $y$ 轴方向的位移在惯性系中的坐标；$\theta_{zi,j}$ 为 $P_{i,j}$ 点绕 $z$ 轴的角位移；$m_{zi,j}$ 为 $P_{i,j}$ 点的内力矩；$q_{yi,j}$ 为 $P_{i,j}$ 点的剪切内力，如图 4.2.3(b)所示。

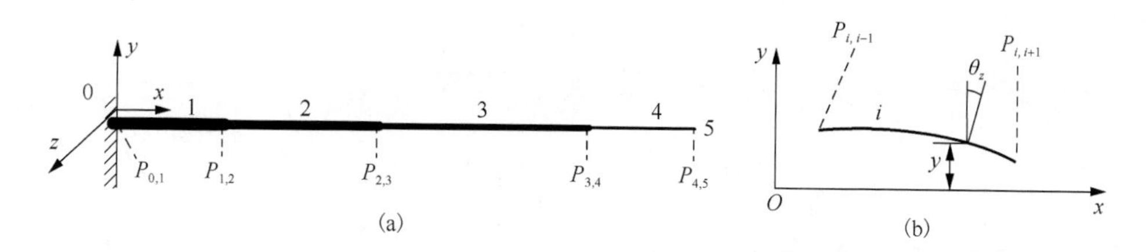


图 4.2.3　阶梯梁平面横向振动系统及弹性梁单元

梁上任意点 $P_{x_i}$ 的状态矢量为

$$Z_{x_i}=\left(y,\theta_z,m_z,q_y\right)_{x_i}^{\mathrm{T}}\quad(0<x_i\leqslant l_i,i=1,2,3,4)\tag{4.2.4}$$

式中，$l_i$为第 $i$ 段梁的长度。

注意状态矢量中的状态变量的排列顺序，位移在上半部分，力在下半部分，力与相应的位移关于列矢量的中线对称。

如图 4.2.4 所示为一端输入、一端输出空间微小振动刚体，编号为 $i$，定义输入点和输出点的状态矢量分别为

$$\begin{cases}z_{I,i}=\left(x,y,z,\theta_x,\theta_y,\theta_z,m_x,m_y,m_z,q_x,q_y,q_z\right)_{I,i}^{\mathrm{T}}\\ z_{O,i}=\left(x,y,z,\theta_x,\theta_y,\theta_z,m_x,m_y,m_z,q_x,q_y,q_z\right)_{O,i}^{\mathrm{T}}\end{cases}\tag{4.2.5}$$

定义状态矢量时通常遵循以下原则。

(1) 能完整描述各连接点的几何位置和力学状态。

(2) 所包含的变量个数尽可能少。

(3) 有利于传递关系的建立。

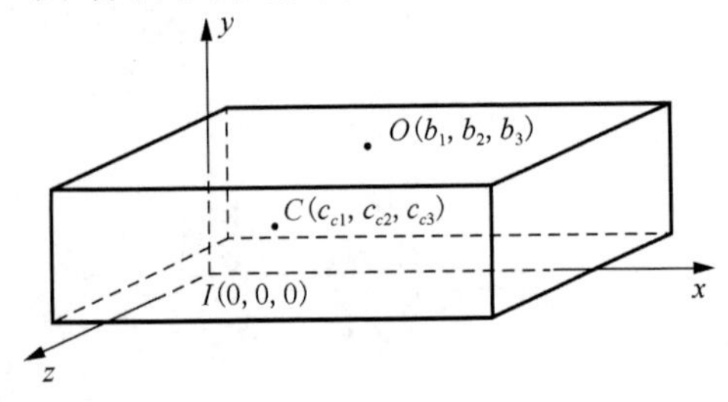


图 4.2.4　一端输入、一端输出空间微小振动刚体

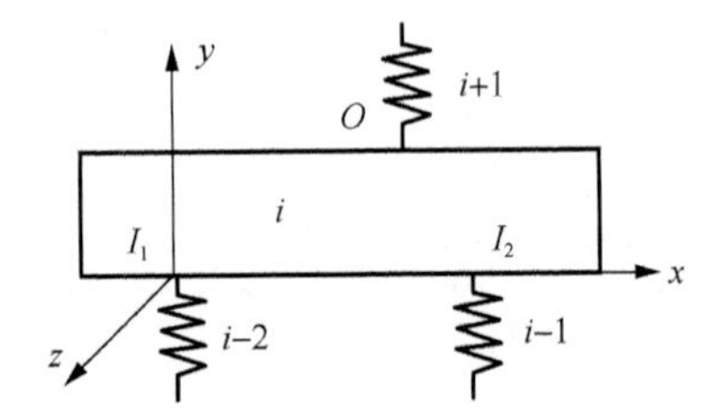


图 4.2.5　两端输入、一端输出平面运动刚体

例如，如图 4.2.5 所示的两端输入、一端输出平面运动刚体，序号为 $i$，两端输入点分别与铰 $i$−2、$i$−1 连接，输出点与铰 $i$+1 连接，定义各连接点的状态矢量为

$$\begin{cases}\boldsymbol{Z}_{i,i-2}=\left(x,y,\theta_z,m_z,q_x,q_y\right)_{i,i-2}^{\mathrm{T}}\\ \boldsymbol{Z}_{i,i-1}=\left(x,y,\theta_z,m_z,q_x,q_y\right)_{i,i-1}^{\mathrm{T}}\\ \boldsymbol{Z}_{i,i+1}=\left(x,y,\theta_z,m_z,q_x,q_y\right)_{i,i+1}^{\mathrm{T}}\end{cases}\tag{4.2.6a}$$

两个输入点状态矢量中的 6 个位移量中，独立的量有 3 个，所以只需将输入点状态矢量定义为

$$\boldsymbol{Z}_{I,i}=\left(x_{i,i-2},y_{i,i-2},\theta_{zi,i-2},m_{zi,i-2},q_{xi,i-2},q_{yi,i-2},m_{zi,i-1},q_{xi,i-1},q_{yi,i-1}\right)_{I,i}^{\mathrm{T}}\tag{4.2.6b}$$

或者

$$\boldsymbol{Z}_{I,i}=\boldsymbol{E}_1\boldsymbol{Z}_{I,i-2}+\boldsymbol{E}_2\boldsymbol{Z}_{I,i-1}\tag{4.2.6c}$$

式中，

$$\boldsymbol{E}_1=\begin{pmatrix}\boldsymbol{I}_6\\ \mathbf{O}_{3\times6}\end{pmatrix},\quad \boldsymbol{E}_2=\begin{pmatrix}\mathbf{O}_{6\times3} & \mathbf{O}_{6\times3}\\ \mathbf{O}_{3\times3} & \boldsymbol{I}_3\end{pmatrix}\tag{4.2.6d}$$

$\boldsymbol{Z}_{I,i}$中有 9 个量，包含$\boldsymbol{Z}_{I,i-2}$中的所有量和$\boldsymbol{Z}_{I,i-1}$中的力矩和力 3 个量，即包含第 1 个输入点的几何状态和力学状态，以及第 2 个输入点的力学状态。$\boldsymbol{Z}_{I,i}$完整描述了刚体输入点的几何

状态和力学状态，9 个量缺一不可。

### 4.2.2　传递方程和传递矩阵

下面介绍几种简单元件的传递方程和传递矩阵，以便介绍传递矩阵的基本原理。

**1．纵向振动弹簧传递矩阵**

考虑如图 4.2.1(b)所示的以频率$\omega$做纵向振动的系统中的无质量的刚度为$k_i$的弹簧，其左端(输入端)状态矢量为$\boldsymbol{Z}_{i-1,i}$，右端(输出端)状态矢量为$\boldsymbol{Z}_{i+1,i}$。根据正向约定，力和位移的正向如图 4.2.1(b)所示。由弹簧的受力平衡得

$$\begin{cases} q_{xi+1,i} = q_{xi-1,i} \\ -q_{xi+1,i} - k_i\left(x_{i+1,i} - x_{i-1,i}\right) = 0 \end{cases} \tag{4.2.7}$$

将式(4.2.7)写为

$$\begin{cases} x_{i+1,i} = x_{i-1,i} - \dfrac{1}{k_i} q_{xi+1,i} \\ q_{xi+1,i} = q_{xi-1,i} \end{cases} \tag{4.2.8}$$

注意到简谐振动方程为

$$z = \boldsymbol{Z}\mathrm{e}^{i\omega t} \tag{4.2.9}$$

将式(4.2.9)代入式(4.2.8)，得到传递方程：

$$\begin{pmatrix} X \\ Q_x \end{pmatrix}_{i+1,i} = \begin{pmatrix} 1 & -\dfrac{1}{k_i} \\ 0 & 1 \end{pmatrix} \begin{pmatrix} X \\ Q_x \end{pmatrix}_{i-1,i} \tag{4.2.10}$$

或者

$$\boldsymbol{Z}_{i+1,i} = \boldsymbol{U}_i \boldsymbol{Z}_{i-1,i} \tag{4.2.11}$$

式中，

$$\boldsymbol{U}_i = \begin{pmatrix} 1 & -\dfrac{1}{k_i} \\ 0 & 1 \end{pmatrix} \tag{4.2.12}$$

式(4.2.12)即为弹簧传递矩阵，下标$i$为元件的序号。弹簧输出点的状态矢量$\boldsymbol{Z}_{i+1,i}$可通过传递矩阵$\boldsymbol{U}_i$由输入点的状态矢量$\boldsymbol{Z}_{i-1,i}$表示。

**2．纵向振动集中质量传递矩阵**

对于如图 4.2.1(c)所示的纵向振动系统中的集中质量$m_i$，元件$i$的左侧和右侧位移相等，即

$$x_{i,i+1} = x_{i,i-1} \tag{4.2.13}$$

由牛顿运动定律得

$$m_i \ddot{x}_{i,i-1} = q_{xi,i-1} - q_{xi,i+1} \tag{4.2.14}$$

联立式(4.2.13)和式(4.2.14)得

$$\begin{cases} x_{i,i+1} = x_{i,i-1} \\ q_{xi,i+1} = -m_i \ddot{x}_{i,i-1} + q_{xi,i-1} \end{cases} \tag{4.2.15}$$

对于简谐振动集中质量$m_i$，考虑到式(4.2.9)，由式(4.2.15)可得传递方程：

$$\begin{pmatrix} X \\ Q_x \end{pmatrix}_{i,i+1} = \begin{pmatrix} 1 & 0 \\ m_i\omega^2 & 1 \end{pmatrix} \begin{pmatrix} X \\ Q_x \end{pmatrix}_{i,i-1} \tag{4.2.16}$$

即

$$\boldsymbol{Z}_{i,i+1} = \boldsymbol{U}_i \boldsymbol{Z}_{i,i-1} \tag{4.2.17}$$

式中，

$$\boldsymbol{U}_i = \begin{pmatrix} 1 & 0 \\ m_i\omega^2 & 1 \end{pmatrix} \tag{4.2.18}$$

式(4.2.18)即为集中质量传递矩阵。

**3．扭转振动等截面无质量轴传递矩阵**

对图 4.2.2(b)所示的扭转振动系统中的等截面无质量轴进行受力分析，由轴两端的扭转内力矩平衡得

$$m_{xi+1,i} = m_{xi-1,i} \tag{4.2.19}$$

由材料力学知识可得

$$\theta_{xi+1,i} = \theta_{xi-1,i} + \frac{m_{xi-1,i} l_i}{\left(GJ_p\right)_i} \tag{4.2.20}$$

式中，$G$ 为材料的剪切模量；$GJ_p$ 为轴的抗扭刚度。

联立式(4.2.19)和式(4.2.20)，注意到式(4.2.9)，得传递方程：

$$\boldsymbol{Z}_{i+1,i} = \boldsymbol{U}_i \boldsymbol{Z}_{i-1,i}$$

式中，

$$\boldsymbol{U}_i = \begin{pmatrix} 1 & \dfrac{1}{\left(GJ_p\right)_i} \\ 0 & 1 \end{pmatrix} \tag{4.2.21}$$

式(4.2.21)就是扭转振动等截面无质量轴传递矩阵。

**4．扭转振动刚性圆盘传递矩阵**

如图 4.2.2(c)所示的扭转振动系统中的转动惯量为 $J_i$ 的刚性盘，圆盘两端的扭转角相等，即

$$\theta_{xi,i+1} = \theta_{xi,i-1} \tag{4.2.22}$$

有如下转动方程：

$$m_{xi,i+1} = m_{xi,i-1} + J_i \ddot{\theta}_{xi,i-1} \tag{4.2.23}$$

注意到式(4.2.9)，将式(4.2.22)和式(4.2.23)写为矩阵形式，得传递方程：

$$\boldsymbol{Z}_{i,i+1} = \boldsymbol{U}_i \boldsymbol{Z}_{i,i-1}$$

式中，

$$\boldsymbol{U}_i = \begin{pmatrix} 1 & 0 \\ -\omega^2 J_i & 1 \end{pmatrix} \tag{4.2.24}$$

式(4.2.24)就是扭转振动刚性圆盘传递矩阵。

**5．平面横向振动无质量弹性梁传递矩阵**

平面横向振动无质量弹性梁，长度为 $l_i$，抗弯刚度为 $EI_i$，不考虑其质量，其两端截面上

的内力与位移如图 4.2.3(b)所示。由元件平衡时力和力矩矢量和为零得

$$\begin{cases} q_{yi,i-1} - q_{yi,i+1} = 0 \\ -m_{zi,i-1} + m_{zi,i+1} - q_{yi,i+1} l_i = 0 \end{cases} \tag{4.2.25}$$

在以输入端为原点的连体坐标系中，右端的位移和倾角分别为

$$y = \frac{m_z l^2}{2EI} - \frac{q_y l^3}{3EI} \tag{4.2.26}$$

$$\theta_z = \frac{m_z l}{EI} - \frac{q_y l^2}{2EI} \tag{4.2.27}$$

式中，$EI$ 为抗弯刚度；$l$ 为长度。

考虑到 $p_{i,i-1}$ 点的位移 $y_{i,i-1}$ 和倾角 $\theta_{zi,i-1}$，得惯性系下输出端的位移和倾角分别为

$$\begin{cases} y_{i,i+1} = y_{i,i-1} + \theta_{zi,i-1} l_i + m_{zi,i+1} \dfrac{l_i^2}{2EI_i} - q_{yi,i+1} \dfrac{l_i^3}{3EI_i} \\ \theta_{zi,i+1} = \theta_{zi,i-1} + m_{zi,i+1} \dfrac{l_i}{EI_i} - q_{yi,i+1} \dfrac{l_i^2}{2EI_i} \end{cases} \tag{4.2.28}$$

联立式(4.2.25)和式(4.2.28)得

$$\begin{cases} y_{i,i+1} = y_{i,i-1} + \theta_{zi,i-1} l_i + m_{zi,i-1} \dfrac{l_i^2}{2EI_i} + q_{yi,i-1} \dfrac{l_i^3}{6EI_i} \\ \theta_{zi,i+1} = \theta_{zi,i-1} + m_{zi,i-1} \dfrac{l_i}{EI_i} + q_{yi,i-1} \dfrac{l_i^2}{2EI_i} \\ m_{zi,i+1} = m_{zi,i-1} + q_{yi,i-1} l_i \\ q_{yi,i+1} = q_{yi,i-1} \end{cases} \tag{4.2.29}$$

将式(4.2.29)写为矩阵形式，注意到式(4.2.9)，得传递方程：

$$\boldsymbol{Z}_{i,i+1} = \boldsymbol{U}_i \boldsymbol{Z}_{i,i-1}$$

式中，

$$\boldsymbol{U}_i = \begin{pmatrix} 1 & l_i & \dfrac{l_i^2}{2EI_i} & \dfrac{l_i^3}{6EI_i} \\ 0 & 1 & \dfrac{l_i}{EI_i} & \dfrac{l_i^2}{2EI_i} \\ 0 & 0 & 1 & l_i \\ 0 & 0 & 0 & 1 \end{pmatrix} \tag{4.2.30}$$

式(4.2.30)就是平面横向振动无质量弹性梁的传递矩阵。

**6．平面横向振动弹性梁集中质量单元**

质量两端的位移、角位移和内力矩连续，由此可得

$$y_{2,3} = y_{2,3} \quad , \quad \theta_{z2,3} = \theta_{z2,3} \quad , \quad m_{z2,3} = m_{z2,3}$$

如图 4.2.6 所示，由受力平衡得

$$q_{y2,3} = q_{y2,1} - m\ddot{y}_{2,1}$$

联立以上两式，由式(4.2.9)得 $\ddot{y}_{2,1} = -\omega^2 y_{2,1}$，得传递矩阵：

$$
\boldsymbol{U}_2 = \begin{pmatrix} 1 & 0 & 0 & 0 \\ 1 & 1 & 0 & 0 \\ 0 & 0 & 1 & 0 \\ m\omega^2 & 0 & 0 & 1 \end{pmatrix} \tag{4.2.31}
$$

**7. 质量上的支承元件**

如图 4.2.7 所示，已知第 $i$ 个支承的等效刚度为 $k_i$ ，等效黏性阻尼系数为 $c_i$，支座上有集中质量 $m_i$。因此，支承点左右两边状态向量的传递关系为

$$
\boldsymbol{U}_i = \begin{bmatrix} 1 & 0 & 0 & 0 \\ 0 & 1 & 0 & 0 \\ 0 & 0 & 1 & 0 \\ m_i\omega^2 - \mathrm{i}c_i\omega - k_i & 0 & 0 & 1 \end{bmatrix} \tag{4.2.32}
$$

式中，方阵为支承点的传递矩阵。

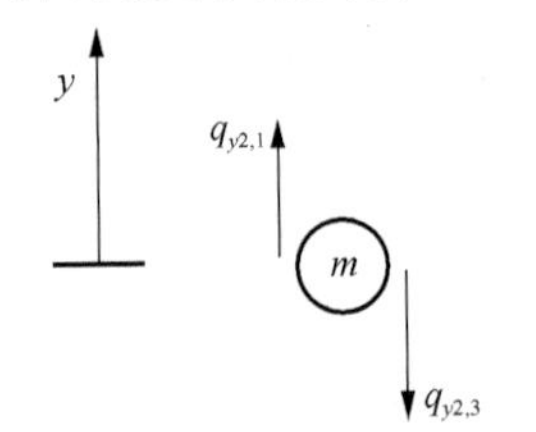


图 4.2.6　平面横向振动弹性梁

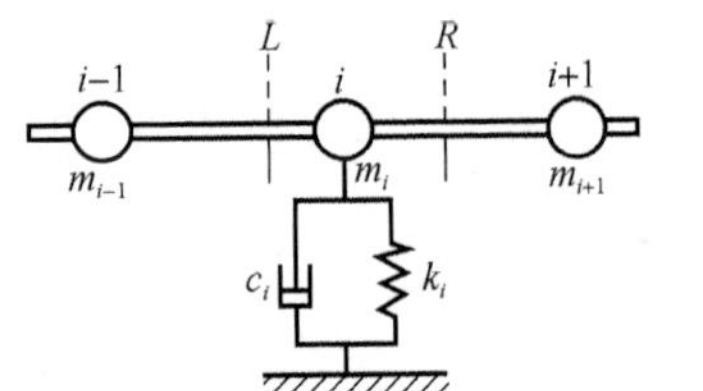


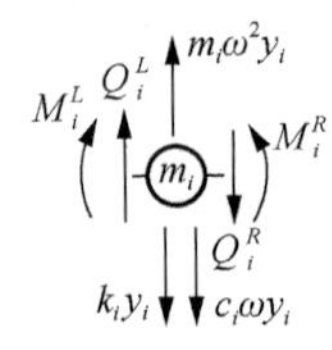


图 4.2.7　支承元件的传递矩阵

如果支座上没有集中质量，即 $m_i$=0，代入式(4.2.32)后就得到相应支点的传递矩阵。

由上述可见，通过传递矩阵，系统中某点 $p_{i,j}$ 的状态矢量 $\boldsymbol{Z}_{i,j}$ 传递到另一点 $p_{m,n}$ 的状态矢量 $\boldsymbol{Z}_{m,n}$，它描述空间上同一时刻不同点的状态之间的关系，即从一个点的状态转移到另一个点的状态，因此传递函数矩阵也称为状态转移矩阵。对以频率为$\omega$做简谐振动的系统，传递矩阵一般是$\omega$的函数，即 $\boldsymbol{U}_i = \boldsymbol{U}_i(\omega)$。

# 4.3　传递方程及固有特性

## 4.3.1　系统的总传递方程和总传递矩阵

以图 4.3.1 所示的由 $n$ 个元件组成的多自由度振动系统为例，说明如何导出系统的总传递方程和总传递矩阵。系统中共有 $n$+1 个连接点和边界点，$\boldsymbol{p}_{0,1}$、$\boldsymbol{p}_{n+1,n}$ 是边界点的状态矢量。

图 4.3.1　带有若干集中质量的梁

$n$ 个元件的传递方程分别为

$$
\begin{cases} \boldsymbol{Z}_{2,1} = \boldsymbol{U}_1 \boldsymbol{Z}_{0,1} \\ \boldsymbol{Z}_{2,3} = \boldsymbol{U}_2 \boldsymbol{Z}_{2,1} \\ \quad\vdots \\ \boldsymbol{Z}_{n+1,n} = \boldsymbol{U}_n \boldsymbol{Z}_{n-1,n} \end{cases} \tag{4.3.1}
$$

系统的总传递方程为

$$Z_{n+1,n}=UZ_{0,1} \tag{4.3.2}$$

式中，

$$U=U_nU_{n-1}\cdots U_{i+1}U_iU_{i-1}\cdots U_3U_2U_1 \tag{4.3.3}$$

式(4.3.3)称为系统总传递矩阵，由各元件的传递矩阵依次相乘得到。

可见，系统总传递方程只涉及边界状态矢量，不出现连接点的状态矢量。

## 4.3.2　边界条件

边界点状态矢量的状态变量为位移及内力，其元素个数 $m$ 总是偶数。通常边界点状态矢量的状态变量不全是未知量，对于齐次边界条件，$m$ 个元素中有一半为零，剩下的 $m/2$ 个元素为未知量。

(1)如图4.3.2(a)所示的横向振动系统，左端($p_{0,1}$点)和右端($p_{10,9}$点)均为自由边界，内力和内力矩为零，得

$$Z_{0,1}=\left(Y,\theta_z,0,0\right)_{0,1}^{\mathrm{T}}\quad,\quad Z_{10,9}=\left(Y,\theta_z,0,0\right)_{10,9}^{\mathrm{T}} \tag{4.3.4}$$

(2) $p_{0,1}$点固支，$p_{10,9}$点自由，见图4.3.2(b)，得

$$Z_{0,1}=\left(0,0,M_z,Q_y\right)_{0,1}^{\mathrm{T}}\quad,\quad Z_{10,9}=\left(Y,\theta_z,0,0\right)_{10,9}^{\mathrm{T}} \tag{4.3.5}$$

(3) $p_{0,1}$点和$p_{10,9}$点均为简支，见图4.3.2(c)，得

$$Z_{0,1}=\left(0,\theta_z,0,Q_y\right)_{0,1}^{\mathrm{T}}\quad,\quad Z_{10,9}=\left(0,\theta_z,0,Q_y\right)_{10,9}^{\mathrm{T}} \tag{4.3.6}$$

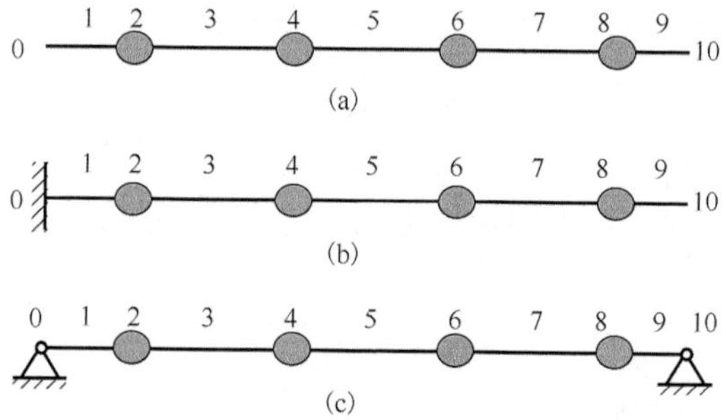

(a)

(b)

(c)

图4.3.2　横向振动系统(边界条件示例)

## 4.3.3　固有特性

如图4.3.2所示的横向振动系统，系统的总传递方程(4.3.2)可表示为

$$\begin{pmatrix}Y\\ \theta_z\\ M_z\\ Q_y\end{pmatrix}_{n+1,n}=\begin{pmatrix}u_{11}&u_{12}&u_{13}&u_{14}\\ u_{21}&u_{22}&u_{23}&u_{24}\\ u_{31}&u_{32}&u_{33}&u_{34}\\ u_{41}&u_{42}&u_{43}&u_{44}\end{pmatrix}\begin{pmatrix}Y\\ \theta_z\\ M_z\\ Q_y\end{pmatrix}_{0,1} \tag{4.3.7}$$

式中，传递矩阵的元素 $u_{ij}$($i$、$j$= 1，2，3，4)均是系统固有频率的函数。

应用边界条件，可得4个线性方程，其中必有2个为齐次方程，将这两个方程写为

$$U'Z'_{0,1}=\mathbf{0} \tag{4.3.8}$$

式中，$\boldsymbol{Z}'_{0,1}$ 是由状态矢量 $\boldsymbol{Z}_{0,1}$ 中的 2 个未知元素构成的矢量。

若系统有非零解，应当有 $\boldsymbol{Z}'_{0,1} \neq 0$，因此 $\boldsymbol{U}'$ 的行列式值为零，即

$$\Delta = \det \boldsymbol{U}' = 0 \tag{4.3.9}$$

$\det \boldsymbol{U}'$ 是 $\omega$ 的函数，式(4.3.9)称为系统的特征方程。对于无阻尼系统，式(4.3.9)也称为频率方程，它的根为系统的固有频率。对于阻尼系统，由于传递矩阵中未知数是复数，满足它的根 $\lambda = -\lambda^r + i\lambda^i$ 称为特征根或复特征值。特征根的实部 $-\lambda^r$ 与阻尼的大小有关，虚部 $\lambda^i$ 与有阻尼系统的固有频率有关。

下面针对前面提到的三种边界条件讨论无阻尼系统的频率方程。

(1) $p_{0,1}$ 点和 $p_{10,9}$ 点均为自由边界，见图 4.3.2(a)。将式(4.3.4)代入式(4.3.7)，得

$$\begin{pmatrix} Y \\ \theta_z \\ 0 \\ 0 \end{pmatrix}_{10,9} = \begin{pmatrix} u_{11} & u_{12} & u_{13} & u_{14} \\ u_{21} & u_{22} & u_{23} & u_{24} \\ u_{31} & u_{32} & u_{33} & u_{34} \\ u_{41} & u_{42} & u_{43} & u_{44} \end{pmatrix} \begin{pmatrix} Y \\ \theta_z \\ 0 \\ 0 \end{pmatrix}_{0,1} \tag{4.3.10}$$

将齐次方程(4.3.10)中的第三式和第四式写为式(4.3.8)的形式，得

$$\begin{pmatrix} 0 \\ 0 \end{pmatrix} = \begin{pmatrix} u_{31} & u_{32} \\ u_{41} & u_{42} \end{pmatrix} \begin{pmatrix} Y \\ \theta_z \end{pmatrix}_{0,1} \tag{4.3.11}$$

要使系统有振动解，必然 $\left(Y, \theta_z\right)_{0,1}^{\mathrm{T}} \neq 0$，因此得频率方程：

$$\begin{vmatrix} u_{31} & u_{32} \\ u_{41} & u_{42} \end{vmatrix} = 0 \tag{4.3.12}$$

(2) $p_{0,1}$ 点固支，$p_{0,1}$ 点自由，见图 4.3.2(b)。用同样的方法，可得频率方程：

$$\begin{vmatrix} u_{33} & u_{34} \\ u_{43} & u_{44} \end{vmatrix} = 0 \tag{4.3.13}$$

(3) $p_{0,1}$ 点和 $p_{0,1}$ 点均简支，见图 4.3.2(c)。用同样的方法，可得频率方程：

$$\begin{vmatrix} u_{12} & u_{14} \\ u_{32} & u_{34} \end{vmatrix} = 0 \tag{4.3.14}$$

下面讨论固有振型计算问题。

讨论如图 4.3.3 所示的由 4 个集中质量和 4 个弹簧组成的简单链式离散系统的固有频率。系统的元件个数 $n = 8$，各元件只在 $x$ 轴方向振动，左端为系统输入端，右端为系统输出端，依次对元件编号，输入端边界编号 0，输出端边界编号为 $n+1 = 8$。定义状态矢量 $\boldsymbol{Z}_{0,1}$、$\boldsymbol{Z}_{2,1}$、$\boldsymbol{Z}_{2,3}$、$\boldsymbol{Z}_{4,3}$、$\boldsymbol{Z}_{4,5}$、$\boldsymbol{Z}_{6,5}$、$\boldsymbol{Z}_{6,7}$、$\boldsymbol{Z}_{8,7}$、$\boldsymbol{Z}_{8,9}$ 的形式均为 $\boldsymbol{Z} = \left(X, Q_x\right)^{\mathrm{T}}$。

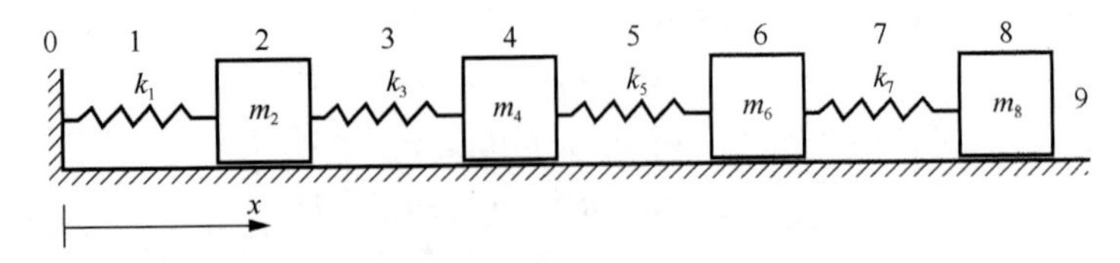


图 4.3.3　链式离散系统

元件的传递矩阵为

$$\boldsymbol{U}_i = \begin{pmatrix} 1 & -\dfrac{1}{k_i} \\ 0 & 1 \end{pmatrix} \quad (i=1,3,5,7) \tag{4.3.15}$$

$$\boldsymbol{U}_i = \begin{pmatrix} 1 & 0 \\ m_i\omega^2 & 1 \end{pmatrix} \quad (i=2,4,6,8) \tag{4.3.16}$$

元件的传递方程为

$$\begin{cases} \boldsymbol{Z}_{2,1} = \boldsymbol{U}_1\boldsymbol{Z}_{0,1}, \boldsymbol{Z}_{2,3} = \boldsymbol{U}_2\boldsymbol{Z}_{2,1}, \boldsymbol{Z}_{4,3} = \boldsymbol{U}_3\boldsymbol{Z}_{2,3}, \boldsymbol{Z}_{4,5} = \boldsymbol{U}_4\boldsymbol{Z}_{4,3} \\ \boldsymbol{Z}_{6,5} = \boldsymbol{U}_5\boldsymbol{Z}_{4,5}, \boldsymbol{Z}_{6,7} = \boldsymbol{U}_6\boldsymbol{Z}_{6,5}, \boldsymbol{Z}_{8,7} = \boldsymbol{U}_7\boldsymbol{Z}_{6,7}, \boldsymbol{Z}_{8,9} = \boldsymbol{U}_8\boldsymbol{Z}_{8,7} \end{cases} \tag{4.3.17}$$

系统的总传递方程为

$$\boldsymbol{Z}_{8,9} = \boldsymbol{U}_8\boldsymbol{U}_7\boldsymbol{U}_6\boldsymbol{U}_5\boldsymbol{U}_4\boldsymbol{U}_3\boldsymbol{U}_2\boldsymbol{U}_1\boldsymbol{Z}_{0,1} = \boldsymbol{U}\boldsymbol{Z}_{0,1} \tag{4.3.18}$$

将如下边界条件代入式(4.3.18)：

$$\boldsymbol{Z}_{0,1} = \begin{pmatrix} 0 \\ Q_x \end{pmatrix}_{0,1}, \quad \boldsymbol{Z}_{8,9} = \begin{pmatrix} X \\ 0 \end{pmatrix}_{8,9} \tag{4.3.19}$$

得

$$\begin{pmatrix} X \\ 0 \end{pmatrix}_{8,9} = \boldsymbol{U}\begin{pmatrix} 0 \\ Q_x \end{pmatrix}_{0,1} = \begin{pmatrix} u_{11} & u_{12} \\ u_{21} & u_{22} \end{pmatrix}\begin{pmatrix} 0 \\ Q_x \end{pmatrix}_{0,1} \tag{4.3.20}$$

解式(4.3.20)，得特征方程：

$$u_{2,2} = 0 \tag{4.3.21}$$

求解式(4.3.21)可得 4 个固有频率 $\omega_k$ $(k=1,2,3,4)$。对每一个 $\omega_k$，取 $Q_{x0,1}=1$，求解各个传递方程可得系统的全部状态矢量，进而可得系统固有振型为

$$\left(X_{2,1}^k, X_{4,3}^k, X_{6,5}^k, X_{8,7}^k\right)^{\mathrm{T}} \quad (k=1,2,3,4)$$

**【例 4.1】** 求解图 4.3.3 所示的多体系统的振动特性，取 $k_1 = k_3 = k_5 = k_7 = 1\,\text{kN/m}$，$m_2 = m_4 = m_6 = m_8 = 1\,\text{kg}$。

**解**：首先采用逐步扫描法计算特征方程左端 $u_{21}$ 随 $\omega$ 的变化规律，从 $\omega=0$ 开始，步长 $\Delta\omega=0.5$，用计算结果绘制的 $\omega$-$\Delta\omega$ 曲线如图 4.3.4(a)所示。然后在有解区间用二分法计算固有频率 $\omega_k$，计算得到前四阶固有频率 $\omega_1$=10.98，$\omega_2$=31.62，$\omega_3$=48.45，$\omega_4$=59.43(单位为：rad/s)。对于每一阶 $\omega_k$，计算得到的固有振型图如图 4.3.4(b)所示，图中横轴 $i$ 表示元件的编号。

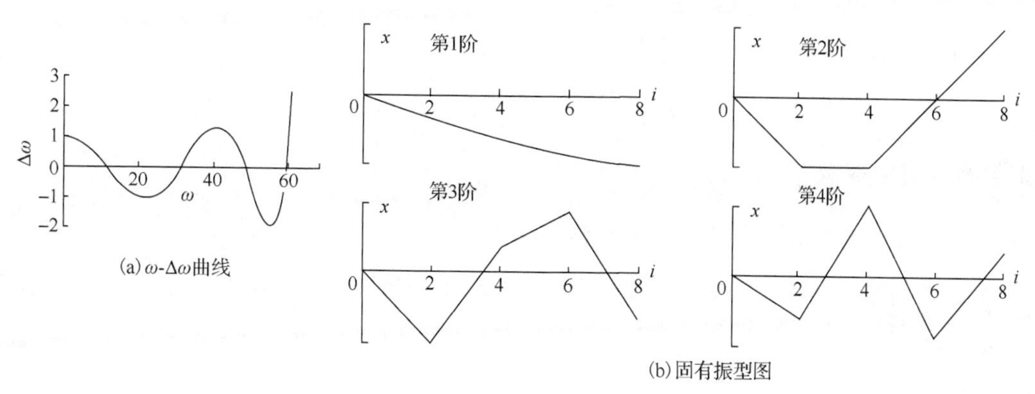


图 4.3.4　固有频率和固有振型图

**【例 4.2】** 如图 4.3.5 所示为一个三自由度扭振系统，左端固定，右端自由。设各圆盘的转动惯量均为 $J$，各轴段的扭转刚度均为 $k$，求自由扭转的各阶固有频率和固有振型。

**解：** 设区段编号从左向右顺序增加，如图 4.3.5 所示，边界条件为

$$\begin{cases}\theta_0 = 0 \\ M_3^R = 0\end{cases} \tag{E4.2.1}$$

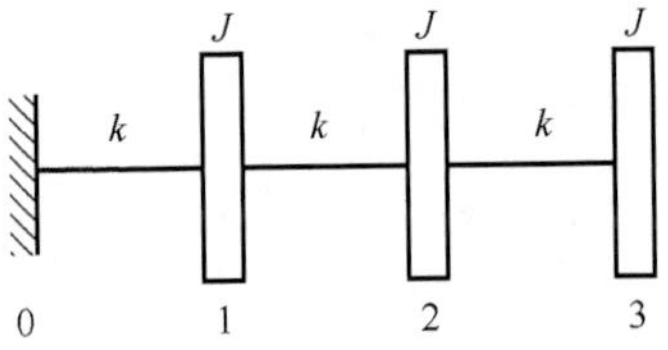

图 4.3.5　三自由度扭振系统

设固定端的扭矩为 $M_0^R = M_0$，则第一子系统两端状态向量的关系按式(4.1.21)和式(4.1.18)相乘，为

$$\begin{pmatrix}\theta \\ M\end{pmatrix}_1^R = \begin{pmatrix}1 & \dfrac{1}{k} \\ -p^2 J & 1-\dfrac{p^2 J}{k}\end{pmatrix}_1 \begin{pmatrix}\theta \\ M\end{pmatrix}_0^R \tag{E4.2.2}$$

第二、第三个子系统两端状态向量的关系式分别为

$$\begin{pmatrix}\theta \\ M\end{pmatrix}_2^R = \begin{pmatrix}1 & \dfrac{1}{k} \\ -\omega^2 J & 1-\dfrac{\omega^2 J}{k}\end{pmatrix}_2 \begin{pmatrix}\theta \\ M\end{pmatrix}_1^R \quad , \quad \begin{pmatrix}\theta \\ M\end{pmatrix}_3^R = \begin{pmatrix}1 & \dfrac{1}{k} \\ -\omega^2 J & 1-\dfrac{\omega^2 J}{k}\end{pmatrix}_3 \begin{pmatrix}\theta \\ M\end{pmatrix}_2^R \tag{E4.2.3}$$

传递方程为

$$\begin{pmatrix}\theta \\ M\end{pmatrix}_3^R = \begin{pmatrix}1 & \dfrac{1}{k} \\ -\omega^2 J & 1-\dfrac{\omega^2 J}{k}\end{pmatrix}_3 \begin{pmatrix}1 & \dfrac{1}{k} \\ -\omega^2 J & 1-\dfrac{\omega^2 J}{k}\end{pmatrix}_2 \begin{pmatrix}1 & \dfrac{1}{k} \\ -\omega^2 J & 1-\dfrac{\omega^2 J}{k}\end{pmatrix}_1 \begin{pmatrix}\theta \\ M\end{pmatrix}_0^R \tag{E4.2.4}$$

再将边界条件式(E4.2.1)代入式(E4.2.4)，可得

$$M_3^R = \left(1-\frac{\omega^6 J^3}{k^3}+\frac{5\omega^4 J^2}{k^2}-\frac{6\omega^2 J}{k}\right) M_0 = 0$$

因 $M_0 \neq 0$，故有

$$\omega^6 - \frac{5k}{J}\omega^4 + \frac{6J^2}{k^2}\omega^2 - \frac{k^3}{J^3} = 0$$

由此解得固有频率为

$$\omega_1 = 0.445\sqrt{\frac{k}{J}} \quad , \quad \omega_1 = 1.247\sqrt{\frac{k}{J}} \quad , \quad \omega_1 = 1.802\sqrt{\frac{k}{J}}$$

与上述各固有频率相对应的固有振型可由各状态向量中的 $\theta$ 值确定，将各 $\omega_i$ 值分别代入式(E4.2.1)～式(E4.2.4)得

$$\boldsymbol{\phi}_1=\begin{pmatrix}1.000\\1.802\\4.851\end{pmatrix},\quad \boldsymbol{\phi}_2=\begin{pmatrix}1.000\\0.445\\-0.802\end{pmatrix},\quad \boldsymbol{\phi}_3=\begin{pmatrix}1.000\\-1.247\\0.555\end{pmatrix}$$

三阶扭振振型如图 4.3.6 所示。

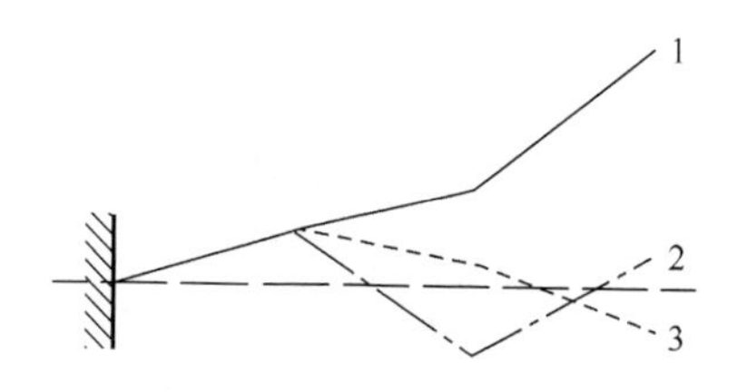


图 4.3.6　三阶扭振振型

**【例 4.3】** 计算如图 4.3.7 所示的两端简支无质量弹性梁中点有一集中质量的系统的固有频率。

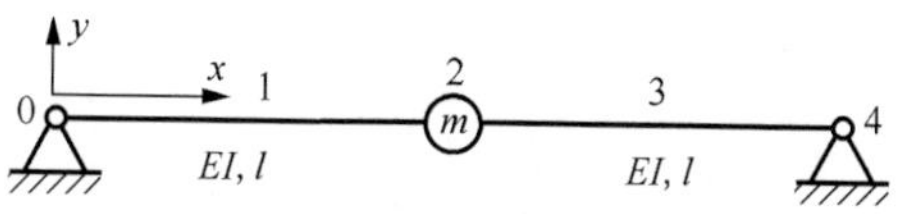

图 4.3.7　中点有集中质量的无质量简支弹性梁

**解：** 定义状态矢量 $\boldsymbol{Z}_{0,1}$、$\boldsymbol{Z}_{2,1}$、$\boldsymbol{Z}_{2,3}$、$\boldsymbol{Z}_{4,3}$ 的形式均为 $\boldsymbol{Z}=\left(Y,\theta_z,M_z,Q_y\right)^{\mathrm{T}}$，各元件的传递方程为

$$\boldsymbol{Z}_{2,1}=\boldsymbol{U}_1\boldsymbol{Z}_{0,1}\ ,\qquad \boldsymbol{Z}_{2,3}=\boldsymbol{U}_2\boldsymbol{Z}_{2,1}\ ,\qquad \boldsymbol{Z}_{4,3}=\boldsymbol{U}_3\boldsymbol{Z}_{2,3} \tag{E4.3.1}$$

式中，$\boldsymbol{U}_1$ 和 $\boldsymbol{U}_3$ 由式(4.3.10)得到；$\boldsymbol{U}_2$ 由式(4.2.31)确定。

由式(E4.3.1)可得

$$\boldsymbol{Z}_{4,3}=\boldsymbol{U}_3\boldsymbol{U}_2\boldsymbol{U}_1\boldsymbol{Z}_{0,1} \tag{E4.3.2}$$

即

$$\begin{pmatrix}Y\\\theta_z\\M_z\\Q_y\end{pmatrix}_{4,3}=\begin{pmatrix}1+\dfrac{m\omega^2l^3}{6EI} & 2l+\dfrac{m\omega^2l^4}{6EI} & \dfrac{2l^2}{EI}+\dfrac{m\omega^2l^5}{12(EI)^2} & \dfrac{4l^3}{3EI}+\dfrac{m\omega^2l^6}{36(EI)^2}\\ \dfrac{m\omega^2l^2}{2EI} & 1+\dfrac{m\omega^2l^3}{2EI} & \dfrac{2l}{EI}+\dfrac{m\omega^2l^4}{4EI} & \dfrac{2l^2}{EI}+\dfrac{m\omega^2l^5}{12(EI)^2}\\ m\omega^2l & m\omega^2l^2 & 1+\dfrac{m\omega^2l^3}{2EI} & 2l+\dfrac{m\omega^2l^4}{6EI}\\ m\omega^2 & m\omega^2l & \dfrac{m\omega^2l^2}{2EI} & 1+\dfrac{m\omega^2l^3}{6EI}\end{pmatrix}\begin{pmatrix}Y\\\theta_z\\M_z\\Q_y\end{pmatrix}_{0,1} \tag{E4.3.3}$$

边界条件为

$$Y_{0,1}=M_{z0,1}=0\ ,\qquad Y_{4,3}=M_{z4,3}=0 \tag{E4.3.4}$$

将式(E4.3.4)代入式(E4.3.3)得

$$\begin{pmatrix} 0 \\ \theta_z \\ 0 \\ Q_y \end{pmatrix}_{4,3} = \begin{pmatrix} 1+\dfrac{m\omega^2 l^3}{6EI} & 2l+\dfrac{m\omega^2 l^4}{6EI} & \dfrac{2l^2}{EI}+\dfrac{m\omega^2 l^5}{12(EI)^2} & \dfrac{4l^3}{3EI}+\dfrac{m\omega^2 l^6}{36(EI)^2} \\ \dfrac{m\omega^2 l^2}{2EI} & 1+\dfrac{m\omega^2 l^3}{2EI} & \dfrac{2l}{EI}+\dfrac{m\omega^2 l^4}{4EI} & \dfrac{2l^2}{EI}+\dfrac{m\omega^2 l^5}{12(EI)^2} \\ m\omega^2 l & m\omega^2 l^2 & 1+\dfrac{m\omega^2 l^3}{2EI} & 2l+\dfrac{m\omega^2 l^4}{6EI} \\ m\omega^2 & m\omega^2 l & \dfrac{m\omega^2 l^2}{2EI} & 1+\dfrac{m\omega^2 l^3}{6EI} \end{pmatrix} \begin{pmatrix} 0 \\ \theta_z \\ 0 \\ Q_y \end{pmatrix}_{0,1} \tag{E4.3.5}$$

要使$\theta_{z0,1}$、$Q_{y0,1}$有非零解，式(h)必然成立：

$$\begin{vmatrix} 2l+\dfrac{m\omega^2 l^4}{6EI} & \dfrac{4l^3}{3EI}+\dfrac{m\omega^2 l^6}{36(EI)^2} \\ m\omega^2 l^2 & 2l+\dfrac{m\omega^2 l^4}{6EI} \end{vmatrix} = 0 \tag{E4.3.6}$$

求解式(E4.3.6)，就得到系统的固有频率为

$$\omega = \sqrt{\frac{6EI}{ml^3}}$$

## 4.4 无阻尼系统的强迫振动

用传递矩阵分析法求解系统的固有频率和固有振型后，可求解任意激励下系统的动力响应，包括瞬时响应和稳态响应。如果受到频率为$\Omega$的简谐激励，系统将以同样的频率$\Omega$做稳态振动，振幅与相位依赖于$\Omega$。基于这一规律，可将传递矩阵分析法应用到稳态强迫振动和静止状态($\Omega = 0$)的研究。

### 4.4.1 扩展传递矩阵

在图 4.4.1(a)所示的弹簧-质量系统中，各个集中质量分别受简谐力 $F_2\cos\Omega t$、$F_4\cos\Omega t$ 和 $F_6\cos\Omega t$ 的作用，系统将呈现频率为$\Omega$的稳态振动，下面研究其幅值响应。

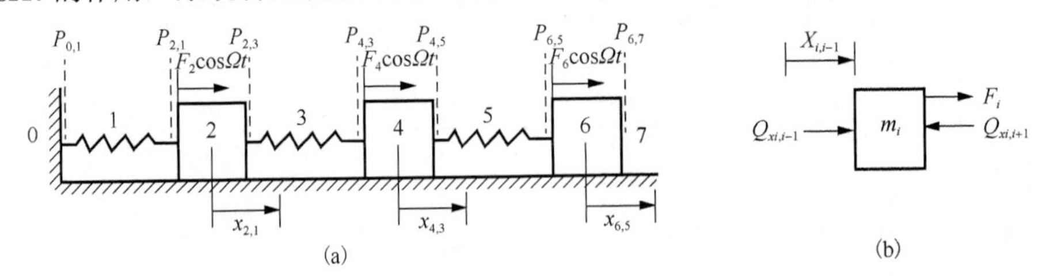


图 4.4.1 弹簧-质量系统的强迫振动及集中质量 $m_i$ 的受力分析

建立集中质量的扩展传递矩阵，集中质量两端的状态矢量分别为$\boldsymbol{Z}_{i,i-1}$和$\boldsymbol{Z}_{i,i+1}$，两端的位移相等：

$$X_{i,i+1} = X_{i,i-1} \tag{4.4.1}$$

两端所受内力与外力以及惯性力平衡，如图 4.4.1(b)所示，得

$$Q_{xi,i+1}=Q_{xi,i-1}+m_i\Omega^2X_{i,i-1}+F_i \tag{4.4.2}$$

将式(4.4.1)和式(4.4.2)写为矩阵形式：

$$\begin{pmatrix}X\\Q_x\end{pmatrix}_{i,i+1}=\begin{pmatrix}1&0\\m_i\Omega^2&1\end{pmatrix}\begin{pmatrix}X\\Q_x\end{pmatrix}_{i,i-1}+\begin{pmatrix}0\\F_i\end{pmatrix} \tag{4.4.3}$$

将式(4.4.3)写为扩展传递方程：

$$\begin{pmatrix}X\\Q_x\\1\end{pmatrix}_{i,i+1}=\begin{pmatrix}1&0&0\\m_i\Omega^2&1&F_i\\0&0&1\end{pmatrix}\begin{pmatrix}X\\Q_x\\1\end{pmatrix}_{i,i-1} \tag{4.4.4}$$

记强迫振动集中质量的状态矢量 $\hat{\boldsymbol{Z}}$ 和传递矩阵 $\hat{\boldsymbol{U}}$ 分别为

$$\hat{\boldsymbol{Z}}=\begin{pmatrix}X\\Q_x\\1\end{pmatrix},\quad \hat{\boldsymbol{U}}=\begin{pmatrix}1&0&0\\m_i\Omega^2&1&F_i\\0&0&1\end{pmatrix}$$

则式(4.4.4)变为

$$\hat{\boldsymbol{Z}}_{i,i+1}=\hat{\boldsymbol{U}}_i\hat{\boldsymbol{Z}}_{i,i-1} \tag{4.4.5}$$

状态矢量 $\hat{\boldsymbol{Z}}_{i,i+1}$ 称为点 $P_{i,i+1}$ 的扩展状态矢量，它的状态变量由元素 $X_{i,i+1}$、$Q_{xi,i+1}$ 和附加“1”组成，$\hat{\boldsymbol{U}}_i$ 称为集中质量 $m_i$ 的扩展传递矩阵。

与式(4.4.4)对应，容易写出弹簧 $k_i$ 的扩展传递方程为

$$\begin{pmatrix}X\\Q_x\\1\end{pmatrix}_{i+1,i}=\begin{pmatrix}1&-\dfrac{1}{k_i}&0\\0&1&0\\0&0&1\end{pmatrix}\begin{pmatrix}X\\Q_x\\1\end{pmatrix}_{i-1,i} \tag{4.4.6}$$

## 4.4.2　强迫振动的稳态解

与求解系统的固有频率和固有振型的方法类似，由元件的传递方程得到系统稳态振动的总传递方程为

$$\hat{\boldsymbol{Z}}_{6,7}=\hat{\boldsymbol{U}}_6\hat{\boldsymbol{U}}_5\hat{\boldsymbol{U}}_4\hat{\boldsymbol{U}}_3\hat{\boldsymbol{U}}_2\hat{\boldsymbol{U}}_1\hat{\boldsymbol{Z}}_{0,1}=\hat{\boldsymbol{U}}\hat{\boldsymbol{Z}}_{0,1} \tag{4.4.7}$$

将元件 $i$ 的扩展传递矩阵用如下形式表达：

$$\hat{\boldsymbol{U}}_i=\begin{pmatrix}\boldsymbol{U}_i&f_i\\0&1\end{pmatrix} \tag{4.4.8}$$

则可证明有

$$\hat{\boldsymbol{U}}=\hat{\boldsymbol{U}}_n\hat{\boldsymbol{U}}_{n-1}\cdots\hat{\boldsymbol{U}}_{i+1}\hat{\boldsymbol{U}}_i=\begin{pmatrix}\boldsymbol{U}&\boldsymbol{f}\\0&1\end{pmatrix} \tag{4.4.9}$$

若定义如下：

$$\prod_{k=i}^{n}\boldsymbol{U}_k=\boldsymbol{U}_n\boldsymbol{U}_{n-1}\cdots\boldsymbol{U}_{i+1}\boldsymbol{U}_i \tag{4.4.10}$$

则有

$$\begin{cases} \boldsymbol{U}=\boldsymbol{U}_n\boldsymbol{U}_{n-1}\cdots\boldsymbol{U}_2\boldsymbol{U}_1=\prod_{k=1}^{n}\boldsymbol{U}_k \\ \boldsymbol{f}=\left(\prod_{k=2}^{n}\boldsymbol{U}_k\right)f_1+\left(\prod_{k=3}^{n}\boldsymbol{U}_k\right)f_2+\cdots+\boldsymbol{U}_nf_{n-1}+f_n=\sum_{i=2}^{n}\left[\left(\prod_{k=i}^{n}\boldsymbol{U}_k\right)f_{i-1}\right] \end{cases} \tag{4.4.11}$$

可见，这里的$\boldsymbol{U}$与自由振动时系统的总传递矩阵形式相同，但计算总传递矩阵时所用的频率不再是系统的固有频率$\omega$，而是激励频率$\Omega$，即$\boldsymbol{U}=\boldsymbol{U}(\Omega)$。

式(4.4.7)可展开为

$$\begin{pmatrix} X \\ Q_x \\ 1 \end{pmatrix}_{6,7}=\begin{pmatrix} u_{11} & u_{12} & u_{13} \\ u_{21} & u_{22} & u_{23} \\ 0 & 0 & 1 \end{pmatrix}\begin{pmatrix} X \\ Q_x \\ 1 \end{pmatrix}_{0,1}$$

即

$$\begin{cases} X_{6,7}=u_{11}X_{0,1}+u_{12}Q_{x0,1}+u_{13} \\ Q_{x6,7}=u_{21}X_{0,1}+u_{22}Q_{x0,1}+u_{23} \end{cases} \tag{4.4.12}$$

当$\Omega$不等于系统的固有频率$\omega$时，可用边界条件直接求解方程中的未知量。若系统的边界条件为

$$X_{0,1}=Q_{x6,7}=0$$

将其代入式(4.4.12)得

$$X_{6,7}=u_{13}-\frac{u_{12}u_{23}}{u_{22}}\quad,\quad Q_{x0,1}=-\frac{u_{23}}{u_{22}} \tag{4.4.13}$$

用常规方法计算系统中任意点的状态矢量，可得相应的位移和力。

**【例 4.4】** 如图 4.4.2 所示的两自由度弹簧-质量系统，集中质量 $m_4$ 受到简谐力 $F\cos\Omega t$ 的作用，求解系统的稳态响应。

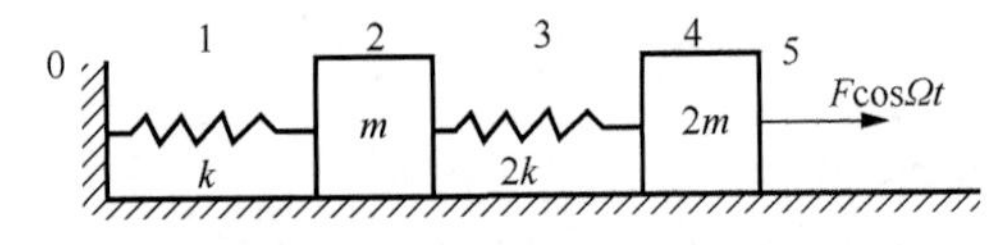


图 4.4.2　两自由度弹簧-质量系统的强迫振动

**解：** 由式(4.4.4)和式(4.4.6)得

$$\hat{\boldsymbol{Z}}_{2,1}=\hat{\boldsymbol{U}}_1\hat{\boldsymbol{Z}}_{0,1}\quad,\quad \hat{\boldsymbol{Z}}_{2,3}=\hat{\boldsymbol{U}}_2\hat{\boldsymbol{Z}}_{2,1}\quad,\quad \hat{\boldsymbol{Z}}_{4,3}=\hat{\boldsymbol{U}}_3\hat{\boldsymbol{Z}}_{2,3}\quad,\quad \hat{\boldsymbol{Z}}_{4,5}=\hat{\boldsymbol{U}}_4\hat{\boldsymbol{Z}}_{4,3}$$

$$\hat{\boldsymbol{U}}_1=\begin{pmatrix} 1 & -\dfrac{1}{k} & 0 \\ 0 & 1 & 0 \\ 0 & 0 & 1 \end{pmatrix}\quad,\quad \hat{\boldsymbol{U}}_2=\begin{pmatrix} 1 & 0 & 0 \\ m\Omega^2 & 1 & 0 \\ 0 & 0 & 1 \end{pmatrix}\quad,\quad \hat{\boldsymbol{U}}_3=\begin{pmatrix} 1 & -\dfrac{1}{2k} & 0 \\ 0 & 1 & 0 \\ 0 & 0 & 1 \end{pmatrix}$$

$$\hat{\boldsymbol{U}}_4=\begin{pmatrix} 1 & 0 & 0 \\ 2m\Omega^2 & 1 & F \\ 0 & 0 & 1 \end{pmatrix}$$

因此，有

$$\hat{\boldsymbol{Z}}_{4,5}=\hat{\boldsymbol{U}}_4\hat{\boldsymbol{U}}_3\hat{\boldsymbol{U}}_2\hat{\boldsymbol{U}}_1\hat{\boldsymbol{Z}}_{0,1}=\hat{\boldsymbol{U}}\hat{\boldsymbol{Z}}_{0,1} \tag{E4.4.1}$$

$$\hat{\boldsymbol{U}}=\hat{\boldsymbol{U}}_4\hat{\boldsymbol{U}}_3\hat{\boldsymbol{U}}_2\hat{\boldsymbol{U}}_1=\begin{pmatrix} 1-\dfrac{m\Omega^2}{2k} & \dfrac{1}{2k}\left(\dfrac{m\Omega^2}{k}-3\right) & 0 \\ m\Omega^2\left(3-\dfrac{m\Omega^2}{k}\right) & \left(\dfrac{m\Omega^2}{k}\right)^2-\dfrac{4m\Omega^2}{k}+1 & F \\ 0 & 0 & 1 \end{pmatrix}$$

将边界条件 $X_{0,1}=Q_{x4,5}=0$ 代入式(E4.4.1)可得

$$Q_{x0,1}=-\frac{F}{\left(\dfrac{m\Omega^2}{k}\right)^2-\dfrac{4m\Omega^2}{k}+1}\quad,\qquad X_{4,5}=\frac{F}{2k}\frac{3-\dfrac{m\Omega^2}{k}}{\left(\dfrac{m\Omega^2}{k}\right)^2-\dfrac{4m\Omega^2}{k}+1}$$

进一步可得

$$X_{2,1}=\frac{F}{k}\frac{1}{\left(\dfrac{m\Omega^2}{k}\right)^2-\dfrac{4m\Omega^2}{k}+1}\quad,\qquad X_{4,3}=\frac{F}{2k}\frac{3-\dfrac{m\Omega^2}{k}}{\left(\dfrac{m\Omega^2}{k}\right)^2-\dfrac{4m\Omega^2}{k}+1}$$

系统的稳态响应为

$$x_{2,1}=X_{2,1}\cos\Omega t\quad,\qquad x_{4,3}=X_{4,3}\cos\Omega t$$

图 4.4.3 给出了两个集中质量的振幅随激励频率变化的情况。注意到当 $\left(\dfrac{m\Omega^2}{k}\right)^2-\dfrac{4m\Omega^2}{k}+1$ 趋近于 0 时，$X_{2,1}$ 和 $X_{4,3}$ 的幅值趋近于无穷大，这是由于此时系统的激励频率等于系统的固有频率，即 $\Omega=\omega_1$ 或 $\Omega=\omega_2$，系统发生共振。

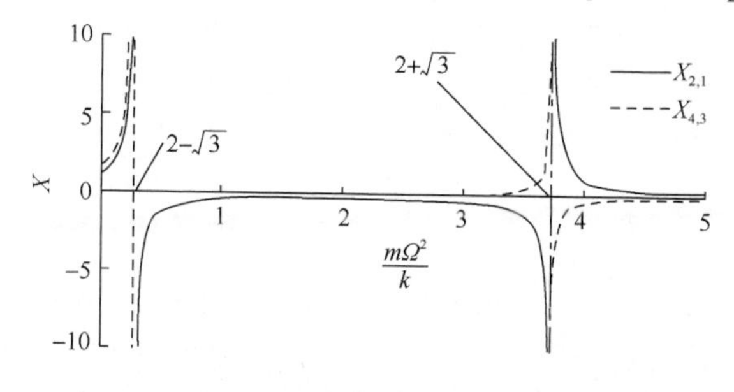


图 4.4.3　两自由度弹簧-质量系统的频率响应

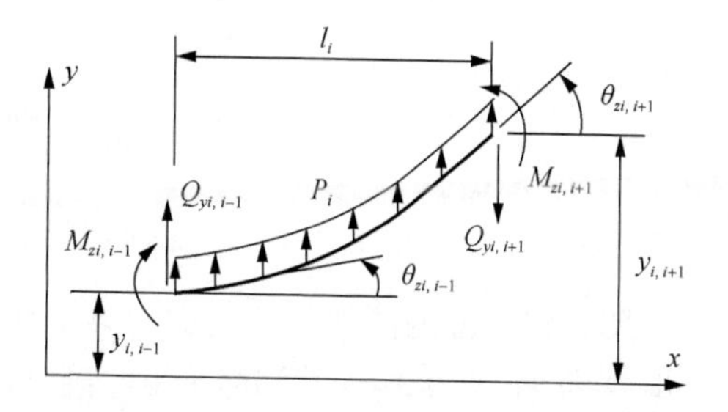


图 4.4.4　平面横向强迫振动无质量弹性梁

## 4.4.3　无质量弹性梁的强迫振动

下面研究如图 4.4.4 所示的受均布简谐载荷 $P_i\cos\Omega t$ 时弹性梁的扩展传递矩阵，由无质量梁的受力平衡得

$$\begin{cases} Q_{yi,i+1} = Q_{yi,i-1} + P_i l_i \\ M_{zi,i+1} = M_{zi,i-1} + l_i Q_{yi,i-1} + \dfrac{P_i l_i^2}{2} \end{cases} \tag{4.4.14}$$

由材料力学可得

$$\begin{cases} Y_{i,i+1} = Y_{i,i-1} + l_i \theta_{zi,i-1} + \dfrac{l_i^2}{2EI_i} M_{zi,i-1} + \dfrac{l_i^3}{6EI_i} Q_{yi,i-1} + \dfrac{P_i l_i^4}{24EI_i} \\ \theta_{zi,i+1} = \theta_{zi,i-1} + \dfrac{l_i}{EI_i} M_{zi,i-1} + \dfrac{l_i^2}{2EI_i} Q_{yi,i-1} + \dfrac{P_i l_i^3}{6EI_i} \end{cases} \tag{4.4.15}$$

联立式(4.4.14)和式(4.4.15)，得梁的总传递方程为

$$\hat{\boldsymbol{Z}}_{i,i+1} = \hat{\boldsymbol{U}}_i \hat{\boldsymbol{Z}}_{i,i-1} \tag{4.4.16a}$$

式中，$\hat{\boldsymbol{Z}}$（$\hat{\boldsymbol{Z}}_{i,i+1}$和$\hat{\boldsymbol{Z}}_{i,i-1}$）是梁上任意点的扩展状态矢量；$\hat{\boldsymbol{U}}_i$是受均布简谐载荷 $P_i\cos\Omega t$ 下做平面横向强迫振动的无质量弹性梁的扩展传递矩阵。

$$\hat{\boldsymbol{Z}} = \begin{pmatrix} Y \\ \theta_z \\ M_z \\ Q_y \\ 1 \end{pmatrix}, \quad \hat{\boldsymbol{U}}_i = \begin{pmatrix} 1 & l_i & \dfrac{l_i^2}{2EI_i} & \dfrac{l_i^3}{6EI_i} & \dfrac{P_i l_i^4}{24EI_i} \\ 0 & 1 & \dfrac{l_i}{EI_i} & \dfrac{l_i^2}{2EI_i} & \dfrac{P_i l_i^3}{6EI_i} \\ 0 & 0 & 1 & l_i & \dfrac{P_i l_i^2}{2EI_i} \\ 0 & 0 & 0 & 1 & P_i l_i \\ 0 & 0 & 0 & 0 & 1 \end{pmatrix} \tag{4.4.16b}$$

**【例 4.5】** 如图 4.4.5 所示，长度为 $3l$、抗弯刚度为 $EI$ 的无质量弹性梁，一端简支，另一端固支，在其长度的 1/3 处有一弹簧支承。梁受均布静载荷 $P$ 和集中弯矩 $M=Pl^2$ 作用，求梁的变形、弯矩和剪力分布情况。

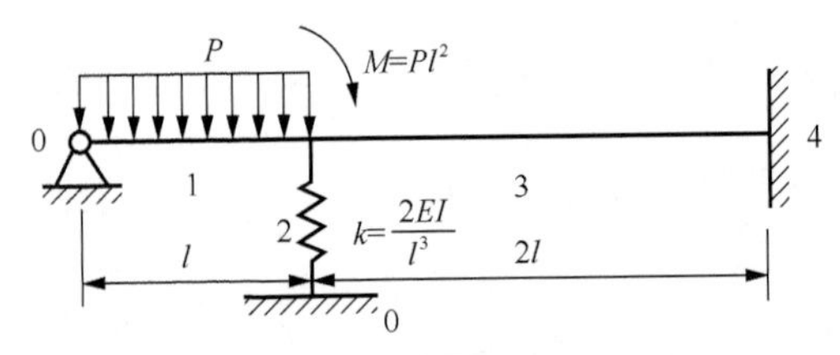


图 4.4.5　静载荷下的无质量弹性梁

**解**：将梁分为两部分，左边为第 1 部分，编号为 1，右边为第 2 部分，编号为 3。支承弹簧编号为 2，两个输入端编号为 0，输出端编号为 4。在梁上从左到右依次定义扩展状态矢量 $\hat{\boldsymbol{Z}}_{1,0}$、$\hat{\boldsymbol{Z}}_{1,2}$、$\hat{\boldsymbol{Z}}_{3,2}$、$\hat{\boldsymbol{Z}}_{3,4}$。

由式(4.4.16a)和式(4.4.16b)得

$$\hat{\boldsymbol{Z}}_{1,2} = \hat{\boldsymbol{U}}_1 \hat{\boldsymbol{Z}}_{1,0}, \quad \hat{\boldsymbol{Z}}_{3,4} = \hat{\boldsymbol{U}}_3 \hat{\boldsymbol{Z}}_{3,2}$$

$$\hat{\boldsymbol{U}}_1=\begin{pmatrix}1 & l & \dfrac{l^2}{2EI} & \dfrac{l^3}{6EI} & -\dfrac{Pl^4}{24EI}\\ 0 & 1 & \dfrac{l}{EI} & \dfrac{l^2}{2EI} & -\dfrac{Pl^3}{6EI}\\ 0 & 0 & 1 & l & -\dfrac{Pl^2}{2EI}\\ 0 & 0 & 0 & 1 & -Pl\\ 0 & 0 & 0 & 0 & 1\end{pmatrix},\quad \hat{\boldsymbol{U}}_3=\begin{pmatrix}1 & 2l & \dfrac{2l^2}{EI} & \dfrac{4l^3}{3EI} & 0\\ 0 & 1 & \dfrac{2l}{EI} & \dfrac{2l^2}{EI} & 0\\ 0 & 0 & 1 & 2l & 0\\ 0 & 0 & 0 & 1 & 0\\ 0 & 0 & 0 & 0 & 1\end{pmatrix}$$

容易推导得

$$\hat{\boldsymbol{Z}}_{3,2}=\hat{\boldsymbol{U}}_2\hat{\boldsymbol{Z}}_{1,2},\quad \hat{\boldsymbol{U}}_2=\begin{pmatrix}1 & 0 & 0 & 0 & 0\\ 0 & 1 & 0 & 0 & 0\\ 0 & 0 & 1 & 0 & Pl^2\\ -\dfrac{2EI}{l^3} & 0 & 0 & 1 & 0\\ 0 & 0 & 0 & 0 & 1\end{pmatrix}$$

因此，有

$$\hat{\boldsymbol{Z}}_{3,4}=\hat{\boldsymbol{U}}_3\hat{\boldsymbol{U}}_2\hat{\boldsymbol{U}}_1\hat{\boldsymbol{Z}}_{1,0}=\hat{\boldsymbol{U}}\hat{\boldsymbol{Z}}_{1,0}$$

代入边界条件并展开得

$$\begin{pmatrix}0\\0\\m_z\\q_y\\1\end{pmatrix}_{3,4}=\begin{pmatrix}u_{11} & u_{12} & u_{13} & u_{14} & u_{15}\\ u_{21} & u_{22} & u_{23} & u_{24} & u_{25}\\ u_{31} & u_{32} & u_{33} & u_{34} & u_{35}\\ u_{41} & u_{42} & u_{43} & u_{44} & u_{45}\\ 0 & 0 & 0 & 0 & 1\end{pmatrix}\begin{pmatrix}0\\ \theta_z\\0\\q_y\\1\end{pmatrix}_{1,0}$$

求解这个非齐次方程组的前两个方程，可得 $\hat{Z}_{1,0}$，然后用常规方法计算系统中任意点处的状态矢量，可得梁的变形以及弯矩和剪力分布情况。图 4.4.6 是取 $l$ = 1m，$EI$ = 200N · m$^2$，$P$ = 10N/m 时，梁的变形及弯矩和剪力分布的计算结果。

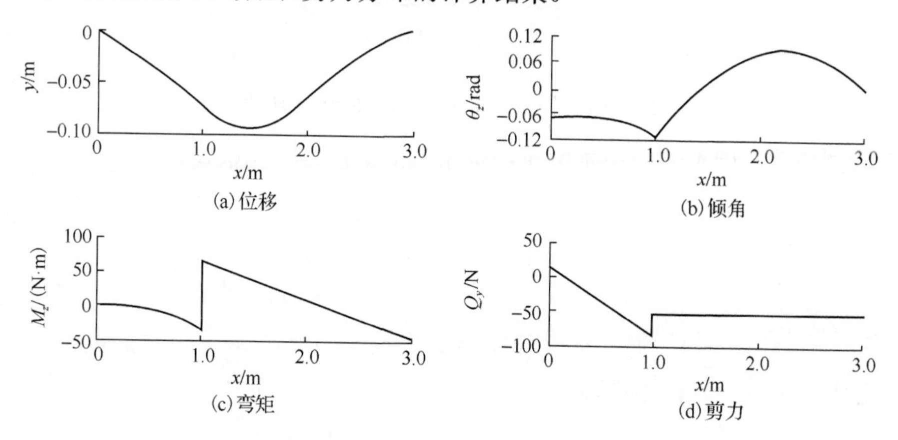


图 4.4.6　梁的变形以及弯矩和剪力分布计算结果

# 4.5 阻尼系统的振动

## 4.5.1 阻尼系统的自由振动

如图 4.5.1 所示，无质量阻尼器两端的阻尼力相等：

$$q_{x,O_c}=q_{x,I_c}=-c_i\left(\dot{x}_{i+1,i}-\dot{x}_{i-1,i}\right) \tag{4.5.1}$$

阻尼力的复振幅或复阻尼力为

$$\bar{Q}_{x,O_c}=\bar{Q}_{x,I_c}=-c_i\lambda\left(\bar{X}_{i+1,i}-\bar{X}_{i-1,i}\right) \tag{4.5.2}$$

复弹性力为

$$\bar{Q}_{x,O_k}=\bar{Q}_{x,I_k}=-k_i\left(\bar{X}_{i+1,i}-\bar{X}_{i-1,i}\right) \tag{4.5.3}$$

并联阻尼器弹簧两端的总复内力为

$$\bar{Q}_{xi+1,i}=\bar{Q}_{xi-1,i}=\bar{Q}_{x,I_c}+\bar{Q}_{x,I_k}=-\left(k_i+c_i\lambda\right)\left(\bar{X}_{i+1,i}-\bar{X}_{i-1,i}\right)$$

因此，有

$$\bar{X}_{i+1,i}=\bar{X}_{i-1,i}-\frac{1}{k_i+c_i\lambda}\bar{Q}_{xi-1,i}$$

复传递方程为

$$\bar{\boldsymbol{Z}}_{i+1,i}=\bar{\boldsymbol{U}}_i\bar{\boldsymbol{Z}}_{i-1,i} \tag{4.5.4a}$$

式中，$\bar{\boldsymbol{U}}_i$ 是阻尼器和弹簧的复传递矩阵。

$$\bar{\boldsymbol{Z}}=\begin{pmatrix}\bar{X}\\ \bar{Q}_x\end{pmatrix}\ ,\quad \bar{\boldsymbol{U}}_i=\begin{pmatrix}1 & -\dfrac{1}{k_i+c_i\lambda}\\ 0 & 1\end{pmatrix} \tag{4.5.4b}$$

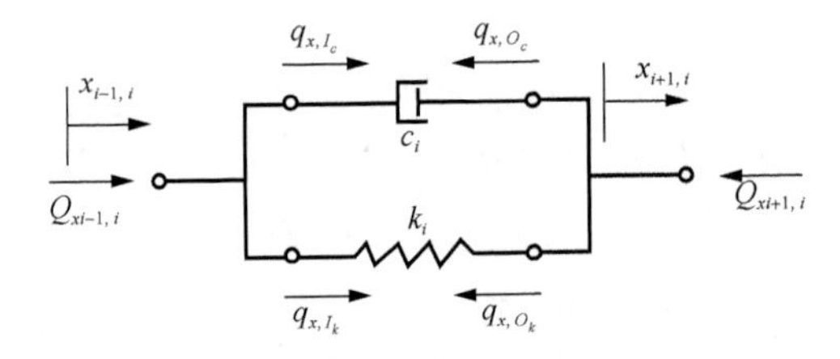


图 4.5.1　阻尼器和弹簧复传递矩阵的推导

如图 4.5.2 所示，阻尼系统中集中质量两端的位移和力学关系式为

$$\begin{cases}\bar{X}_{i+1,i}=\bar{X}_{i-1,i}\\ \bar{Q}_{xi,i+1}=\bar{Q}_{xi-1,i}-m_i\lambda^2\bar{X}_{i-1,i}\end{cases}$$

或

$$\bar{\boldsymbol{Z}}_{i,i+1}=\boldsymbol{U}_i\bar{\boldsymbol{Z}}_{i,i-1} \tag{4.5.5a}$$

式中，$\boldsymbol{U}_i$ 是集中质量的复传递矩阵。

$$\bar{\boldsymbol{Z}}=\begin{pmatrix}\bar{X}\\ \bar{Q}_x\end{pmatrix}\ ,\quad \bar{\boldsymbol{U}}_i=\begin{pmatrix}1 & 0\\ -m_i\lambda^2 & 1\end{pmatrix} \tag{4.5.5b}$$

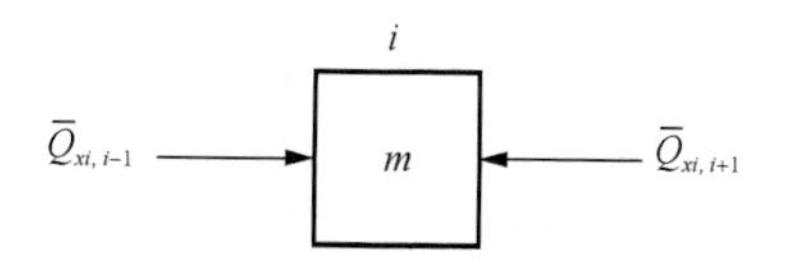


图 4.5.2　集中质量复传递矩阵的推导

将复状态矢量和复传递矩阵分为实部和虚部两部分，用上标“$r$”和“$i$”分别表示实部和虚部，则有

$$\begin{cases}\bar{\boldsymbol{Z}}=\boldsymbol{Z}^r+\mathrm{i}\boldsymbol{Z}^i\\ \bar{\boldsymbol{U}}=\boldsymbol{U}^r+\mathrm{i}\boldsymbol{U}^i\end{cases} \tag{4.5.6}$$

因此，第 $i$ 个单元的传递关系为

$$\bar{\boldsymbol{Z}}_O=\bar{\boldsymbol{U}}_i\bar{\boldsymbol{Z}}_I$$

$$\boldsymbol{Z}_O^r+\mathrm{i}\boldsymbol{Z}_O^i=\left(\boldsymbol{U}_i^r+\mathrm{i}\boldsymbol{U}_i^i\right)\left(\boldsymbol{Z}_I^r+\mathrm{i}\boldsymbol{Z}_I^i\right)=\left(\boldsymbol{U}_i^r\boldsymbol{Z}_I^r-\boldsymbol{U}_i^i\boldsymbol{Z}_I^i\right)+\mathrm{i}\left(\boldsymbol{U}_i^r\boldsymbol{Z}_I^i+\boldsymbol{U}_i^i\boldsymbol{Z}_I^r\right)$$

写为矩阵形式为

$$\begin{pmatrix}\boldsymbol{Z}^r\\ \boldsymbol{Z}^i\end{pmatrix}_O=\begin{pmatrix}\boldsymbol{U}^r & -\boldsymbol{U}^i\\ \boldsymbol{U}^i & \boldsymbol{U}^r\end{pmatrix}_i\begin{pmatrix}\boldsymbol{Z}^r\\ \boldsymbol{Z}^i\end{pmatrix}_I \tag{4.5.7}$$

将 $\lambda=-\lambda^r+\mathrm{i}\lambda^i$ 代入式(4.5.4b)，得并联阻尼器弹簧的复传递矩阵为

$$\bar{\boldsymbol{U}}_i=\begin{pmatrix}1 & -\dfrac{1}{k+c\left(-\lambda^r+\mathrm{i}\lambda^i\right)}\\ 0 & 1\end{pmatrix}=\begin{pmatrix}1 & -\dfrac{k-c\lambda^r}{\left(k-c\lambda^r\right)^2+\left(c\lambda^i\right)^2}\\ 0 & 1\end{pmatrix}+\mathrm{i}\begin{pmatrix}0 & -\dfrac{c\lambda^i}{\left(k-c\lambda^r\right)^2+\left(c\lambda^i\right)^2}\\ 0 & 0\end{pmatrix} \tag{4.5.8}$$

写为式(4.5.7)的形式，则有

$$\bar{\boldsymbol{U}}_i=\begin{pmatrix}1 & u_{12}^r & 0 & -u_{12}^i\\ 0 & 1 & 0 & 0\\ 0 & u_{12}^i & 1 & u_{12}^r\\ 0 & 0 & 0 & 1\end{pmatrix} \tag{4.5.9}$$

式中，

$$u_{12}^r=-\frac{k-c\lambda^r}{\left(k-c\lambda^r\right)^2+\left(c\lambda^i\right)^2}\quad,\quad u_{12}^i=\frac{c\lambda^i}{\left(k-c\lambda^r\right)^2+\left(c\lambda^i\right)^2}$$

同样可得集中质量的传递矩阵为

$$\boldsymbol{U}_i=\begin{pmatrix}1 & 0 & 0 & 0\\ u_{21}^r & 1 & -u_{21}^i & 0\\ 0 & 0 & 1 & 0\\ u_{21}^i & 0 & u_{21}^r & 1\end{pmatrix} \tag{4.5.10}$$

式中，$u_{21}^r=-m\left(\lambda^{r^2}-\lambda^{i^2}\right)$；$u_{21}^i=2m\lambda^r\lambda^i$。

根据式(4.5.7)，状态矢量包括 4 个元素：

$$\bar{\boldsymbol{Z}}=\begin{pmatrix}\boldsymbol{Z}^r\\ \boldsymbol{Z}^i\end{pmatrix}=\left(X^r,Q_x^r,X^i,Q_x^i\right)^{\mathrm{T}}$$

当形如式(4.5.7)中的方阵相乘时，其结果为相同形式的方阵。根据这一特点，矩阵乘法只需一半工作量。

对如图 4.5.3 所示系统，由式(4.5.4)和式(4.5.5)得总传递方程为

$$\bar{\boldsymbol{Z}}_{2,3}=\boldsymbol{U}_2\bar{\boldsymbol{U}}_1\bar{\boldsymbol{Z}}_{0,1}=\bar{\boldsymbol{U}}\bar{\boldsymbol{Z}}_{0,1}$$

式中，

$$\bar{\boldsymbol{U}}=\boldsymbol{U}_2\bar{\boldsymbol{U}}_1=\begin{pmatrix}1 & 0\\ -m\lambda^2 & 1\end{pmatrix}\begin{pmatrix}1 & -\dfrac{1}{k+c\lambda}\\ 0 & 1\end{pmatrix}=\begin{pmatrix}1 & -\dfrac{1}{k+c\lambda}\\ -m\lambda^2 & 1+\dfrac{m\lambda^2}{k+c\lambda}\end{pmatrix}$$

将 $\bar{X}_{0,1}=\bar{Q}_{x2,3}=0$ 的边界条件代入总传递方程，得系统的特征方程为

$$1+\frac{m\lambda^2}{k+c\lambda}=0\ \text{或}\ m\lambda^2+c\lambda+k=0 \tag{4.5.11}$$

将 $\lambda=-\lambda^r+\mathrm{i}\lambda^i$ 代入式(4.5.11)，得

$$\left(m\lambda^{r^2}-m\lambda^{i^2}-c\lambda^r+k\right)+\mathrm{i}\left(c\lambda^i-2m\lambda^r\lambda^i\right)=0$$

因此，有

$$\lambda^r=\frac{c}{2m}\lambda^i=\pm\sqrt{\frac{k}{m}-\left(\frac{c}{2m}\right)^2} \tag{4.5.12}$$

通过系统的特征方程可求得阻尼系统的复特征值。

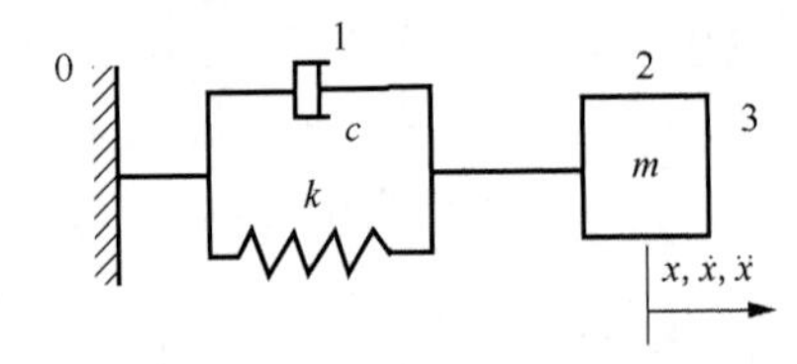


图 4.5.3　阻尼系统

若用式(4.5.7)的形式重复上述过程，可得总传递方程：

$$\begin{pmatrix}X^r\\ Q_x^r\\ X^i\\ Q_x^i\end{pmatrix}_{2,3}=\begin{pmatrix}1 & u_{12}^r & 0 & -u_{12}^i\\ u_{21}^r & a & -u_{21}^i & -b\\ 0 & u_{12}^i & 1 & u_{12}^r\\ u_{12}^i & b & u_{12}^r & a\end{pmatrix}\begin{pmatrix}X^r\\ Q_x^r\\ X^i\\ Q_x^i\end{pmatrix}_{0,1} \tag{4.5.13}$$

式中，

$$a=u_{21}^r u_{12}^r+1-u_{21}^i u_{12}^i\quad,\quad b=u_{21}^r u_{12}^i+u_{21}^i u_{12}^r \tag{4.5.14}$$

将 $X_{0,1}^r=X_{0,1}^i=Q_{x2,3}^r=Q_{x2,3}^i=0$ 的边界条件代入式(4.5.13)，得

$$\begin{cases}aQ_x^r-bQ_x^i=0\\ bQ_x^r+aQ_x^i=0\end{cases} \tag{4.5.15}$$

系统存在非零解的条件为

$$\begin{vmatrix}a & -b\\ b & a\end{vmatrix}=a^2+b^2=0 \tag{4.5.16}$$

式中，$a$、$b$ 均为实数，所以 $a=b=0$。

求解式(4.5.14)，可得系统的复特征值，即式(4.5.12)。

对复杂多自由度阻尼系统均可用上述两种方法得到其特征方程。从上述简单系统可见，特征方程总是含有两个未知数 $\lambda^r$ 和 $\lambda^i$，而无阻尼系统特征方程只含有固有频率一个未知数，数值方法求解阻尼系统的特征方程时比无阻尼系统繁琐，但采用传递矩阵分析法处理阻尼系统强迫振动稳态响应有独到之处。

## 4.5.2　阻尼系统的强迫振动

下面用传递矩阵分析法计算图 4.5.4 所示阻尼系统的稳态振动。在式(4.5.4)中，建立了并联弹簧和阻尼器的自由振动的复传递矩阵，其中 $\lambda=-\lambda^r+\mathrm{i}\lambda^i$。如果考虑稳态强迫振动，即 $\lambda=\mathrm{i}\Omega$，并在传递矩阵中增加一列元素，就可得到连接元件两端的复扩展状态矢量 $\hat{\bar{\boldsymbol{Z}}}_{0,1}$ 和 $\hat{\bar{\boldsymbol{Z}}}_{2,1}$ 的复扩展传递矩阵，即有如下传递方程：

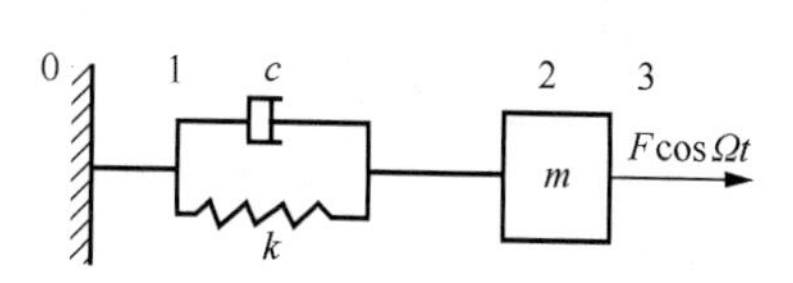


图 4.5.4　阻尼系统的稳态振动

$$\begin{pmatrix}\bar{X}\\ \bar{Q}_x\\ 1\end{pmatrix}_{2,1}=\begin{pmatrix}1 & -\dfrac{1}{k+\mathrm{i}c\Omega} & 0\\ 0 & 1 & 0\\ 0 & 0 & 1\end{pmatrix}\begin{pmatrix}\bar{X}\\ \bar{Q}_x\\ 1\end{pmatrix}_{0,1} \tag{4.5.17}$$

同样根据式(4.5.5)得到集中质量的传递方程为

$$\begin{pmatrix}\bar{X}\\ \bar{Q}_x\\ 1\end{pmatrix}_{2,3}=\begin{pmatrix}1 & 0 & 0\\ m\Omega^2 & 1 & \bar{F}\\ 0 & 0 & 1\end{pmatrix}\begin{pmatrix}\bar{X}\\ \bar{Q}_x\\ 1\end{pmatrix}_{2,1} \tag{4.5.18}$$

因此，图 4.5.4 所示系统的总传递方程为

$$\begin{pmatrix}\bar{X}\\ \bar{Q}_x\\ 1\end{pmatrix}_{2,3}==\begin{pmatrix}1 & 0 & 0\\ m\Omega^2 & 1 & \bar{F}\\ 0 & 0 & 1\end{pmatrix}\begin{pmatrix}1 & -\dfrac{1}{k+\mathrm{i}c\Omega} & 0\\ 0 & 1 & 0\\ 0 & 0 & 1\end{pmatrix}\begin{pmatrix}\bar{X}\\ \bar{Q}_x\\ 1\end{pmatrix}_{0,1}=\begin{pmatrix}1 & -\dfrac{1}{k+\mathrm{i}c\Omega} & 0\\ m\Omega^2 & 1-\dfrac{m\Omega^2}{k+\mathrm{i}c\Omega} & \bar{F}\\ 0 & 0 & 1\end{pmatrix}\begin{pmatrix}\bar{X}\\ \bar{Q}_x\\ 1\end{pmatrix}_{2,1}$$

将边界条件 $\bar{X}_{0,1}=\bar{Q}_{x2,3}=0$ 代入上式得

$$\begin{cases}\bar{Q}_{x0,1}=\dfrac{-\bar{F}}{1-\dfrac{m\Omega^2}{k+\mathrm{i}c\Omega}}\\[2ex] \bar{X}_{2,3}=\dfrac{\bar{F}}{k-m\Omega^2+\mathrm{i}c\Omega}\end{cases}$$

该结果与离散系统分析结果是一致的。

下面给出两个复扩展传递矩阵的例子，一个是图 4.5.5(a)所示刚度为 $k$ 的弹簧，见式(4.5.19)；另一个是图 4.5.5(b)所示的复刚度为 $\mathrm{i}c\Omega$ 的阻尼器，见式(4.5.20)，其中各列对应的状态矢量的元素写在对应列的上方。

$$\hat{\boldsymbol{U}}=\begin{pmatrix}1 & -1/k & 0\\0 & 1 & 0\\0 & 0 & 1\end{pmatrix}\quad 或\quad \hat{\boldsymbol{U}}=\begin{pmatrix}1 & -1/k & 0 & 0 & 0\\0 & 1 & 0 & 0 & 0\\0 & 0 & 1 & -1/k & 0\\0 & 0 & 0 & 1 & 0\\0 & 0 & 0 & 0 & 1\end{pmatrix} \tag{4.5.19}$$

$$\hat{\boldsymbol{U}}=\begin{pmatrix}1 & -1/(\mathrm{i}c\varOmega) & 0\\0 & 1 & 0\\0 & 0 & 1\end{pmatrix}\quad 或\quad \hat{\boldsymbol{U}}=\begin{pmatrix}1 & 0 & 0 & -1/(\mathrm{i}c\varOmega) & 0\\0 & 1 & 0 & 0 & 0\\0 & -1/(\mathrm{i}c\varOmega) & 1 & 0 & 0\\0 & 0 & 0 & 1 & 0\\0 & 0 & 0 & 0 & 1\end{pmatrix} \tag{4.5.20}$$



(a) 刚度为$k$的弹簧　　(b) 复刚度为$\mathrm{i}c\varOmega$的阻尼器

图 4.5.5　弹簧和阻尼器

如果采用式(4.5.7)中扩展传递矩阵的实数形式，则扩展状态矢量的形式为$\hat{\boldsymbol{Z}}=\left(\boldsymbol{Z}^r,\boldsymbol{Z}^i,1\right)^{\mathrm{T}}$，且传递方程为

$$\begin{pmatrix}\boldsymbol{Z}^r\\ \boldsymbol{Z}^i\\ 1\end{pmatrix}_O=\begin{pmatrix}\boldsymbol{U}^r & -\boldsymbol{U}^i & \boldsymbol{f}^r\\ \boldsymbol{U}^i & \boldsymbol{U}^r & \boldsymbol{f}^i\\ 0 & 0 & 1\end{pmatrix}\begin{pmatrix}\boldsymbol{Z}^r\\ \boldsymbol{Z}^i\\ 1\end{pmatrix}_I\quad 或\quad \hat{\boldsymbol{Z}}_O=\hat{\boldsymbol{U}}\hat{\boldsymbol{Z}}_I \tag{4.5.21}$$

由各个元件的扩展传递矩阵依次相乘得到系统的总传递方程为

$$\hat{\boldsymbol{Z}}_{n,n+1}=\hat{\boldsymbol{U}}_n\hat{\boldsymbol{U}}_{n-1}\cdots\hat{\boldsymbol{U}}_2\hat{\boldsymbol{U}}_1\hat{\boldsymbol{Z}}_{0,1}=\hat{\boldsymbol{U}}\hat{\boldsymbol{Z}}_{0,1} \tag{4.5.22}$$

式中，总传递矩阵$\hat{\boldsymbol{U}}$仍然具有式(4.5.21)的矩阵形式。

阻尼系统中与无阻尼情况一样，边界状态矢量$\boldsymbol{Z}^r$和$\boldsymbol{Z}^i$中也有$m/2$个元素等于零。例如，对于4阶阻尼稳态强迫振动的梁，若输入端固支，输出端简支，则有

$$\begin{cases}\hat{\boldsymbol{Z}}_{0,1}=\left(0,0,M_z^r,Q_y^r,0,0,M_i^i,Q_y^i,1\right)^{\mathrm{T}}\\ \hat{\boldsymbol{Z}}_{n,n+1}=\left(0,\theta_z^r,0,Q_y^r,0,\theta_z^i,0,Q_y^i,1\right)^{\mathrm{T}}\end{cases} \tag{4.5.23}$$

对应的总传递方程展开为

$$\begin{pmatrix}0\\ \theta_z^r\\ 0\\ Q_y^r\\ 0\\ \theta_z^i\\ 0\\ Q_y^i\\ 1\end{pmatrix}_{n,n+1}=\begin{pmatrix}u_{11} & u_{12} & u_{13} & u_{14} & -u_{51} & -u_{52} & -u_{53} & -u_{54} & f_1^r\\ u_{21} & u_{22} & u_{23} & u_{24} & -u_{61} & -u_{62} & -u_{63} & -u_{64} & f_2^r\\ u_{31} & u_{32} & u_{33} & u_{34} & -u_{71} & -u_{72} & -u_{73} & -u_{74} & f_3^r\\ u_{41} & u_{42} & u_{43} & u_{44} & -u_{81} & -u_{82} & -u_{83} & -u_{84} & f_4^r\\ u_{51} & u_{52} & u_{53} & u_{54} & u_{11} & u_{12} & u_{13} & u_{14} & f_1^i\\ u_{61} & u_{62} & u_{63} & u_{64} & u_{21} & u_{22} & u_{23} & u_{24} & f_2^i\\ u_{71} & u_{72} & u_{73} & u_{74} & u_{31} & u_{32} & u_{33} & u_{34} & f_3^i\\ u_{81} & u_{82} & u_{83} & u_{84} & u_{41} & u_{42} & u_{43} & u_{44} & f_4^i\\ 0 & 0 & 0 & 0 & 0 & 0 & 0 & 0 & 1\end{pmatrix}\begin{pmatrix}0\\ 0\\ M_z^r\\ Q_y^r\\ 0\\ 0\\ M_i^i\\ Q_y^i\\ 1\end{pmatrix}_{0,1} \tag{4.5.24}$$

即

$$\begin{pmatrix} u_{13} & u_{14} & -u_{53} & -u_{54} \\ u_{33} & u_{34} & -u_{73} & -u_{74} \\ u_{53} & u_{54} & u_{13} & u_{14} \\ u_{73} & u_{74} & u_{33} & u_{34} \end{pmatrix} \begin{pmatrix} M_z^r \\ Q_y^r \\ M_i^i \\ Q_y^i \end{pmatrix}_{0,1} = \begin{pmatrix} -f_1^r \\ -f_3^r \\ -f_1^i \\ -f_3^i \end{pmatrix} \tag{4.5.25}$$

记为

$$\boldsymbol{U}_x \boldsymbol{Z}_x = \boldsymbol{f}_x \tag{4.5.26}$$

得

$$\boldsymbol{Z}_x = \boldsymbol{U}_x^{-1} \boldsymbol{f}_x \tag{4.5.27}$$

输入点状态矢量确定后，其他状态矢量可用前述方法依次计算得到。

**【例 4.6】** 如图 4.5.6 所示的扭转运动阻尼系统，阻尼器 $r_3$ 为转子阻尼，阻尼器 $c_4$ 采用电磁感应耦合。弹簧 6 具有较强的结构阻尼，它可使相位滞后角保持为常数而不依赖激励频率变化，其复阻抗为 $\bar{z}_6 = k_6(1+\mathrm{i}g_6)$。圆盘 $J_5$ 受到激励扭矩 $M_5 = M_5^c \cos\Omega t + M_5^s \sin\Omega t = -0.75\cos\Omega t + 0.70\sin\Omega t$ 的作用，圆盘 $J_7$ 受到激励扭矩 $M_7 = M_7^c \cos\Omega t + M_7^s \sin\Omega t = 0.20\cos\Omega t + 0.60\sin\Omega t$ 的作用，$\Omega^2 = 0.8$。求系统的稳态响应。

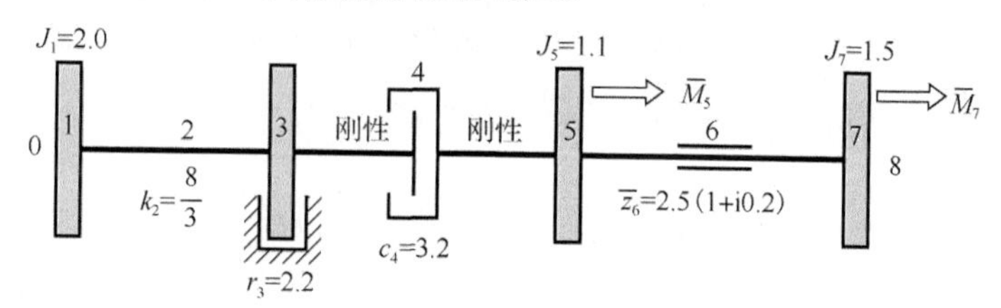


图 4.5.6　扭转运动阻尼系统

**解：** 激励扭矩 $M_5$ 和 $M_7$ 是以正弦和余弦的成分给出的，所以必须将它们转换为相应的实部和虚部成分，即

$$\begin{aligned} M^c \cos\Omega t + M^s \sin\Omega t &= \mathrm{Re}\left(\bar{M}\mathrm{e}^{\mathrm{i}\Omega t}\right) = \mathrm{Re}\left(M^r + \mathrm{i}M^i\right)\left(\cos\Omega t + \sin\Omega t\right) \\ &= \mathrm{Re}\left[\left(M^r \cos\Omega t - M^i \sin\Omega t\right) + \mathrm{i}\left(M^r \sin\Omega t - M^i \cos\Omega t\right)\right] \end{aligned}$$

$$M^r = M^c,\quad M^i = -M^s$$

因此有

$$M_5^r = M_5^c = -0.75\quad,\quad M_5^i = -M_5^s = -0.70\quad,\quad M_7^r = M_7^c = 0.20\quad,\quad M_7^i = -M_7^s = -0.60$$

依次写出各个元件实数形式的扩展传递函数矩阵为

$$\hat{\boldsymbol{U}}_1 = \begin{pmatrix} 1 & 0 & 0 & 0 & 0 \\ -J_1\Omega^2 & 1 & 0 & 0 & 0 \\ 0 & 0 & 1 & 0 & 0 \\ 0 & 0 & -J_1\Omega^2 & 1 & 0 \\ 0 & 0 & 0 & 0 & 1 \end{pmatrix},\quad \hat{\boldsymbol{U}}_2 = \begin{pmatrix} 1 & -1/k_2 & 0 & 0 & 0 \\ 0 & 1 & 0 & 0 & 0 \\ 0 & 0 & 1 & -1/k_2 & 0 \\ 0 & 0 & 0 & 1 & 0 \\ 0 & 0 & 0 & 0 & 1 \end{pmatrix}$$

$$\hat{\boldsymbol{U}}_3=\begin{pmatrix}1&0&0&0&0\\-J_3\Omega^2&1&-r_3\Omega&0&0\\0&0&1&0&0\\r_3\Omega&0&-J_3\Omega^2&1&0\\0&0&0&0&1\end{pmatrix},\quad \hat{\boldsymbol{U}}_4=\begin{pmatrix}1&0&0&1/(c_2\Omega)&0\\0&1&0&0&0\\0&-1/(c_2\Omega)&1&0&0\\0&0&0&1&0\\0&0&0&0&1\end{pmatrix}$$

$$\hat{\boldsymbol{U}}_5=\begin{pmatrix}1&0&0&0&0\\-J_5\Omega^2&1&0&0&-M_5^r\\0&0&1&0&0\\0&0&-J_5\Omega^2&1&-M_5^i\\0&0&0&0&1\end{pmatrix},\quad \hat{\boldsymbol{U}}_6=\begin{pmatrix}1&\dfrac{1}{k_6\left(1+g_6^2\right)}&0&\dfrac{g_6}{k_6\left(1+g_6^2\right)}&0\\0&1&0&0&0\\0&-\dfrac{g_6}{k_6\left(1+g_6^2\right)}&1&\dfrac{1}{k_6\left(1+g_6^2\right)}&0\\0&0&0&1&0\\0&0&0&0&1\end{pmatrix}$$

$$\hat{\boldsymbol{U}}_7=\begin{pmatrix}1&0&0&0&0\\-J_7\Omega^2&1&0&0&-M_7^r\\0&0&1&0&0\\0&0&-J_7\Omega^2&1&-M_7^i\\0&0&0&0&1\end{pmatrix}$$

总传递矩阵为

$$\hat{\boldsymbol{Z}}_{7,8}=\hat{\boldsymbol{U}}_7\hat{\boldsymbol{U}}_6\hat{\boldsymbol{U}}_5\hat{\boldsymbol{U}}_4\hat{\boldsymbol{U}}_3\hat{\boldsymbol{U}}_2\hat{\boldsymbol{U}}_1\hat{\boldsymbol{Z}}_{1,0}=\hat{\boldsymbol{U}}\hat{\boldsymbol{Z}}_{1,0} \tag{E4.6.1}$$

边界条件为

$$M_{x7,8}^r=M_{x7,8}^i=M_{x1,0}^r=M_{x1,0}^i=0$$

将边界条件代入式(E4.6.1)得

$$\begin{pmatrix}\theta_x^r\\\theta_x^i\end{pmatrix}_{1,0}=\begin{pmatrix}u_{21}&u_{23}\\u_{41}&u_{43}\end{pmatrix}^{-1}\begin{pmatrix}-u_{25}\\-u_{45}\end{pmatrix}$$

每个圆盘的运动方程为

$$\theta_x=\mathrm{Re}\left(\overline{\theta}_x\mathrm{e}^{\mathrm{i}\Omega t}\right)=\mathrm{Re}\left[\left(\theta_x^r+\mathrm{i}\theta_x^i\right)\left(\cos\Omega t+\mathrm{i}\sin\Omega t\right)\right]=\theta_x^r\cos\Omega t-\theta_x^i\sin\Omega t$$

表 4.5.1 给出了 4 个圆盘的 $\theta_{xi,i-1}^r$ 和 $\theta_{xi,i-1}^i$ 计算结果。

**表 4.5.1　系统强迫振动的计算结果**　　(单位：rad)

| 参数 | 元件 1 | 元件 3 | 元件 5 | 元件 7 |
|---|---|---|---|---|
| $\theta_{xi,i-1}^r$ | 0.2271 | 0.0908 | −0.1034 | −0.0801 |
| $\theta_{xi,i-1}^i$ | 0.3826 | 0.1530 | 0.4106 | 0.3191 |

## 4.6　多体线性离散系统的传递矩阵分析法

应用多体系统传递矩阵分析法，原则上只要求得元件的传递矩阵，就可容易地求解各种多体系统动力学问题。元件传递矩阵主要有以下几种推导方法：由运动微分方程推导，由求

解 $n$ 阶常微分方程推导，由 $n$ 个一阶微分方程推导，由刚度矩阵推导。对于用常微分方程表示其动力学方程的离散性元件，如刚体、集中质量、弹簧、扭转弹簧等，可由运动微分方程直接导出传递矩阵，只需通过简单代换和改写元件动力学方程即可得到元件传递矩阵。对于用偏微分方程描述其动力学方程的连续性元件，如弹性梁、杆、轴、板等，则需要通过求解偏微分方程，主要是求解经代换得到的 $n$ 阶常微分方程推导得到，或者由 $n$ 个一阶微分方程推导。

传递矩阵分析法属于精确计算方法，数值求解的高效率是传递矩阵分析法的重要特点之一。

由表 4.6.1 中对弹簧-质量系统中集中质量和弹簧在不同条件下的传递矩阵形式比较可见，阻尼系统传递矩阵和强迫振动系统扩展传递矩阵的主体部分可通过元件无阻尼自由振动传递矩阵变换得到。这里先讨论无阻尼自由振动传递矩阵的推导方法，然后介绍如何进一步得到其他条件下的传递矩阵。对于强迫振动扩展传递矩阵，主要介绍块矩阵 $\boldsymbol{f}$ 的推导。

**表 4.6.1　不同情况下的传递矩阵形式比较**

| 条件 | | 集中质量 | | 弹簧 | |
|---|---|---|---|---|---|
| | | 传递矩阵 | 特点 | 传递矩阵 | 特点 |
| 自由振动 | 无阻尼 | $\begin{pmatrix} 1 & 0 \\ m\omega^2 & 1 \end{pmatrix}$ | $\omega$ 为系统固有频率，特征值 $\lambda = \mathrm{i}\omega$ | $\begin{pmatrix} 1 & -\dfrac{1}{k} \\ 0 & 1 \end{pmatrix}$ | 与阻尼自由振动相比，取阻尼 $c=0$ 即可 |
| | 阻尼 | $\begin{pmatrix} 1 & 0 \\ -m\lambda^2 & 1 \end{pmatrix}$ | 与无阻尼自由振动形式相同，用 $-\lambda^2$ 代替 $\omega^2$ 就可得到传递矩阵 | $\begin{pmatrix} 1 & -\dfrac{1}{k+c\lambda} \\ 0 & 1 \end{pmatrix}$ | 与无阻尼自由振动形式相同，用 $k+c\lambda$ 代替 $k$ 就可得到传递矩阵 |
| 强迫振动 | 无阻尼 | $\begin{pmatrix} 1 & 0 & 0 \\ m\Omega^2 & 1 & F \\ 0 & 0 & 1 \end{pmatrix}$ | 主体部分与无阻尼自由振动传递矩阵形式相同，$\Omega$ 为激励频率 | $\begin{pmatrix} 1 & -\dfrac{1}{k} & 0 \\ 0 & 1 & 0 \\ 0 & 0 & 1 \end{pmatrix}$ | 主体部分与无阻尼自由振动传递矩阵形式完全相同 |
| | 阻尼 | $\begin{pmatrix} 1 & 0 & 0 \\ m\Omega^2 & 1 & \bar{F} \\ 0 & 0 & 1 \end{pmatrix}$ | 主体部分与无阻尼自由振动传递矩阵形式相同，$\Omega$ 为激励频率 | $\begin{pmatrix} 1 & -\dfrac{1}{k+\mathrm{i}c\Omega} & 0 \\ 0 & 1 & 0 \\ 0 & 0 & 1 \end{pmatrix}$ | 主体部分与无阻尼自由振动传递矩阵形式完全相同，将 $k$ 用 $k+\mathrm{i}c\Omega$ 代替即可 |

## 4.6.1　刚体传递矩阵

刚体传递矩阵的推导过程如下：建立刚体两端位移的几何关系；用运动微分方程建立刚体两端内力之间模态坐标描述的关系式，将此关系式按状态矢量定义形式写为矩阵形式。

**1．平面振动刚体**

如图 4.6.1 所示的一端输入、一端输出平面振动刚体，质量为 $m$，在以输入点 $I$ 为坐标原点的连体系中，$J_I$ 为刚体相对于点 $I$ 的转动惯量，输出点 $O$ 的坐标为$(b_1, b_2)$，质心 $C$ 的坐标为$(c_{c1}, c_{c2})$。

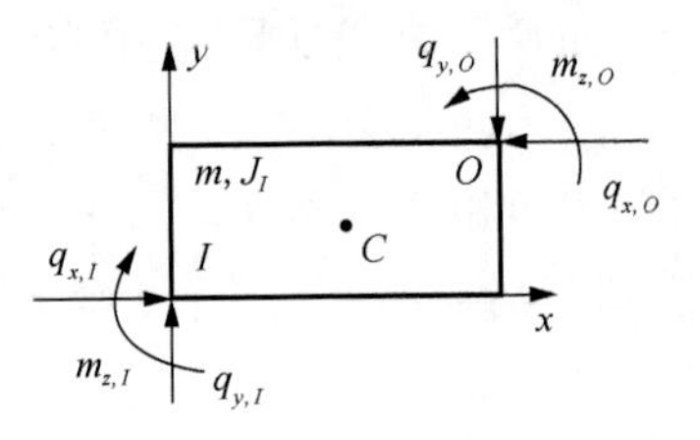


图 4.6.1　一端输入、一端输出平面振动刚体

在惯性坐标系 $Ixy$ 中，根据输出点 $O$ 与输入点 $I$ 的几何关系，输出点 $O$ 的转角与输入点 $I$ 的转角相同，即 $\theta_{z,O}=\theta_{z,I}$，输出点 $O$ 的位移为

$$\begin{cases} x_O = x_I - b_2\sin\theta_{z,I} - b_1\left(1-\cos\theta_{z,I}\right) \\ y_O = y_I + b_1\sin\theta_{z,I} - b_2\left(1-\cos\theta_{z,I}\right) \end{cases} \tag{4.6.1}$$

当刚体转动角度很小时，$|\theta_{z,I}|\ll 1$，$\sin\theta_{z,I}\approx\theta_{z,I}$，$\cos\theta_{z,I}\approx 1$，所以有

$$x_O = x_I - b_2\theta_{z,I} \quad , \quad y_O = y_I + b_1\theta_{z,I} \tag{4.6.2}$$

对于自由振动系统，根据质心运动定理和活动矩心绝对动量矩定理，略去与小量 $\theta_{z,I}$ 的乘积项及与 $\dot{\theta}_{z,I}^2$ 的乘积项，有如下动力学方程：

$$\begin{cases} q_{x,I} - q_{x,O} = m\ddot{x}_C = m\left(\ddot{x}_I - c_{c2}\ddot{\theta}_{z,I}\right) \\ q_{y,I} - q_{y,O} = m\ddot{y}_C = m\left(\ddot{y}_I + c_{c1}\ddot{\theta}_{z,I}\right) \\ J_I\ddot{\theta}_{z,I} = m_{z,O} - m_{z,I} + b_2 q_{x,O} - b_1 q_{y,O} - mc_{c1}\ddot{y}_I + mc_{c2}\ddot{x}_I \end{cases} \tag{4.6.3}$$

整理式(4.6.3)得

$$\begin{cases} q_{x,O} = q_{x,I} - m\ddot{x}_I + mc_{c2}\ddot{\theta}_{z,I} \\ q_{y,O} = q_{y,I} - m\ddot{y}_I - mc_{c1}\ddot{\theta}_{z,I} \\ m_{z,O} = m_{z,I} + m\left(b_2 - c_{c2}\right)\ddot{x}_I - m\left(b_1 - c_{c1}\right)\ddot{y}_I \\ \qquad + \left[J_I - m\left(b_2 c_{c2} + b_1 c_{c1}\right)\right]\ddot{\theta}_{z,I} - b_2 q_{x,I} + b_1 q_{y,I} \end{cases} \tag{4.6.4}$$

定义物理坐标系下输入点 $I$ 与输出点 $O$ 的状态矢量分别为

$$\boldsymbol{Z}_I = \left(x, y, \theta_z, m_z, q_x, q_y\right)_I^{\mathrm{T}} \quad , \quad \boldsymbol{Z}_O = \left(x, y, \theta_z, m_z, q_x, q_y\right)_O^{\mathrm{T}} \tag{4.6.5}$$

系统自由振动时，有

$$\boldsymbol{Z}_I = \boldsymbol{Z}_I \mathrm{e}^{\mathrm{i}\omega t} \quad , \quad \boldsymbol{Z}_O = \boldsymbol{Z}_O \mathrm{e}^{\mathrm{i}\omega t} \tag{4.6.6}$$

式中，$\omega$ 为系统的固有频率；$\boldsymbol{Z}_I$ 与 $\boldsymbol{Z}_O$ 分别为模态坐标下输入点 $I$ 与输出点 $O$ 的状态矢量。

$$\boldsymbol{Z}_I = \left(X, Y, \theta_z, M_z, Q_x, Q_y\right)_I^{\mathrm{T}} \quad , \quad \boldsymbol{Z}_O = \left(X, Y, \theta_z, M_z, Q_x, Q_y\right)_O^{\mathrm{T}} \tag{4.6.7}$$

联立式(4.6.2)和式(4.6.4)，并利用式(4.6.6)和式(4.6.7)得

$$
\begin{cases}
X_O = X_I - b_2\theta_{z,I} \\
Y_O = Y_I + b_1\theta_{z,I} \\
\theta_{z,O} = \theta_{z,I} \\
M_{z,O} = M_{z,I} - m\omega^2\left(b_2 - c_{c2}\right)X_I + m\omega^2\left(b_1 - c_{c1}\right)Y_I \\
\qquad - \omega^2\left[J_I - m\left(b_2 c_{c2} + b_1 c_{c1}\right)\right]\theta_{z,I} - b_2 Q_{x,I} + b_1 Q_{y,I} \\
Q_{x,O} = Q_{x,I} + m\omega^2 X_I - m\omega^2 c_{c2}\theta_{z,I} \\
Q_{y,O} = Q_{y,I} + m\omega^2 Y_I + m\omega^2 c_{c1}\theta_{z,I}
\end{cases}
\tag{4.6.8}
$$

将式(4.6.8)写为矩阵形式：

$$
\boldsymbol{Z}_O = \boldsymbol{U}\boldsymbol{Z}_I \tag{4.6.9}
$$

式中，$\boldsymbol{U}$ 为一端输入、一端输出平面振动刚体的传递矩阵。

$$
\boldsymbol{U} = \begin{pmatrix}
1 & 0 & -b_2 & 0 & 0 & 0 \\
0 & 1 & b_1 & 0 & 0 & 0 \\
0 & 0 & 1 & 0 & 0 & 0 \\
-m\omega^2\left(b_2 - c_{c2}\right) & m\omega^2\left(b_1 - c_{c1}\right) & -\omega^2\left[J_I - m\left(b_2 c_{c2} + b_1 c_{c1}\right)\right] & 1 & -b_2 & b_1 \\
m\omega^2 & 0 & -m\omega^2 c_{c2} & 0 & 1 & 0 \\
0 & m\omega^2 & m\omega^2 c_{c1} & 0 & 0 & 1
\end{pmatrix}
\tag{4.6.10}
$$

## 2．空间振动刚体

如图 4.6.2 所示的一端输入、一端输出空间振动刚体，质量为 $m$，在以输入点 $I$ 为坐标原点的连体系中，刚体相对点 $I$ 的惯量矩阵为 $J_I$，输出点 $O$ 的坐标为 $(b_1, b_2, b_3)$，质心 $C$ 的坐标为 $(c_{c1}, c_{c2}, c_{c3})$。输入点 $I$ 和输出点 $O$ 转角相同，即

$$
\begin{pmatrix} \theta_x \\ \theta_y \\ \theta_z \end{pmatrix}_O = \begin{pmatrix} \theta_x \\ \theta_y \\ \theta_z \end{pmatrix}_I \tag{4.6.11}
$$

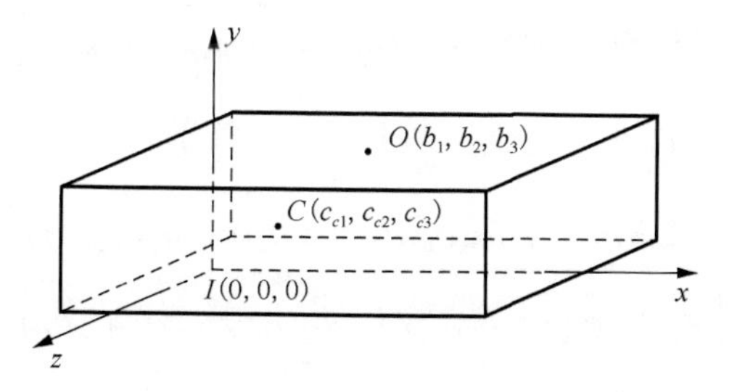


图 4.6.2　一端输入、一端输出空间振动刚体

对于空间微小振动刚体，考虑到微小角度及其矢量性，输出点 $O$ 的位移可由输入点 $I$ 的位移和绕该点的角位移表示：

$$\begin{pmatrix} x \\ y \\ z \end{pmatrix}_O = \begin{pmatrix} x \\ y \\ z \end{pmatrix}_I - \tilde{\boldsymbol{l}}_{IO} \begin{pmatrix} \theta_x \\ \theta_y \\ \theta_z \end{pmatrix}_I \tag{4.6.12}$$

式中，$\tilde{\boldsymbol{l}}_{IO}$ 为输出点$O$相对于点$I$的位移矢量的叉乘矩阵。

$$\tilde{\boldsymbol{l}}_{IO} = \begin{pmatrix} 0 & -b_3 & b_2 \\ b_3 & 0 & -b_1 \\ -b_2 & b_1 & 0 \end{pmatrix} \tag{4.6.13}$$

对于自由振动，由质心运动定理可得平动方程：

$$m\begin{pmatrix} \ddot{x} \\ \ddot{y} \\ \ddot{z} \end{pmatrix}_C = \begin{pmatrix} q_x \\ q_y \\ q_z \end{pmatrix}_I - \begin{pmatrix} q_x \\ q_y \\ q_z \end{pmatrix}_O \tag{4.6.14}$$

式中，

$$\begin{pmatrix} x \\ y \\ z \end{pmatrix}_C = \begin{pmatrix} x \\ y \\ z \end{pmatrix}_I - \tilde{\boldsymbol{l}}_{IC} \begin{pmatrix} \theta_x \\ \theta_y \\ \theta_z \end{pmatrix}_I \tag{4.6.15}$$

式中，$\begin{pmatrix} q_x & q_y & q_z \end{pmatrix}_I^{\mathrm{T}}$、$\begin{pmatrix} q_x & q_y & q_z \end{pmatrix}_O^{\mathrm{T}}$分别为输入点 $I$ 和输出点 $O$ 的内力；$\tilde{\boldsymbol{l}}_{IC}$ 是质心 $C$ 相对于点 $I$ 的位移矢量的叉乘矩阵。

将式(4.6.15)求二阶导数，代入式(4.6.14)，整理得

$$\begin{pmatrix} q_x \\ q_y \\ q_z \end{pmatrix}_O = \begin{pmatrix} q_x \\ q_y \\ q_z \end{pmatrix}_I - m\begin{pmatrix} \ddot{x} \\ \ddot{y} \\ \ddot{z} \end{pmatrix}_C + m\tilde{\boldsymbol{l}}_{IC} \begin{pmatrix} \ddot{\theta}_x \\ \ddot{\theta}_y \\ \ddot{\theta}_z \end{pmatrix}_I \tag{4.6.16}$$

由活动矩心绝对动量矩定理，并注意到小角度振动，略去高阶小量，得转动方程：

$$\begin{pmatrix} m_x \\ m_y \\ m_z \end{pmatrix}_O = \begin{pmatrix} m_x \\ m_y \\ m_z \end{pmatrix}_I + \left(\boldsymbol{J}_I + m\tilde{\boldsymbol{l}}_{IO}\tilde{\boldsymbol{l}}_{IC}\right) \begin{pmatrix} \ddot{\theta}_x \\ \ddot{\theta}_y \\ \ddot{\theta}_z \end{pmatrix}_I + \tilde{\boldsymbol{l}}_{IO} \begin{pmatrix} q_x \\ q_y \\ q_z \end{pmatrix}_I + m\left(\tilde{\boldsymbol{l}}_{IC} - \tilde{\boldsymbol{l}}_{IO}\right) \begin{pmatrix} \ddot{x} \\ \ddot{y} \\ \ddot{z} \end{pmatrix}_I \tag{4.6.17}$$

定义输入点 $I$ 与输出点 $O$ 在物理坐标系下的状态矢量为

$$\begin{cases} \boldsymbol{Z}_I = \left(x, y, z, \theta_x, \theta_y, \theta_z, m_x, m_y, m_z, q_x, q_y, q_z\right)_I^{\mathrm{T}} \\ \boldsymbol{Z}_O = \left(x, y, z, \theta_x, \theta_y, \theta_z, m_x, m_y, m_z, q_x, q_y, q_z\right)_O^{\mathrm{T}} \end{cases}$$

则其对应的模态坐标下的状态矢量为

$$\begin{cases} \boldsymbol{Z}_I = \left(X, Y, Z, \theta_x, \theta_y, \theta_z, M_x, M_y, M_z, Q_x, Q_y, Q_z\right)_I^{\mathrm{T}} \\ \boldsymbol{Z}_O = \left(X, Y, Z, \theta_x, \theta_y, \theta_z, M_x, M_y, M_z, Q_x, Q_y, Q_z\right)_O^{\mathrm{T}} \end{cases}$$

联立式(4.6.11)、式(4.6.12)、式(4.6.16)和式(4.6.17)，考虑到式(4.6.6)，得空间振动刚体传递方程为

$$\boldsymbol{Z}_O=\boldsymbol{U}\boldsymbol{Z}_I \tag{4.6.18}$$

式中，

$$\begin{cases}\boldsymbol{U}=\begin{pmatrix}\boldsymbol{I}_3 & -\tilde{\boldsymbol{l}}_{IO} & \boldsymbol{0}_{3\times3} & \boldsymbol{0}_{3\times3}\\ \boldsymbol{0}_{3\times3} & \boldsymbol{I}_3 & \boldsymbol{0}_{3\times3} & \boldsymbol{0}_{3\times3}\\ m\omega^2\tilde{\boldsymbol{l}}_{CO} & -\omega^2\left(m\tilde{\boldsymbol{l}}_{IO}\tilde{\boldsymbol{l}}_{IC}+\boldsymbol{J}_1\right) & \boldsymbol{I}_3 & \tilde{\boldsymbol{l}}_{IO}\\ m\omega^2\boldsymbol{I}_3 & -m\omega^2\tilde{\boldsymbol{l}}_{IC} & \boldsymbol{0}_{3\times3} & \boldsymbol{I}_3\end{pmatrix}\\ \tilde{\boldsymbol{l}}_{CO}=\begin{pmatrix}0 & c_{c3}-b_3 & b_2-c_{c2}\\ b_3-c_{c3} & 0 & c_{c1}-b_1\\ c_{c2}-b_2 & b_1-c_{c1} & 0\end{pmatrix}=\tilde{\boldsymbol{l}}_{IO}-\tilde{\boldsymbol{l}}_{IC},\quad \boldsymbol{J}_I=\begin{pmatrix}J_x & -J_{xy} & -J_{xz}\\ -J_{xy} & J_y & -J_{yz}\\ -J_{xz} & -J_{yz} & J_z\end{pmatrix}\end{cases} \tag{4.6.19}$$

式中，$U$ 为一端输入、一端输出空间振动刚体的传递矩阵；$\omega$ 为多体系统的固有频率；$m$ 为质量；$J_I$ 为刚体相对连体系的转动惯量矩阵。

空间振动刚体的状态矢量中有 12 个元素，包含了平面振动状态矢量的所有元素(6 个)，另外加上第 3、4、5、7、8、12 行共 6 个元素。因此，只要将式(4.6.19)中矩阵的第 3、4、5、7、8、12 行和第 3、4、5、7、8、12 列去掉，剩下的矩阵即为平面振动刚体传递矩阵[式(4.6.10)]。因此，在后述推导其他元件的传递矩阵时，只讨论空间运动的情形，将平面运动作为空间运动的特例处理。

当刚体上某点 $D(d_1, d_2, d_3)$ 受频率为$\Omega$的简谐激励力 $F$，点 $E(e_1, e_2, e_3)$ 受频率为$\Omega$的简谐激励力矩 $\boldsymbol{M}$ 的作用时，无论是有阻尼还是无阻尼情况，扩展传递矩阵均可表示为式(4.6.20)的形式：

$$\hat{\boldsymbol{U}}=\begin{pmatrix}\boldsymbol{U} & \boldsymbol{f}\\ \boldsymbol{0} & 1\end{pmatrix} \tag{4.6.20}$$

块矩阵 $\boldsymbol{U}$=$\boldsymbol{U}(\Omega)$的计算公式与式(4.6.19)相同，块矩阵$\boldsymbol{f}$的计算如下。$\boldsymbol{f}$中 12 个元素的前 6 个均为 0。在无阻尼系统中，式(4.6.16)中用 $\boldsymbol{F}$+$\boldsymbol{q}_I$代替原来的 $\boldsymbol{q}_I$，所以$\boldsymbol{f}$中的最后 3 个元素就是 $\boldsymbol{F}$ 在 3 个坐标轴上的分量，即$(F_x, F_y, F_z)^{\mathrm{T}}$；在式(4.6.17)中，用 $\boldsymbol{F}$+$\boldsymbol{q}_I$代替原来的 $\boldsymbol{q}_I$，同时用 $\boldsymbol{M}$+$\boldsymbol{l}_{ID}$× $\boldsymbol{F}$+$\boldsymbol{m}_O$代替原来的 $\boldsymbol{m}_O$，所以$\boldsymbol{f}$中的第 7、8、9 个元素就是$-\boldsymbol{M}-\boldsymbol{l}_{ID}\times\boldsymbol{F}+\boldsymbol{l}_{IO}\times\boldsymbol{F}=-\boldsymbol{M}-\boldsymbol{l}_{DO}\times\boldsymbol{F}$ 在 3 个坐标轴上的分量。块矩阵$\boldsymbol{f}$的表达式为

$$\boldsymbol{f}=\begin{pmatrix}\boldsymbol{0}_3\\ \boldsymbol{0}_3\\ -\boldsymbol{M}+\tilde{\boldsymbol{l}}_{DO}\boldsymbol{F}\\ \boldsymbol{F}\end{pmatrix} \tag{4.6.21}$$

在阻尼系统中，块矩阵$\boldsymbol{f}$的表达式为

$$\boldsymbol{f}=\begin{pmatrix}\boldsymbol{0}_3\\ \boldsymbol{0}_3\\ -\bar{\boldsymbol{M}}+\tilde{\boldsymbol{l}}_{DO}\bar{\boldsymbol{F}}\\ \bar{\boldsymbol{F}}\end{pmatrix} \tag{4.6.22}$$

### 3．$N$端输入、$L$端输出的刚体传递矩阵

对如图 4.6.3 所示的 $N$ 端输入、$L$ 端输出的刚体，定义状态矢量为

$$\begin{cases} \boldsymbol{Z}_I = \left(X_{I_1}, Y_{I_1}, Z_{I_1}, \theta_{x,I_1}, \theta_{y,I_1}, \theta_{z,I_1}, M_{x,I_1}, M_{y,I_1}, M_{z,I_1}, Q_{x,I_1}, Q_{y,I_1}, Q_{z,I_1}, \cdots \right. \\ \qquad\qquad \left. M_{x,I_N}, M_{y,I_N}, M_{z,I_N}, Q_{x,I_N}, Q_{y,I_N}, Q_{z,I_N}\right)^{\mathrm{T}} \\ \boldsymbol{Z}_O = \left(X_{O_1}, Y_{O_1}, Z_{O_1}, \theta_{x,O_1}, \theta_{y,O_1}, \theta_{z,O_1}, M_{x,O_1}, M_{y,O_1}, M_{z,O_1}, Q_{x,O_1}, Q_{y,O_1}, Q_{z,O_1}, \cdots \right. \\ \qquad\qquad \left. M_{x,O_L}, M_{y,O_L}, M_{z,O_L}, Q_{x,O_L}, Q_{y,O_L}, Q_{z,O_L}\right)^{\mathrm{T}} \end{cases} \tag{4.6.23}$$

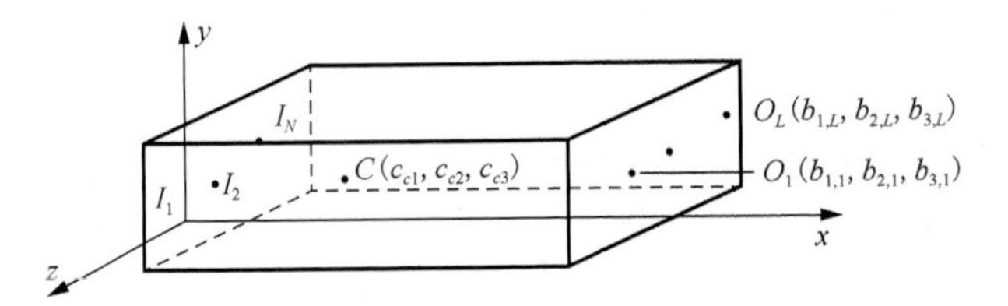


图 4.6.3　$N$ 端输入、$L$ 端输出刚体

类似式(4.6.11)，得

$$\begin{pmatrix} \theta_x \\ \theta_y \\ \theta_z \end{pmatrix}_{O_1} = \begin{pmatrix} \theta_x \\ \theta_y \\ \theta_z \end{pmatrix}_{I_1} \tag{4.6.24}$$

类似式(4.6.12)，得

$$\begin{pmatrix} x \\ y \\ z \end{pmatrix}_{O_1} = \begin{pmatrix} x \\ y \\ z \end{pmatrix}_{I_1} - \tilde{\boldsymbol{l}}_{I_1O_1} \begin{pmatrix} \theta_x \\ \theta_y \\ \theta_z \end{pmatrix}_{I_1} \tag{4.6.25}$$

类似式(4.6.16)，但是输出端的 $q_O$ 不用输入端的 $q_I$ 替代，得平动方程为

$$\sum_{l=1}^{L} \begin{pmatrix} q_x \\ q_y \\ q_z \end{pmatrix}_{O_l} = \sum_{n=1}^{N} \begin{pmatrix} q_x \\ q_y \\ q_z \end{pmatrix}_{I_n} - m \begin{pmatrix} \ddot{x} \\ \ddot{y} \\ \ddot{z} \end{pmatrix}_{I_1} + m\tilde{\boldsymbol{l}}_{I_1C} \begin{pmatrix} \ddot{\theta}_x \\ \ddot{\theta}_y \\ \ddot{\theta}_z \end{pmatrix}_{I_1} \tag{4.6.26}$$

类似式(4.6.17)，得转动方程为

$$\sum_{l=1}^{L} \left( \begin{pmatrix} m_x \\ m_y \\ m_z \end{pmatrix}_{O_l} - \tilde{\boldsymbol{l}}_{I_1O_l} \begin{pmatrix} q_x \\ q_y \\ q_z \end{pmatrix}_{O_l} \right) = \sum_{n=1}^{N} \left( \begin{pmatrix} m_x \\ m_y \\ m_z \end{pmatrix}_{I_n} - \tilde{\boldsymbol{l}}_{I_1I_n} \begin{pmatrix} q_x \\ q_y \\ q_z \end{pmatrix}_{I_n} \right) + \boldsymbol{J}_{I_1} \begin{pmatrix} \ddot{\theta}_x \\ \ddot{\theta}_y \\ \ddot{\theta}_z \end{pmatrix}_{I_1} + m\tilde{\boldsymbol{l}}_{I_1C} \begin{pmatrix} \ddot{x} \\ \ddot{y} \\ \ddot{z} \end{pmatrix}_{I_1} \tag{4.6.27}$$

联立式(4.6.24)～式(4.6.27)，考虑到式(4.6.6)，得空间振动 $N$ 端输入、$L$ 端输出的刚体传递方程为

$$\boldsymbol{U}_O \boldsymbol{Z}_O = \boldsymbol{U}_I \boldsymbol{Z}_I \tag{4.6.28}$$

式中，

$$\boldsymbol{U}_O = \begin{pmatrix} \boldsymbol{I}_3 & \boldsymbol{0}_{3\times3} & \boldsymbol{0}_{3\times3} & \boldsymbol{0}_{3\times3} & \boldsymbol{0}_{3\times3} & \boldsymbol{0}_{3\times3} & \cdots & \boldsymbol{0}_{3\times3} & \boldsymbol{0}_{3\times3} \\ \boldsymbol{0}_{3\times3} & \boldsymbol{I}_3 & \boldsymbol{0}_{3\times3} & \boldsymbol{0}_{3\times3} & \boldsymbol{0}_{3\times3} & \boldsymbol{0}_{3\times3} & \cdots & \boldsymbol{0}_{3\times3} & \boldsymbol{0}_{3\times3} \\ \boldsymbol{0}_{3\times3} & \boldsymbol{0}_{3\times3} & \boldsymbol{I}_3 & -\tilde{\boldsymbol{l}}_{I_1O_1} & \boldsymbol{I}_3 & -\tilde{\boldsymbol{l}}_{I_1O_2} & \cdots & \boldsymbol{I}_3 & -\tilde{\boldsymbol{l}}_{I_1O_L} \\ \boldsymbol{0}_{3\times3} & \boldsymbol{0}_{3\times3} & \boldsymbol{0}_{3\times3} & \boldsymbol{I}_3 & \boldsymbol{0}_{3\times3} & \boldsymbol{I}_3 & \cdots & \boldsymbol{0}_{3\times3} & \boldsymbol{I}_3 \end{pmatrix} \tag{4.6.29a}$$

$$
\boldsymbol{U}_I=\begin{pmatrix}
\boldsymbol{I}_3 & -\tilde{\boldsymbol{l}}_{I_1O_1} & \boldsymbol{0}_{3\times3} & \boldsymbol{0}_{3\times3} & \boldsymbol{0}_{3\times3} & \boldsymbol{0}_{3\times3} & \cdots & \boldsymbol{0}_{3\times3} & \boldsymbol{0}_{3\times3}\\
\boldsymbol{0}_{3\times3} & \boldsymbol{I}_3 & \boldsymbol{0}_{3\times3} & \boldsymbol{0}_{3\times3} & \boldsymbol{0}_{3\times3} & \boldsymbol{0}_{3\times3} & \cdots & \boldsymbol{0}_{3\times3} & \boldsymbol{0}_{3\times3}\\
-m\omega^2\tilde{\boldsymbol{l}}_{I_1C} & -\omega^2\boldsymbol{J}_{I_1} & \boldsymbol{I}_3 & -\tilde{\boldsymbol{l}}_{I_1I_1} & \boldsymbol{I}_3 & -\tilde{\boldsymbol{l}}_{I_1I_2} & \cdots & \boldsymbol{I}_3 & -\tilde{\boldsymbol{l}}_{I_1I_N}\\
m\omega^2\boldsymbol{I}_3 & m\omega^2\tilde{\boldsymbol{l}}_{I_1C}^{\mathrm{T}} & \boldsymbol{0}_{3\times3} & \boldsymbol{I}_3 & \boldsymbol{0}_{3\times3} & \boldsymbol{I}_3 & \cdots & \boldsymbol{0}_{3\times3} & \boldsymbol{I}_3
\end{pmatrix} \tag{4.6.29b}
$$

**4．多端输入、一端输出刚体**

如图 4.6.4 所示的多端输入、一端输出刚体，质量为 $m$，在以输入点 $I_1$ 为坐标原点的连体系中，$\boldsymbol{J}_{I1}$ 为刚体相对于点 $I_1$ 的惯量矩阵，$N$ 个输入点 $I_n(n=1, 2, \cdots, N)$ 的坐标为 $(a_{1,n}, a_{2,n}, a_{3,n})$，输出点 $O$ 的坐标为 $(b_1, b_2, b_3)$，质心 $C$ 的坐标为 $(c_{c1}, c_{c2}, c_{c3})$。定义输入点和输出点的状态矢量为

$$
\begin{cases}
\boldsymbol{Z}_I=\left(X_{I_1},Y_{I_1},Z_{I_1},\theta_{x,I_1},\theta_{y,I_1},\theta_{z,I_1},M_{x,I_1},M_{y,I_1},M_{z,I_1},Q_{x,I_1},Q_{y,I_1},Q_{z,I_1},\cdots\right.\\
\qquad\qquad\left.M_{x,I_N},M_{y,I_N},M_{z,I_N},Q_{x,I_N},Q_{y,I_N},Q_{z,I_N}\right)^{\mathrm{T}}\\
\boldsymbol{Z}_O=\left(X,Y,Z,\theta_x,\theta_y,\theta_z,M_x,M_y,M_z,Q_x,Q_y,Q_z\right)_O^{\mathrm{T}}
\end{cases} \tag{4.6.30}
$$

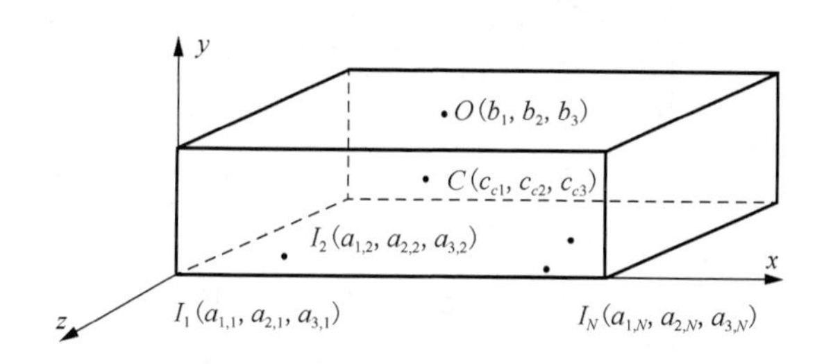


图 4.6.4　多端输入、一端输出刚体

多端输入、一端输出刚体的传递方程为

$$
\boldsymbol{Z}_O=\boldsymbol{U}\boldsymbol{Z}_I \tag{4.6.31}
$$

多端输入、一端输出刚体的传递矩阵为

$$
\boldsymbol{U}=\begin{pmatrix}
\boldsymbol{I}_3 & -\tilde{\boldsymbol{l}}_{I_1O} & \boldsymbol{0}_{3\times3} & \boldsymbol{0}_{3\times3} & \cdots & \boldsymbol{0}_{3\times3} & \boldsymbol{0}_{3\times3}\\
\boldsymbol{0}_{3\times3} & \boldsymbol{I}_3 & \boldsymbol{0}_{3\times3} & \boldsymbol{0}_{3\times3} & \cdots & \boldsymbol{0}_{3\times3} & \boldsymbol{0}_{3\times3}\\
m\omega^2\tilde{\boldsymbol{l}}_{CO} & -\omega^2\left(m\tilde{\boldsymbol{l}}_{I_1O}\tilde{\boldsymbol{l}}_{I_1C}+\boldsymbol{J}_{I_1}\right) & \boldsymbol{I}_3 & \tilde{\boldsymbol{l}}_{I_1O} & \cdots & \boldsymbol{I}_3 & \tilde{\boldsymbol{l}}_{I_NO}\\
m\omega^2\boldsymbol{I}_3 & -m\omega^2\tilde{\boldsymbol{l}}_{I_1C}^{\mathrm{T}} & \boldsymbol{0}_{3\times3} & \boldsymbol{I}_3 & \cdots & \boldsymbol{0}_{3\times3} & \boldsymbol{I}_3
\end{pmatrix} \tag{4.6.32}
$$

可见，式(4.6.32)的前 12 列与式(4.6.19)右端的元素相同，正好构成一端输入、一端输出刚体的传递矩阵。系统做强迫振动时，其扩展传递矩阵的构成规律与一端输入、一端输出刚体相同，块矩阵 $\boldsymbol{f}$ 的表达式也与一端输入、一端输出刚体相同。

**5．一端输入、多端输出刚体**

如图 4.6.5 所示的一端输入、$L$ 端输出刚体，质量为 $m$，在以输入点 $I$ 为坐标原点的连体系中，$\boldsymbol{J}_I$ 为刚体相对于点 $I$ 的惯量矩阵，$L$ 个输出点 $O_l(l=1, 2, \cdots, L)$ 的坐标为 $(b_{1,l}, b_{2,l}, b_{3,l})$，质心 $C$ 的坐标为 $(c_{c1}, c_{c2}, c_{c3})$。定义状态矢量为

$$
\begin{cases}
\boldsymbol{Z}_I = \left(X, Y, Z, \theta_x, \theta_y, \theta_z, M_x, M_y, M_z, Q_x, Q_y, Q_z\right)_I^{\mathrm{T}} \\
\boldsymbol{Z}_O = \left(X_{O_1}, Y_{O_1}, Z_{O_1}, \theta_{x,O_1}, \theta_{y,O_1}, \theta_{z,O_1}, M_{x,O_1}, M_{y,O_1}, M_{z,O_1}, Q_{x,O_1}, Q_{y,O_1}, Q_{z,O_1}, \cdots \right. \\
\qquad\qquad \left. M_{x,O_L}, M_{y,O_L}, M_{z,O_L}, Q_{x,O_L}, Q_{y,O_L}, Q_{z,O_L}\right)^{\mathrm{T}}
\end{cases}
\tag{4.6.33}
$$

用与 $N$ 端输入、$L$ 端输出刚体传递矩阵类似的方法，可证明一端输入、多端输出刚体的传递方程为

$$\boldsymbol{U}\boldsymbol{Z}_O = \boldsymbol{Z}_I \tag{4.6.34}$$

一端输入、多端输出刚体传递矩阵为

$$
\boldsymbol{U} = \begin{pmatrix}
\boldsymbol{I}_3 & \tilde{\boldsymbol{l}}_{IO_1} & \boldsymbol{0}_{3\times3} & \boldsymbol{0}_{3\times3} & \cdots & \boldsymbol{0}_{3\times3} & \boldsymbol{0}_{3\times3} \\
\boldsymbol{0}_{3\times3} & \boldsymbol{I}_3 & \boldsymbol{0}_{3\times3} & \boldsymbol{0}_{3\times3} & \cdots & \boldsymbol{0}_{3\times3} & \boldsymbol{0}_{3\times3} \\
m\omega^2\tilde{\boldsymbol{l}}_{IC} & \omega^2\left(m\tilde{\boldsymbol{l}}_{IC}\tilde{\boldsymbol{l}}_{IO_1} + \boldsymbol{J}_I\right) & \boldsymbol{I}_3 & -\tilde{\boldsymbol{l}}_{IO_1} & \cdots & \boldsymbol{I}_3 & -\tilde{\boldsymbol{l}}_{IO_L} \\
-m\omega^2\boldsymbol{I}_3 & m\omega^2\tilde{\boldsymbol{l}}_{O_1C} & \boldsymbol{0}_{3\times3} & \boldsymbol{I}_3 & \cdots & \boldsymbol{0}_{3\times3} & \boldsymbol{I}_3
\end{pmatrix}
\tag{4.6.35}
$$

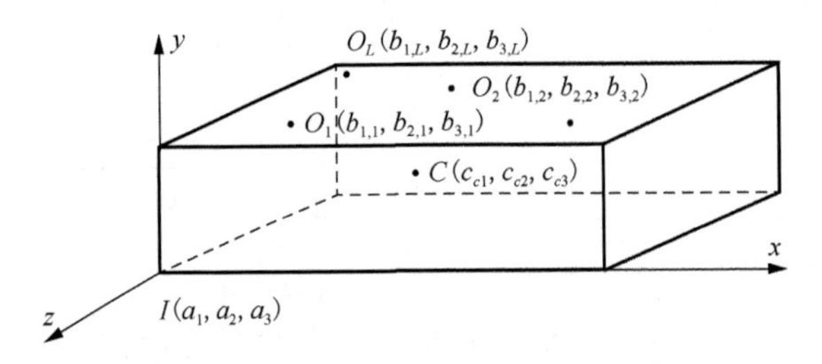


图 4.6.5 一端输入、$L$ 端输出刚体

注意，这里的传递矩阵写在了输出端的一侧。系统做强迫振动时，其扩展传递矩阵的块矩阵 $\boldsymbol{f}$ 的表达式为

$$
\boldsymbol{f} = \begin{pmatrix} \boldsymbol{0}_3 \\ \boldsymbol{0}_3 \\ \boldsymbol{M} - \tilde{\boldsymbol{l}}_{DI}\boldsymbol{F} \\ -\boldsymbol{F} \end{pmatrix} \text{或 } \boldsymbol{f} = \begin{pmatrix} \boldsymbol{0}_3 \\ \boldsymbol{0}_3 \\ \bar{\boldsymbol{M}} - \tilde{\boldsymbol{l}}_{DI}\bar{\boldsymbol{F}} \\ -\bar{\boldsymbol{F}} \end{pmatrix}
\tag{4.6.36}
$$

## 4.6.2 扭簧传递矩阵

如图 4.6.6 所示的不计质量的平面扭簧，扭转刚度为 $k'$。扭簧左端和右端的力矩相等，所以有

$$m_{z,O} = m_{z,I} = k'_z\left(\theta_{z,O} - \theta_{z,I}\right) \tag{4.6.37}$$

定义输入端和输出端的状态矢量分别为

$$\boldsymbol{Z}_I = \begin{pmatrix} \theta_z \\ m_z \end{pmatrix}_I, \quad \boldsymbol{Z}_O = \begin{pmatrix} \theta_z \\ m_z \end{pmatrix}_O$$

则式(4.6.37)可表示为平面扭簧的传递方程：

$$\boldsymbol{Z}_O = \boldsymbol{U}\boldsymbol{Z}_I$$

式中，$\boldsymbol{U}$ 为平面扭簧传递矩阵。

$$U=\begin{pmatrix}1 & \dfrac{1}{k'_z}\\ 0 & 1\end{pmatrix} \tag{4.6.38}$$

对如图 4.6.7 所示的空间 3 方向扭簧，输入点和输出点的状态矢量分别定义为

$$\begin{cases}\boldsymbol{Z}_I=\left(\theta_x,\theta_y,\theta_z,M_x,M_y,M_z\right)_I^{\mathrm{T}}\\ \boldsymbol{Z}_O=\left(\theta_x,\theta_y,\theta_z,M_x,M_y,M_z\right)_O^{\mathrm{T}}\end{cases}$$

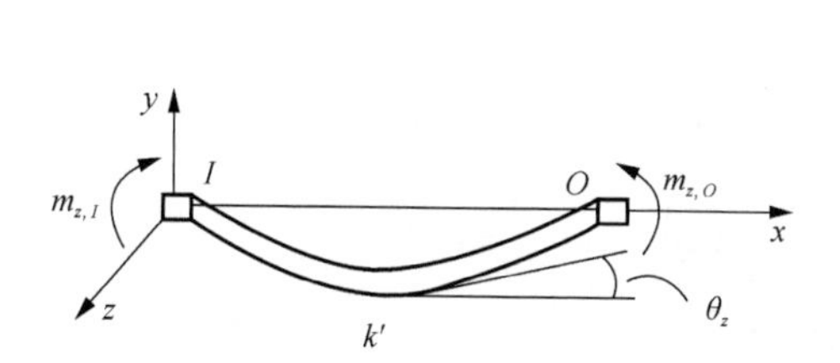


图 4.6.6　一端输入、一端输出平面扭簧

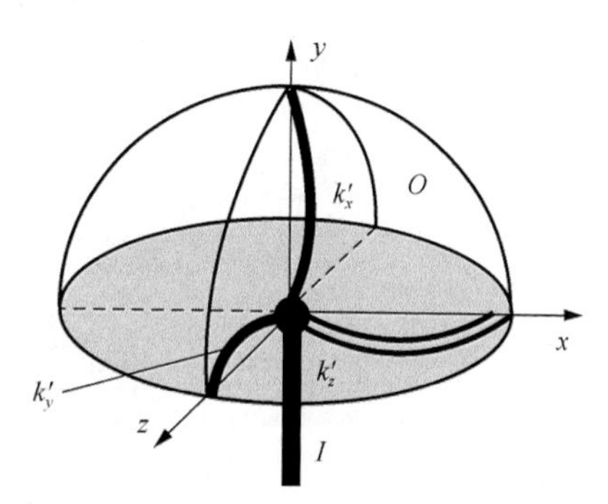


图 4.6.7　空间 3 方向扭簧

可导出空间扭簧的传递方程和传递矩阵分别为

$$\boldsymbol{Z}_O=\boldsymbol{U}\boldsymbol{Z}_I$$

式中，

$$\boldsymbol{U}=\begin{pmatrix}\boldsymbol{I}_3 & \boldsymbol{U}_{12}\\ 0_{3\times3} & \boldsymbol{I}_3\end{pmatrix},\quad \boldsymbol{U}_{12}=\begin{pmatrix}\dfrac{1}{k'_x} & 0 & 0\\ 0 & \dfrac{1}{k'_y} & 0\\ 0 & 0 & \dfrac{1}{k'_z}\end{pmatrix} \tag{4.6.39}$$

式中，$k'_x$、$k'_y$、$k'_z$ 分别为扭簧在 $x$、$y$、$z$ 三个方向上的扭转刚度。

### 4.6.3　空间弹性铰传递矩阵

如图 4.6.8 所示的由空间 3 方向弹簧和扭簧组成的空间弹性铰，定义输入点和输出点的状态矢量分别为

$$\begin{cases}\boldsymbol{Z}_I=\left(X,Y,Z,\theta_x,\theta_y,\theta_z,M_x,M_y,M_z,Q_x,Q_y,Q_z\right)_I^{\mathrm{T}}\\ \boldsymbol{Z}_O=\left(X,Y,Z,\theta_x,\theta_y,\theta_z,M_x,M_y,M_z,Q_x,Q_y,Q_z\right)_O^{\mathrm{T}}\end{cases}$$

可导出空间弹性铰的传递矩阵为

$$\boldsymbol{U}=\begin{pmatrix}\boldsymbol{I}_3 & \boldsymbol{0}_{3\times3} & \boldsymbol{0}_{3\times3} & \boldsymbol{U}_{14}\\ \boldsymbol{0}_{3\times3} & \boldsymbol{I}_3 & \boldsymbol{U}_{23} & \boldsymbol{0}_{3\times3}\\ \boldsymbol{0}_{3\times3} & \boldsymbol{0}_{3\times3} & \boldsymbol{I}_3 & \boldsymbol{0}_{3\times3}\\ \boldsymbol{0}_{3\times3} & \boldsymbol{0}_{3\times3} & \boldsymbol{0}_{3\times3} & \boldsymbol{I}_3\end{pmatrix} \tag{4.6.40}$$

$$\boldsymbol{U}_{14}=\begin{pmatrix}-\dfrac{1}{k_x} & 0 & 0\\ 0 & -\dfrac{1}{k_y} & 0\\ 0 & 0 & -\dfrac{1}{k_z}\end{pmatrix},\quad \boldsymbol{U}_{23}=\begin{pmatrix}\dfrac{1}{k'_x} & 0 & 0\\ 0 & \dfrac{1}{k'_y} & 0\\ 0 & 0 & \dfrac{1}{k'_z}\end{pmatrix}$$

式中，$k_x$、$k_y$、$k_z$分别为纵向弹簧在$x$、$y$、$z$三个方向上的刚度；$k'_x$、$k'_y$、$k'_z$分别为扭簧在$x$、$y$、$z$三个方向上的刚度。

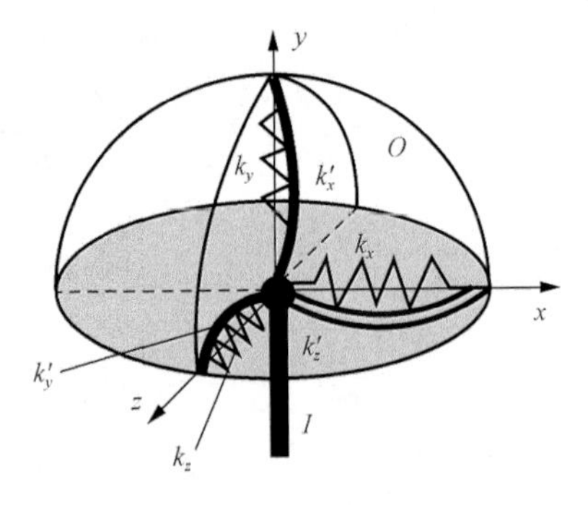


图 4.6.8　空间弹性铰

## 4.6.4　空间振动质点传递矩阵

对空间振动质点，由输入端与输出端的几何关系得

$$\begin{pmatrix}x\\y\\z\end{pmatrix}_O=\begin{pmatrix}x\\y\\z\end{pmatrix}_I$$

空间振动质点的动力学方程为

$$m\begin{pmatrix}\ddot{x}\\\ddot{y}\\\ddot{z}\end{pmatrix}_I=\begin{pmatrix}q_x\\q_y\\q_z\end{pmatrix}_I-\begin{pmatrix}q_x\\q_y\\q_z\end{pmatrix}_O$$

式中，$m$为质点质量。

定义模态坐标下空间振动质点的状态矢量为

$$\begin{cases}\boldsymbol{Z}_I=\left(X,Y,Z,Q_x,Q_y,Q_z\right)_I^{\mathrm{T}}\\ \boldsymbol{Z}_O=\left(X,Y,Z,Q_x,Q_y,Q_z\right)_O^{\mathrm{T}}\end{cases}$$

考虑到式(4.6.6)，可得空间振动质点的传递方程为

$$\boldsymbol{Z}_O=\boldsymbol{U}\boldsymbol{Z}_I$$

空间振动质点的传递矩阵为

$$\boldsymbol{U}=\begin{pmatrix}\boldsymbol{I}_3 & \boldsymbol{0}_{3\times3}\\ \boldsymbol{U}_{21} & \boldsymbol{I}_3\end{pmatrix},\quad \boldsymbol{U}_{21}=\begin{pmatrix}m\omega^2 & 0 & 0\\ 0 & m\omega^2 & 0\\ 0 & 0 & m\omega^2\end{pmatrix}\tag{4.6.41}$$

【例 4.7】 图 4.6.9 所示的多刚柔体系统由 4 个刚体、4 个弹簧和 4 个扭簧组成，刚体可在 $x$ 轴方向纵向振动，在 $y$ 轴方向横向振动，绕 $z$ 轴做微小扭转振动。取 $m_2 = m_4 = m_6 = m_8 = 1\,\text{kg}$，$l_2 = l_4 = l_6 = l_8 = 0.1\,\text{m}$，$x$ 向连接刚度为 $K_{x,1} = K_{x,3} = K_{x,5} = K_{x,7} = 1\,\text{kN/m}$，$y$ 向连接刚度为 $K_{y,1} = K_{y,3} = K_{y,5} = K_{y,7} = 50\,\text{kN/m}$，绕 $z$ 轴的扭转刚度为 $K'_{z,1} = K'_{z,3} = K'_{z,5} = K'_{z,7} = 4\,\text{kN}\cdot\text{m/rad}$，求解其固有振动特性。

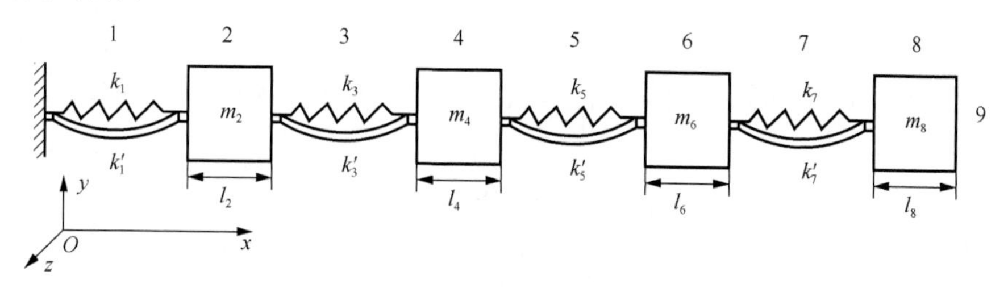


图 4.6.9　链式离散系统

**解：** 根据元件序号(图 4.6.9)，定义各个连接点的状态矢量为 $\boldsymbol{Z}_{0,1}$、$\boldsymbol{Z}_{2,1}$、$\boldsymbol{Z}_{2,3}$、$\boldsymbol{Z}_{4,3}$、$\boldsymbol{Z}_{4,5}$、$\boldsymbol{Z}_{6,5}$、$\boldsymbol{Z}_{6,7}$、$\boldsymbol{Z}_{8,7}$、$\boldsymbol{Z}_{8,9}$，形式均为 $\boldsymbol{Z} = \left(X, Y, \theta_z, M_z, Q_x, Q_y\right)^{\mathrm{T}}$。

写出每个元件的传递矩阵，元件 1、3、5、7 均由两个方向弹簧和单方向扭簧并联构成(称为平面弹性铰)，参照式(4.6.39)写出它们的传递矩阵为

$$\boldsymbol{U}_i = \begin{pmatrix} \boldsymbol{I}_3 & \boldsymbol{U}_{1,2} \\ \boldsymbol{0}_{3\times 3} & \boldsymbol{I}_3 \end{pmatrix}, \quad \boldsymbol{U}_{1,2} = \begin{pmatrix} 0 & -\dfrac{1}{k_{x,i}} & 0 \\ 0 & 0 & -\dfrac{1}{k_{y,i}} \\ \dfrac{1}{k'_{z,i}} & 0 & 0 \end{pmatrix} \quad (i = 1, 3, 5, 7)$$

刚体 2、4、6、8 的传递矩阵由式(4.6.10)得到：

$$\boldsymbol{U}_i = \begin{pmatrix} 1 & 0 & -b_2 & 0 & 0 & 0 \\ 0 & 1 & b_1 & 0 & 0 & 0 \\ 0 & 0 & 1 & 0 & 0 & 0 \\ -m_i\omega^2\left(b_2 - c_{c2}\right) & m_i\omega^2\left(b_1 - c_{c1}\right) & -\omega^2\left[J_i - m_i\left(b_2 c_{c2} + b_1 c_{c1}\right)\right] & 1 & -b_2 & b_1 \\ m_i\omega^2 & 0 & -m_i\omega^2 c_{c2} & 0 & 1 & 0 \\ 0 & m_i\omega^2 & m_i\omega^2 c_{c1} & 0 & 0 & 1 \end{pmatrix} \quad (i = 2, 4, 6, 8)$$

式中，$b_i = l_i$；$c_{c1} = \dfrac{l_i}{2}$；$b_2 = c_{c2} = 0$；$J_i = \dfrac{m_i l_i^2}{6} + \dfrac{m_i l_i^2}{4} = \dfrac{5}{12} m_i l_i^2$。

各个元件的传递方程为

$$\begin{cases} \boldsymbol{Z}_{2,1} = \boldsymbol{U}_1 \boldsymbol{Z}_{0,1}, & \boldsymbol{Z}_{2,3} = \boldsymbol{U}_2 \boldsymbol{Z}_{2,1}, & \boldsymbol{Z}_{4,3} = \boldsymbol{U}_3 \boldsymbol{Z}_{2,3}, & \boldsymbol{Z}_{4,5} = \boldsymbol{U}_4 \boldsymbol{Z}_{4,3} \\ \boldsymbol{Z}_{6,5} = \boldsymbol{U}_5 \boldsymbol{Z}_{4,5}, & \boldsymbol{Z}_{6,7} = \boldsymbol{U}_6 \boldsymbol{Z}_{6,5}, & \boldsymbol{Z}_{8,7} = \boldsymbol{U}_7 \boldsymbol{Z}_{6,7}, & \boldsymbol{Z}_{8,9} = \boldsymbol{U}_8 \boldsymbol{Z}_{8,7} \end{cases}$$

系统的总传递方程为

$$\boldsymbol{Z}_{8,9} = \boldsymbol{U}_8 \boldsymbol{U}_7 \boldsymbol{U}_6 \boldsymbol{U}_5 \boldsymbol{U}_4 \boldsymbol{U}_3 \boldsymbol{U}_2 \boldsymbol{U}_1 \boldsymbol{Z}_{0,1} = \boldsymbol{U} \boldsymbol{Z}_{0,1} \tag{E4.7.1}$$

边界条件为

$$\boldsymbol{Z}_{0,1}=\left(0,0,0,M_z,Q_x,Q_y\right)_{0,1}^{\mathrm{T}} \quad , \quad \boldsymbol{Z}_{8,9}=\left(X,Y,\theta_z,0,0,0\right)_{8,9}^{\mathrm{T}}$$

将边界条件代入式(E4.7.1)得特征方程为

$$\Delta=\begin{vmatrix} u_{44} & u_{45} & u_{46} \\ u_{54} & u_{55} & u_{56} \\ u_{64} & u_{65} & u_{66} \end{vmatrix} \tag{E4.7.2}$$

求解式(E4.7.2)可得固有频率 $\omega_k$（$k=1,2,\cdots,12$），结果见表 4.6.2。对每一阶 $\omega_k$，求解如下方程组：

$$\begin{vmatrix} u_{44} & u_{45} & u_{46} \\ u_{54} & u_{55} & u_{56} \\ u_{64} & u_{65} & u_{66} \end{vmatrix}\begin{pmatrix} M_z \\ Q_z \\ Q_y \end{pmatrix}_{0,1}=\begin{pmatrix} 0 \\ 0 \\ 0 \end{pmatrix}$$

**表 4.6.2　固有频率计算结果**

| 模态阶次 | 1 | 2 | 3 | 4 | 5 | 6 |
|---|---|---|---|---|---|---|
| 固有频率/Hz | 1.75 | 5.03 | 7.71 | 9.46 | 10.22 | 31.27 |

利用上述方法，可确定系统左端边界状态矢量 $\boldsymbol{Z}_{0,1}$，再用各个元件的传递方程可得系统各点的状态矢量，进而可得系统固有振型，如图 4.6.10 所示。从计算结果可见，系统前四阶模态只表现为纵向振动，后八阶模态表现为横向振动和扭转振动。通过与例 4.1 的结果对比可见，本例中的前四阶振动特性与例 4.1 完全相同。如果令 $k_{y,1}=k_{y,3}=k_{y,5}=k_{y,7}\to\infty$，$k'_{z,1}=k'_{z,3}=k'_{z,5}=k'_{z,7}\to\infty$，系统即退化为例 4.1 中的系统，这与计算结果一致。

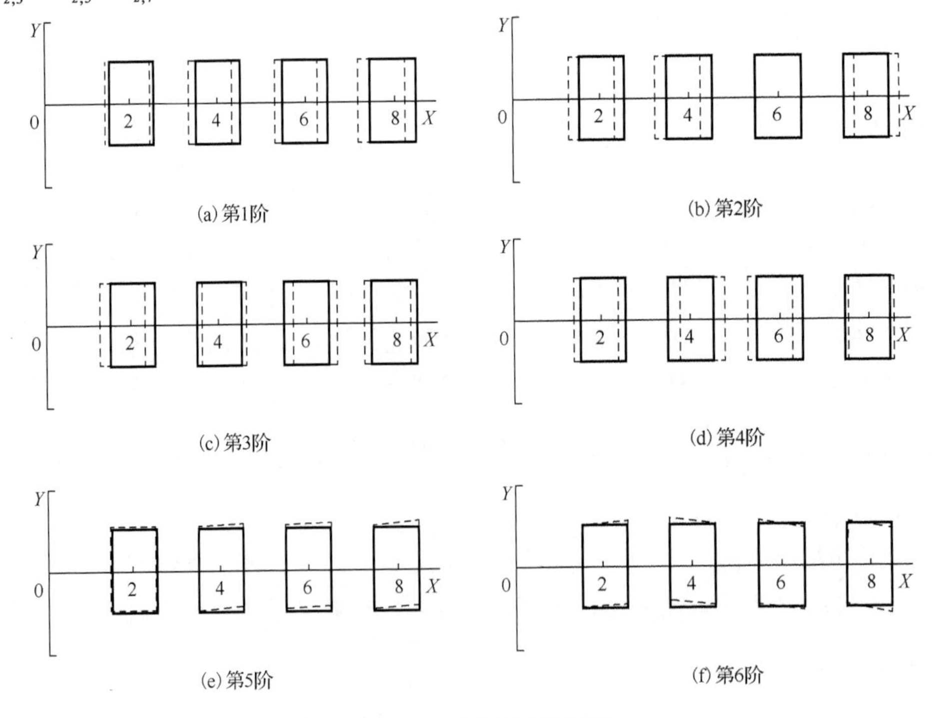


图 4.6.10　系统固有振型图

# 4.7　连续系统的传递矩阵分析法

在 2.7 节和 3.3 节中，我们讨论了简单连续系统的建模和求解问题，下面介绍用传递矩阵分析简单连续系统振动的方法。通过求解连续体元件的动力学 $n$ 阶微分方程，可导出连续体元件的传递矩阵。

前面已经介绍了求解连续体偏微分方程的分离变量法。由分离变量，可将连续体的偏微分方程分解为空间与时间独立的 $n$ 阶常微分方程。通过求单变量的 $n$ 阶常微分方程的通解，其相关的 $n$ 个常数由边界条件确定，就可推导出连续体的传递矩阵，求解连续体传递矩阵的一般方法如下。

首先，建立连续体微元运动的 $n$ 阶微分方程，写出其通解。通解为坐标 $x$ 的函数，往往只表示坐标为 $x$ 的微元的位移，如 $Z_1(x)=A_1B_{11}(x)+A_2B_{12}(x)+\cdots+A_nB_{1n}(x)$，其中，$B_{1i}(x)$ $(i=1,2,\cdots,n)$ 是 $n$ 个线性无关的解，$A_j$（$j=1,2,\cdots,n$）是常数。

然后，根据连续体本构关系，由通解求出状态矢量中的其他状态变量，按照状态矢量的排列顺序写为矩阵形式为

$$\boldsymbol{Z}(x)=\boldsymbol{B}(x)\boldsymbol{a} \tag{4.7.1}$$

式中，

$$\boldsymbol{Z}(x)=\begin{pmatrix} Z_1(x) \\ Z_2(x) \\ \vdots \\ Z_n(x) \end{pmatrix}, \quad \boldsymbol{a}=\begin{pmatrix} A_1 \\ A_2 \\ \vdots \\ A_n \end{pmatrix}, \quad \boldsymbol{B}(x)=\begin{pmatrix} B_{11}(x) & B_{12}(x) & \cdots & B_{1n}(x) \\ B_{21}(x) & B_{22}(x) & \cdots & B_{2n}(x) \\ \vdots & \vdots & \ddots & \vdots \\ B_{n1}(x) & B_{n2}(x) & \cdots & B_{nn}(x) \end{pmatrix}$$

式中，矩阵 $\boldsymbol{B}(x)$ 是系统基解矩阵。

利用输入端状态矢量直接消去未知的常数矩阵 $\boldsymbol{a}$，即

$$\boldsymbol{Z}_I(x)=\boldsymbol{Z}(0)=\boldsymbol{B}(0)\boldsymbol{a} \quad \rightarrow \quad \boldsymbol{a}=\boldsymbol{B}^{-1}(0)\boldsymbol{Z}_I$$

最后，把 $\boldsymbol{a}$ 代入式(4.7.1)，可得传递方程为

$$\boldsymbol{Z}(x)=\boldsymbol{B}(x)\boldsymbol{B}^{-1}(0)\boldsymbol{Z}_I \tag{4.7.2}$$

因此，传递矩阵为

$$\boldsymbol{U}_x=\boldsymbol{B}(x)\boldsymbol{B}^{-1}(0) \tag{4.7.3}$$

特别地，对于输出端，有

$$\boldsymbol{Z}_O=\boldsymbol{U}\boldsymbol{Z}_I \quad , \quad \boldsymbol{U}=\boldsymbol{U}_{x=l}=\boldsymbol{B}(l)\boldsymbol{B}^{-1}(0)$$

## 4.7.1　等截面均直杆纵向振动的传递矩阵

### 1．等截面均直杆纵向自由振动

等截面均直杆做纵向自由振动时，长为 $\mathrm{d}x_1$ 的微元段的受力分析如图 4.7.1 所示，$x(x_1,t)$

为距输入端 $x_1$ 处横截面的纵向位移，$p(x_1,t)$ 为分布外力。

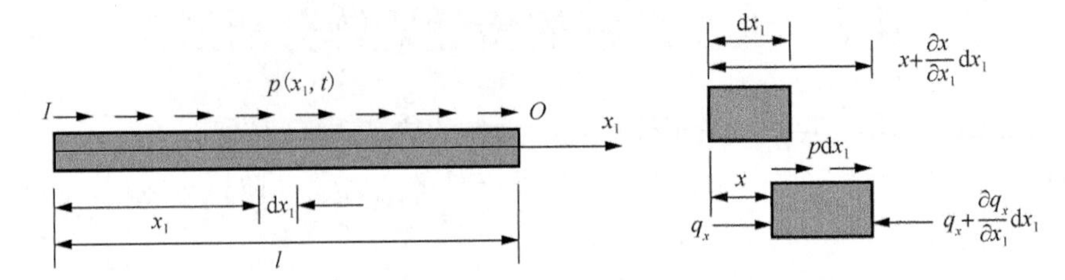


图 4.7.1　纵向自由振动等截面均直杆受力分析

等截面均直杆纵向自由振动的动力学方程为

$$\bar{m}\frac{\partial^2 x}{\partial t^2}-EA\frac{\partial^2 x}{\partial x_1^2}=p(x_1,t) \tag{4.7.4}$$

式中，$\bar{m}$ 为线质量密度；$EA$ 为抗拉刚度。

等截面均直杆纵向自由振动方程为

$$\bar{m}\frac{\partial^2 x}{\partial t^2}-EA\frac{\partial^2 x}{\partial x_1^2}=0 \tag{4.7.5}$$

令 $x(x_1,t)=X(x_1)e^{i\omega t}$，代入式(4.7.5)得

$$\frac{d^2X(x_1)}{dx_1^2}+\frac{\bar{m}\omega^2}{EA}X(x_1)=0 \tag{4.7.6}$$

其通解为

$$X(x_1)=A_1\cos\beta x_1+A_2\sin\beta x_1 \quad (0\leqslant x_1\leqslant l) \tag{4.7.7}$$

式中，$\beta=\sqrt{\bar{m}\omega^2/(EA)}$；$A_1$、$A_2$ 为任意常数。

由材料力学得

$$Q_x(x_1)=-EA\frac{dX(x_1)}{dx_1}=A_1\beta EA\sin\beta x_1-A_2\beta EA\cos\beta x_1 \tag{4.7.8}$$

将式(4.7.7)和式(4.7.8)并列，写成矩阵形式为

$$\begin{pmatrix} X(x_1) \\ Q_x(x_1) \end{pmatrix}=\begin{pmatrix} \cos\beta x_1 & \sin\beta x_1 \\ \beta EA\sin\beta x_1 & -\beta EA\cos\beta x_1 \end{pmatrix}\begin{pmatrix} A_1 \\ A_2 \end{pmatrix} \tag{4.7.9}$$

可得，$\boldsymbol{Z}(x_1)=\boldsymbol{B}(x_1)\boldsymbol{a}$，$\boldsymbol{a}=(A_1,A_2)^{\mathrm{T}}$。

在式(4.7.9)中令 $x_1=0$，得

$$\begin{pmatrix} X \\ Q_x \end{pmatrix}_I=\begin{pmatrix} 1 & 0 \\ 0 & -\beta EA \end{pmatrix}\begin{pmatrix} A_1 \\ A_2 \end{pmatrix} \tag{4.7.10}$$

因此，纵向自由振动等截面均直杆的传递矩阵为

$$\begin{aligned}\boldsymbol{U}_{x_1}=\boldsymbol{B}(x_1)\boldsymbol{B}^{-1}(0)&=\begin{pmatrix} \cos\beta x_1 & \sin\beta x_1 \\ \beta EA\sin\beta x_1 & -\beta EA\cos\beta x_1 \end{pmatrix}\begin{pmatrix} 1 & 0 \\ 0 & -\beta EA \end{pmatrix}^{-1} \\ &=\begin{pmatrix} \cos\beta x_1 & -\frac{1}{\beta EA}\sin\beta x_1 \\ \beta EA\sin\beta x_1 & \cos\beta x_1 \end{pmatrix}\end{aligned} \tag{4.7.11}$$

定义状态矢量$\boldsymbol{Z}_{1,0}$、$\boldsymbol{Z}_{x1}$、$\boldsymbol{Z}_{1,2}$的形式为$\boldsymbol{Z}=\left(X,Q_y\right)^{\mathrm{T}}$，传递矩阵为式(4.7.11)，总传递方程为$\boldsymbol{Z}_{1,2}=\boldsymbol{U}_{x_1=l}\boldsymbol{Z}_{1,0}$，代入边界条件可得频率方程，进而求解出固有频率$\omega_k\ (k=1,2,\cdots)$及任意点的状态矢量。表 4.7.1 给出了几种简单边界条件下纵向自由振动等截面均直杆的固有振动特性。

**表 4.7.1　简单边界条件下纵向自由振动等截面均直杆的固有振动特性**

| 边界条件 | 频率方程 | $\beta_k l$ | 固有振型函数 |
|---|---|---|---|
| I—O（两端固定）<br>$\boldsymbol{Z}_I=\left(0,Q_x\right)_I^{\mathrm{T}}$<br>$\boldsymbol{Z}_O=\left(0,Q_x\right)_O^{\mathrm{T}}$ | $\dfrac{\sin\beta l}{\beta}=0$ | $\beta_k l=k\pi$<br>$(k=1,2,\cdots)$ | $X(x_1)=c_k\sin\beta_k x_1$<br>（$c_k$ 为任意非零常数） |
| I—O（I端固定）<br>$\boldsymbol{Z}_I=\left(0,Q_x\right)_I^{\mathrm{T}}$<br>$\boldsymbol{Z}_O=\left(X,0\right)_O^{\mathrm{T}}$ | $\cos\beta l=0$ | $\beta_k l=\left(k-\dfrac{1}{2}\right)\pi$<br>$(k=1,2,\cdots)$ | $X(x_1)=c_k\sin\beta_k x_1$<br>（$c_k$ 为任意非零常数） |
| I—O（两端自由）<br>$\boldsymbol{Z}_I=\left(X,0\right)_I^{\mathrm{T}}$<br>$\boldsymbol{Z}_O=\left(X,0\right)_O^{\mathrm{T}}$ | $\beta\sin\beta l=0$ | $\beta_k l=(k-1)\pi$<br>$(k=1,2,\cdots)$ | $X(x_1)=c_k\cos\beta_k x_1$<br>（$c_k$ 为任意非零常数） |

## 2．等截面均直杆纵向强迫振动

分析连续体强迫振动时需要推导扩展传递矩阵，推导连续体扩展传递矩阵的步骤与推导自由振动传递矩阵的步骤相同，主要区别仅在于前者只用到高阶齐次微分方程的通解，而后者要用到全解，前者的主体部分与自由振动的传递矩阵形式完全相同。但扩展矩阵块 $\boldsymbol{f}$ 的形式不如离散体简单，往往无法直接写出，它不仅依赖于强迫项对应的特解，也依赖于齐次微分方程的通解。

当等截面均直杆受分布外力$p\left(x_1,t\right)=P\left(x_1\right)\cos\Omega t$作用时，等截面均直杆的振动方程为

$$\bar{m}\frac{\partial^2 x}{\partial t^2}-EA\frac{\partial^2 x}{\partial x_1^2}=P\left(x_1\right)\cos\Omega t \tag{4.7.12}$$

令$x\left(x_1,t\right)=\mathrm{Re}\left[X\left(x_1\right)\mathrm{e}^{\mathrm{i}\Omega t}\right]$，代入式(4.7.12)，得

$$X''\left(x_1\right)+\frac{\bar{m}\Omega^2}{EA}X\left(x_1\right)=-\frac{1}{EA}P\left(x_1\right) \tag{4.7.13}$$

其解为

$$X\left(x_1\right)=A_1\cos\beta x_1+A_2\sin\beta x_1+X^*\left(x_1\right)\quad\left(0\leqslant x_1\leqslant l\right) \tag{4.7.14}$$

式中，$\beta=\sqrt{\bar{m}\Omega^2/(EA)}$；$A_1$、$A_2$为任意常数；$X^*\left(x_1\right)$为强迫项对应的特解。

根据胡克定律得

$$Q_x\left(x_1\right)=-EA\frac{\mathrm{d}X\left(x_1\right)}{\mathrm{d}x_1}=A_1\beta EA\sin\beta x_1-A_2\beta EA\cos\beta x_1-EAX'^*\left(x_1\right) \tag{4.7.15}$$

将式(4.7.14)和式(4.7.15)并列，写成矩阵形式为

$$\begin{pmatrix}X\left(x_1\right)\\Q_x\left(x_1\right)\end{pmatrix}=\begin{pmatrix}\cos\beta x_1 & \sin\beta x_1\\ \beta EA\sin\beta x_1 & -\beta EA\cos\beta x_1\end{pmatrix}\begin{pmatrix}A_1\\A_2\end{pmatrix}+\begin{pmatrix}X^*\left(x_1\right)\\-EAX'^*\left(x_1\right)\end{pmatrix} \tag{4.7.16}$$

在式(4.7.16)中令为$x_1=0$，得

$$\begin{pmatrix} X \\ Q_x \end{pmatrix}_l = \begin{pmatrix} 1 & 0 \\ 0 & -\beta EA \end{pmatrix}\begin{pmatrix} A_1 \\ A_2 \end{pmatrix} + \begin{pmatrix} X^*(0) \\ -EAX'^*(0) \end{pmatrix} \tag{4.7.17}$$

则有

$$\begin{pmatrix} A_1 \\ A_2 \end{pmatrix} = \begin{pmatrix} 1 & 0 \\ 0 & -\beta EA \end{pmatrix}^{-1}\begin{pmatrix} X \\ Q_x \end{pmatrix}_l - \begin{pmatrix} 1 & 0 \\ 0 & -\beta EA \end{pmatrix}^{-1}\begin{pmatrix} X^*(0) \\ -EAX'^*(0) \end{pmatrix} \tag{4.7.18}$$

把式(4.7.18)代入式(4.7.16)，按扩展传递方程形式整理得

$$\begin{pmatrix} X(x_1) \\ Q_x(x_1) \\ 1 \end{pmatrix} = \begin{pmatrix} \boldsymbol{U} & \boldsymbol{f} \\ 0 & 1 \end{pmatrix}\begin{pmatrix} X \\ Q_x \\ 1 \end{pmatrix}_l \tag{4.7.19}$$

式中，$\boldsymbol{U}=\boldsymbol{U}(\Omega)$，与等截面均直杆纵向自由振动的传递矩阵形式相同。

另外，有

$$\boldsymbol{f} = \begin{pmatrix} -X^*(0)\cos\beta x_1 - \dfrac{1}{\beta}X'^*(0)\sin\beta x_1 + X^*(x_1) \\ -\beta EAX^*(0)\sin\beta x_1 + EAX'^*(0)\cos\beta x_1 - EAX'^*(x_1) \end{pmatrix} \tag{4.7.20}$$

表 4.7.2 分别列出了等截面均直杆在不同分布载荷下$\boldsymbol{f}$的表达式。

**表 4.7.2　等截面均直杆在不同分布载荷下$f$的表达式**

| 载荷形式 | 特解 $X^*(x_1)$ 的表达式 | $f$ 的表达式 |
| --- | --- | --- |
| $P\cos\Omega t$ | $X^*(x_1)=-\dfrac{P}{\overline{m}\Omega^2}$ | $f=\begin{pmatrix} -\dfrac{P}{\overline{m}\Omega^2}(1-\cos\beta x_1) \\ \dfrac{P}{\beta}\sin\beta x_1 \end{pmatrix}$ |
| $\dfrac{x_1}{l}P\cos\Omega t$ | $X^*(x_1)=-\dfrac{P}{\overline{m}\Omega^2}\dfrac{x_1}{l}$ | $f=\begin{pmatrix} -\dfrac{P}{\overline{m}\Omega^2 l}\left(x_1-\dfrac{\sin\beta x_1}{\beta}\right) \\ -\dfrac{P}{\beta^2 l}(1-\cos\beta x_1) \end{pmatrix}$ |
| $\dfrac{x_1^2}{l^2}P\cos\Omega t$ | $X^*(x_1)=-\dfrac{P}{\overline{m}\Omega^2 l^2}\left(x_1^2-\dfrac{2}{\beta^2}\right)$ | $f=\begin{pmatrix} -\dfrac{P}{\overline{m}\Omega^2 l^2}\left[x_1^2+\dfrac{2(\cos\beta x_1-1)}{\beta^2}\right] \\ -\dfrac{2P}{\beta^2 l^2}\left(x_1-\dfrac{\sin\beta x_1}{\beta}\right) \end{pmatrix}$ |

## 4.7.2　弹性轴扭转振动的传递矩阵

如图 4.7.2 所示的做扭转振动的弹性轴，长度为$l$，材料密度为$\rho$，截面的极惯性矩为$J_p$，抗扭刚度为$GJ_p$。弹性轴的自由扭转振动方程为

$$GJ_p\frac{\partial^2\theta_x}{\partial x^2} - \rho J_p\frac{\partial^2\theta_x}{\partial t^2} = 0 \tag{4.7.21}$$

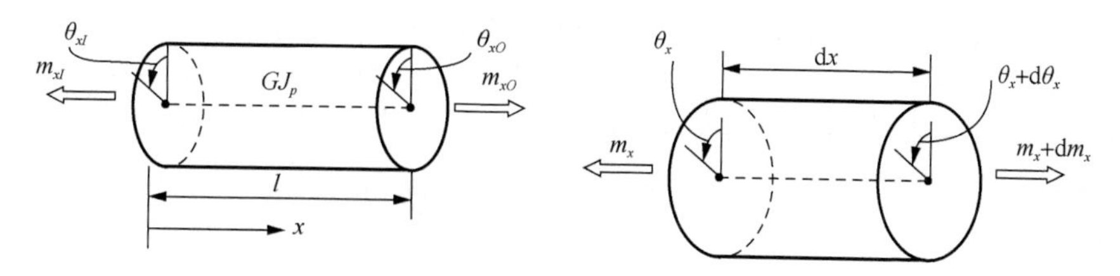


图 4.7.2　扭转振动的弹性轴

令 $\theta_x(x,t)=\theta_x(x)e^{i\omega t}$，代入式(4.7.21)，得

$$\frac{d^2\theta_x}{dx^2}+\frac{\rho J_p}{GJ_p}\theta_x=0 \tag{4.7.22}$$

式(4.7.22)的通解为

$$\theta_x=A_1\sin\gamma x+A_2\cos\gamma x \tag{4.7.23a}$$

式中，$\gamma^2=\dfrac{\rho J_p\omega^2}{GJ_p}=\dfrac{\rho\omega^2}{G}$；$A_1$、$A_2$为任意常数。

由材料力学得

$$M_x=GJ_p\frac{d\theta_x}{dx}=\gamma GJ_pA_1\cos\gamma x-\gamma GJ_pA_2\sin\gamma x \tag{4.7.23b}$$

联立式(4.7.23a)和式(4.7.23b)，得

$$\begin{pmatrix}\theta_x\\M_x\end{pmatrix}=\begin{pmatrix}\sin\gamma x & \cos\gamma x\\ \gamma GJ_p\cos\gamma x & -\gamma GJ_p\sin\gamma x\end{pmatrix}\begin{pmatrix}A_1\\A_2\end{pmatrix} \tag{4.7.24}$$

对输入端 $I$，$x=0$、$\theta_x=\theta_{xI}$、$M_x=M_{xI}$，得

$$\begin{pmatrix}0 & 1\\ \gamma GJ_p & 0\end{pmatrix}\begin{pmatrix}A_1\\A_2\end{pmatrix}=\begin{pmatrix}\theta_x\\M_x\end{pmatrix}_I$$

因此，$A_2=\theta_{xI}$，$A_1=\dfrac{1}{\gamma GJ_p}M_{xI}$。

由式(4.7.24)，注意到对输出端 $O$，$x=l$，可得弹性轴的传递方程为

$$\begin{pmatrix}\theta_x\\M_x\end{pmatrix}_l=\begin{pmatrix}\cos\gamma x & \dfrac{1}{\gamma GJ_p}\sin\gamma x\\ -\gamma GJ_p\sin\gamma x & \cos\gamma x\end{pmatrix}\begin{pmatrix}\theta_x\\M_x\end{pmatrix}_I \tag{4.7.25a}$$

弹性轴的传递矩阵为

$$\boldsymbol{U}_{x=l}=\begin{pmatrix}\cos\gamma x & \dfrac{1}{\gamma GJ_p}\sin\gamma x\\ -\gamma GJ_p\sin\gamma x & \cos\gamma x\end{pmatrix} \tag{4.7.25b}$$

如果不计轴的质量，即 $\rho\to0$，则 $\gamma\to0$，式(4.7.25b)变为无质量轴的传递矩阵，见式(4.2.21)。

定义状态矢量 $\boldsymbol{Z}_{1,0}$、$\boldsymbol{Z}_x$、$\boldsymbol{Z}_{1,2}$ 的形式为 $\boldsymbol{Z}=(\theta_x, M_x)^{\mathrm{T}}$，传递矩阵为式(4.7.25b)，总传递方程为 $\boldsymbol{Z}_{1,2}=\boldsymbol{U}_{x=l}\boldsymbol{Z}_{1,0}$。表 4.7.3 给出了几种简单边界条件下扭转振动等截面弹性轴的固有振动特性。

表 4.7.3　简单边界条件下扭转振动等截面弹性轴的固有振动特性

| 边界条件 | 频率方程 | $\gamma_k l$ | 固有振型函数 |
| --- | --- | --- | --- |
| 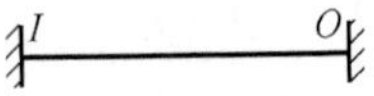 I—O（两端固定）<br>$\boldsymbol{Z}_I=(0,M_x)_I^{\mathrm{T}}$<br>$\boldsymbol{Z}_O=(0,M_x)_O^{\mathrm{T}}$ | $\dfrac{\sin\gamma l}{\gamma}=0$ | $\gamma_k l=k\pi$<br>$(k=1,2,\cdots)$ | $\theta_x(x)=c_k\sin\gamma_k x_1$<br>（$c_k$ 为任意非零常数） |
|  I—O（左端固定）<br>$\boldsymbol{Z}_I=(0,M_x)_I^{\mathrm{T}}$<br>$\boldsymbol{Z}_O=(\theta_x,0)_O^{\mathrm{T}}$ | $\cos\gamma l=0$ | $\gamma_k l=\left(k-\dfrac{1}{2}\right)\pi$<br>$(k=1,2,\cdots)$ | $\theta_x(x)=c_k\sin\gamma_k x_1$<br>（$c_k$ 为任意非零常数） |
| I—O（两端自由）<br>$\boldsymbol{Z}_I=(\theta_x,0)_I^{\mathrm{T}}$<br>$\boldsymbol{Z}_O=(\theta_x,0)_O^{\mathrm{T}}$ | $\gamma\sin\gamma l=0$ | $\gamma_k l=(k-1)\pi$<br>$(k=1,2,\cdots)$ | $X(x_1)=c_k\cos\gamma_k x_1$<br>（$c_k$ 为任意非零常数） |

## 4.7.3　Bernoulli-Euler 梁横向自由振动的传递矩阵

Bernoulli-Euler 梁横向自由振动微分方程为

$$EI\frac{\partial^4 y}{\partial x^4}+\bar{m}\frac{\partial^2 y}{\partial t^2}=0 \tag{4.7.26}$$

式中，$EI$为梁的抗弯刚度；$\bar{m}$ 为线质量密度。

令 $y(x,t)=Y(x)\mathrm{e}^{\mathrm{i}\omega t}$，代入式(4.7.26)得

$$\frac{\partial^4 Y(x)}{\partial x^4}-\frac{\bar{m}\omega^2}{EI}Y(x)=0 \tag{4.7.27}$$

其通解为

$$Y(x)=A_1\cosh\lambda_1 x+A_2\sinh\lambda_1 x+A_3\cos\lambda_2 x+A_4\sin\lambda_2 x \tag{4.7.28}$$

式中，$\lambda=\sqrt[4]{\bar{m}\omega^2/(EI)}$。

由材料力学可知，对于Bernoulli-Euler梁，有

$$\varTheta_z=\frac{\mathrm{d}Y}{\mathrm{d}x}\quad,\quad M_z=EI_z\frac{\mathrm{d}\varTheta_z}{\mathrm{d}x}\quad,\quad Q_y=\frac{\mathrm{d}M_z}{\mathrm{d}x} \tag{4.7.29}$$

因此，可得

$$\begin{pmatrix} Y \\ \varTheta_z \\ M_z \\ Q_y \end{pmatrix}=\begin{pmatrix} \cosh\lambda x & \sinh\lambda x & \cos\lambda x & \sin\lambda x \\ \lambda\sinh\lambda x & \lambda\cosh\lambda x & -\lambda\sin\lambda x & \lambda\cos\lambda x \\ EI_z\lambda^2\cosh\lambda x & EI_z\lambda^2\sinh\lambda x & -EI_z\lambda^2\cos\lambda x & -EI_z\lambda^2\sin\lambda x \\ EI_z\lambda^3\sinh\lambda x & EI_z\lambda^3\cosh\lambda x & EI_z\lambda^3\sin\lambda x & -EI_z\lambda^3\cos\lambda x \end{pmatrix}\begin{pmatrix} A_1 \\ A_2 \\ A_3 \\ A_4 \end{pmatrix} \tag{4.7.30}$$

由此可得，$\boldsymbol{Z}(x)=\boldsymbol{B}(x)\boldsymbol{a}$，$\boldsymbol{a}=(A_1,A_2,A_3,A_4)^{\mathrm{T}}$。

在 $\boldsymbol{B}(x)$ 中令 $x=0$，得

$$\boldsymbol{B}(0)=\begin{pmatrix} 1 & 0 & 1 & 0 \\ 0 & \lambda & 0 & \lambda \\ EI\lambda^2 & 0 & -EI\lambda^2 & 0 \\ 0 & EI\lambda^3 & 0 & -EI\lambda^3 \end{pmatrix}$$

因此，Bernoulli-Euler 梁的传递矩阵为

$$
\boldsymbol{U}=\boldsymbol{B}(l)\boldsymbol{B}^{-1}(0)=\begin{pmatrix} S(\lambda l) & \dfrac{T(\lambda l)}{\lambda} & \dfrac{U(\lambda l)}{EI\lambda^2} & \dfrac{V(\lambda l)}{EI\lambda^3} \\ \lambda V(\lambda l) & S(\lambda l) & \dfrac{T(\lambda l)}{EI\lambda} & \dfrac{U(\lambda l)}{EI\lambda^2} \\ EI\lambda^2 U(\lambda l) & EI\lambda V(\lambda l) & S(\lambda l) & \dfrac{T(\lambda l)}{\lambda} \\ EI\lambda^3 T(\lambda l) & EI\lambda^2 U(\lambda l) & \lambda V(\lambda l) & S(\lambda l) \end{pmatrix} \tag{4.7.31}
$$

式中，$S(x)$、$T(x)$、$U(x)$、$V(x)$ 为科巴函数。

$$
\begin{cases} S(x)=\dfrac{\cosh x+\cos x}{2}, & T(x)=\dfrac{\sinh x+\sin x}{2} \\ U(x)=\dfrac{\cosh x-\cos x}{2}, & V(x)=\dfrac{\sinh x-\sin x}{2} \end{cases} \tag{4.7.32}
$$

表 4.7.4 列出了等截面均质 Bernoulli-Euler 梁在几种简单边界条件下的频率方程及其根和系统的固有振型图。由于Bernoulli-Euler梁的角位移振型仅仅是线位移振型关于坐标 $x$ 的导数，表中只给出了线位移振型。

**表 4.7.4　简单边界条件下等截面均质 Bernoulli-Euler 梁的固有振动特性**

| 边界条件 | 频率方程 | $\lambda_k l$ | | 固有振型图 |
|---|---|---|---|---|
| $I$ $O$<br>$\boldsymbol{Z}_I=(0,0,M_x,Q_y)_I^{\mathrm{T}}$<br>$\boldsymbol{Z}_O=(Y,\theta_z,0,0)_O^{\mathrm{T}}$ | $\cosh\lambda l\cos\lambda l=-1$ | 1 | 1.8751 | 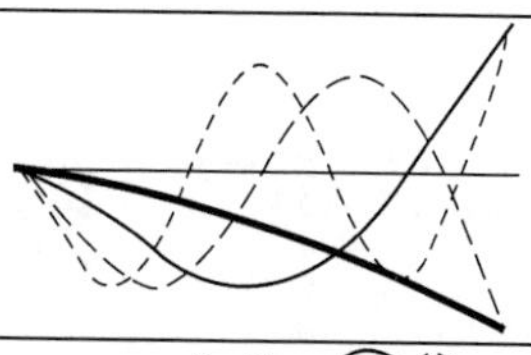 |
| | | 2 | 4.6941 | |
| | | 3 | 7.8548 | |
| | | 4 | 10.9955 | |
|  $I$ $O$<br>$\boldsymbol{Z}_I=(0,0,M_x,Q_y)_I^{\mathrm{T}}$<br>$\boldsymbol{Z}_O=(0,0,M_x,Q_y)_O^{\mathrm{T}}$ | $\cosh\lambda l\cos\lambda l=1$ | 1 | 4.7300 | 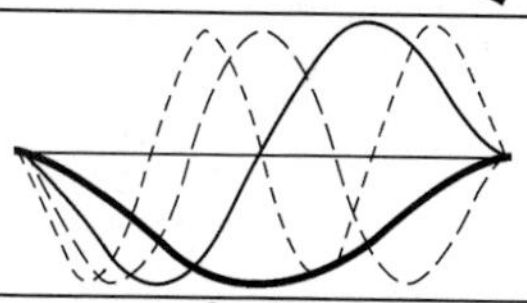 |
| | | 2 | 7.8532 | |
| | | 3 | 10.9956 | |
| | | 4 | 14.1372 | |
| 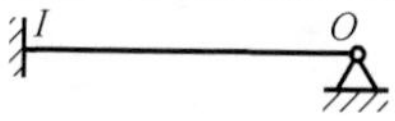 $I$ $O$<br>$\boldsymbol{Z}_I=(0,0,M_x,Q_y)_I^{\mathrm{T}}$<br>$\boldsymbol{Z}_O=(0,\theta_z,0,Q_y)_O^{\mathrm{T}}$ | $\sinh\lambda l=0$ | 1 | 3.9266 | 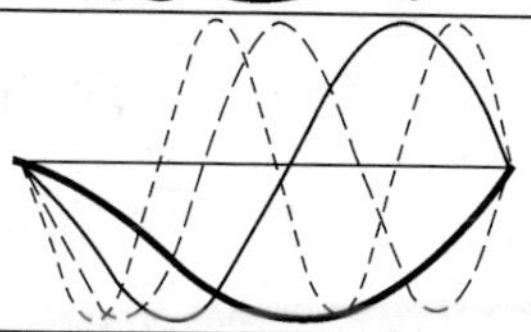 |
| | | 2 | 7.0686 | |
| | | 3 | 10.2102 | |
| | | 4 | 13.3518 | |
| 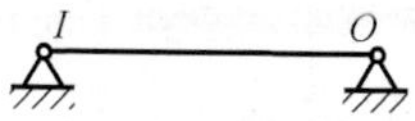 $I$ $O$<br>$\boldsymbol{Z}_I=(0,\theta_z,0,Q_y)_I^{\mathrm{T}}$<br>$\boldsymbol{Z}_O=(0,\theta_z,0,Q_y)_O^{\mathrm{T}}$ | $\tanh\lambda l-\tan\lambda l=0$ | 1 | 3.1416 | 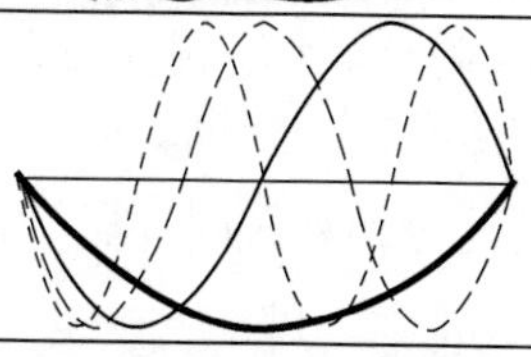 |
| | | 2 | 6.2832 | |
| | | 3 | 9.4248 | |
| | | 4 | 12.5664 | |
|  $I$ $O$<br>$\boldsymbol{Z}_I=(0,\theta_z,0,Q_y)_I^{\mathrm{T}}$<br>$\boldsymbol{Z}_O=(Y,\theta_z,0,0)_O^{\mathrm{T}}$ | $\tanh\lambda l-\tan\lambda l=0$ | 1 | 0 | 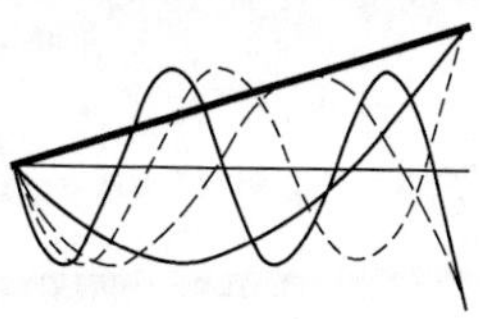 |
| | | 2 | 3.9266 | |
| | | 3 | 7.0686 | |
| | | 4 | 10.2102 | |
| | | 5 | 13.3518 | |

续表

| 边界条件 | 频率方程 | $\lambda_k l$ | | 固有振型图 |
|---|---|---|---|---|
| I　　O<br>$\boldsymbol{Z}_I=(Y,\theta_z,0,0)_I^{\mathrm{T}}$<br>$\boldsymbol{Z}_O=(Y,\theta_z,0,0)_O^{\mathrm{T}}$ | $\cosh\lambda l\cos\lambda l=1$ | 1 | 0 | |
| | | 2 | 0 | |
| | | 3 | 4.7300 | |
| | | 4 | 7.8532 | |
| | | 5 | 10.995 | |
| | | 6 | 14.1372 | |

如图 4.7.3 所示的平面横向振动等截面 Bernoulli-Euler 梁，一端固定，另一端自由，两端点的状态矢量分别为 $\boldsymbol{Z}_{1,0}$、$\boldsymbol{Z}_{1,2}$，梁上任意点的状态矢量为 $\boldsymbol{Z}_x$，形式为 $\boldsymbol{Z}=\left(X,\theta_z,M_z,Q_y\right)^{\mathrm{T}}$，梁的传递矩阵见式(4.7.31)。

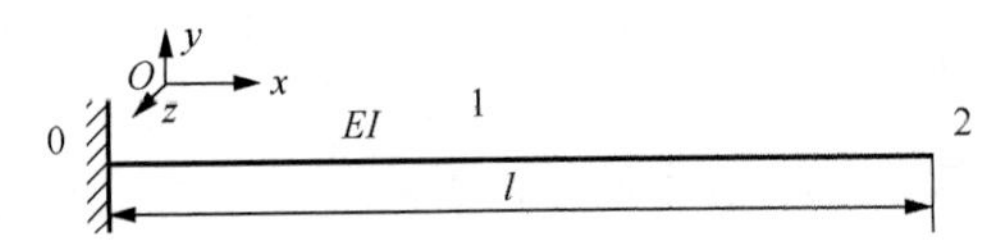


图 4.7.3　平面横向振动等截面 Bernoulli-Euler 梁

总传递方程为

$$\boldsymbol{Z}_{1,2}=\boldsymbol{U}_{x=l}\boldsymbol{Z}_{1,0}=\boldsymbol{U}\boldsymbol{Z}_{1,0} \tag{4.7.33}$$

边界条件为

$$\boldsymbol{Z}_{1,2}=\left(Y,\theta_z,0,0\right)_{1,2}^{\mathrm{T}},\quad \boldsymbol{Z}_{1,0}=\left(0,0,M_z,Q_y\right)_{1,0}^{\mathrm{T}} \tag{4.7.34}$$

将式(4.7.34)代入式(4.7.33)，得特征方程为

$$\varDelta=\begin{vmatrix} u_{33} & u_{34} \\ u_{43} & u_{44}\end{vmatrix}=\begin{vmatrix} S(\lambda l) & \dfrac{T(\lambda l)}{\lambda} \\ \lambda V(\lambda l) & S(\lambda l)\end{vmatrix} \tag{4.7.35}$$

即

$$\cosh\lambda l\cos\lambda l=-1 \tag{4.7.36}$$

求解式(4.7.36)可得固有频率 $\omega_k$（$k=1,2,\cdots$）以及对应的 $\lambda_k$。对每一个 $\omega_k$，取 $Q_{x0,1}=1$，$M_{z1,0}=-\dfrac{u_{34}}{u_{33}}=-\dfrac{u_{44}}{u_{43}}=-\dfrac{T(\lambda_k l)}{\lambda_k S(\lambda_k l)}$，或者取 $M_{z1,0}=1$，$Q_{z1,0}=-\dfrac{u_{43}}{u_{44}}=-\dfrac{u_{33}}{u_{34}}=-\dfrac{\lambda_k V(\lambda_k l)}{S(\lambda_k l)}$。这样做是因为式(4.7.35)中行列式中的元素可能为零，有时甚至整行(或整列)为零。得到了系统左端的边界状态矢量 $\boldsymbol{Z}_{1,0}=1$后，可由 $\boldsymbol{Z}_x^k=\boldsymbol{U}_x(\omega_k)\boldsymbol{Z}_{1,0}^k$（$0<x\leqslant l$）得到梁内任意点的状态矢量 $\boldsymbol{Z}_x$，进而得到系统固有振型为

$$Y^k(x)=\frac{S(\lambda_k l)V(\lambda_k l)-T(\lambda_k l)U(\lambda_k x)}{EI\lambda_k^3 S(\lambda_k l)} \tag{4.7.37}$$

## 4.7.4　Timoshenko 梁横向自由振动的传递矩阵

Timoshenko 梁横向自由振动方程为

$$\frac{\partial^4 y}{\partial x^4}+\frac{\bar{m}}{EI_z}\frac{\partial^2 y}{\partial t^2}-\frac{\bar{m}\rho_z^2}{EI_z}\frac{\partial^4 y}{\partial x^2\partial t^2}+\frac{\bar{m}}{GA_s}\left(\frac{\bar{m}\rho_z^2}{EI_z}\frac{\partial^4 y}{\partial t^4}-\frac{\partial^4 y}{\partial x^2\partial t^2}\right)=0 \tag{4.7.38}$$

自由振动位移可表示为

$$y(x,t)=Y(x)\mathrm{e}^{\mathrm{i}\omega t} \tag{4.7.39}$$

将式(4.7.39)代入式(4.7.38)，消去参数 $t$ 得

$$\frac{\mathrm{d}^4Y}{\mathrm{d}x^4}+\frac{\bar{m}\omega^2}{EI_z}\left(\frac{EI_z}{GA_s}+\rho_z^2\right)\frac{\mathrm{d}^2Y}{\mathrm{d}x^2}-\frac{\bar{m}\omega^2}{EI_z}\left(1-\frac{\bar{m}\rho_z^2\omega^2}{GA_s}\right)Y=0 \tag{4.7.40}$$

式(4.7.40)的通解为

$$Y(x)=A_1\cosh(\lambda_1x)+A_2\sinh(\lambda_1x)+A_3\cos(\lambda_2x)+A_4\sin(\lambda_2x) \tag{4.7.41}$$

式中，

$$\lambda_{1,2}=\sqrt{\sqrt{\beta^4+\frac{1}{4}(\sigma-\tau)^2}\mp\frac{1}{2}(\sigma+\tau)}\ ,\quad \sigma=\frac{\bar{m}\omega^2}{GA_s}\ ,\quad \tau=\frac{\bar{m}\rho_z^2\omega^2}{EI_z}\ ,\quad \beta^4=\frac{\bar{m}\omega^2}{EI_z}$$

由受力平衡关系及材料力学理论，角度与剪力之间的关系为

$$Q_y=GA_s\left(-\frac{\partial y}{\partial x}+\theta_z\right)\quad 或\quad \frac{\partial y}{\partial x}=\theta_z-\frac{Q_y}{GA_s} \tag{4.7.42a}$$

式中，$GA_s=GA/\kappa_s$，称为剪切刚度，其中 $\kappa_s$ 为形状因子，由横截面的形状决定。

弯矩与角度关系为

$$m_z=EI_z\frac{\partial\theta_z}{\partial x}\quad 或\quad \frac{\partial\theta_z}{\partial x}=\frac{m_z}{EI_z} \tag{4.7.42b}$$

由受力分析可得

$$\frac{\partial m_z}{\partial x}=Q_y+\bar{m}\rho_z^2\frac{\partial^2\theta_z}{\partial t^2} \tag{4.7.42c}$$

$$\frac{\partial q_y}{\partial x}=-\bar{m}\frac{\partial^2 y}{\partial t^2} \tag{4.7.42d}$$

考虑到 $z=\boldsymbol{Z}\mathrm{e}^{\mathrm{i}\omega t}$，由式(4.7.42a)～式(4.7.42d)得

$$\begin{cases}\dfrac{\mathrm{d}Y}{\mathrm{d}x}=\theta_z-\dfrac{Q_y}{GAs}\\ \dfrac{\mathrm{d}\theta_z}{\mathrm{d}x}=\dfrac{M_z}{EI_z}\\ \dfrac{\mathrm{d}M_z}{\mathrm{d}x}=Q_y-\bar{m}\rho_z^2\omega^2\theta_z\\ \dfrac{\mathrm{d}Q_y}{\mathrm{d}x}=\omega^2\bar{m}Y\end{cases}\quad 或\quad \begin{cases}\theta_z=\dfrac{\mathrm{d}Y}{\mathrm{d}x}-\dfrac{Q_y}{GAs}\\ M_z=EI_z\dfrac{\mathrm{d}\theta_z}{\mathrm{d}x}\\ Q_y=\dfrac{\mathrm{d}M_z}{\mathrm{d}x}+\bar{m}\rho_z^2\omega^2\theta_z\end{cases} \tag{4.7.43}$$

由式(3.53)和式(3.54)得

$$\begin{pmatrix}Y\\ \theta_z\\ M_z\\ Q_y\end{pmatrix}=\begin{pmatrix}\cosh\lambda_1x & \sinh\lambda_1x & \cos\lambda_2x & \sin\lambda_2x\\ \dfrac{\sigma+\lambda_1^2}{\lambda_1}\sinh\lambda_1x & \dfrac{\sigma+\lambda_1^2}{\lambda_1}\cosh\lambda_1x & \dfrac{\sigma-\lambda_2^2}{\lambda_2}\sin\lambda_2x & -\dfrac{\sigma-\lambda_2^2}{\lambda_2}\cos\lambda_2x\\ C_1\cosh\lambda_1x & C_1\sinh\lambda_1x & C_2\cos\lambda_2x & C_2\sin\lambda_2x\\ \dfrac{\bar{m}\omega^2}{\lambda_1}\sinh\lambda_1x & \dfrac{\bar{m}\omega^2}{\lambda_1}\cosh\lambda_1x & \dfrac{\bar{m}\omega^2}{\lambda_2}\sin\lambda_2x & -\dfrac{\bar{m}\omega^2}{\lambda_2}\cos\lambda_2x\end{pmatrix}\begin{pmatrix}A_1\\ A_2\\ A_3\\ A_4\end{pmatrix} \tag{4.7.44}$$

式中，

$$C_1 = EI_z\left(\sigma + \lambda_1^2\right) \quad , \quad C_2 = EI_z\left(\sigma - \lambda_2^2\right)$$

式(4.7.44)可记为

$$\boldsymbol{Z}(x) = \boldsymbol{B}(x)\boldsymbol{a}$$

$$\boldsymbol{a} = \left(A_1, A_2, A_3, A_4\right)^{\mathrm{T}}$$

对 $x = 0$，即对于梁的输入端 $I$，有

$$\boldsymbol{Z}(0) = \boldsymbol{B}(0)\boldsymbol{a} = \boldsymbol{Z}_I = \left(Y, \theta_z, M_z, Q_y\right)^{\mathrm{T}} \tag{4.7.45}$$

$$\boldsymbol{B}(0) = \begin{pmatrix} 1 & 0 & 1 & 0 \\ 0 & \dfrac{\sigma + \lambda_1^2}{\lambda_1} & 0 & -\dfrac{\sigma - \lambda_2^2}{\lambda_2} \\ EI_z\left(\sigma + \lambda_1^2\right) & 0 & EI_z\left(\sigma - \lambda_2^2\right) & 0 \\ 0 & \dfrac{\bar{m}\omega^2}{\lambda_1} & 0 & -\dfrac{\bar{m}\omega^2}{\lambda_2} \end{pmatrix} \tag{4.7.46}$$

即

$$\boldsymbol{a} = \boldsymbol{B}^{-1}(0)\boldsymbol{Z}_I \tag{4.7.47}$$

因此，有

$$\boldsymbol{Z}(x) = \boldsymbol{B}(x)\boldsymbol{B}^{-1}(0)\boldsymbol{Z}_I \tag{4.7.48}$$

对于梁的输出端 $O$，即 $x = l$，有

$$\boldsymbol{Z}(l) = \boldsymbol{B}(l)\boldsymbol{B}^{-1}(0)\boldsymbol{Z}_I$$

因此，Timoshenko 梁的传递矩阵为

$$\boldsymbol{U} = \boldsymbol{B}(l)\boldsymbol{B}^{-1}(0) = \frac{1}{\lambda_1^2 + \lambda_2^2}\begin{pmatrix} a_{11} & a_{12} & a_{13} & a_{14} \\ a_{21} & a_{22} & a_{23} & a_{24} \\ a_{31} & a_{32} & a_{33} & a_{34} \\ a_{41} & a_{42} & a_{43} & a_{44} \end{pmatrix} \tag{4.7.49}$$

式中，$a_{11} = -\left(\sigma - \lambda_2^2\right)\cosh\lambda_1 l + \left(\sigma + \lambda_1^2\right)\cos\lambda_2 l$； $a_{12} = \lambda_1\sinh\lambda_1 l + \lambda_2\sin\lambda_2 l$；

$a_{21} = -\left(\sigma - \lambda_2^2\right)\left(\sigma + \lambda_1^2\right)\left(\dfrac{\sinh\lambda_1 l}{\lambda_1} - \dfrac{\sin\lambda_2 l}{\lambda_2}\right)$； $a_{22} = \left(\sigma + \lambda_1^2\right)\cosh\lambda_1 l - \left(\sigma - \lambda_2^2\right)\cos\lambda_2 l$；

$a_{31} = -EI_z\left(\sigma - \lambda_2^2\right)\left(\sigma + \lambda_1^2\right)\left(\cosh\lambda_1 l - \cos\lambda_2 l\right)$；$a_{32} = EI_z\left[\lambda_1\left(\sigma + \lambda_1^2\right)\sinh\lambda_1 l + \lambda_2\left(\sigma - \lambda_2^2\right)\sin\lambda_2 l\right]$；

$a_{41} = -\dfrac{\bar{m}\omega^2\left(\sigma - \lambda_2^2\right)}{\lambda_1}\sinh\lambda_1 l + \dfrac{\bar{m}\omega^2\left(\sigma + \lambda_1^2\right)}{\lambda_2}\sin\lambda_2 l$； $a_{42} = \bar{m}\omega^2\left(\cosh\lambda_1 l - \cos\lambda_2 l\right)$；

$a_{13} = \dfrac{1}{EI_z}\left(\cosh\lambda_1 l - \cos\lambda_2 l\right)$； $a_{14} = -\dfrac{\lambda_1\left(\sigma - \lambda_2^2\right)}{\bar{m}\omega^2}\sinh\lambda_1 l - \dfrac{\lambda_2\left(\sigma + \lambda_1^2\right)}{\bar{m}\omega^2}\sin\lambda_2 l$；

$a_{23} = \dfrac{\sigma + \lambda_1^2}{EI_z\lambda_1}\sinh\lambda_1 l - \dfrac{\sigma - \lambda_2^2}{EI_z\lambda_2}\sin\lambda_2 l$； $a_{24} = -\dfrac{\left(\sigma - \lambda_2^2\right)\left(\sigma + \lambda_1^2\right)}{\bar{m}\omega^2}\left(\cosh\lambda_1 l - \cos\lambda_2 l\right)$；

$a_{33} = \left(\sigma + \lambda_1^2\right)\cosh\lambda_1 l - \left(\sigma - \lambda_2^2\right)\cos\lambda_2 l$； $a_{34} = -\dfrac{EI_z\left(\sigma - \lambda_2^2\right)\left(\sigma + \lambda_1^2\right)}{\bar{m}\omega^2}\left(\lambda_1\sinh\lambda_1 l + \lambda_2\sin\lambda_2 l\right)$；

$$a_{43}=\frac{\overline{m}\omega^2}{EI_z}\left(\frac{\sinh\lambda_1 l}{\lambda_1}-\frac{\sin\lambda_2 l}{\lambda_2}\right);\quad a_{44}=-\left(\sigma-\lambda_2^2\right)\sinh\lambda_1 l+\left(\sigma+\lambda_1^2\right)\sin\lambda_2 l\text{。}$$

在图 4.7.3 中，若梁的横截面为矩形，宽度 $b=0.01\text{m}$，高度 $h=0.01\text{m}$，梁的长度 $l=1\text{m}$，材料密度 $\rho=7.8\times10^3\text{kg/m}^3$，弹性模量 $E=200\text{GN/m}^2$，分别用 Bernoulli-Euler 梁和 Timoshenko 梁求解其振动特性，其固有频率计算结果见表 4.7.5，固有振型图见图 4.7.4。

**表 4.7.5　固有频率计算结果**　　（单位：Hz）

| 方法 | 第 1 阶 | 第 2 阶 | 第 3 阶 | 第 4 阶 | 第 5 阶 | 第 6 阶 | 第 7 阶 | 第 8 阶 |
|---|---|---|---|---|---|---|---|---|
| 方法一 | 8.18 | 51.26 | 143.54 | 281.27 | 464.97 | 694.58 | 970.11 | 1291.57 |
| 方法二 | 8.18 | 51.23 | 143.35 | 280.61 | 463.21 | 690.76 | 962.81 | 1278.84 |

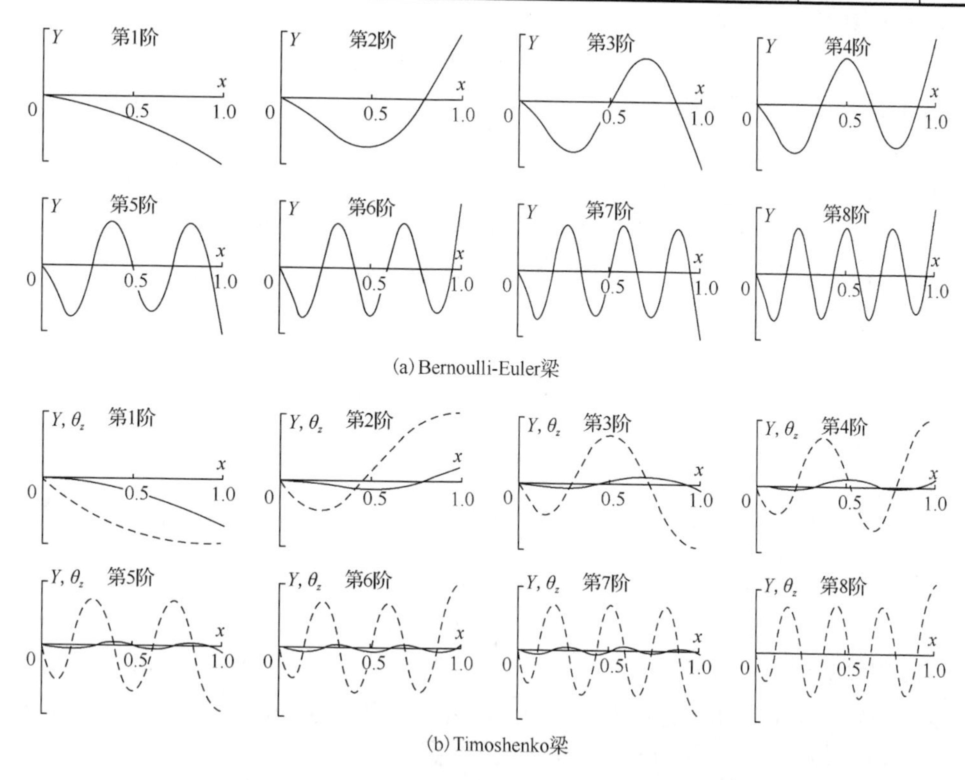


图 4.7.4　Bernoulli 梁和 Timoshenko 梁的固有振型图

对比计算结果可见，Timoshenko 梁与 Bernoulli-Euler 梁的固有振动特性基本相同，在高频时两者差异稍大。增加梁的横截面面积或者缩短梁的长度时，两种方法的差异也会增加。在长细比较大（计算长度 $L$ / 回转半径 $D>10$）且固有频率不高时，Bernoulli-Euler 梁与 Timoshenko 梁的固有振动特性差异不大。

## 4.8　用状态方程表示的系统的传递矩阵分析法

由系统矩阵 $\boldsymbol{A}$ 推导传递矩阵的方法有多种，这里仅介绍用 Hamilton-Cayley 定理推导传递矩阵的方法。

由 $n$ 个一阶微分方程组成的常系数齐次微分方程组为

$$\frac{\mathrm{d}\boldsymbol{Z}}{\mathrm{d}s}=\boldsymbol{AZ} \tag{4.8.1}$$

其通解为

$$\boldsymbol{Z}(s)=\mathrm{e}^{\boldsymbol{A}s}\boldsymbol{Z}(0)=\boldsymbol{U}(s)\boldsymbol{Z}(0) \tag{4.8.2}$$

式中，$\boldsymbol{Z}(0)$为初始状态矢量，当参数 $s$ 表示空间坐标 $x$ 时，$\boldsymbol{Z}(0)$为输入端的状态矢量$\boldsymbol{Z}_I$；$\boldsymbol{U}(s)=\mathrm{e}^{\boldsymbol{A}s}$，为传递矩阵，可表示为无穷级数形式。

$$\boldsymbol{U}(s)=\mathrm{e}^{\boldsymbol{A}s}=\boldsymbol{I}+\boldsymbol{A}s+\frac{1}{2!}(\boldsymbol{A}s)^2+\frac{1}{3!}(\boldsymbol{A}s)^3+\cdots=\sum_{k=0}^{\infty}\frac{(\boldsymbol{A}s)^k}{k!} \tag{4.8.3}$$

虽然有时可用式(4.8.3)直接计算传递矩阵$\boldsymbol{U}(s)$，但通常采用 Hamilton-Cayley 定理计算。设$\boldsymbol{A}$的特征多项式为

$$\varphi(a)=\det(a\boldsymbol{I}-\boldsymbol{A}) \tag{4.8.4}$$

则由 Hamilton-Cayley 定理可得

$$\varphi(\boldsymbol{A})=0 \tag{4.8.5}$$

因此，$\boldsymbol{A}^n$，$\boldsymbol{A}^{n+1}$，…均可用$\boldsymbol{A}^{n-1}$，$\boldsymbol{A}^{n-2}$，…，$\boldsymbol{A}$，$\boldsymbol{I}$线性表示，所以有

$$\boldsymbol{U}(s)=\mathrm{e}^{\boldsymbol{A}s}=C_0\boldsymbol{I}+C_1\boldsymbol{A}+C_2\boldsymbol{A}^2+\cdots+C_{n-1}\boldsymbol{A}^{n-1} \tag{4.8.6}$$

如果$\varphi(a)=0$的根均为单根，而特征值$a_i$对应的特征矢量为$\boldsymbol{v}_i$，则由

$$\begin{cases}\boldsymbol{A}^m\boldsymbol{v}_i=a^m\boldsymbol{v}_i\\ \left[\boldsymbol{I}+\boldsymbol{A}s+\frac{1}{2!}(\boldsymbol{A}s)^2+\cdots+\frac{1}{k!}(\boldsymbol{A}s)^k+\cdots\right]\boldsymbol{v}_i=\left(C_0+C_1a_i+\cdots+C_{n-1}a_i^{n-1}\right)\boldsymbol{v}_i\end{cases}$$

得

$$\left[\boldsymbol{I}+\boldsymbol{A}s+\frac{1}{2!}(\boldsymbol{A}s)^2+\cdots+\frac{1}{k!}(\boldsymbol{A}s)^k+\cdots\right]\boldsymbol{v}_i=\left(C_0+C_1a_i+\cdots+C_{n-1}a_i^{n-1}\right)\boldsymbol{v}_i$$

因此，特征值$a_i$满足如下条件：

$$\mathrm{e}^{a_is}=C_0+C_1a_i+\cdots+C_{n-1}a_i^{n-1}\quad(i=1,2,\cdots,n) \tag{4.8.7}$$

由此$n$个方程可解出未知数$C_0$，$C_1$，$C_2$，…，$C_{n-1}$，然后由式(4.8.6)可求得传递矩阵。

为说明问题，下面用该方法推导 Bernoulli-Euler 梁的传递矩阵。在式(4.7.43)中，取$GA_s\to\infty$、$\rho_z\to0$，得到 Bernoulli-Euler 梁的微分方程组为

$$\frac{\mathrm{d}}{\mathrm{d}x}\begin{pmatrix}Y\\ \theta_z\\ M_z\\ Q_y\end{pmatrix}=\begin{pmatrix}0&1&0&0\\ 0&0&\dfrac{1}{EI_z}&0\\ 0&0&0&1\\ \bar{m}\omega^2&0&0&0\end{pmatrix}\begin{pmatrix}Y\\ \theta_z\\ M_z\\ Q_y\end{pmatrix} \tag{4.8.8}$$

特征方程为

$$\det(a\boldsymbol{I}-\boldsymbol{A})=\begin{vmatrix}0&1&0&0\\ 0&0&\dfrac{1}{EI_z}&0\\ 0&0&0&1\\ \bar{m}\omega^2&0&0&0\end{vmatrix}=a^4-\lambda^4=0 \tag{4.8.9}$$

式中，$\lambda^4=\dfrac{\overline{m}\omega^2}{EI_z}$，特征值为$\lambda$、$-\lambda$、$\mathrm{i}\lambda$、$-\mathrm{i}\lambda$，均为单根。

则有

$$\boldsymbol{U}(x)=\mathrm{e}^{\boldsymbol{A}x}=C_0\boldsymbol{I}+C_1\boldsymbol{A}+C_2\boldsymbol{A}^2+C_3\boldsymbol{A}^3$$

由式(4.8.7)，上式中的$\boldsymbol{A}$用其特征值代换，得

$$\begin{cases}\mathrm{e}^{\lambda x}=C_0+C_1\lambda+C_2\lambda^2+C_3\lambda^3\\ \mathrm{e}^{-\lambda x}=C_0-C_1\lambda+C_2\lambda^2-C_3\lambda^3\\ \mathrm{e}^{\mathrm{i}\lambda x}=C_0+\mathrm{i}C_1\lambda-C_2\lambda^2-\mathrm{i}C_3\lambda^3\\ \mathrm{e}^{-\mathrm{i}\lambda x}=C_0-\mathrm{i}C_1\lambda-C_2\lambda^2+\mathrm{i}C_3\lambda^3\end{cases}$$

求解上式可得到$C_0$、$C_1$、$C_2$、$C_3$的表达式，利用式(4.7.32)得传递矩阵为

$$\boldsymbol{U}_x=\begin{pmatrix} S(\lambda x) & \dfrac{T(\lambda x)}{\lambda} & \dfrac{U(\lambda x)}{EI_z\lambda^2} & \dfrac{V(\lambda x)}{EI_z\lambda^3}\\ \lambda V(\lambda x) & S(\lambda x) & \dfrac{T(\lambda x)}{EI_z\lambda} & \dfrac{U(\lambda x)}{EI_z\lambda^2}\\ EI_z\lambda^2U(\lambda x) & EI_z\lambda V(\lambda x) & S(\lambda x) & \dfrac{T(\lambda x)}{\lambda}\\ EI_z\lambda^3T(\lambda x) & EI_z\lambda^2U(\lambda x) & \lambda V(\lambda x) & S(\lambda x)\end{pmatrix} \tag{4.8.10}$$

若连续体在周期外力作用下做稳态运动，其振动方程由$n$个一阶偏微分方程组成，通过模态变换可将其转换成$n$个一阶常系数非齐次常微分方程：

$$\frac{\mathrm{d}\boldsymbol{Z}}{\mathrm{d}s}=\boldsymbol{AZ}+\boldsymbol{F}(x) \tag{4.8.11}$$

式中，$\boldsymbol{F}(x)$为外力列阵。

该方程组的解可写为

$$\boldsymbol{Z}(x)=\mathrm{e}^{\boldsymbol{A}x}\boldsymbol{Z}(0)+\mathrm{e}^{\boldsymbol{A}x}\int_0^x\mathrm{e}^{-\boldsymbol{A}s}F(s)\mathrm{d}s=\boldsymbol{U}(x)\boldsymbol{Z}(0)+\boldsymbol{U}(x)\int_0^x\boldsymbol{U}(-s)F(s)\mathrm{d}s \tag{4.8.12a}$$

或

$$\boldsymbol{Z}(x)=\mathrm{e}^{\boldsymbol{A}x}\boldsymbol{Z}(0)+\int_0^x\mathrm{e}^{(x-\boldsymbol{A}s)}F(s)\mathrm{d}s=\boldsymbol{U}(x)\boldsymbol{Z}(0)+\int_0^x\boldsymbol{U}(x-s)F(s)\mathrm{d}s \tag{4.8.12b}$$

记为

$$\boldsymbol{f}=\boldsymbol{U}(x)\int_0^x\boldsymbol{U}(-s)F(s)\mathrm{d}s \text{ 或 } \boldsymbol{f}=\int_0^x\boldsymbol{U}(x-s)F(s)\mathrm{d}s \tag{4.8.13}$$

则式(4.8.12)变为

$$\hat{\boldsymbol{Z}}(x)=\begin{pmatrix}\boldsymbol{Z}(x)\\1\end{pmatrix}=\begin{pmatrix}\boldsymbol{U}(x) & \boldsymbol{f}\\ \boldsymbol{0} & 1\end{pmatrix}\begin{pmatrix}\boldsymbol{Z}(0)\\1\end{pmatrix}=\hat{\boldsymbol{U}}_x\hat{\boldsymbol{Z}}(0) \tag{4.8.14}$$

这里的$\boldsymbol{U}(x)$与式(4.8.3)和式(4.8.6)中的$\boldsymbol{U}(s)$形式相同，所以只要得到$\boldsymbol{f}$的表达式，就得到了连续体在周期外力作用下的扩展传递矩阵。下面用上述方法推导 Bernoulli-Euler 梁做横向振动的扩展传递矩阵。在分布外力$p(x,t)=P(x)\cos\Omega t$和分布外力矩$m(x,t)=M(x)\cos\Omega t$的作用下，Bernoulli-Euler 梁的振动方程为

$$\frac{\partial y}{\partial x}=\theta_z\ ,\quad \frac{\partial\theta_z}{\partial x}=\frac{m_z}{EI_z}\ ,\quad \frac{\partial m_z}{\partial x}=q_y-m(x,t)\ ,\quad \frac{\partial Q_y}{\partial x}=-m\frac{\partial^2y}{\partial t^2}+p(x,t) \tag{4.8.15}$$

令 $z(x,t)=\left(y(x,t),\theta_z(x,t),m_z(x,t),q_y(x,t)\right)^{\mathrm{T}}$，$\boldsymbol{Z}(x)=\left(Y(x),\Theta_z(x),M_z(x),Q_y(x)\right)^{\mathrm{T}}$，$z(x,t)=\mathrm{Re}\left[\boldsymbol{Z}(x)\mathrm{e}^{\mathrm{i}\Omega t}\right]$。记 $p(x,t)=\mathrm{Re}\left[P(x)\mathrm{e}^{\mathrm{i}\Omega t}\right]$，$m(x,t)=\mathrm{Re}\left[M(x)\mathrm{e}^{\mathrm{i}\Omega t}\right]$，代入式(4.8.15)得

$$\frac{\mathrm{d}\boldsymbol{Z}(x)}{\mathrm{d}x}=\boldsymbol{A}\boldsymbol{Z}(x)+\boldsymbol{F}(x) \tag{4.8.16}$$

式中，

$$\boldsymbol{A}=\begin{pmatrix}0&1&0&0\\0&0&\dfrac{1}{EI_z}&0\\0&0&0&1\\\bar{m}\Omega^2&0&0&0\end{pmatrix},\quad \boldsymbol{F}(x)=\begin{pmatrix}0\\0\\-M(x)\\P(x)\end{pmatrix}$$

根据上式，再联合式(4.8.12)和式(4.8.14)，可得 Bernoulli-Euler 梁做横向振动的扩展传递矩阵的主体部分 $\boldsymbol{U}(x)$，只要把式(4.8.10)中的 $\lambda=\sqrt{\bar{m}\omega^2/EI_z}$ 替换为 $\lambda=\sqrt{\bar{m}\Omega^2/(EI_z)}$ 即可，而块矩阵 $\boldsymbol{f}$ 的表达式可由式(4.8.13)得到，即

$$\boldsymbol{f}=\begin{pmatrix}S(\lambda x)&\dfrac{T(\lambda x)}{\lambda}&\dfrac{U(\lambda x)}{EI_z\lambda^2}&\dfrac{V(\lambda x)}{EI_z\lambda^3}\\\lambda V(\lambda x)&S(\lambda x)&\dfrac{T(\lambda x)}{EI_z\lambda}&\dfrac{U(\lambda x)}{EI_z\lambda^2}\\EI_z\lambda^2U(\lambda x)&EI_z\lambda V(\lambda x)&S(\lambda x)&\dfrac{T(\lambda x)}{\lambda}\\EI_z\lambda^3T(\lambda x)&EI_z\lambda^2U(\lambda x)&\lambda V(\lambda x)&S(\lambda x)\end{pmatrix}\int_0^x\begin{pmatrix}\dfrac{V(-\lambda s)}{EI_z\lambda^3}P(s)-\dfrac{U(-\lambda s)}{EI_z\lambda^2}M(s)\\\dfrac{U(-\lambda s)}{EI_z\lambda^2}P(s)-\dfrac{T(-\lambda s)}{EI_z\lambda}M(s)\\\dfrac{T(-\lambda s)}{\lambda}P(s)-S(-\lambda s)M(s)\\S(-\lambda s)P(s)-\lambda V(-\lambda s)M(s)\end{pmatrix}\mathrm{d}s$$

当 $p(x,t)=P\cos\Omega t$、$m(x,t)=M\cos\Omega t$ 时，$\boldsymbol{f}$ 的表达式为

$$\boldsymbol{f}=\begin{pmatrix}\dfrac{S(\lambda x)-1}{EI_z\lambda^4}\\\dfrac{V(\lambda x)}{EI_z\lambda^3}\\\dfrac{U(\lambda x)}{\lambda^2}\\\dfrac{T(\lambda x)}{\lambda}\end{pmatrix}P+\begin{pmatrix}-\dfrac{V(\lambda x)}{EI_z\lambda^3}\\-\dfrac{U(\lambda x)}{EI_z\lambda^2}\\-\dfrac{T(\lambda x)}{\lambda}\\1-S(\lambda x)\end{pmatrix}M \tag{4.8.17}$$

# 第 5 章　动态子结构方法

对于含有多种结合部的大型复杂机械系统，多采用动态子结构方法建立其理论动力学模型，并对其进行动力分析、模型仿真、结构修改及动态优化，以达到预期目标函数的要求。本章将对动态子结构方法进行较为详细的讨论，包括子结构的划分原则、机械阻抗综合法和模态综合法，并对模态综合法中用到的有限元模型的自由度减缩问题进行探讨。

需要说明的是，随着现代高速、大容量电子计算机及软件的发展，可直接用有限元法建立大型复杂机械系统的理论模型，无须采用子结构方法。当机械结构十分复杂，特别是含有多个动力学参数难以确定的结合部时，宜采用动态子结构方法。动态子结构方法有其自身的优越性，尤其在进行结构动力分析和结构动力学修改时是卓有成效的。

使用动态子结构方法对机械结构进行动力分析与动态优化设计时，必须首先建立起各子结构的动力学模型。然后根据各子结构间的相互连接条件，将所有子结构综合起来，得到整机结构的动力学模型，并进一步对其动态性能进行详细的计算分析，进而可根据设计要求，在低阶模态范围内，对其进行动力修改和动态优化设计。

比较成熟的动态子结构综合方法主要有两类：机械阻抗综合法和模态综合法。早在 20 世纪 40 年代初期，Biot 就提出了机械阻抗的概念，并在 40 年代中期由 Serbin 和 Sofrin 先后将机械阻抗的概念用于组合结构的动力分析中。60 年代，机械阻抗法开始以一种实验分析与理论计算相结合的分析方法发展起来。子结构的动力特性用连接界面节点的机械阻抗表示，整个结构运动方程的未知量是各子结构连接界面节点上的作用力和位移。若子结构的动力特性可由实验获得，则可以处理阻尼特性复杂的结构，计算较简单。这类方法对于处理减振、估计部件结构改变对整体结构动力特性的影响等振动问题是较为方便的。

模态综合法是以 Rayleigh-Ritz 法为基础发展起来的。20 世纪 50 年代中期，Hunn 曾利用机翼的刚体模态和悬臂弹性模态分析了机翼的固有振动问题，并把部件模态引入整体结构的动态 Ritz 分析中，构成了模态分析方法的基型。但直到 60 年代，Hurty 和 Gladwell 等才正式提出了模态分析方法，并对其进行了数学论证。

早期的模态综合法称为古典模态综合技术，在原理上揭示了将部件模态综合成整体结构动态 Ritz 基的全过程，所以从 1965 年起，Hurty 等对古典模态综合技术进行了改造，使之适应于一般工程结构的动力分析，形成了近代模态综合法，现已成为分析大型复杂结构动力问题的强有力工具。

机械结构被划分为子结构后，构造和选取的子结构的振动形态不同，便形成了不同的子结构模态综合法。目前，模态综合法主要归为两类：自由界面模态综合法和固定界面模态综合法。

动态子结构方法得到了迅猛发展，主要原因分为以下几点。

(1) 以大化小(划整为零)，分别处理后合成(集零为整)。整体结构被离散为若干个小结构，即子结构后，相比之下，子结构的自由度数少得多；合成时采用了自由度凝聚技术，因此在保证分析精度的条件下，可以大幅度压缩计算机的存储量，节省时间，提高运算速度，并容易检查错误。

(2) 一个大型结构的主要部件，通常是由不同的部门在不同的时期内设计生产的，若按传统方式只能对完整结构进行分析计算或实验测试，不仅费用昂贵、周期长，而且有时难以实施。应用动态子结构方法，可以分别对各个部件单独进行分析计算或测试，各自独立地获取部件的模态资料，经综合后就能对整体结构的动态特性进行可靠的评价和预测。

(3) 可充分利用每个子结构自身的特点，采用最适宜于它的分析或实验手段进行计算或测试，以便最可靠地提取模态信息。此外，还可利用结构的局部对称性或等同性进行特殊处理，借以进一步减小计算量。

(4) 便于剖析子结构间的动力特性关系，并揭示局部振动与整体振动之间的内在联系。当需要对一个子结构进行修改时，仅需重新分析和改进这一需要修改的部件，并适当考虑结构连接的边界条件即可，其他各部件的原有分析仍然有效，这样特别有利于结构方案的论证、评价、修改和优化。

(5) 许多复杂的机械结构含有多个结合部，研究表明，结合部对机械结构的动态性能影响极大，研究机械结构的动态性能时必须考虑结合部及其动力特性的影响，否则将无法得到符合实际工况的正确结论。应用动态子结构方法，有利于对结合部子结构动力学参数进行识别与修改，特别是当各子结构动力学模型准确、动力特性优良时，可对结合部进行动力特性优化，以提高整机的动力特性。

动态子结构方法的产生，为分析处理大型复杂结构的动态特性问题提供了一条实用有效的途径，实现对各种复杂结构的动态特性进行分析、修改与优化，因而获得了广泛应用。正是由于这一方法在复杂结构动态分析中所表现出的显著成效，众多专家学者都对其进行研究与探索，其应用领域越来越广，成果越来越多。可以说，该方法无论在理论上还是应用方面都已取得了很大成功。动态子结构方法作为结构动力学发展的前沿课题，其理论探索与应用研究仍在进行中。可以预期，随着研究成果的不断涌现，该方法必将受到广大工程技术人员更多的重视，一旦他们掌握这个技术，并将其作为得心应手的工具时，必将带来巨大的社会效益与经济效益。

动态子结构方法的基本思想是“划整为零，集零为整”，其基本步骤如下。

(1) 将整体结构分割为若干个子结构。若子结构连接界面上的自由度完全固定，则为固定界面法；若子结构连接界面上的自由度完全自由，则为自由界面法。

(2) 采用子结构的各种建模或参数识别方法，建立各子结构的动力学模型。

(3) 求解各子结构的动力学模型，得到其动力特性。当采用模态综合法对子结构进行综合时，可利用坐标变换，将子结构在物理坐标下的运动方程变换到模态坐标下，得到没有耦合的模态坐标下的运动方程，通过分析计算或实验，提取各子结构的低阶模态参数，即固有频率、固有振型、响应、模态刚度和模态质量等。

(4) 利用子结构连接界面上各对接点的连接条件(协调方程和平衡方程)，将所有子结构的模态坐标变换到整体结构的耦联广义坐标上，再利用坐标变换，得到解耦的整体结构的数学模型。

(5) 求解整体结构的数学模型，得到其动力特性，其各点的动力响应可表示为各阶模态响应的叠加。在一定条件下，模态参数可经坐标逆变换转回到物理坐标下，从而得到物理坐标下的相应参数。

在各子结构动力分析的基础上，提取各子结构的低阶模态资料，利用机械阻抗法或模态综合法，通过相邻子结构连接点上的连接条件(位移协调和力平衡)，将各子结构的模态综合成整体模态的 Ritz 基，由 Ritz 分析，导出缩减自由度后的整体动力学模型。求解此动力学模型，得到其动力特性，进而可实现对整体结构的动力分析、动力修改与动态优化。

## 5.1　子结构的划分原则

用动态子结构方法分析机械结构的动力特性时，首先必须按照某些原则将整体结构分解为若干个子结构，划分为子结构后，被切断的边界面称为子结构的交界面或连接面。

理论上说，子结构的划分只要有利于各子结构的动力分析和整体的动力综合即可，但就工程应用而言，子结构划分应尽量照顾到结构加工装配过程，各子结构的“天然”组合状况应便于结构的设计改进和加工制造、实验测试等。如图 5.1.1 所示的 X8140 万能工具铣床结合部示意图，在卧铣工况下，整体结构由 **8** 个主要部件组成，即底座、床身、升降台、垂直工作台、水平工作台、水平主轴体、上横梁和吊架。其中，床身与底座、水平工作台与垂直工作台、升降台与床身、垂直工作台与升降台为矩形导轨连接，水平体与床身、上横梁与水平体、吊架与上横梁均为燕尾形导轨连接，它们都具有加工装配的独立性。以此作为整体结构的子结构，显然有利于各子结构的分析计算、实验测试和数据资料提取，也有利于考察各子结构的局部与整体总体动力特性间的内在联系，有利于结构的修改与优化。

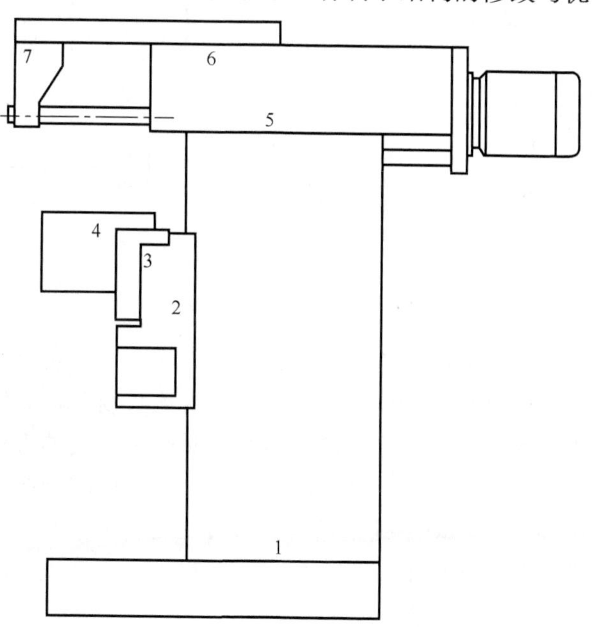


图 5.1.1　X8140 万能工具铣床结合部示意图

1-床身与底座螺栓连接结合部；2-升降台与床身矩形导轨结合部；3-垂直工作台与升降台螺栓连接结合部；4-水平工作台与垂直工作台螺栓连接结合部；5-主轴体与床身燕尾导轨结合部；6-上横梁与主轴体燕尾导轨结合部；7-吊刀架与上横梁燕尾导轨结合部

除上述考虑外，子结构的复杂程度、计算工作量的大小、分析的繁简和难易等，也均与子结构的划分有关。因此，子结构划分还应遵循下列一些原则。

(1)尽量按照实际复杂结构的装配部件和独立的几何形体划分。

(2)尽量分离较少的联系而获得数量适宜的子结构，即尽量用较少的边界处理就能取得划整为零的效果。

(3) 各子结构的建模及动力分析要适应现有计算机及相应软件的处理能力，以便有效地提取子结构参与综合时所需的动力参数。若现有计算机和相应软件的处理能力很强，也可不划分子结构，直接进行整体建模及分析。

(4) 尽量使每个子结构的自由度数接近，避免刚度矩阵或质量矩阵相差悬殊，以便利用子结构进行综合。若各子结构采用不同方法建模，则可能产生集中参数或分布参数模型与有限元模型相综合的情况，有可能由于各模型间自由度数相差很大而造成综合困难。这种情况下可采用自由度凝聚技术对有限元模型或分布参数模型进行自由度凝聚后，再进行综合。

(5) 按同类的几何形状和边界条件构成相同的子结构，以减少子结构特征值的计算次数，提高计算效率。

(6) 按实验模态与理论计算模态综合技术的需要划分。当一部分结构无法进行理论计算分析时，就必须按这两类模态的不同处理方法来划分。

(7) 尽量使每个子结构的固有频率大些，这样可以提高整机综合的精度和效率。

复杂机械结构被分解为若干个子结构后，各子结构间的连接方式大体可分为两类，即刚性连接和柔性连接，如图 5.1.2 所示。

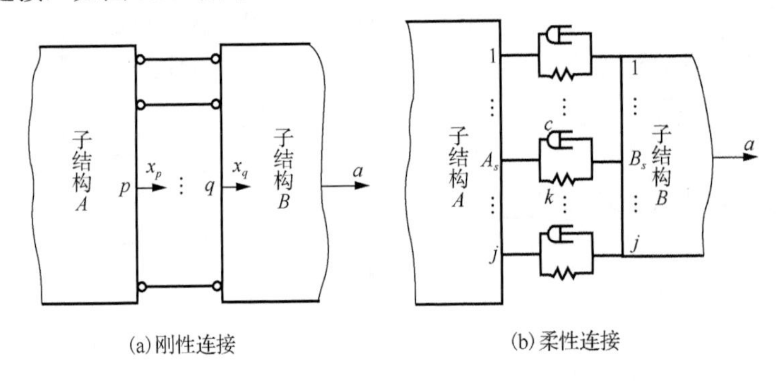


图 5.1.2　子结构间的连接方式

刚性连接的两个子结构，界面上连接点的位移完全相同。事实上，连接点就是人为地将一个刚性结构上的同一点分开后形成的。柔性连接情况比较复杂，柔性连接是螺栓、导轨、轴承等连接方式的统称，被连接的两个子结构本来就是两个不同的部件。由于螺栓、导轨、轴承等连接方式的连接力总是有限的，当结构振动时，交界面间会产生微小的相对位移，使其既储存能量，又消耗能量，表现出既有弹性又有阻尼的复杂特性。因此，柔性连接时，两个子结构间的连接用弹性元件和阻尼元件来模拟，即在每一连接点上的每一个运动方向上，都用一对弹性元件和阻尼元件来连接。

现以一个节点而且只有一个自由度(即只考虑一个方向的相对运动)的连接为例，说明其约束条件。对于图 5.1.2(a)所示的刚性连接，在同一个运动坐标方向 $x$ 上，连接点 $p$ 和 $q$ 的振动位移分别为 $x_p = X_p e^{i\omega t}$，$x_q = X_q e^{i\omega t}$，作用力分别为 $f_p = F_p e^{i\omega t}$，$f_q = F_q e^{i\omega t}$，应满足以下两个约束条件。

(1) 位移相容条件。

$$x_p = x_q \text{或} X_p = X_q \tag{5.1.1}$$

(2) 力平衡条件。

$$f_p + f_q = f \text{ 或 } F_p + F_q = F \tag{5.1.2}$$

式中，$f = F\mathrm{e}^{\mathrm{i}\omega t}$，为作用在连接点上的外部激励力。

如果连接点不受外部激励力作用，则有

$$f_p + f_q = 0 \text{ 或 } F_p + F_q = 0 \tag{5.1.3}$$

对于图 5.1.2(b)所示的柔性连接，设子结构 $a$ 的连接点 $a_s$ 在 $x$ 方向的振动位移为 $x_{as} = X_{as}\mathrm{e}^{\mathrm{i}\omega t}$，所受作用力为 $f_{as} = F_{as}\mathrm{e}^{\mathrm{i}\omega t}$，子结构 $b$ 的连接点 $b_s$ 的相应值为 $x_{bs} = X_{bs}\mathrm{e}^{\mathrm{i}\omega t}$ 和 $f_{bs} = F_{bs}\mathrm{e}^{\mathrm{i}\omega t}$。$a_s$ 和 $b_s$ 两点的结合状态如图 5.1.2(b)所示时，对接点的振动位移和作用力满足下列关系：

$$\begin{pmatrix} F_{as} \\ F_{bs} \end{pmatrix} = \left( \begin{pmatrix} k & -k \\ -k & k \end{pmatrix} + \mathrm{i}\omega \begin{pmatrix} c & -c \\ -c & c \end{pmatrix} \right) \begin{pmatrix} A_s \\ A_s \end{pmatrix} = \boldsymbol{K}_j \begin{pmatrix} A_s \\ A_s \end{pmatrix} \tag{5.1.4}$$

式(5.1.4)就是柔性连接点 $s$ 在 $x$ 运动坐标方向的两个约束条件。从形式上看，此式和一般子结构的运动方程相同，因此可作为动刚度等于 $\boldsymbol{K}_j$ 的子结构来处理，即 $a_s$ 和 $b_s$ 之间加入动力特性由式(5.1.4)表示的子结构 $j$，并分别与结构 $a$ 和 $b$ 在点 $a_s$ 和 $b_s$ 处刚性连接。也就是说，一个柔性连接点可变换为一个动力特性与该结合部动力特性等效的子结构和两个刚性连接点。

## 5.2　机械阻抗综合法

早在 20 世纪 40 年代，机械阻抗综合法就已提出，但直到 60 年代后，人们才开始利用传递函数分析设备和计算机程序，对组合结构进行有效的分析与计算；而直到 70 年代，人们才开始利用动态系统分析仪和各种专用软件对大型复杂组合结构进行更有效的动力综合。在振动分析中，利用机械阻抗综合法求解组合结构的固有频率与固有振型，可使问题得到简化，特别是对一些很难计算或无法精确计算的组合结构，只要能够测出子结构间连接点处的机械阻抗或导纳的数据，就可利用机械阻抗综合法方便地求解出整个组合结构的固有频率。

机械阻抗综合法的基本思路如下：将整体结构分解成若干个子结构，应用机械阻抗方法(包括理论计算和实验测试)，分别建立每个子结构的运动方程。根据子结构之间相互连接的实际情况，确定连接界面处的约束条件。采用这些约束条件，可在连接界面处适当地选取若干个连接点，并通过连接点的运动坐标(一般代表节点的位移)和作用力之间的关系来建立。最后，通过子结构之间的连接条件(约束方程)，将各子结构的运动方程耦合起来，从而得到整体结构的运动方程和动力特性。

### 1．建立各子结构的运动表达式

将整个结构人为地分割为若干个子结构后，分别建立各子结构的动刚度形式或动柔度形式的运动表达式，即子结构连接界面上节点所受的激励力与振动位移之间的关系式。例如，对某个子结构 $r$，有

$$\boldsymbol{F}^r = \boldsymbol{K}_D^r \boldsymbol{x}^r \quad \text{或} \quad \boldsymbol{x}^r = \boldsymbol{W}^r \boldsymbol{F}^r \tag{5.1.5}$$

式中，各矩阵的上角标 $r$ 代表子结构的序号，$r$=1,2,⋯,$n$，各矩阵的阶数和维数等于该子结构连接界面上所有结合点的自由度总数；$\boldsymbol{K}_D^r$ 是动刚度矩阵；$\boldsymbol{W}^r$ 是动柔度矩阵，当不考虑子结构的阻尼时，它们是实数矩阵，对于简单的子结构，$\boldsymbol{K}_D^r$ 和 $\boldsymbol{W}^r$ 可通过建立子结构的动力学模

型由理论计算求得，对于复杂的子结构，则通过实验测量得到。

子结构的综合是在整体坐标系下进行的，所以各子结构的运动表达式应该用整体坐标系。

**2．确定子结构连接的约束条件**

如前所述，子结构之间的实际连接状态可分为两类：刚性连接与柔性连接(图 5.1.2)。由式(5.1.4)知，柔性连接部可以作为刚度等于 $\boldsymbol{K}_j$ 的子结构来处理，即一个柔性节点可变换为一个动力特性与该结合部动力特性等效的子结构和两个刚性连接点。把柔性连接部作为子结构 $j$ 处理后， $j$ 与被连接的两个子结构间就构成了两个刚性连接点 $a_s$ 和 $b_s$ ，所以应满足刚性连接的两个约束条件。

相容条件：

$$\boldsymbol{x}_{as}=\boldsymbol{x}_{bs}$$

力平衡条件：

$$\boldsymbol{F}_{as}=\boldsymbol{F}_{bs}$$

同样，对于任一个节点的每个自由度，也可以写出类似的约束条件。由于柔性连接最终可转化为一个等效的子结构和两个刚性连接点，将整个结构中全部连接点的每个自由度的约束条件集中起来，便可得到整个结构的两个约束方程。

位移相容方程：

$$\boldsymbol{H}\begin{pmatrix}\boldsymbol{x}^1 & \boldsymbol{x}^2 & \cdots & \boldsymbol{x}^n\end{pmatrix}^{\mathrm{T}}=\boldsymbol{0} \tag{5.1.6}$$

力平衡方程：

$$\boldsymbol{J}\begin{pmatrix}\boldsymbol{F}^1 & \boldsymbol{F}^2 & \cdots & \boldsymbol{F}^n\end{pmatrix}^{\mathrm{T}}=\boldsymbol{0} \tag{5.1.7}$$

式中， $\boldsymbol{H}$ 和 $\boldsymbol{J}$ 为约束方程矩阵； $\boldsymbol{x}$ 和 $\boldsymbol{F}$ 的上角标表示子结构的序号，如第 $r$ 个子结构连接点的自由度数为多个时， $\boldsymbol{x}^r$ 和 $\boldsymbol{F}^r$ 代表一个列向量。

**3．导出整个结构的运动方程**

将所有子结构的运动方程(5.1.5)按子结构的序号堆集起来，构成各子结构尚未连接的总体运动方程：

$$\begin{pmatrix}\boldsymbol{K}_D^1 & & & 0\\ & \boldsymbol{K}_D^2 & & \\ & & \ddots & \\ 0 & & & \boldsymbol{K}_D^n\end{pmatrix}\begin{pmatrix}\boldsymbol{x}^1\\ \boldsymbol{x}^2\\ \vdots\\ \boldsymbol{x}^n\end{pmatrix}=\begin{pmatrix}\boldsymbol{F}^1\\ \boldsymbol{F}^2\\ \vdots\\ \boldsymbol{F}^n\end{pmatrix} \text{或} \begin{pmatrix}W^1 & & & 0\\ & W^2 & & \\ & & \ddots & \\ 0 & & & W^n\end{pmatrix}\begin{pmatrix}\boldsymbol{F}^1\\ \boldsymbol{F}^2\\ \vdots\\ \boldsymbol{F}^n\end{pmatrix}=\begin{pmatrix}\boldsymbol{x}^1\\ \boldsymbol{x}^2\\ \vdots\\ \boldsymbol{x}^n\end{pmatrix} \tag{5.1.8}$$

在方程(5.1.8)中，各子结构的运动方程是孤立的，彼此之间没有联系。但是将方程(5.1.8)和两个约束方程[式(5.1.6)和式(5.1.7)]联立，各子结构的动力特性就被综合起来，即得到整机结构的运动方程。下面通过两个简单例子对具体方法进行进一步说明。

**【例 5.1】** 图 5.2.1 所示为两个子结构在一个连接点刚性连接，每个连接点只有一个自由度的情况，求两个子结构连接后的系统的运动方程。

设已知两个子结构 $a$ 和 $b$ 在整体坐标系中的动刚度表达式分别为

$$\begin{pmatrix}K_{D11}^a & K_{D12}^a\\ K_{D21}^a & K_{D22}^a\end{pmatrix}\begin{pmatrix}x_1^a\\ x_2^a\end{pmatrix}=\begin{pmatrix}F_1^a\\ F_2^a\end{pmatrix} \tag{E5.1.1}$$

$$\begin{pmatrix}K_{D22}^b & K_{D23}^b\\ K_{D32}^b & K_{D33}^b\end{pmatrix}\begin{pmatrix}x_2^b\\ x_3^b\end{pmatrix}=\begin{pmatrix}F_2^b\\ F_3^b\end{pmatrix} \tag{E5.1.2}$$

式中，各元素的上角标为子结构序号；下角标为节点编号。

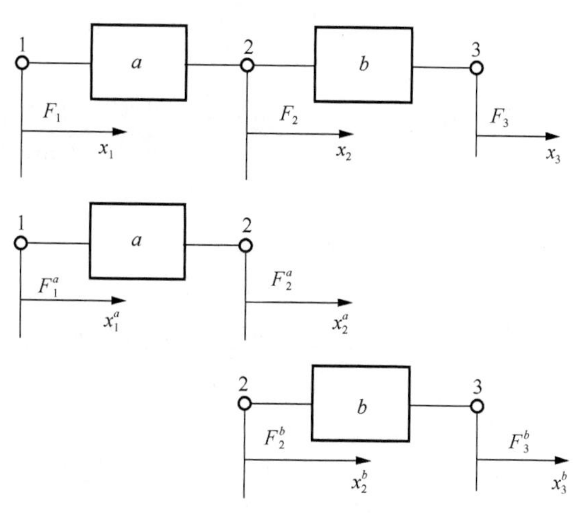


图 5.2.1　一个自由度的刚性连接

将式(E5.1.1)和式(E5.1.2)堆集起来，得到子结构尚未连接的总运动方程为

$$\begin{pmatrix} K_{D11}^a & K_{D12}^a & & \\ K_{D21}^a & K_{D22}^a & \multicolumn{2}{c}{0} \\ & & K_{D22}^b & K_{D23}^b \\ \multicolumn{2}{c}{0} & K_{D32}^b & K_{D33}^b \end{pmatrix}\begin{pmatrix} x_1^a \\ x_2^a \\ x_2^b \\ x_3^b \end{pmatrix}=\begin{pmatrix} F_1^a \\ F_2^a \\ F_2^b \\ F_3^b \end{pmatrix} \tag{E5.1.3}$$

简记为

$$\overline{\boldsymbol{K}}_D\overline{\boldsymbol{x}}=\overline{\boldsymbol{F}}$$

子结构 $a$ 和 $b$ 在连接点 2 处刚性连接，节点 1 和 3 自由，节点 1、2、3 分别受到外部激励力 $F_1$、$F_2$、$F_3$ 的作用，故约束条件为

$$\begin{cases} x_1^a=x_1 \\ x_2^a=x_2^b=x_2 \\ x_3^b=x_3 \end{cases},\qquad \begin{cases} F_1^a=F_1 \\ F_2^a+F_2^b=F_2 \\ F_3^b=F_3 \end{cases} \tag{E5.1.4}$$

为了将式(E5.1.3)和式(E5.1.4)联立，式(E5.1.4)可改写为如下的矩阵形式：

$$\begin{pmatrix} 1 & 0 & 0 \\ 0 & 1 & 0 \\ 0 & 1 & 0 \\ 0 & 0 & 1 \end{pmatrix}\begin{pmatrix} x_1 \\ x_2 \\ x_3 \end{pmatrix}=\begin{pmatrix} x_1^a \\ x_2^a \\ x_2^b \\ x_3^b \end{pmatrix},\qquad \begin{pmatrix} 1 & 0 & 0 & 0 \\ 0 & 1 & 1 & 0 \\ 0 & 0 & 0 & 1 \end{pmatrix}\begin{pmatrix} F_1^a \\ F_2^a \\ F_2^b \\ F_3^b \end{pmatrix}=\begin{pmatrix} F_1 \\ F_2 \\ F_3 \end{pmatrix}$$

简记为

$$\boldsymbol{S}\boldsymbol{x}=\overline{\boldsymbol{x}},\qquad \boldsymbol{S}^{\mathrm{T}}\overline{\boldsymbol{F}}=\boldsymbol{F} \tag{E5.1.5}$$

将式(E5.1.5)中的第一式代入式(E5.1.3)，且等式两端前乘 $\boldsymbol{S}^{\mathrm{T}}$，得

$$\begin{cases} \boldsymbol{S}^{\mathrm{T}}\overline{\boldsymbol{K}}_D\boldsymbol{S}\boldsymbol{x}=\boldsymbol{S}^{\mathrm{T}}\overline{\boldsymbol{F}} \\ K_D\boldsymbol{x}=\boldsymbol{F} \end{cases} \tag{E5.1.6}$$

式中，

$$\boldsymbol{x}=\begin{pmatrix} x_1 & x_2 & x_3 \end{pmatrix}^{\mathrm{T}},\quad \boldsymbol{F}=\begin{pmatrix} F_1 & F_2 & F_3 \end{pmatrix}^{\mathrm{T}}$$

$$
\boldsymbol{K}_D=\boldsymbol{S}^{\mathrm{T}}\overline{\boldsymbol{K}}_D\boldsymbol{S}=\begin{pmatrix}1&0&0&0\\0&1&1&0\\0&0&0&1\end{pmatrix}\begin{pmatrix}K_{D11}^a&K_{D12}^a&&\\K_{D21}^a&K_{D22}^a&&0\\&0&K_{D22}^b&K_{D23}^b\\&&K_{D32}^b&K_{D33}^b\end{pmatrix}\begin{pmatrix}1&0&0\\0&1&0\\0&1&0\\0&0&1\end{pmatrix}
$$

$$
=\begin{pmatrix}K_{D11}^a&K_{D12}^a&0\\K_{D21}^a&K_{D22}^a+K_{D22}^b&K_{D23}^b\\0&K_{D32}^b&K_{D33}^b\end{pmatrix}\tag{E5.1.7}
$$

式(E5.1.6)就是两个子结构连接后系统的运动方程，系统的动刚度矩阵$\boldsymbol{K}_D$按式(E5.1.7)计算。

本例中，每个节点只取一个自由度，但所导出的结果不难推广到每个节点有几个自由度的情况。

**【例 5.2】** 如图 5.2.2 所示，两个子结构$a$和$b$都简化为集中参数的当量梁模型，求两个子结构刚性连接后，在一个平面内弯曲振动的运动方程(此时，每个节点有两个自由度)。

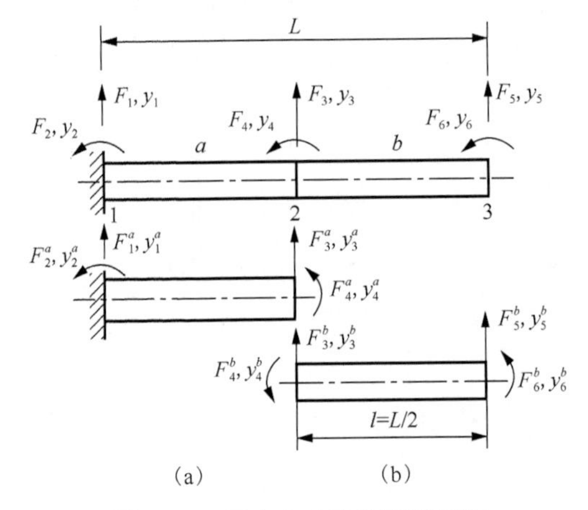


图 5.2.2　两个自由度的刚性连接

当不考虑阻尼时，子结构的运动方程为

$$
\boldsymbol{M}^r\ddot{\boldsymbol{y}}^r+\boldsymbol{K}^r\boldsymbol{y}^r=\boldsymbol{F}^r\quad(r=a\,,\,b)\tag{E5.2.1}
$$

设两个子结构的参数完全相同，其质量矩阵和刚度矩阵分别为

$$
\boldsymbol{M}^a=\frac{ml}{420}\left(\begin{array}{cc|cc}156&22l&54&-13l\\22l&4l^2&13l&-3l^2\\\hline 54&13l&156&-22l\\-13l&-3l^2&-22l&4l^2\end{array}\right)=\begin{pmatrix}m_{11}^a&m_{12}^a\\m_{21}^a&m_{22}^a\end{pmatrix}\tag{E5.2.2}
$$

$$
\boldsymbol{M}^b=\frac{ml}{420}\left(\begin{array}{cc|cc}156&22l&54&-13l\\22l&4l^2&13l&-3l^2\\\hline 54&13l&156&-22l\\-13l&-3l^2&-22l&4l^2\end{array}\right)=\left(\begin{array}{c|c}m_{11}^b&m_{12}^b\\\hline m_{21}^b&m_{22}^b\end{array}\right)\tag{E5.2.3}
$$

$$
\boldsymbol{K}^a=\frac{EJ}{l^3}\left(\begin{array}{cc|cc}12&6l&-12&6l\\6l&4l^2&-6l&2l^2\\\hline -12&-6l&12&-6l\\6l&2l^2&-6l&4l^2\end{array}\right)=\left(\begin{array}{c|c}k_{11}^a&k_{12}^a\\\hline k_{21}^a&k_{22}^a\end{array}\right)\tag{E5.2.4}
$$

$$\boldsymbol{K}^b=\frac{EJ}{l^3}\left(\begin{array}{cc:cc}12 & 6l & -12 & 6l\\ 6l & 4l^2 & -6l & 2l^2\\ \hdashline -12 & -6l & 12 & -6l\\ 6l & 2l^2 & -6l & 4l^2\end{array}\right)=\left(\begin{array}{c:c}k_{11}^b & k_{12}^b\\ \hdashline k_{21}^b & k_{22}^b\end{array}\right) \tag{E5.2.5}$$

在整体坐标系中，两个子结构的位移及作用力列阵为

$$\begin{cases}\boldsymbol{y}^a=\left(y_1^a \quad y_2^a \mid y_3^a \quad y_4^a\right)^{\mathrm{T}}=\left(\boldsymbol{\varDelta}_1^a \mid \boldsymbol{\varDelta}_2^a\right)^{\mathrm{T}}\\ \boldsymbol{F}^a=\left(F_1^a \quad F_2^a \mid F_3^a \quad F_4^a\right)^{\mathrm{T}}=\left(\overline{\boldsymbol{F}}_1^a \mid \overline{\boldsymbol{F}}_2^a\right)^{\mathrm{T}}\end{cases} \tag{E5.2.6}$$

$$\begin{cases}\boldsymbol{y}^b=\left(y_3^b \quad y_4^b \mid y_5^b \quad y_6^b\right)^{\mathrm{T}}=\left(\boldsymbol{\varDelta}_2^b \mid \boldsymbol{\varDelta}_3^b\right)^{\mathrm{T}}\\ \boldsymbol{F}^b=\left(F_3^b \quad F_4^b \mid F_5^b \quad F_6^b\right)^{\mathrm{T}}=\left(\overline{\boldsymbol{F}}_2^b \mid \overline{\boldsymbol{F}}_3^b\right)^{\mathrm{T}}\end{cases} \tag{E5.2.7}$$

按节点将位移列阵和作用力列阵分组，每个节点分为一组，其他矩阵也相应分块，并以相应的符号表示，如各矩阵中的虚线所示，那么子结构的运动方程形式与每个节点只有一个自由度的情况相似。

将子结构 $a$ 和 $b$ 的运动方程堆积起来，得到未连接的总运动方程为

$$\begin{pmatrix}\boldsymbol{M}^a & \boldsymbol{0}\\ \boldsymbol{0} & \boldsymbol{M}^b\end{pmatrix}\begin{pmatrix}\ddot{\boldsymbol{y}}^a\\ \ddot{\boldsymbol{y}}^b\end{pmatrix}+\begin{pmatrix}\boldsymbol{K}^a & \boldsymbol{0}\\ \boldsymbol{0} & \boldsymbol{K}^b\end{pmatrix}\begin{pmatrix}\boldsymbol{y}^a\\ \boldsymbol{y}^b\end{pmatrix}=\begin{pmatrix}\boldsymbol{F}^a\\ \boldsymbol{F}^b\end{pmatrix}$$

简记为

$$\overline{\boldsymbol{M}}\ddot{\overline{\boldsymbol{y}}}+\overline{\boldsymbol{K}\boldsymbol{y}}=\overline{\boldsymbol{F}} \tag{E5.2.8}$$

子结构 $a$ 和 $b$ 在节点 2 处刚性连接，节点 1 和 3 自由，故约束条件为

$$\begin{cases}y_1^a=y_1\\ y_2^a=y_2\\ y_3^a=y_3^b=y_3\\ y_4^a=y_4^b=y_4\\ y_5^b=y_5\\ y_6^b=y_6\end{cases},\qquad \begin{cases}F_1^a=F_1\\ F_2^a=F_2\\ F_3^a+F_3^b=F_3\\ F_4^a+F_4^b=F_4\\ F_5^b=F_5\\ F_6^b=F_6\end{cases} \tag{E5.2.9}$$

系统的独立运动坐标为 $\boldsymbol{y}=\left(y_1 \quad y_2 \quad y_3 \quad y_4 \quad y_5 \quad y_6\right)^{\mathrm{T}}$，将上列约束条件改写为下面的矩阵形式，再与式(E5.2.8)联立，可求得系统的运动方程。式(E5.2.9)的矩阵形式为

$$\boldsymbol{S}\boldsymbol{y}=\overline{\boldsymbol{y}}\quad ,\qquad \boldsymbol{S}^{\mathrm{T}}\overline{\boldsymbol{F}}=\boldsymbol{F} \tag{E5.2.10}$$

式中，

$$\boldsymbol{S}=\begin{pmatrix}1&0&0&0&0&0\\0&1&0&0&0&0\\0&0&1&0&0&0\\0&0&0&1&0&0\\0&0&1&0&0&0\\0&0&0&1&0&0\\0&0&0&0&1&0\\0&0&0&0&0&1\end{pmatrix}=\begin{pmatrix}\boldsymbol{I}&\boldsymbol{0}&\boldsymbol{0}\\ \boldsymbol{0}&\boldsymbol{I}&\boldsymbol{0}\\ \boldsymbol{0}&\boldsymbol{I}&\boldsymbol{0}\\ \boldsymbol{0}&\boldsymbol{0}&\boldsymbol{I}\end{pmatrix} \tag{E5.2.11}$$

式中，$\boldsymbol{I}$ 为二阶单位矩阵。

将式(E5.2.10)中的第一式代入式(E5.2.8)，同时在等式两端前乘 $\boldsymbol{S}^{\mathrm{T}}$，得

$$\boldsymbol{S}^{\mathrm{T}}\overline{\boldsymbol{m}}\boldsymbol{S}\ddot{\boldsymbol{y}}+\boldsymbol{S}^{\mathrm{T}}\overline{\boldsymbol{k}}\boldsymbol{S}\boldsymbol{y}=\boldsymbol{S}^{\mathrm{T}}\overline{\boldsymbol{F}}$$

$$\boldsymbol{M}\ddot{\boldsymbol{y}}+\boldsymbol{K}\boldsymbol{y}=\boldsymbol{F} \tag{E5.2.12}$$

式(E5.2.12)就是系统的运动方程，式中，$\boldsymbol{M}$ 和 $\boldsymbol{K}$ 分别为系统的质量矩阵和刚度矩阵。由式(E5.2.2)～式(E5.2.5)及式(E5.2.11)、式(E5.2.12)可得

$$\boldsymbol{M}=\boldsymbol{S}^{\mathrm{T}}\overline{\boldsymbol{m}}\boldsymbol{S}=\begin{pmatrix} m_{11}^a & m_{12}^a & 0 \\ m_{21}^a & m_{22}^a+m_{22}^b & m_{23}^b \\ 0 & m_{32}^b & m_{33}^b \end{pmatrix} \tag{E5.2.13}$$

$$\boldsymbol{K}=\boldsymbol{S}^{\mathrm{T}}\overline{\boldsymbol{k}}\boldsymbol{S}=\begin{pmatrix} k_{11}^a & k_{12}^a & 0 \\ k_{21}^a & k_{22}^a+k_{22}^b & k_{23}^b \\ 0 & k_{32}^b & k_{33}^b \end{pmatrix} \tag{E5.2.14}$$

将式(E5.2.13)和式(E5.2.14)与上例比较后可以看到，对于每个节点有多个自由度的结构，主要按节点将子结构的运动方程的各矩阵分块，用分块后的子矩阵来表示，那么此时就和每个节点只有一个自由度的情况相似，可以直接引用其结果。

在上述综合过程中，如果考虑图 5.2.2 的实际边界条件，即节点 1 固定，$y_1=y_2=0$，则可消去矩阵 $\boldsymbol{M}$ 和 $\boldsymbol{K}$ 中与 $y_1$ 和 $y_2$ 相应的行和列，于是悬臂梁的运动方程为

$$\frac{ml}{420}\begin{pmatrix} 312 & 0 & 54 & -13l \\ 0 & 8l^2 & 13l & -3l^2 \\ 54 & 13l & 156 & -22l \\ -13l & -3l^2 & -22l & 4l^2 \end{pmatrix}\begin{pmatrix} \ddot{y}_3 \\ \ddot{y}_4 \\ \ddot{y}_5 \\ \ddot{y}_6 \end{pmatrix}+\frac{EJ}{l^3}\begin{pmatrix} 24 & 0 & -12 & 6l \\ 0 & 8l^2 & -6l & 2l^2 \\ -12 & -6l & 12 & -6l \\ 6l & 2l^2 & -6l & 4l^2 \end{pmatrix}\begin{pmatrix} y_3 \\ y_4 \\ y_5 \\ y_6 \end{pmatrix}=\begin{pmatrix} F_3 \\ F_4 \\ F_5 \\ F_6 \end{pmatrix} \tag{E5.2.15}$$

以上两例中，系统的运动方程是按综合方法的步骤逐渐推导出来的。但对所得到的结果仔细分析后可以发现：应用动刚度综合法时，系统的动刚度矩阵就是所有子结构动刚度矩阵按节点叠加的结果。因此，应用动刚度综合法时，可直接构成系统的运动方程，不必逐步推导。

# 5.3　模态综合法

自 1965 年起，Hurty 和 Rubin 等先后从各个不同的侧面对古典模态综合技术进行了改造，以很小的综合自由度就能获得系统的高精度动态特性，从而形成了近代模态综合技术，并在工程实际中获得了广泛的应用。

## 5.3.1　模态综合法的基本原理

一般情况下，模态综合法总是把振动系统的运动方程变换到模态坐标空间，并截去部件的高阶模态。因此，从原始系统的物理坐标转换到保留的部件模态坐标是一切模态综合法的必要步骤，各种改进方法都在于尽可能地减弱由这种截去高阶模态所引入的误差，借以加快综合的收敛速率。除了用保留部件的主模态之外，还要增补它的各种静力模态(部件关于对接力或对接位移的静态响应)去参与系统主要固有模态的综合(即用静力模态去近似高阶模态成分)，便形成了几乎所有近代模态综合法所具有的一个共同特征。而古典模态综合技术完全抛

弃了部件的高阶模态成分，其综合精度差、收敛速度慢、综合效率很低。

模态综合的一般过程如下：首先把结构分割为若干个子结构，建立子结构的运动方程，提取各子结构的低阶模态资料，将子结构的运动方程变换为模态坐标表达式，并将各子结构以模态坐标表示的运动方程堆积起来，得到尚未连接的整体结构的运动方程。然后通过相邻部件连接点上的位移协调(和力的平衡)条件，把所选择的各部件的模态振型综合成整体结构主要模态特性的 Ritz 基。在广义模态坐标中，将各子结构综合为已连接的整体结构的运动方程。最终经由 Ritz 分析，导出减缩自由度的综合特征值问题，将其解返回原物理坐标，就能确定原始系统的主要模态特性。该方法的一个重要特征是，使用子结构的模态坐标作为运算对象，所以运算中要经过由物理坐标到模态坐标，再由模态坐标返回物理坐标的变换过程。其中，各子结构的模态计算、各子结构的模态综合和整体结构的模态计算，均在模态坐标下进行，而整体结构的模态计算结果最终需还原到物理坐标下。

模态综合法的步骤如下。

(1)建立子结构的运动方程，将整体结构人为地分解为若干个子结构，按任何一种形式的模型和方法导出每个子结构的运动方程。设第 $\boldsymbol{r}$ 个子结构的运动方程为

$$\boldsymbol{m}_r\ddot{\boldsymbol{x}}_r+\boldsymbol{k}_r\boldsymbol{x}_r=\boldsymbol{f}_r \tag{5.3.1}$$

(2)将子结构的运动方程变换为模态坐标表达式，令方程(5.3.1)的右端为零，解其特征值问题，计算子结构的主模态；选择和确定子结构的其他模态，如刚体模态、约束模态等。由主模态、刚体模态、约束模态等一起组成子结构的模态矩阵 $\boldsymbol{\phi}_r$，在简单情况下可用子结构的低阶模态组成模态矩阵 $\boldsymbol{\phi}_r$，并作为变换矩阵对方程(5.3.1)进行第一次坐标变换。

$$\boldsymbol{x}_r=\boldsymbol{\phi}_r\boldsymbol{p}_r \tag{5.3.2}$$

将子结构的运动方程变换为以该子结构模态坐标 $\boldsymbol{p}_r$ 表示的方程：

$$\bar{\boldsymbol{m}}_r\ddot{\boldsymbol{p}}_r+\bar{\boldsymbol{k}}_r\boldsymbol{p}_r=\bar{\boldsymbol{f}}_r \tag{5.3.3}$$

式中，$\bar{\boldsymbol{m}}_r$、$\bar{\boldsymbol{k}}_r$ 和 $\bar{\boldsymbol{f}}_r$ 分别为第 $r$ 个子结构在其模态坐标 $\boldsymbol{p}_r$ 下的质量矩阵、刚度矩阵和激励力列阵，并由式(5.3.4)确定。

$$\begin{cases}\bar{\boldsymbol{m}}_r=\boldsymbol{\phi}_r^{\mathrm{T}}\boldsymbol{m}_r\boldsymbol{\phi}_r\\ \bar{\boldsymbol{k}}_r=\boldsymbol{\phi}_r^{\mathrm{T}}\boldsymbol{k}_r\boldsymbol{\phi}_r\\ \bar{\boldsymbol{f}}=\boldsymbol{\phi}_r^{\mathrm{T}}\boldsymbol{f}_r\end{cases} \tag{5.3.4}$$

(3)将各子结构以其模态坐标表示的运动方程(5.3.3)组合起来，得到尚未连接的整个结构的运动方程为

$$\begin{pmatrix}\bar{\boldsymbol{m}}_1 & & & \boldsymbol{0}\\ & \bar{\boldsymbol{m}}_2 & & \\ & & \ddots & \\ \boldsymbol{0} & & & \bar{\boldsymbol{m}}_n\end{pmatrix}\begin{pmatrix}\ddot{\boldsymbol{p}}_1\\ \ddot{\boldsymbol{p}}_2\\ \vdots\\ \ddot{\boldsymbol{p}}_n\end{pmatrix}+\begin{pmatrix}\bar{\boldsymbol{k}}_1 & & & \boldsymbol{0}\\ & \bar{\boldsymbol{k}}_2 & & \\ & & \ddots & \\ \boldsymbol{0} & & & \bar{\boldsymbol{k}}_n\end{pmatrix}\begin{pmatrix}\boldsymbol{p}_1\\ \boldsymbol{p}_2\\ \vdots\\ \boldsymbol{p}_n\end{pmatrix}=\begin{pmatrix}\bar{\boldsymbol{f}}_1\\ \bar{\boldsymbol{f}}_2\\ \vdots\\ \bar{\boldsymbol{f}}_n\end{pmatrix}$$

简记为

$$\bar{\boldsymbol{M}}\ddot{\boldsymbol{p}}+\bar{\boldsymbol{K}}\boldsymbol{p}=\bar{\boldsymbol{F}} \tag{5.3.5}$$

式中，$\bar{\boldsymbol{M}}$ 和 $\bar{\boldsymbol{K}}$ 为块对角阵。

(4)建立以广义模态坐标表达的已连接的整体结构的运动方程。根据各子结构连接界面的约束条件，进行第二次坐标变换，导出已连接的整个结构以广义坐标表达的运动方程。因为

子结构的综合是在各子结构模态坐标 $\boldsymbol{p}_r$ 的集合 $\boldsymbol{p}$ 中进行的，所以约束条件用 $\boldsymbol{p}$ 来表示。显然，$\boldsymbol{p}$ 与模态矩阵 $\boldsymbol{\phi}_r$ 有关，选用不同的 $\boldsymbol{\phi}_r$，约束条件的表达式也有所不同。

由于在模态坐标中，在连接界面处，力的平衡条件已经满足，只需考虑位移相容条件。设已知连接界面处点的位移在物理坐标中的相容方程为

$$\boldsymbol{Hx} = \boldsymbol{0} \tag{5.3.6}$$

则由式(5.3.2)得

$$\boldsymbol{H\phi p} = \boldsymbol{0}$$

或

$$\boldsymbol{Bp} = \boldsymbol{0} \tag{5.3.7}$$

式(5.3.7)即以坐标 $\boldsymbol{p}$ 表达的相容方程。

将式(5.3.5)和式(5.3.7)联立起来即得到子结构连接后的整体结构的运动方程。由于子结构之间的相互约束，整体结构的自由度数比所有子结构自由度数的总和减少了，因此 $\boldsymbol{p}$ 中含有不独立的坐标。如果将 $\boldsymbol{p}$ 分割为独立坐标 $\boldsymbol{p}_d$ 和不独立坐标 $\boldsymbol{p}_i = \boldsymbol{q}$，同时将 $\boldsymbol{B}$ 也进行相应分割，则式(5.3.7)可改写为

$$\begin{cases} \begin{pmatrix} \boldsymbol{B}_d & \boldsymbol{B}_i \end{pmatrix} \begin{pmatrix} \boldsymbol{p}_d \\ \boldsymbol{q} \end{pmatrix} = \boldsymbol{0} \\ \boldsymbol{B}_d \boldsymbol{p}_d = -\boldsymbol{B}_i \boldsymbol{q} \\ \boldsymbol{p}_d = -\boldsymbol{B}_d^{-1} \boldsymbol{B}_i \boldsymbol{q} \end{cases} \tag{5.3.8}$$

或

$$\begin{cases} \begin{pmatrix} \boldsymbol{p}_d \\ \boldsymbol{q} \end{pmatrix} = \begin{pmatrix} -\boldsymbol{B}_d^{-1} \boldsymbol{B}_i \\ \boldsymbol{I} \end{pmatrix} \boldsymbol{q} \\ \boldsymbol{p} = \boldsymbol{Sq} \end{cases} \tag{5.3.9}$$

式中，$\boldsymbol{S}$ 为第二次坐标变换矩阵。

对式(5.3.5)进行如式(5.3.9)所示的坐标变换，就得到已连接的整体结构以广义坐标 $\boldsymbol{q}$ 表达的运动方程：

$$\boldsymbol{M\ddot{q}} + \boldsymbol{Kq} = \boldsymbol{F} \tag{5.3.10}$$

式中，

$$\begin{cases} \boldsymbol{M} = \boldsymbol{S}^{\mathrm{T}} \bar{\boldsymbol{M}} \boldsymbol{S} \\ \boldsymbol{K} = \boldsymbol{S}^{\mathrm{T}} \bar{\boldsymbol{K}} \boldsymbol{S} \\ \boldsymbol{F} = \boldsymbol{S}^{\mathrm{T}} \bar{\boldsymbol{F}} \end{cases} \tag{5.3.11}$$

(5) 解式(5.3.10)，求得整体结构的固有频率以及用广义坐标 $\boldsymbol{q}$ 表达的主模态、频率响应、运动情况等。

(6) 通过坐标变换，将式(5.3.9)和式(5.3.2)返回物理坐标，再现各子结构以物理坐标表达的主模态和运动情况。

对于一个简单结构(如规则的杆、梁或板等)，可根据已有的资料将固有振型假设得很好，但对于一个复杂的机械结构，要假设一个具有一定精度的固有振型是非常困难的。因此，为获得整体机械结构的假设振型，应首先将复杂结构分解为具有较为简单结构形式的子结构，利用 Ritz 法获得各子结构的低阶模态参数，然后通过相邻部件连接点上的位移协调条件，把

各子结构的模态振型组成整体结构的固有振型。尽管这一振型不是复杂结构的真实振型(这些振型都是对其各子结构作动态分析后得到的，一般是整体结构假设模态的一种良好选择)，但是将这些振型作为初始迭代向量进行 Ritz 分析后，即使在大幅度缩减结构自由度的情况下，仍能获得精度很高的低阶振动主模态。因此，从这个含义上说，动态子结构方法是 Rayleigh-Ritz 法的推广。

复杂机械结构被划分为子结构后，会出现各种不同的子结构形式，如图 5.2.2 所示，图(a)为受约束的子结构，而图(b)则是完全无约束的自由悬浮子结构，不同形式的子结构将对应着不同的子结构模态形式。恰当地选取子结构模态形式是极其重要的，它关系到整体 Ritz 基是否接近于真实的低阶特征子空间，对分析计算的最终结果有直接影响，因为子结构的坐标变换矩阵就是由不同的子结构模态形式组成的。常用的子结构模态形式有主模态、约束模态、刚体模态、附着模态、剩余附着模态、惯性释放附着模态等。

主模态就是子结构的主振型，是模态综合法中必不可少的模态形式。在模态综合法中，一般只取子结构主振型中的部分低阶模态来组成主模态矩阵，并称为保留主模态，而把抛弃的高阶模态成分称为剩余主模态。约束模态则是首先约束子结构的边界自由度，然后再将其逐个释放，且每次释放一个，其余约束不变，规定被释放的自由度只产生单位位移。于是，在无外力作用的情况下，子结构将产生一系列由界面坐标单位位移引起的静位移模态，即界面坐标的约束模态。刚体模态指当子结构为完全无约束的自由悬浮结构，或其边界约束数不足以约束子结构的全部刚体位移时，子结构出现的模态形式。附着模态指子结构无刚体运动时，在无约束的边界自由度上逐个作用与自由度方向一致的单位力，在无其余外力作用的情况下，由子结构的每一个自由度产生的一系列静力位移模态。子结构的剩余附着模态是被略去的高阶模态的一种线性组合，包含了高阶模态的主要成分，其形式上由子结构的剩余柔度矩阵组成。因此，剩余附着模态可以作为被略去的剩余主模态的一种近似，引入子结构的坐标变换矩阵中，用以削弱高阶模态的截尾误差。惯性释放附着模态：当子结构为自由悬浮状态时，界面上作用的单位力将导致子结构产生刚体位移。若将刚体运动的惯性力看作结构的支撑反力，则界面上作用的单位力就与该惯性力相平衡，惯性释放附着模态就是子结构在该自平衡力系作用下的静态位移响应。

从模态综合法的步骤中可以看出，其关键是建立模态矩阵 $\phi_r$ 和坐标变换矩阵 $\boldsymbol{S}$ 。根据对 $\phi_r$ 和 $\boldsymbol{S}$ 的处理方法，又将模态综合法细分为多种，但大体上可归纳为自由界面模态综合法和固定界面模态综合法两类。

## 5.3.2　自由界面模态综合法

自由界面模态综合法就是割断原结构中某些部件的联系，使原结构解体成若干个子结构，其连接界面在子结构中按自由界面处理。这样，在分别单独处理各子结构时，它们处于完全自由的状态。然后，分析子结构的动力特性，适当地选择广义坐标，以缩减某个子结构的自由度。最后，在考虑界面位移协调和界面力的平衡条件下，综合成整体结构并求解其动力特性。

自由界面模态综合法中的主模态集是将结构的界面自由度完全放松后得到的(包括刚体模态)，它没有约束模态。因此，在最后的系统方程中，不包含界面自由度，可使综合自由度的规模较小。但是，如果某子结构有原系统的约束，它不会产生刚体运动，故其主模态集中不再包括刚体模态。但原始的自由界面模态综合法精度较差，若在改进的方法中考虑到剩余模态的影响，可显著提高方法的精度。

当界面完全自由时，子结构的自由振动方程为

$$\boldsymbol{M}\ddot{\boldsymbol{x}}+\boldsymbol{K}\boldsymbol{x}=\boldsymbol{0} \tag{5.3.12}$$

其特征方程为

$$\boldsymbol{K}\boldsymbol{\phi}=\boldsymbol{M}\boldsymbol{\phi}\boldsymbol{\lambda}_r^2 \tag{5.3.13}$$

式中，$\boldsymbol{\phi}$可以是被截断的模态集。

若$\boldsymbol{\phi}$为正则模态集，则有

$$\begin{cases}\boldsymbol{\phi}^{\mathrm{T}}\boldsymbol{M}\boldsymbol{\phi}=\boldsymbol{I}\\ \boldsymbol{\phi}^{\mathrm{T}}\boldsymbol{K}\boldsymbol{\phi}=\boldsymbol{\lambda}_r^2\end{cases} \tag{5.3.14}$$

子结构的第一次坐标变换为

$$\boldsymbol{x}=\boldsymbol{\phi}\boldsymbol{p} \tag{5.3.15}$$

或写为

$$\begin{pmatrix}\boldsymbol{x}_i\\ \boldsymbol{x}_j\end{pmatrix}=\begin{pmatrix}\boldsymbol{\phi}_i\\ \boldsymbol{\phi}_j\end{pmatrix}\boldsymbol{p} \tag{5.3.16}$$

式中，$\boldsymbol{x}_i$和$\boldsymbol{x}_j$分别代表在非连接点与连接点处的位移。

因此，有

$$\boldsymbol{x}_j=\boldsymbol{\phi}_j\boldsymbol{p} \tag{5.3.17}$$

即界面物理坐标位移可以按界面模态坐标展开。

设系统划分为$a$、$b$两个子结构，当系统做自由振动时，对每一个子结构(如$a$)可建立如下运动方程：

$$\boldsymbol{M}_a\ddot{\boldsymbol{x}}_a+\boldsymbol{K}_a\boldsymbol{x}_a=\boldsymbol{F}_a \tag{5.3.18}$$

式中，

$$\boldsymbol{F}_a=\begin{pmatrix}\boldsymbol{0}\\ \boldsymbol{F}_{ja}\end{pmatrix} \tag{5.3.19}$$

式中，$\boldsymbol{F}_{ja}$为界面力，在系统做自由振动时，其上部的非界面力为零。

利用坐标变换式(5.3.15)可将式(5.3.18)变为

$$\boldsymbol{\phi}_a^{\mathrm{T}}\boldsymbol{M}_a\boldsymbol{\phi}_a\ddot{\boldsymbol{p}}_a+\boldsymbol{\phi}_a^{\mathrm{T}}\boldsymbol{K}_a\boldsymbol{\phi}_a\boldsymbol{p}_a=\boldsymbol{\phi}_a^{\mathrm{T}}\boldsymbol{F}_a$$

利用正交性得

$$\ddot{\boldsymbol{p}}_a+\boldsymbol{\lambda}_{na}^2\boldsymbol{p}_a=\boldsymbol{\phi}_{ja}^{\mathrm{T}}\boldsymbol{F}_{ja} \tag{5.3.20}$$

同理有

$$\ddot{\boldsymbol{p}}_b+\boldsymbol{\lambda}_{nb}^2\boldsymbol{p}_b=\boldsymbol{\phi}_{jb}^{\mathrm{T}}\boldsymbol{F}_{jb} \tag{5.3.21}$$

两个子结构间界面位移协调的条件为

$$\boldsymbol{x}_{ja}=\boldsymbol{x}_{jb} \tag{5.3.22}$$

转换成模态坐标为

$$\boldsymbol{\phi}_{ja}\boldsymbol{p}_a=\boldsymbol{\phi}_{jb}\boldsymbol{p}_b \tag{5.3.23}$$

通常子结构的主模态数$N_a$大于界面自由度数$N_j$，则可将界面模态矩阵$\boldsymbol{\phi}_{ja}$写为

$$\boldsymbol{\phi}_{ja}=\left(\boldsymbol{\phi}_{ja}^s \mid \boldsymbol{\phi}_{ja}^r\right) \tag{5.3.24}$$

式中，$\boldsymbol{\phi}_{ja}^{s}$ 为 $N_j \times N_j$ 的方阵；$\boldsymbol{\phi}_{ja}^{r}$ 为剩余界面模态。

因此，协调方程(5.3.23)可写为

$$\left(\boldsymbol{\phi}_{ja}^{s} \mid \boldsymbol{\phi}_{ja}^{r}\right)\begin{pmatrix}\boldsymbol{p}_{sa}\\ \boldsymbol{p}_{ra}\end{pmatrix}=\boldsymbol{\phi}_{jb}\boldsymbol{p}_{b} \tag{5.3.25}$$

由此方程可解得

$$\boldsymbol{p}_{sa}=-\boldsymbol{\phi}_{ja}^{s\,-1}\boldsymbol{\phi}_{ja}^{r}\boldsymbol{p}_{ra}+\boldsymbol{\phi}_{ja}^{s\,-1}\boldsymbol{\phi}_{jb}\boldsymbol{p}_{b} \tag{5.3.26}$$

选择系统的广义坐标为

$$\boldsymbol{q}=\begin{pmatrix}\boldsymbol{p}_{ra}\\ \boldsymbol{p}_{b}\end{pmatrix} \tag{5.3.27}$$

可建立系统的第二次坐标变换为

$$\begin{pmatrix}\boldsymbol{p}_{sa}\\ \boldsymbol{p}_{ra}\\ \boldsymbol{p}_{b}\end{pmatrix}=\begin{pmatrix}-\boldsymbol{\phi}_{ja}^{s-1}\boldsymbol{\phi}_{ja}^{r} & \boldsymbol{\phi}_{ja}^{s-1}\boldsymbol{\phi}_{jb}\\ \boldsymbol{I} & \boldsymbol{0}\\ \boldsymbol{0} & \boldsymbol{I}\end{pmatrix}\begin{pmatrix}\boldsymbol{p}_{ra}\\ \boldsymbol{p}_{b}\end{pmatrix} \tag{5.3.28}$$

或写为

$$\boldsymbol{p}=\boldsymbol{\beta}\boldsymbol{q} \tag{5.3.29}$$

将式(5.3.20)和式(5.3.21)合并为

$$\begin{pmatrix}\ddot{\boldsymbol{p}}_{a}\\ \ddot{\boldsymbol{p}}_{b}\end{pmatrix}+\begin{pmatrix}\boldsymbol{\lambda}_{a}^{2} & \boldsymbol{0}\\ \boldsymbol{0} & \boldsymbol{\lambda}_{b}^{2}\end{pmatrix}\begin{pmatrix}\boldsymbol{p}_{a}\\ \boldsymbol{p}_{b}\end{pmatrix}=\begin{pmatrix}\boldsymbol{\phi}_{ja}^{\mathrm{T}} & \boldsymbol{0}\\ \boldsymbol{0} & \boldsymbol{\phi}_{jb}^{\mathrm{T}}\end{pmatrix}\begin{pmatrix}\boldsymbol{F}_{ja}\\ \boldsymbol{F}_{jb}\end{pmatrix}=\begin{pmatrix}\boldsymbol{\phi}_{ja}^{s\mathrm{T}} & \boldsymbol{0}\\ \boldsymbol{\phi}_{ja}^{r\mathrm{T}} & \boldsymbol{0}\\ \boldsymbol{0} & \boldsymbol{\phi}_{jb}^{\mathrm{T}}\end{pmatrix}\begin{pmatrix}\boldsymbol{F}_{ja}\\ \boldsymbol{F}_{jb}\end{pmatrix} \tag{5.3.30}$$

利用坐标变换[式(5.3.29)]，将式(5.3.30)变换为

$$\boldsymbol{M}\ddot{\boldsymbol{q}}+\boldsymbol{K}\boldsymbol{q}=\boldsymbol{0} \tag{5.3.31}$$

式中，

$$\begin{cases}\boldsymbol{M}=\boldsymbol{\beta}^{\mathrm{T}}\boldsymbol{\beta}\\ \boldsymbol{K}=\boldsymbol{\beta}^{\mathrm{T}}\begin{pmatrix}\boldsymbol{\lambda}_{a}^{2} & \boldsymbol{0}\\ \boldsymbol{0} & \boldsymbol{\lambda}_{b}^{2}\end{pmatrix}\boldsymbol{\beta}\end{cases} \tag{5.3.32}$$

式(5.3.31)右端等于零，证明如下：

$$\begin{aligned}\boldsymbol{\beta}^{\mathrm{T}}\begin{pmatrix}\boldsymbol{\phi}_{ja}^{\mathrm{T}} & \boldsymbol{0}\\ \boldsymbol{0} & \boldsymbol{\phi}_{jb}^{\mathrm{T}}\end{pmatrix}\begin{pmatrix}\boldsymbol{F}_{ja}\\ \boldsymbol{F}_{jb}\end{pmatrix}&=\begin{pmatrix}-\boldsymbol{\phi}_{ja}^{r\mathrm{T}}\cdot\boldsymbol{\phi}_{ja}^{s-\mathrm{T}} & \boldsymbol{I} & \boldsymbol{0}\\ \boldsymbol{\phi}_{jb}^{\mathrm{T}}\cdot\boldsymbol{\phi}_{ja}^{s-\mathrm{T}} & \boldsymbol{0} & \boldsymbol{I}\end{pmatrix}\begin{pmatrix}\boldsymbol{\phi}_{ja}^{s\mathrm{T}} & \boldsymbol{0}\\ \boldsymbol{\phi}_{ja}^{r\mathrm{T}} & \boldsymbol{0}\\ \boldsymbol{0} & \boldsymbol{\phi}_{jb}^{\mathrm{T}}\end{pmatrix}\begin{pmatrix}\boldsymbol{F}_{ja}\\ \boldsymbol{F}_{jb}\end{pmatrix}\\ &=\begin{pmatrix}\boldsymbol{0} & \boldsymbol{0}\\ \boldsymbol{\phi}_{jb}^{\mathrm{T}} & \boldsymbol{F}_{jb}\end{pmatrix}\begin{pmatrix}\boldsymbol{F}_{ja}\\ \boldsymbol{F}_{jb}\end{pmatrix}=\begin{pmatrix}\boldsymbol{0}\\ \boldsymbol{\phi}_{jb}^{\mathrm{T}}\left(\boldsymbol{F}_{ja}+\boldsymbol{F}_{jb}\right)\end{pmatrix}=\boldsymbol{0}\end{aligned} \tag{5.3.33}$$

由式(5.3.31)可以解出系统的固有频率 $\omega_i$ 及对应模态坐标的振型 $\boldsymbol{\phi}_{qi}$。然后可按子结构返回物理坐标，得到对应的物理坐标的振型为

$$\boldsymbol{\phi}_{ai}=\boldsymbol{\phi}_{a}\boldsymbol{\beta}_{a}\boldsymbol{\phi}_{qi} \tag{5.3.34}$$

**【例 5.3】** 用模态综合法求图 5.3.1 中所示系统的固有频率和主振型。

这是一个很容易用一般方法求得结果的简单系统，这里将其作为例子，目的是便于理解模态综合法的原理和步骤。

以中间质量的中心截面 2 作为连接界面，将系统分割为完全相同的两个子结构 $a$ 和 $b$。由于它们都有原系统的约束，采用自由界面模态综合法比较简单，此时子结构的模态矩阵仅由其主模态构成，现用前述两种方法求解。

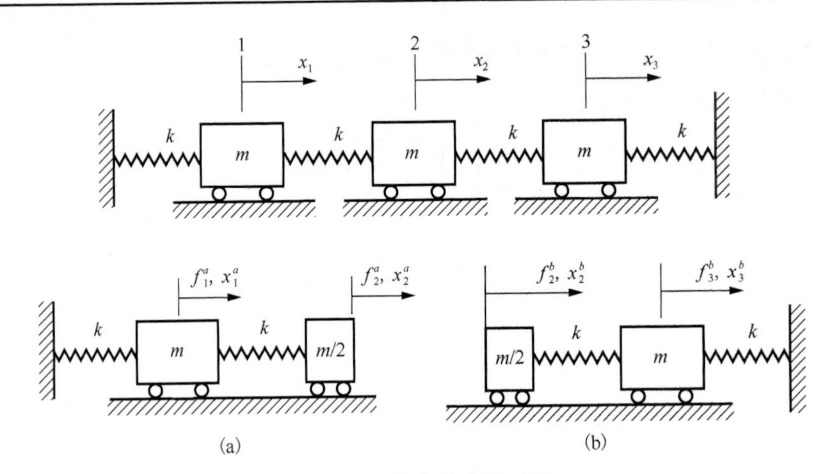


图 5.3.1　模态综合法示例

(1)用模态综合原理求解。

子结构 $a$ 的运动方程为

$$\begin{pmatrix} m & 0 \\ 0 & \dfrac{m}{2} \end{pmatrix}\begin{pmatrix} \ddot{x}_{a1} \\ \ddot{x}_{a2} \end{pmatrix}+\begin{pmatrix} 2k & -k \\ -k & k \end{pmatrix}\begin{pmatrix} x_{a1} \\ x_{a2} \end{pmatrix}=\begin{pmatrix} f_{a1} \\ f_{a2} \end{pmatrix} \tag{E5.3.1}$$

通过解式(E5.3.1)的特征值，可求得其两个固频及两个主振型，从而可构成其模态矩阵为

$$\boldsymbol{\phi}_a=\begin{pmatrix} \dfrac{\sqrt{2}}{2} & -\dfrac{\sqrt{2}}{2} \\ 1 & 1 \end{pmatrix} \tag{E5.3.2}$$

从而由式(5.3.3)得到用其模态坐标 $\boldsymbol{p}_a$ 表达的运动方程为

$$\begin{pmatrix} m & 0 \\ 0 & m \end{pmatrix}\begin{pmatrix} \ddot{p}_{a1} \\ \ddot{p}_{a2} \end{pmatrix}+\begin{pmatrix} \left(2-\sqrt{2}\right)k & 0 \\ 0 & \left(2+\sqrt{2}\right)k \end{pmatrix}\begin{pmatrix} p_{a1} \\ p_{a2} \end{pmatrix}=\begin{pmatrix} \bar{f}_{a1} \\ \bar{f}_{a2} \end{pmatrix} \tag{E5.3.3}$$

同样可求得子结构 $b$ 的模态矩阵为

$$\boldsymbol{\phi}_b=\begin{pmatrix} 1 & 1 \\ \dfrac{\sqrt{2}}{2} & -\dfrac{\sqrt{2}}{2} \end{pmatrix} \tag{E5.3.4}$$

用它的模态坐标 $\boldsymbol{p}_b$ 表达的运动方程为

$$\begin{pmatrix} m & 0 \\ 0 & m \end{pmatrix}\begin{pmatrix} \ddot{p}_{b2} \\ \ddot{p}_{b3} \end{pmatrix}+\begin{pmatrix} \left(2+\sqrt{2}\right)k & 0 \\ 0 & \left(2-\sqrt{2}\right)k \end{pmatrix}\begin{pmatrix} p_{b2} \\ p_{b3} \end{pmatrix}=\begin{pmatrix} \bar{f}_{b2} \\ \bar{f}_{b3} \end{pmatrix} \tag{E5.3.5}$$

把式(E5.1.3)和式(E5.1.5)堆积起来得到尚未连接的整体结构的运动方程为

$$\begin{pmatrix} m & & & 0 \\ & m & & \\ & & m & \\ 0 & & & m \end{pmatrix}\begin{pmatrix} \ddot{p}_{a1} \\ \ddot{p}_{a2} \\ \ddot{p}_{b2} \\ \ddot{p}_{b3} \end{pmatrix}+\begin{pmatrix} \left(2-\sqrt{2}\right)k & & & 0 \\ & \left(2+\sqrt{2}\right)k & & \\ & & \left(2+\sqrt{2}\right)k & \\ 0 & & & \left(2-\sqrt{2}\right)k \end{pmatrix}\begin{pmatrix} p_{a1} \\ p_{a2} \\ p_{b2} \\ p_{b3} \end{pmatrix}=\begin{pmatrix} \bar{f}_{a1} \\ \bar{f}_{a2} \\ \bar{f}_{b2} \\ \bar{f}_{b3} \end{pmatrix}$$

或简记为

$$\bar{M}\ddot{p} + \bar{K}p = \bar{F} \tag{E5.3.6}$$

子结构 $a$ 和 $b$ 在连接界面 2 处刚性连接，其位移相容条件为：$x_{a2} = x_{b2}$。系统在物理坐标系中的约束方程可写为

$$\begin{pmatrix} 0 & 1 & -1 & 0 \end{pmatrix}\begin{pmatrix} x_{a1} \\ x_{a2} \\ x_{b2} \\ x_{b3} \end{pmatrix} = 0 \tag{E5.3.7}$$

由式(5.3.7)得

$$\boldsymbol{B} = \boldsymbol{H\phi} = \begin{pmatrix} 0 & 1 & -1 & 0 \end{pmatrix}\begin{pmatrix} \frac{\sqrt{2}}{2} & -\frac{\sqrt{2}}{2} & 0 & 0 \\ 1 & 1 & 0 & 0 \\ 0 & 0 & 1 & 1 \\ 0 & 0 & \frac{\sqrt{2}}{2} & -\frac{\sqrt{2}}{2} \end{pmatrix} = \begin{pmatrix} 1 & 1 & -1 & -1 \end{pmatrix} = \begin{pmatrix} \boldsymbol{B}_d & \boldsymbol{B}_I \end{pmatrix} \tag{E5.3.8}$$

系统有 3 个独立坐标，即 $x_{a1}, x_{a2} = x_{b2}, x_{b3}$，依此将矩阵 $\boldsymbol{B}$ 分割为式(E5.3.8)所示的 $\boldsymbol{B}_d$ 和 $\boldsymbol{B}_I$，并按式(5.3.9)计算出第二次坐标变换矩阵 $\boldsymbol{S}$ 为

$$\boldsymbol{S} = \begin{pmatrix} -\boldsymbol{B}_d^{-1}\boldsymbol{B}_I \\ \boldsymbol{I} \end{pmatrix} = \begin{pmatrix} -1 & 1 & 1 \\ 1 & 0 & 0 \\ 0 & 1 & 0 \\ 0 & 0 & 1 \end{pmatrix}$$

以 $\boldsymbol{S}$ 作为变换矩阵，对方程(E5.1.6)进行坐标变换，并前乘 $\boldsymbol{S}^{\mathrm{T}}$，得到用广义坐标 $\boldsymbol{q}$ 表达的已连接的整体结构的运动方程为

$$\boldsymbol{p} = \boldsymbol{Sq} \quad , \quad \boldsymbol{q} = \begin{pmatrix} q_1 & q_2 & q_3 \end{pmatrix}^{\mathrm{T}}$$

$$\boldsymbol{M}\ddot{\boldsymbol{q}} + \boldsymbol{Kq} = \boldsymbol{F} \tag{E5.3.9}$$

式中，

$$\boldsymbol{M} = \boldsymbol{S}^{\mathrm{T}}\bar{\boldsymbol{M}}\boldsymbol{S} = \begin{pmatrix} -1 & 1 & 0 & 0 \\ 1 & 0 & 1 & 0 \\ 1 & 0 & 0 & 1 \end{pmatrix}\begin{pmatrix} m & & & 0 \\ & m & & \\ & & m & \\ 0 & & & m \end{pmatrix}\begin{pmatrix} -1 & 1 & 1 \\ 1 & 0 & 0 \\ 0 & 1 & 0 \\ 0 & 0 & 1 \end{pmatrix} = m\begin{pmatrix} 2 & -1 & -1 \\ -1 & 2 & 1 \\ -1 & 1 & 2 \end{pmatrix}$$

$$\boldsymbol{K} = \boldsymbol{S}^{\mathrm{T}}\bar{\boldsymbol{K}}\boldsymbol{S} = \begin{pmatrix} 4 & (\sqrt{2}-2) & (\sqrt{2}-2) \\ (\sqrt{2}-2) & 4 & (2-\sqrt{2}) \\ (\sqrt{2}-2) & (2-\sqrt{2}) & 2(2-\sqrt{2}) \end{pmatrix} k$$

令 $\boldsymbol{F} = \boldsymbol{S}^{\mathrm{T}}\bar{\boldsymbol{F}} = \boldsymbol{0}$，求解方程(E5.3.9)可得系统的固有频率及用 $\boldsymbol{q}$ 表达的主模态：

$$\omega_{n1}^2 = \left(2-\sqrt{2}\right)\frac{k}{m} \quad , \quad \omega_{n2}^2 = 2\frac{k}{m} \quad , \quad \omega_{n3}^2 = \left(2+\sqrt{2}\right)\frac{k}{m}$$

$$\boldsymbol{q}_1=\begin{pmatrix}0\\1\\0\end{pmatrix},\quad \boldsymbol{q}_2=\begin{pmatrix}1\\1\\-1\end{pmatrix},\quad \boldsymbol{q}_3=\begin{pmatrix}1\\0\\1\end{pmatrix}$$

根据式(5.3.2)和式(5.3.9)，将广义坐标$\boldsymbol{q}$返回，变换到物理坐标$\boldsymbol{x}$，再现各子结构以物理坐标表达的主模态：

$$\boldsymbol{x}=\boldsymbol{\phi p}=\boldsymbol{\phi S q}$$

因此，可得

$$\boldsymbol{\phi S q}_1=\begin{pmatrix}x_{a1} & x_{a2} & x_{b2} & x_{b3}\end{pmatrix}_1^{\mathrm{T}}=\begin{pmatrix}\dfrac{\sqrt{2}}{2} & 1 & 1 & \dfrac{\sqrt{2}}{2}\end{pmatrix}^{\mathrm{T}}$$

$$\boldsymbol{\phi S q}_2=\begin{pmatrix}x_{a1} & x_{a2} & x_{b2} & x_{b3}\end{pmatrix}_2^{\mathrm{T}}=\begin{pmatrix}\sqrt{2} & 0 & 0 & \sqrt{2}\end{pmatrix}^{\mathrm{T}}$$

$$\boldsymbol{\phi S q}_3=\begin{pmatrix}x_{a1} & x_{a2} & x_{b2} & x_{b3}\end{pmatrix}_3^{\mathrm{T}}=\begin{pmatrix}-\dfrac{\sqrt{2}}{2} & 1 & 1 & -\dfrac{\sqrt{2}}{2}\end{pmatrix}^{\mathrm{T}}$$

由于$x_{a1}=x_1$，$x_{a2}=x_{b2}=x_2$，$x_{b3}=x_3$，系统的主振型为

$$\boldsymbol{A}_1=\begin{pmatrix}\dfrac{\sqrt{2}}{2} & 1 & \dfrac{\sqrt{2}}{2}\end{pmatrix}^{\mathrm{T}},\quad \boldsymbol{A}_2=\begin{pmatrix}-\sqrt{2} & 0 & \sqrt{2}\end{pmatrix}^{\mathrm{T}},\quad \boldsymbol{A}_3=\begin{pmatrix}-\dfrac{\sqrt{2}}{2} & 1 & -\dfrac{\sqrt{2}}{2}\end{pmatrix}^{\mathrm{T}}$$

上述结果与用模态分析方法求得的完全相同。

(2)用自由界面模态综合法求解。

子结构$a$的自由振动方程为

$$\begin{pmatrix}m & 0\\0 & m/2\end{pmatrix}\begin{pmatrix}\ddot{x}_{a1}\\\ddot{x}_{a2}\end{pmatrix}+\begin{pmatrix}2k & -k\\-k & k\end{pmatrix}\begin{pmatrix}x_{a1}\\x_{a2}\end{pmatrix}=\boldsymbol{F}_a=\begin{pmatrix}0\\F_{ja}\end{pmatrix}\tag{E5.3.10}$$

式中，$F_{ja}$为界面力，在系统做自由振动时，其上部的非界面力为零。

式(E5.3.10)的特征方程为

$$\boldsymbol{K}_a\boldsymbol{\phi}_a=\boldsymbol{M}_a\boldsymbol{\phi}_a\lambda_a^2\tag{E5.3.11}$$

解式(E5.3.11)可得其模态矩阵为

$$\boldsymbol{\phi}_a=\begin{pmatrix}\dfrac{\sqrt{2}}{2} & -\dfrac{\sqrt{2}}{2}\\1 & 1\end{pmatrix}$$

使质量矩阵$\boldsymbol{M}_a$变换为单位矩阵$\boldsymbol{I}$的正则模态矩阵为

$$\boldsymbol{\phi}_{aN}=\begin{pmatrix}\dfrac{\sqrt{2}}{2} & -\dfrac{\sqrt{2}}{2}\\1 & 1\end{pmatrix}\frac{1}{\sqrt{m}}$$

对子结构 $a$ 则有

$$\begin{cases} \boldsymbol{\phi}_{aN}^{\mathrm{T}}\boldsymbol{M}_a\boldsymbol{\phi}_{aN}=\dfrac{1}{\sqrt{m}}\begin{pmatrix}\dfrac{\sqrt{2}}{2} & 1\\ -\dfrac{\sqrt{2}}{2} & 1\end{pmatrix}\begin{pmatrix} m & 0\\ 0 & \dfrac{m}{2}\end{pmatrix}\begin{pmatrix}\dfrac{\sqrt{2}}{2} & -\dfrac{\sqrt{2}}{2}\\ 1 & 1\end{pmatrix}\dfrac{1}{\sqrt{m}}=\begin{pmatrix}1 & 0\\ 0 & 1\end{pmatrix}=\boldsymbol{I} \\ \boldsymbol{\phi}_{aN}^{\mathrm{T}}\boldsymbol{K}_a\boldsymbol{\phi}_{aN}=\dfrac{1}{\sqrt{m}}\begin{pmatrix}\dfrac{\sqrt{2}}{2} & 1\\ -\dfrac{\sqrt{2}}{2} & 1\end{pmatrix}\begin{pmatrix} 2k & -k\\ -k & k\end{pmatrix}\begin{pmatrix}\dfrac{\sqrt{2}}{2} & -\dfrac{\sqrt{2}}{2}\\ 1 & 1\end{pmatrix}\dfrac{1}{\sqrt{m}}=\begin{pmatrix}2-\sqrt{2} & 0\\ 0 & 2+\sqrt{2}\end{pmatrix}\dfrac{k}{m} \end{cases} \tag{E5.3.12}$$

同理可得，子结构 $b$ 的模态矩阵及正则模态矩阵为

$$\boldsymbol{\phi}_b=\begin{pmatrix}1 & 1\\ \dfrac{\sqrt{2}}{2} & -\dfrac{\sqrt{2}}{2}\end{pmatrix},\quad \boldsymbol{\phi}_{bN}=\begin{pmatrix}1 & 1\\ \dfrac{\sqrt{2}}{2} & -\dfrac{\sqrt{2}}{2}\end{pmatrix}\dfrac{1}{\sqrt{m}}$$

对子结构 $b$ 则有

$$\begin{cases} \boldsymbol{\phi}_{bN}^{\mathrm{T}}\boldsymbol{M}_b\boldsymbol{\phi}_{bN}=\dfrac{1}{\sqrt{m}}\begin{pmatrix}1 & \dfrac{\sqrt{2}}{2}\\ 1 & -\dfrac{\sqrt{2}}{2}\end{pmatrix}\begin{pmatrix} \dfrac{m}{2} & 0\\ 0 & m\end{pmatrix}\begin{pmatrix}1 & 1\\ \dfrac{\sqrt{2}}{2} & -\dfrac{\sqrt{2}}{2}\end{pmatrix}\dfrac{1}{\sqrt{m}}=\begin{pmatrix}1 & 0\\ 0 & 1\end{pmatrix}=\boldsymbol{I} \\ \boldsymbol{\phi}_{bN}^{\mathrm{T}}\boldsymbol{K}_b\boldsymbol{\phi}_{bN}=\dfrac{1}{\sqrt{m}}\begin{pmatrix}1 & \dfrac{\sqrt{2}}{2}\\ 1 & -\dfrac{\sqrt{2}}{2}\end{pmatrix}\begin{pmatrix} k & -k\\ -k & 2k\end{pmatrix}\begin{pmatrix}1 & 1\\ \dfrac{\sqrt{2}}{2} & -\dfrac{\sqrt{2}}{2}\end{pmatrix}\dfrac{1}{\sqrt{m}}=\begin{pmatrix}2+\sqrt{2} & 0\\ 0 & 2-\sqrt{2}\end{pmatrix}\dfrac{k}{m} \end{cases} \tag{E5.3.13}$$

利用坐标变换[式(5.3.15)]及主振型对质量矩阵和刚度矩阵的正交性[式(E5.3.12)和式(E5.3.13)]，可得子结构 $a$ 及 $b$ 在模态坐标 $\boldsymbol{p}_r$ 下的运动方程分别为

$$\begin{pmatrix}\ddot{p}_{a1}\\ \ddot{p}_{a2}\end{pmatrix}+\frac{k}{m}\begin{pmatrix}2-\sqrt{2} & 0\\ 0 & 2+\sqrt{2}\end{pmatrix}\begin{pmatrix}p_{a1}\\ p_{a2}\end{pmatrix}=\boldsymbol{\phi}_{jaN}^{\mathrm{T}}F_{ja} \tag{E5.3.14}$$

$$\begin{pmatrix}\ddot{p}_{b2}\\ \ddot{p}_{b3}\end{pmatrix}+\frac{k}{m}\begin{pmatrix}2+\sqrt{2} & 0\\ 0 & 2-\sqrt{2}\end{pmatrix}\begin{pmatrix}p_{b2}\\ p_{b3}\end{pmatrix}=\boldsymbol{\phi}_{jbN}^{\mathrm{T}}F_{jb} \tag{E5.3.15}$$

由子结构的第一次坐标变换[式(5.3.16)和式(5.3.17)]得

$$\begin{pmatrix}\boldsymbol{x}_{ia}\\ \boldsymbol{x}_{ja}\end{pmatrix}=\begin{pmatrix}\boldsymbol{\phi}_{ia}\\ \boldsymbol{\phi}_{ja}\end{pmatrix}_N\boldsymbol{p}_a=\begin{pmatrix}\left(\sqrt{2}/2 \quad -\sqrt{2}/2\right)\\ (1 \quad 1)\end{pmatrix}\frac{1}{\sqrt{m}}\boldsymbol{p}_a$$

式中，

$$\boldsymbol{x}_{ja}=\boldsymbol{\phi}_{jaN}\boldsymbol{p}_a=\left(\boldsymbol{\phi}_{ja}^{s} \quad \boldsymbol{\phi}_{ja}^{r}\right)_N\boldsymbol{p}_a=[1 \quad 1]\frac{1}{\sqrt{m}}\boldsymbol{p}_a$$

$$\begin{pmatrix} \boldsymbol{x}_{jb} \\ \boldsymbol{x}_{ib} \end{pmatrix} = \begin{pmatrix} \boldsymbol{\phi}_{jb} \\ \boldsymbol{\phi}_{ib} \end{pmatrix}_N \boldsymbol{p}_b = \begin{pmatrix} (1 \quad 1) \\ \left(\sqrt{2}/2 \quad -\sqrt{2}/2\right) \end{pmatrix} \frac{1}{\sqrt{m}} \boldsymbol{p}_b$$

式中，

$$\boldsymbol{x}_{jb} = \boldsymbol{\phi}_{jbN} \boldsymbol{p}_b = (1 \quad 1) \frac{1}{\sqrt{m}} \boldsymbol{p}_b$$

两个子结构间界面位移协调的条件为式(5.3.22)和式(5.3.23)，即

$$\boldsymbol{x}_{ja} = \boldsymbol{x}_{jb} \quad , \quad \boldsymbol{\phi}_{jaN} \boldsymbol{p}_a = \boldsymbol{\phi}_{jbN} \boldsymbol{p}_b \tag{E5.3.16}$$

由式(E5.3.16)可导出系统的第二次坐标变换式为

$$\boldsymbol{p} = \begin{pmatrix} \boldsymbol{p}_{sa} \\ \boldsymbol{p}_{ra} \\ \boldsymbol{p}_b \end{pmatrix} = \begin{pmatrix} -\boldsymbol{\phi}_{ja}^{s-1} \boldsymbol{\phi}_{ja}^{r} & \boldsymbol{\phi}_{ja}^{s-1} \boldsymbol{\phi}_{jb} \\ \boldsymbol{I} & \boldsymbol{0} \\ \boldsymbol{0} & \boldsymbol{I} \end{pmatrix} \begin{pmatrix} \boldsymbol{p}_{ra} \\ \boldsymbol{p}_b \end{pmatrix} = \begin{pmatrix} -1 & 1 & 1 \\ 1 & 0 & 0 \\ 0 & 1 & 0 \\ 0 & 0 & 1 \end{pmatrix} \begin{pmatrix} \boldsymbol{p}_{ra} \\ \boldsymbol{p}_b \end{pmatrix} = \boldsymbol{\beta q} \tag{E5.3.17}$$

式中，

$$\boldsymbol{p} = \begin{pmatrix} \boldsymbol{p}_{sa} \\ \boldsymbol{p}_{ra} \\ \boldsymbol{p}_b \end{pmatrix} \quad , \quad \boldsymbol{\beta} = \begin{pmatrix} -1 & 1 & 1 \\ 1 & 0 & 0 \\ 0 & 1 & 0 \\ 0 & 0 & 1 \end{pmatrix} \quad , \quad \boldsymbol{q} = \begin{pmatrix} \boldsymbol{p}_{ra} \\ \boldsymbol{p}_b \end{pmatrix}$$

将式(E5.3.14)和式(E5.3.15)合并后，并利用式(E5.3.17)对其进行坐标变换，可得

$$\boldsymbol{M}\ddot{\boldsymbol{q}} + \boldsymbol{K}\boldsymbol{q} = \boldsymbol{0} \tag{E5.3.18}$$

式中，

$$\boldsymbol{M} = \boldsymbol{\beta}^{\mathrm{T}} \boldsymbol{\beta} = \begin{pmatrix} -1 & 1 & 0 & 0 \\ 1 & 0 & 1 & 0 \\ 1 & 0 & 0 & 1 \end{pmatrix} \begin{pmatrix} -1 & 1 & 1 \\ 1 & 0 & 0 \\ 0 & 1 & 0 \\ 0 & 0 & 1 \end{pmatrix} = \begin{pmatrix} 2 & -1 & -1 \\ -1 & 2 & 1 \\ -1 & 1 & 2 \end{pmatrix}$$

$$\boldsymbol{K} = \boldsymbol{\beta}^{\mathrm{T}} \begin{pmatrix} \boldsymbol{\lambda}_a^{\mathrm{T}} & 0 \\ 0 & \boldsymbol{\lambda}_b^{\mathrm{T}} \end{pmatrix} \beta = \begin{pmatrix} -1 & 1 & 0 & 0 \\ 1 & 0 & 1 & 0 \\ 1 & 0 & 0 & 1 \end{pmatrix} \begin{pmatrix} 2-\sqrt{2} & 0 & 0 & 0 \\ 0 & 2+\sqrt{2} & 0 & 0 \\ 0 & 0 & 2+\sqrt{2} & 0 \\ 0 & 0 & 0 & 2-\sqrt{2} \end{pmatrix} \frac{k}{m} \begin{pmatrix} -1 & 1 & 1 \\ 1 & 0 & 0 \\ 0 & 1 & 0 \\ 0 & 0 & 1 \end{pmatrix}$$

$$= \begin{pmatrix} 4 & \left(\sqrt{2}-2\right) & \left(\sqrt{2}-2\right) \\ \left(\sqrt{2}-2\right) & 4 & \left(2-\sqrt{2}\right) \\ \left(\sqrt{2}-2\right) & \left(2-\sqrt{2}\right) & 2\left(\sqrt{2}-2\right) \end{pmatrix} \frac{k}{m}$$

所得结果与前一方法相同。

求解方程(E5.3.18)可得系统的固有频率及用 $\boldsymbol{q}$ 表达的主模态，以后的步骤及结果均与前一方法相同，不再赘述。

### 5.3.3　固定界面模态综合法

固定界面模态综合法是把一个系统分为一系列子结构，每个子结构先将界面全部固定，求解低阶模态，然后释放界面自由度获得约束模态，是强有力的模态综合方法之一。

子结构的无阻尼振动方程为

$$\boldsymbol{m}\ddot{\boldsymbol{x}}+\boldsymbol{k}\boldsymbol{x}=\boldsymbol{F} \tag{5.3.35}$$

按界面($j$)自由度与非界面($i$)自由度的分块形式，式(5.3.35)又可写为

$$\begin{pmatrix}\boldsymbol{m}_{ii} & \boldsymbol{m}_{ij}\\ \boldsymbol{m}_{ji} & \boldsymbol{m}_{jj}\end{pmatrix}\begin{pmatrix}\ddot{\boldsymbol{x}}_i\\ \ddot{\boldsymbol{x}}_j\end{pmatrix}+\begin{pmatrix}\boldsymbol{k}_{ii} & \boldsymbol{k}_{ij}\\ \boldsymbol{k}_{ji} & \boldsymbol{k}_{jj}\end{pmatrix}\begin{pmatrix}\boldsymbol{x}_i\\ \boldsymbol{x}_j\end{pmatrix}=\begin{pmatrix}\boldsymbol{0}\\ \boldsymbol{F}_j\end{pmatrix} \tag{5.3.36}$$

式中，$\boldsymbol{F}_j$ 为界面力，系统做自由振动时，非界面力为零。

对于固定界面模态综合法，有 $\boldsymbol{x}_j=0$，由式(5.3.36)可得到子结构的自由振动方程为

$$\boldsymbol{m}_{ii}\ddot{\boldsymbol{x}}_i+\boldsymbol{k}_{ii}\boldsymbol{x}_i=\boldsymbol{0} \tag{5.3.37}$$

由上述方程可解得系统的正则化模态矩阵 $\boldsymbol{\phi}_r$，由模态的正交性得

$$\boldsymbol{\phi}_r^{\mathrm{T}}\boldsymbol{m}_{ii}\boldsymbol{\phi}_r=1\quad (r=1,2,\cdots,n) \tag{5.3.38}$$

$$\boldsymbol{\phi}_r^{\mathrm{T}}\boldsymbol{k}_{ii}\boldsymbol{\phi}_r=\lambda^2\quad (r=1,2,\cdots,n) \tag{5.3.39}$$

令 $\boldsymbol{\phi}_{ii}=(\boldsymbol{\phi}_1\quad \boldsymbol{\phi}_2\quad \cdots)$，则有

$$\boldsymbol{\phi}_N=\begin{pmatrix}\boldsymbol{\phi}_{ii}\\ \boldsymbol{0}\end{pmatrix} \tag{5.3.40}$$

式中，$\boldsymbol{\phi}_N$ 为子结构的主模态集，主模态集通常是不完备的，即将高阶模态截断的低阶模态集。

考虑子结构的静位移，由式(5.3.36)可得如下静力方程：

$$\begin{pmatrix}\boldsymbol{k}_{ii} & \boldsymbol{k}_{ij}\\ \boldsymbol{k}_{ji} & \boldsymbol{k}_{jj}\end{pmatrix}\begin{pmatrix}\boldsymbol{x}_i\\ \boldsymbol{x}_j\end{pmatrix}=\begin{pmatrix}\boldsymbol{0}\\ \boldsymbol{F}_j\end{pmatrix} \tag{5.3.41}$$

解式(5.3.41)的第一个方程得

$$\boldsymbol{x}_i=-\boldsymbol{k}_{ii}^{-1}\boldsymbol{k}_{ij}\boldsymbol{x}_j \tag{5.3.42}$$

或

$$\boldsymbol{x}_i=\boldsymbol{\phi}_{ij}\boldsymbol{x}_j \tag{5.3.43}$$

令子结构的约束模态集为

$$\boldsymbol{\phi}_c=\begin{pmatrix}\boldsymbol{\phi}_{ij}\\ \boldsymbol{I}\end{pmatrix}=\begin{pmatrix}-\boldsymbol{k}_{ii}^{-1}\boldsymbol{k}_{ij}\\ \boldsymbol{I}\end{pmatrix} \tag{5.3.44}$$

约束模态相当于某界面自由度为单位位移，而其他界面自由度为零时所形成的静模态，约束模态的数目等于子结构界面自由度的数目。

令模态矩阵为

$$\boldsymbol{\phi}=(\boldsymbol{\phi}_N\quad \boldsymbol{\phi}_c) \tag{5.3.45}$$

进行子结构的第一次坐标变换：

$$\boldsymbol{x}=\boldsymbol{\phi}\boldsymbol{p} \tag{5.3.46}$$

或

$$\begin{pmatrix}\boldsymbol{x}_i\\ \boldsymbol{x}_j\end{pmatrix}=\begin{pmatrix}\boldsymbol{\phi}_{ii} & \boldsymbol{x}_{ij}\\ \boldsymbol{0} & \boldsymbol{I}\end{pmatrix}\begin{pmatrix}\boldsymbol{p}_i\\ \boldsymbol{p}_j\end{pmatrix} \tag{5.3.47}$$

式中，$\boldsymbol{p}_i$ 为对应主模态的模态坐标；$\boldsymbol{p}_j$ 为对应约束模态的模态坐标。由式(5.3.47)可以得到 $\boldsymbol{p}_j=\boldsymbol{x}_j$，即约束模态坐标就是界面物理坐标。

利用坐标变换[式(5.3.46)]将子结构运动方程变换到模态坐标 $\boldsymbol{p}$ 上，得

$$\bar{\boldsymbol{m}}\ddot{\boldsymbol{p}}+\bar{\boldsymbol{k}}\boldsymbol{p}=\boldsymbol{g} \tag{5.3.48}$$

式中，

$$\begin{cases}\bar{\boldsymbol{m}}=\boldsymbol{\phi}^{\mathrm{T}}\boldsymbol{m}\boldsymbol{\phi}\\ \bar{\boldsymbol{k}}=\boldsymbol{\phi}^{\mathrm{T}}\boldsymbol{k}\boldsymbol{\phi}\\ \boldsymbol{g}=\boldsymbol{\phi}^{\mathrm{T}}\boldsymbol{F}\end{cases} \tag{5.3.49}$$

考虑坐标变换[式(5.3.47)]，有

$$\bar{\boldsymbol{m}}=\begin{pmatrix}\boldsymbol{I} & \bar{\boldsymbol{m}}_{ij}\\ \bar{\boldsymbol{m}}_{ji} & \bar{\boldsymbol{m}}_{jj}\end{pmatrix},\quad \bar{\boldsymbol{k}}=\begin{pmatrix}\bar{\boldsymbol{k}}_{ii} & \boldsymbol{0}\\ \boldsymbol{0} & \bar{\boldsymbol{k}}_{jj}\end{pmatrix} \tag{5.3.50}$$

式中，

$$\begin{cases}\bar{\boldsymbol{m}}_{ij}=\boldsymbol{m}_{ji}^{\mathrm{T}}=\boldsymbol{\phi}_{ii}^{\mathrm{T}}\left(\boldsymbol{m}_{ii}\boldsymbol{\phi}_{ij}+\boldsymbol{m}_{ij}\right)\\ \bar{\boldsymbol{m}}_{jj}=\boldsymbol{m}_{jj}+\boldsymbol{\phi}_{ij}^{\mathrm{T}}\left(\boldsymbol{m}_{ii}\boldsymbol{\phi}_{ij}+\boldsymbol{m}_{ij}\right)+\boldsymbol{m}_{ji}\boldsymbol{\phi}_{ij}\\ \bar{\boldsymbol{k}}_{ii}=\lambda_n^2\\ \bar{\boldsymbol{k}}_{jj}=\boldsymbol{k}_{jj}+\boldsymbol{k}_{ji}\boldsymbol{\phi}_{ij}\end{cases} \tag{5.3.51}$$

以 $a$、$b$ 两个子结构的连接为例，未连接的 $a$、$b$ 两个子结构在模态坐标下的振动方程为

$$\begin{pmatrix}\bar{\boldsymbol{m}}_a & \boldsymbol{0}\\ \boldsymbol{0} & \bar{\boldsymbol{m}}_b\end{pmatrix}\begin{pmatrix}\ddot{\boldsymbol{p}}_a\\ \ddot{\boldsymbol{p}}_b\end{pmatrix}+\begin{pmatrix}\bar{\boldsymbol{k}}_a & \boldsymbol{0}\\ \boldsymbol{0} & \bar{\boldsymbol{k}}_b\end{pmatrix}\begin{pmatrix}\boldsymbol{p}_a\\ \boldsymbol{p}_b\end{pmatrix}=\begin{pmatrix}\boldsymbol{g}_a\\ \boldsymbol{g}_b\end{pmatrix} \tag{5.3.52}$$

设 $a$、$b$ 两个子结构的广义坐标向量分别为

$$\boldsymbol{q}_a=\begin{pmatrix}\boldsymbol{q}_{ia} & \boldsymbol{q}_{ja}\end{pmatrix}^{\mathrm{T}},\quad \boldsymbol{q}_b=\begin{pmatrix}\boldsymbol{q}_{ib} & \boldsymbol{q}_{jb}\end{pmatrix}^{\mathrm{T}} \tag{5.3.53}$$

考虑两个子结构刚性连接，则位移的协调方程为 $\boldsymbol{x}_{ja}=\boldsymbol{x}_{jb}$，即 $\boldsymbol{p}_{jb}=\boldsymbol{p}_{jb}$。因此，可以选择系统的广义坐标为

$$\boldsymbol{q}=\begin{pmatrix}\boldsymbol{q}_{ia} & \boldsymbol{q}_{ib} & \boldsymbol{q}_i\end{pmatrix}^{\mathrm{T}} \tag{5.3.54}$$

则有第二次坐标变换关系式为

$$\begin{pmatrix}\boldsymbol{p}_{ia}\\ \boldsymbol{p}_{ja}\\ \boldsymbol{p}_{ib}\\ \boldsymbol{p}_{jb}\end{pmatrix}=\begin{pmatrix}\boldsymbol{I} & \boldsymbol{0} & \boldsymbol{0}\\ \boldsymbol{0} & \boldsymbol{0} & \boldsymbol{I}\\ \boldsymbol{0} & \boldsymbol{I} & \boldsymbol{0}\\ \boldsymbol{0} & \boldsymbol{0} & \boldsymbol{I}\end{pmatrix}\begin{pmatrix}\boldsymbol{q}_{ia}\\ \boldsymbol{q}_{ib}\\ \boldsymbol{q}_j\end{pmatrix} \tag{5.3.55}$$

或

$$\boldsymbol{p}=\boldsymbol{\beta}\boldsymbol{q} \tag{5.3.56}$$

利用坐标变换式(5.3.56)，可以将式(5.3.52)变换到广义坐标 $\boldsymbol{q}$ 上，从而建立已连接系统的无阻尼自由振动方程为

$$\boldsymbol{M}\ddot{\boldsymbol{q}}+\boldsymbol{K}\boldsymbol{q}=\boldsymbol{0} \tag{5.3.57}$$

式中，

$$\boldsymbol{M}=\boldsymbol{\beta}^{\mathrm{T}}\bar{\boldsymbol{m}}\boldsymbol{\beta}=\left(\begin{array}{cc:c}\boldsymbol{I}_a & \boldsymbol{0} & \bar{\boldsymbol{m}}_{ija}\\ \boldsymbol{0} & \boldsymbol{I}_b & \bar{\boldsymbol{m}}_{ijb}\\ \hdashline \bar{\boldsymbol{m}}_{jia} & \bar{\boldsymbol{m}}_{jib} & \bar{\boldsymbol{m}}_{jja}+\bar{\boldsymbol{m}}_{jjb}\end{array}\right),\quad \boldsymbol{K}=\boldsymbol{\beta}^{\mathrm{T}}\bar{\boldsymbol{k}}\boldsymbol{\beta}=\left(\begin{array}{cc:c}\bar{\boldsymbol{k}}_{iia} & \boldsymbol{0} & \boldsymbol{0}\\ \boldsymbol{0} & \bar{\boldsymbol{k}}_{iib} & \boldsymbol{0}\\ \hdashline \boldsymbol{0} & \boldsymbol{0} & \bar{\boldsymbol{k}}_{jja}+\bar{\boldsymbol{k}}_{jjb}\end{array}\right),\quad \boldsymbol{\beta}^{\mathrm{T}}\boldsymbol{g}=\boldsymbol{0}$$

对于 $\boldsymbol{\beta}^{\mathrm{T}}\boldsymbol{g}=\boldsymbol{0}$ 的证明如下：

$$\boldsymbol{\beta}^{\mathrm{T}}\boldsymbol{g}=\begin{pmatrix}\boldsymbol{I} & \boldsymbol{0} & \boldsymbol{0} & \boldsymbol{0}\\ \boldsymbol{0} & \boldsymbol{0} & \boldsymbol{I} & \boldsymbol{0}\\ \boldsymbol{0} & \boldsymbol{I} & \boldsymbol{0} & \boldsymbol{I}\end{pmatrix}\begin{pmatrix}\boldsymbol{0}\\ \boldsymbol{F}_{ja}\\ \boldsymbol{0}\\ \boldsymbol{F}_{jb}\end{pmatrix}=\begin{pmatrix}\boldsymbol{0}\\ \boldsymbol{0}\\ \boldsymbol{F}_{ja}+\boldsymbol{F}_{jb}\end{pmatrix}=\boldsymbol{0}$$

式中，$\boldsymbol{F}_{ja}+\boldsymbol{F}_{jb}=\boldsymbol{0}$，表示满足界面上力的平衡条件，这样在界面上既满足位移的协调条件，又满足力的平衡条件。因此，固定界面模态综合法是双协调的，这样就保证了问题的精度。

解式(5.3.57)可得到系统的固有频率 $\omega_r^2$ 和在模态坐标下的振型 $\boldsymbol{\phi}_{rq}$，必须通过两次坐标变换返回到物理坐标上。一般可按子结构返回，例如，对于子结构 $a$，有

$$\boldsymbol{x}_{r\phi}=\boldsymbol{\phi}_a\boldsymbol{\beta}_a\boldsymbol{\phi}_{rq} \tag{5.3.58}$$

式(5.3.58)是对无阻尼自由振动系统而言的，对于强迫振动，式(5.3.57)的右端项不为零，可按求解强迫振动的方法进行。

对于有阻尼问题，如果阻尼矩阵符合比例阻尼假设，可按实模态理论处理，否则按复模态理论进行复模态综合。

固定界面法具有精度高、计算程序简单的特点，但在最后的综合方程中，该方法保留了全部界面自由度。当子结构划分较多时，其综合规模仍然较大，因此需要进一步进行减缩。

## 5.4　有限元模型自由度的减缩

目前，机械结构的理论建模大都采用有限元法。有限元法不仅建模方便，可以模拟各种复杂结构，而且计算精度高且计算格式规范统一。但有限元模型的计算自由度数很大，特别是对于复杂机械结构，有成百上千的计算自由度数的情况十分常见，这就给分析计算带来了极大困难。尤其是在对机械结构进行动态特性分析、动力修改和动态优化设计时，即使具有相同的自由度数目，有限元法的计算工作量也比静力分析大许多。如果考虑有限元模型中所有自由度的影响，不仅计算难以进行，而且众多的计算结果会相互影响，给机械结构动态特性分析、动力修改和动态优化带来了重重困难。因此，在有限元动力分析中，发展提高计算效率、降低计算费用的数值方法是非常有意义的。然而，在实际工作状态下，只有少数低阶模态起作用，这已被大量工程实验所证实。因此，在对机械结构动态特性进行分析计算时，只要在满足工程精度范围内求出少数低阶模态即可。这就是说，如果能在保证低阶模态计算精度的条件下，大幅度降低有限元模型的阶数，就可减少分析计算时的影响因素，略去那些不关心或次要的自由度，抓住问题的主要影响因素，从而实现对机械结构动态特性的分析、计算、修改、优化和控制。凝聚技术就是一种既可以大幅度降低有限元模型阶数，又能保证一定计算精度的降阶方法。自由度凝聚，就是用我们所关心的少数几个点的自由度，代替其余点的自由度，整个结构的动力特性也用这几个点的自由度表示。

### 5.4.1　静态凝聚法

静态凝聚是由 Guyun 和 Irons 于 20 世纪 70 年代提出的一种矩阵降阶方法，其基本思想是根据工程设计的实际需要，从有限元模型各节点的自由度中选择一小部分未知的节点位移作为主自由度，而把其余的节点自由度作为副自由度，借助静力方程消去。这种方法基于如下的基本假定：对于结构较低的振动频率，作用在副自由度上的惯性力也很小，则副自由度上的作用力主要是相邻单元主自由度传递的弹性力 $\boldsymbol{K}$，因此副自由度上的惯性力可以略去，也就是将其质量略去，从而使整个结构的总质量只分布在主自由度上，最后得到的是用主自由度表示的有限元模型。

设机械结构的无阻尼有限元动力学模型为

$$\boldsymbol{M}\ddot{\boldsymbol{x}} + \boldsymbol{K}\boldsymbol{x} = \boldsymbol{f} \tag{5.4.1}$$

式中，$\boldsymbol{M}$、$\boldsymbol{K}$ 分别为结构的质量矩阵和刚度矩阵；$\boldsymbol{x}$ 为节点位移向量；$\boldsymbol{f}$ 为节点载荷向量。

根据实际需要，将有限元模型的节点自由度分为主自由度和副自由度 $\boldsymbol{x}_a$、$\boldsymbol{x}_b$，其中 $\boldsymbol{x}_a$ 为保留自由度，$\boldsymbol{x}_b$ 则是要去掉的自由度。据此，对有限元模型的自由度重新排序，并进行分块处理，得

$$\begin{pmatrix} \boldsymbol{M}_{aa} & \boldsymbol{M}_{ab} \\ \boldsymbol{M}_{ba} & \boldsymbol{M}_{bb} \end{pmatrix}\begin{pmatrix} \ddot{\boldsymbol{x}}_a \\ \ddot{\boldsymbol{x}}_b \end{pmatrix} + \begin{pmatrix} \boldsymbol{K}_{aa} & \boldsymbol{K}_{ab} \\ \boldsymbol{K}_{ba} & \boldsymbol{K}_{bb} \end{pmatrix}\begin{pmatrix} \boldsymbol{x}_a \\ \boldsymbol{x}_b \end{pmatrix} = \begin{pmatrix} \boldsymbol{f}_a \\ \boldsymbol{f}_b \end{pmatrix} \tag{5.4.2}$$

由式(5.4.2)的第二行得

$$\boldsymbol{M}_{ba}\ddot{\boldsymbol{x}}_a + \boldsymbol{M}_{bb}\ddot{\boldsymbol{x}}_b + \boldsymbol{K}_{ba}\boldsymbol{x}_a + \boldsymbol{K}_{bb}\boldsymbol{x}_b = \boldsymbol{f}_b \tag{5.4.3}$$

根据静态凝聚的基本思想，认为结构在低频范围内振动时，其惯性力对副自由度的影响比静力效应小。因此，若略去惯性力并考虑自由振动，则式(5.4.3)变为

$$\boldsymbol{K}_{ba}\boldsymbol{x}_a + \boldsymbol{K}_{bb}\boldsymbol{x}_b = \boldsymbol{0} \tag{5.4.4}$$

由此可得

$$\boldsymbol{x}_b = -\boldsymbol{K}_{bb}^{-1}\boldsymbol{K}_{ba}\boldsymbol{x}_a \tag{5.4.5}$$

式(5.4.5)只考虑了主自由度与副自由度之间的弹性联系，未考虑惯性影响，所以是一种静态约束。由于结构系统在低阶模态下的惯性力较小，这种处理对结构的低阶模态影响不大。

引入 $a \times a$ 阶单位矩阵，由式(5.4.5)可得

$$\begin{pmatrix} \boldsymbol{x}_a \\ \boldsymbol{x}_b \end{pmatrix} = \begin{pmatrix} \boldsymbol{I} \\ -\boldsymbol{K}_{bb}^{-1}\boldsymbol{K}_{ba} \end{pmatrix}\boldsymbol{x}_a = \boldsymbol{T}\boldsymbol{x}_a \tag{5.4.6}$$

式中，$\boldsymbol{T} = \begin{pmatrix} \boldsymbol{I} \\ -\boldsymbol{K}_{bb}^{-1}\boldsymbol{K}_{ba} \end{pmatrix}$，称为坐标转换矩阵。

令

$$\boldsymbol{x} = \begin{pmatrix} \boldsymbol{x}_a & \boldsymbol{x}_b \end{pmatrix}^{\mathrm{T}} = \boldsymbol{T}\boldsymbol{x}_a \tag{5.4.7}$$

系统的势能和动能可分别表示为

$$\begin{cases} T = \dfrac{1}{2}\dot{\boldsymbol{x}}^{\mathrm{T}}\boldsymbol{M}\dot{\boldsymbol{x}} = \dfrac{1}{2}\dot{\boldsymbol{x}}_a{}^{\mathrm{T}}\boldsymbol{T}^{\mathrm{T}}\boldsymbol{M}\boldsymbol{T}\dot{\boldsymbol{x}}_a \\ U = \dfrac{1}{2}\boldsymbol{x}^{\mathrm{T}}\boldsymbol{K}\boldsymbol{x} = \dfrac{1}{2}\boldsymbol{x}_a{}^{\mathrm{T}}\boldsymbol{T}^{\mathrm{T}}\boldsymbol{K}\boldsymbol{T}\boldsymbol{x}_a \end{cases} \tag{5.4.8}$$

由式(5.4.8)可得，系统有限元模型凝聚后的质量矩阵和刚度矩阵分别为

$$\tilde{\boldsymbol{M}}=\boldsymbol{T}^{\mathrm{T}}\boldsymbol{M}\boldsymbol{T}=\boldsymbol{T}^{\mathrm{T}}\begin{pmatrix}\boldsymbol{M}_{aa} & \boldsymbol{M}_{ab}\\ \boldsymbol{M}_{ba} & \boldsymbol{M}_{bb}\end{pmatrix}\boldsymbol{T}=\boldsymbol{M}_{aa}-\boldsymbol{M}_{ab}\boldsymbol{K}_{bb}^{-1}\boldsymbol{K}_{ba}-\left(\boldsymbol{K}_{bb}^{-1}\boldsymbol{K}_{ba}\right)^{\mathrm{T}}\left(\boldsymbol{M}_{ba}-\boldsymbol{M}_{bb}\boldsymbol{K}_{bb}^{-1}\boldsymbol{K}_{ba}\right) \quad (5.4.9)$$

$$\tilde{\boldsymbol{K}}=\boldsymbol{T}^{\mathrm{T}}\boldsymbol{K}\boldsymbol{T}=\boldsymbol{T}^{\mathrm{T}}\begin{pmatrix}\boldsymbol{K}_{aa} & \boldsymbol{K}_{ab}\\ \boldsymbol{K}_{ba} & \boldsymbol{K}_{bb}\end{pmatrix}\boldsymbol{T}=\boldsymbol{K}_{aa}-\boldsymbol{K}_{ab}\boldsymbol{K}_{bb}^{-1}\boldsymbol{K}_{ba} \quad (5.4.10)$$

凝聚后的节点载荷列向量为

$$\tilde{\boldsymbol{f}}=\boldsymbol{T}^{\mathrm{T}}\begin{pmatrix}\boldsymbol{f}_a & \boldsymbol{f}_b\end{pmatrix}^{\mathrm{T}} \quad (5.4.11)$$

则凝聚后的有限元模型为

$$\tilde{\boldsymbol{M}}\ddot{\boldsymbol{x}}_a+\tilde{\boldsymbol{K}}\boldsymbol{x}_a=\tilde{\boldsymbol{f}} \quad (5.4.12)$$

于是，将原始模型[式(5.4.2)]中的自由度数降低为只有凝聚模型[式(5.4.12)]中的主自由度的数目。

静态凝聚的原则是凝聚前后，主自由度上的响应等效。主自由度与副自由度的选取与分布具有头等重要性，因为主自由度的选取直接影响求解精度。这种凝聚过程实质上是对原始结构施加了静力约束，所以由式(5.4.12)计算的固有频率总是偏高。但只要慎重选择对动能贡献甚小的自由度，将其作为副自由度，就能保证结构的低阶固有频率具有良好的精度，这需要具有丰富的经验和正确的判断力。一般情况下，对于主自由度的选取，可遵循如下一些原则。

(1)主自由度的数量一般要达到所求模态数的 2～3 倍，以减少所求最高模态的误差。在可能的情况下，应多选择一些主自由度。

(2)在结构振动的主要方向上选择主自由度。例如，板单元在结构的低频振动下，其面内位移和转角自由度对动能的贡献通常要比法向位移的贡献小得多。因此，应在垂直于板面的法向上选择主自由度，梁单元的轴向位移和转角自由度也应选为副自由度。

(3)当结构自由度中具有相对较大的质量或转动惯量及相对较小的刚度时，应选为主自由度，如结构中具有集中质量的突出部位和具有柔性结合部的连接自由度等。

(4)主自由度应分布在整个结构内，而不应集中在一个区域内，并且主要分布在感兴趣的振动方向上。若只对板的弯曲模态感兴趣，则可忽略拉压自由度。

(5)所有施加了载荷和约束的自由度必须选为主自由度，位移较大的自由度也应选为主自由度，位移为零的自由度不能选为主自由度。

另外，也可按如下方式选择主自由度。比较刚度矩阵 $\boldsymbol{K}$ 和质量矩阵 $\boldsymbol{M}$ 的对角元素，将 $\boldsymbol{K}_{ii}/\boldsymbol{M}_{ii}$ 为最大的自由度 $i$ 选为第一个副自由度。然后凝聚 $\boldsymbol{K}$ 和 $\boldsymbol{M}$，使其降低一阶。再对凝聚后的矩阵进行比较，将 $\boldsymbol{K}_{rii}/\boldsymbol{M}_{rii}$ 为最大的自由度选为下一个副自由度，再进行一次凝聚。如此重复，直到剩下的自由度数目满足所定的主自由度数目要求为止，这样选出的主自由度接近最佳。

若原始有限元模型中使用的是集中质量矩阵，则式(5.4.2)变为

$$\begin{pmatrix}\boldsymbol{M}_{aa} & \boldsymbol{0}\\ \boldsymbol{0} & \boldsymbol{M}_{bb}\end{pmatrix}\begin{pmatrix}\ddot{\boldsymbol{x}}_a\\ \ddot{\boldsymbol{x}}_b\end{pmatrix}+\begin{pmatrix}\boldsymbol{K}_{aa} & \boldsymbol{K}_{ab}\\ \boldsymbol{K}_{ba} & \boldsymbol{K}_{bb}\end{pmatrix}\begin{pmatrix}\boldsymbol{x}_a\\ \boldsymbol{x}_b\end{pmatrix}=\begin{pmatrix}\boldsymbol{f}_a\\ \boldsymbol{f}_b\end{pmatrix} \quad (5.4.13)$$

坐标变换矩阵和刚度矩阵不变，凝聚后的质量矩阵为

$$\tilde{\boldsymbol{M}}=\boldsymbol{T}^{\mathrm{T}}\boldsymbol{M}\boldsymbol{T}=\boldsymbol{T}^{\mathrm{T}}\begin{pmatrix}\boldsymbol{M}_{aa} & \boldsymbol{0}\\ \boldsymbol{0} & \boldsymbol{M}_{bb}\end{pmatrix}\boldsymbol{T}=\boldsymbol{M}_{aa}+\left(\boldsymbol{K}_{bb}^{-1}\boldsymbol{K}_{ba}\right)^{\mathrm{T}}\boldsymbol{M}_{bb}\boldsymbol{K}_{bb}^{-1}\boldsymbol{K}_{ba} \quad (5.4.14)$$

需要说明的是，即使原始有限元模型中的 $\boldsymbol{K}$ 和 $\boldsymbol{M}$ 分别为带状矩阵和对角矩阵，凝聚后的 $\tilde{\boldsymbol{K}}$ 和 $\tilde{\boldsymbol{M}}$ 也一般是满阵，并且 $\tilde{\boldsymbol{M}}$ 是质量系数与刚度系数的组合。如果原始有限元模型中具有阻尼矩阵 $\boldsymbol{C}$，则减缩方程中也具有凝聚后的阻尼矩阵 $\tilde{\boldsymbol{C}}=\boldsymbol{T}^{\mathrm{T}}\boldsymbol{C}\boldsymbol{T}$。

## 5.4.2 模态凝聚法

采用模态凝聚法可在较多阶模态下进行自由度的凝聚，并保证凝聚后的有限元模型仍具有关心的几阶模态，因此具有较大工程应用价值。

设自由度数为 $n$ 的结构系统的特征方程为

$$\boldsymbol{K}\boldsymbol{\phi}=\boldsymbol{M}\boldsymbol{\phi}\boldsymbol{\Lambda} \tag{5.4.15}$$

式中，$\boldsymbol{K}$、$\boldsymbol{M}$ 分别为结构系统的 $n$ 阶刚度矩阵和质量矩阵；$\boldsymbol{\Lambda}$、$\boldsymbol{\phi}$ 则分别为系统的 $n$ 阶特征值矩阵和特征向量矩阵；$\boldsymbol{\Lambda}$ 为对角矩阵。

利用原始有限元模型可以求得系统的前 $m$ 阶模态参数，$m<n$。若只考虑系统的前 $m$ 阶模态参数，则特征方程(5.4.15)变为

$$\boldsymbol{K}\boldsymbol{\phi}_{n\times m}=\boldsymbol{M}\boldsymbol{\phi}_{n\times m}\boldsymbol{\Lambda}_{m\times m} \tag{5.4.16}$$

式中，$\boldsymbol{\phi}$ 为 $n\times m$ 矩阵；$\boldsymbol{\Lambda}$ 为 $m$ 阶对角矩阵。

将结构系统的节点坐标 $\boldsymbol{x}$ 划分为主坐标 $\boldsymbol{x}_a$ 和副坐标 $\boldsymbol{x}_b$，其中主坐标为保留坐标，副坐标则为凝聚掉的坐标。

将特征向量矩阵 $\boldsymbol{\phi}$、刚度矩阵 $\boldsymbol{K}$ 和质量矩阵 $\boldsymbol{M}$，均对应于主副坐标进行分块，则式(5.4.16)为

$$\begin{pmatrix}\boldsymbol{K}_{aa} & \boldsymbol{K}_{ab}\\ \boldsymbol{K}_{ba} & \boldsymbol{K}_{bb}\end{pmatrix}\begin{pmatrix}\boldsymbol{\phi}_a\\ \boldsymbol{\phi}_b\end{pmatrix}=\begin{pmatrix}\boldsymbol{M}_{aa} & \boldsymbol{M}_{ab}\\ \boldsymbol{M}_{ba} & \boldsymbol{M}_{bb}\end{pmatrix}\begin{pmatrix}\boldsymbol{\phi}_a\\ \boldsymbol{\phi}_b\end{pmatrix}\boldsymbol{\Lambda} \tag{5.4.17}$$

由 $\boldsymbol{x}=\left(\boldsymbol{x}_a,\boldsymbol{x}_b\right)^{\mathrm{T}}$ 可知，$\boldsymbol{\phi}=\left(\boldsymbol{\phi}_a,\boldsymbol{\phi}_b\right)^{\mathrm{T}}$。利用模态坐标 $\boldsymbol{q}$ 进行变换，可得

$$\boldsymbol{x}=\boldsymbol{\phi}\boldsymbol{q}$$

即

$$\begin{pmatrix}\boldsymbol{x}_a\\ \boldsymbol{x}_b\end{pmatrix}=\begin{pmatrix}\boldsymbol{\phi}_a\\ \boldsymbol{\phi}_b\end{pmatrix}\boldsymbol{q} \tag{5.4.18}$$

由式(5.4.18)中的第一式得

$$\boldsymbol{x}_a=\boldsymbol{\phi}_a\boldsymbol{q}$$

则有

$$\boldsymbol{q}=\boldsymbol{\phi}_a^{-1}\boldsymbol{x}_a \tag{5.4.19}$$

由式(5.4.18)中的第二式得

$$\boldsymbol{x}_b=\boldsymbol{\phi}_b\boldsymbol{q}$$

将式(5.4.19)代入上式得

$$\boldsymbol{x}_b=\boldsymbol{\phi}_b\boldsymbol{\phi}_a^{-1}\boldsymbol{x}_a \tag{5.4.20}$$

由式(5.4.18)和式(5.4.20)得

$$\boldsymbol{x}=\begin{pmatrix}\boldsymbol{x}_a\\ \boldsymbol{x}_b\end{pmatrix}=\begin{pmatrix}\boldsymbol{x}_a\\ \boldsymbol{\phi}_b\boldsymbol{\phi}_a^{-1}\boldsymbol{x}_a\end{pmatrix}=\begin{pmatrix}\boldsymbol{I}\\ \boldsymbol{\phi}_b\boldsymbol{\phi}_a^{-1}\end{pmatrix}\boldsymbol{x}_a=\boldsymbol{T}\boldsymbol{x}_a \tag{5.4.21}$$

式中，

$$T=\begin{pmatrix} I \\ \phi_b\phi_a^{-1} \end{pmatrix}$$

根据结构系统凝聚前后其动能与势能应相等的原则，可得有限元模型凝聚后的质量矩阵和刚度矩阵分别为

$$\tilde{M}=T^{\mathrm{T}}MT=M_{aa}+M_{ab}T+T^{\mathrm{T}}M_{ba}+T^{\mathrm{T}}M_{bb}T \tag{5.4.22}$$

$$\tilde{K}=T^{T}KT=K_{aa}+K_{ab}T+T^{\mathrm{T}}K_{ba}+T^{\mathrm{T}}K_{bb}T \tag{5.4.23}$$

由上述可知，模态凝聚法的坐标变换矩阵 $T$ 较为简单，不必求一个规模较大矩阵的逆矩阵。另外，这种凝聚得到的新模型仍为物理模型，凝聚质量和凝聚刚度仍为等效的物理参数，应用比较方便。

# 第 6 章　机械动力学的工程应用

本章将介绍拉格朗日方程、模态综合法、有限元模型的凝聚技术及传递矩阵分析法的工程应用。

## 6.1　拉格朗日方程在 X8132 万能工具铣床动力分析中的应用

应用拉格朗日方程的基本步骤为：①简化实际机械结构，建立力学模型；②确定坐标系及广义坐标；③确定对应的几何关系、物理参数及力学参数；④计算机械系统的总动能、总势能和耗散函数；⑤用拉格朗日方程建立机械系统运动微分方程；⑥选用适合的数值方法计算系统的固有频率，若有实验数据可进行对比分析。

X8132 万能工具铣床是一种多用途、中等规格的铣床，其结构简图如图 6.1.1 所示。该机床由以下几个主要部件组成：床身、底座、水平主轴体、立铣头、上横梁、吊架、水平工作台、垂直工作台和升降台。

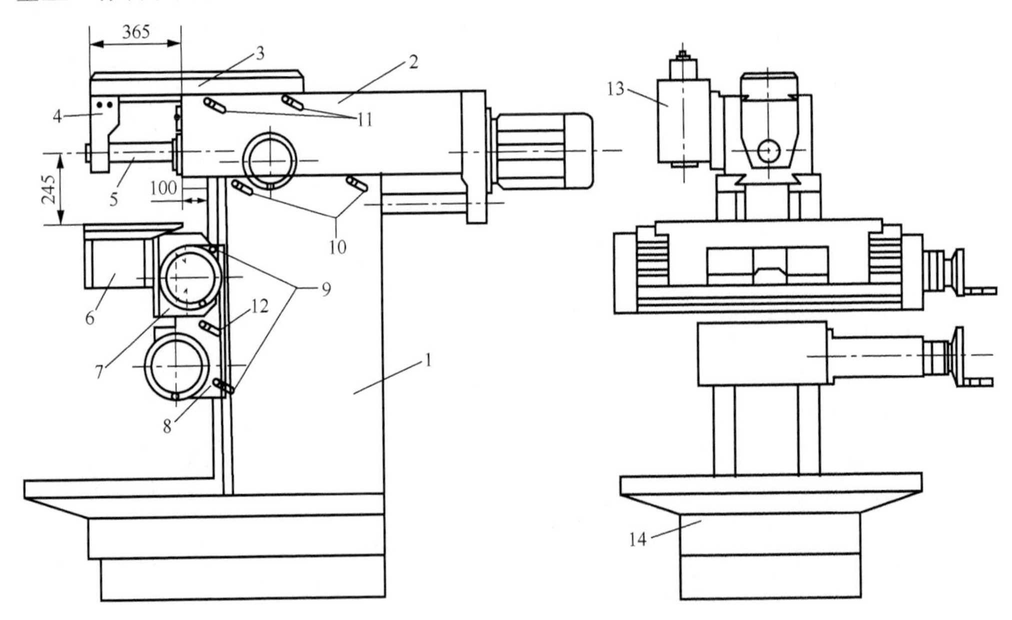


图 6.1.1　X8132 万能工具铣床结构简图(单位：mm)

1-床身；2-水平主轴体；3-横梁；4-吊架；5-水平主轴；6-水平工作台；7-垂直工作台；8-升降台；9-升降台夹紧机构；10-水平主轴体夹紧机构；11-上横梁夹紧机构；12-垂直工作台夹紧机构；13-立铣头；14-底座

根据 X8132 万能工具铣床的结构特点和工作情况，分别按卧铣和立铣工况建立其数学模型。

### 1．立铣工况

根据其结构特点及布局，将机床划分为 8 个部件：床身与底座、水平主轴体(包括上横梁、主电机及电机座)、立铣头座、立铣头、垂直刀杆、水平工作台、垂直工作台、升降台。

(1) 由于床身与底座结构刚性较好，两个部件之间几乎没有相对位移，建模时将两者取为一体，将其简化为无质量分布的刚性件；底座与地基由地脚螺栓连接，取床身沿 $x$ 轴的平动和绕 $y$ 轴、$z$ 轴的转动三个广义坐标。

(2) 水平主轴体简化为质量分布的刚性梁，用其绕 $x$ 轴、$z$ 轴的转动及沿 $x$ 轴的平动三个广义坐标描述其运动。

(3) 类似地，立铣头座、立铣头、垂直刀杆、水平工作台、垂直工作台和升降台均简化为质量分布的刚性件，并根据振动特点，分别用相应的广义坐标来描述它们的运动。

(4) 上横梁简化为质量分布件，主电机及电机座、升降台侧座均简化为集中质量件，用无质量刚性梁连接。

据此，可将机床简化为如图 6.1.2 所示的具有 19 个自由度的包括集中参数和分布参数的动力学模型，各个自由度的分配为：$q_1$ 为床身沿 $z$ 轴的平动坐标 $z_1$；$q_2$ 为床身绕 $y$ 轴的转动坐标 $\theta_{y1}$；$q_3$ 为床身绕 $z$ 轴的转动坐标 $\theta_{z1}$；$q_4$ 为水平主轴体沿 $x$ 轴的平动坐标 $x_2$；$q_5$ 为水平主轴体绕 $x$ 轴的转动坐标 $\theta_{x2}$；$q_6$ 为床身绕 $z$ 轴的转动坐标 $\theta_{z2}$；$q_7$ 为立铣头绕 $y$ 轴的转动坐标 $\theta_{y3}$；$q_8$ 为立铣头绕 $x$ 轴的转动坐标 $\theta_{x4}$；$q_9$ 为立铣头绕 $y$ 轴的转动坐标 $\theta_{y4}$；$q_{10}$ 为垂直刀杆沿 $x$ 轴的平动坐标 $x_5$；$q_{11}$ 为垂直刀杆沿 $z$ 轴的平动坐标 $z_5$；$q_{12}$ 为垂直刀杆绕 $x$ 轴的转动坐标 $\theta_{x5}$；$q_{13}$ 为垂直刀杆绕 $y$ 轴的转动坐标 $\theta_{y5}$；$q_{14}$ 为水平工作台沿 $x$ 轴的平动坐标 $x_6$；$q_{15}$ 为水平工作台沿 $z$ 轴的平动坐标 $z_6$；$q_{16}$ 为垂直工作台沿 $x$ 轴的平动坐标 $x_7$；$q_{17}$ 为垂直工作台绕 $x$ 轴的转动坐标 $\theta_{x7}$；$q_{18}$ 为垂直工作台绕 $y$ 轴的转动坐标 $\theta_{y7}$；$q_{19}$ 为升降台沿 $z$ 轴的平动坐标 $z_8$。

模型中各部件的质量根据实物称重得到，转动惯量由复摆原理测试得到，见表 6.1.1。结合部动力学参数根据结合部类型、结合方式、等效元素个数由吉村允孝方法确定，见表 6.1.2。

用拉格朗日方程建立系统的运动方程，分别计算系统平动和转动的总动能、总势能及 Rayleigh 耗散函数，确定广义力。

拉格朗日方程的一般表达式为

$$\frac{\mathrm{d}}{\mathrm{d}t}\left(\frac{\partial T}{\partial \dot{q}_j}\right)-\frac{\partial T}{\partial q_j}=Q_j \quad (j=1,2,\cdots,n) \tag{6.1.1}$$

式中，$T$ 为系统的总动能；$q_j$ 为系统的广义坐标；$Q_j$ 为广义力。

对于所研究的机械系统，$Q_j$ 由广义势力 $-\dfrac{\partial U}{\partial q_j}$、广义线性阻尼力 $-\dfrac{\partial D}{\partial \dot{q}_j}$ 和广义激励力 $Q_j'$ 组成，即

$$Q_j=-\frac{\partial U}{\partial q_j}-\frac{\partial D}{\partial \dot{q}_j}+Q_j' \tag{6.1.2}$$

代入式(6.1.1)，得

$$\frac{\mathrm{d}}{\mathrm{d}t}\left(\frac{\partial T}{\partial \dot{q}_j}\right)-\frac{\partial T}{\partial q_j}+\frac{\partial U}{\partial q_j}+\frac{\partial D}{\partial \dot{q}_j}=Q_j' \quad (j=1,2,\cdots,n) \tag{6.1.3}$$

式中，$U$、$D$ 分别为系统的总势能、Rayleigh 耗散函数。

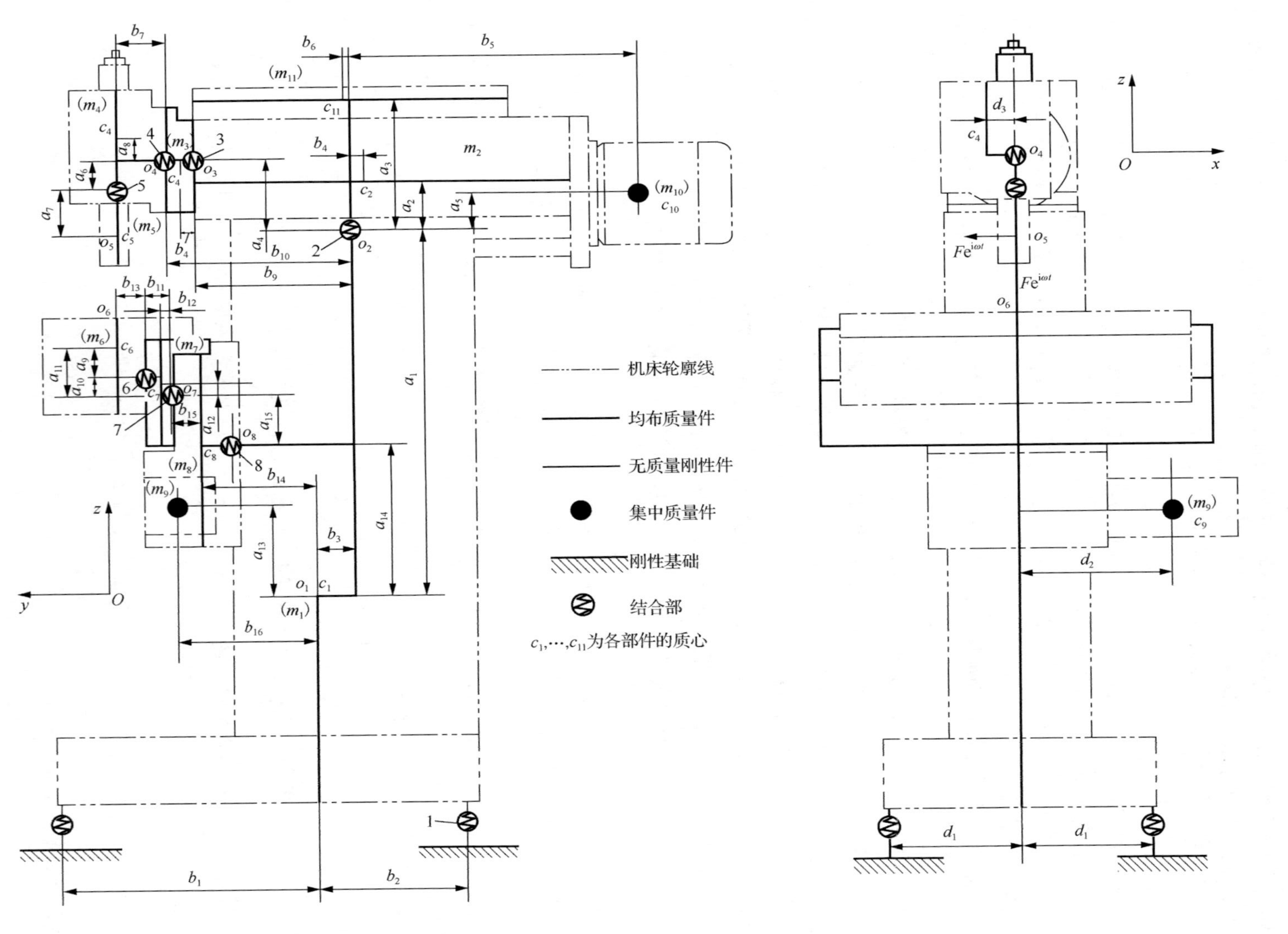


图 6.1.2　X8132 万能工具铣床立铣工况简化结构模型

**表 6.1.1　质量及转动惯量实测结果(立铣工况)**

| 部件 | 质量 | | 转动惯量 | |
|---|---|---|---|---|
| | 符号 | 实测值 | 符号 | 实测值 |
| 床身与底座 | $m_1$ | 715 | $J_{y1}$ | 124.335 |
| | | | $J_{z1}$ | 39.865 |
| 水平主轴体 | $m_2$ | 183 | $J_{x2}$ | 10.424 |
| | | | $J_{y2}$ | 1.4019 |
| | | | $J_{z2}$ | 9.8119 |
| 立铣头座 | $m_3$ | 10.5 | $J_{x3}$ | 0.095 |
| | | | $J_{y3}$ | 0.121 |
| | | | $J_{z3}$ | 0.091 |
| 立铣头 | $m_4$ | 24.5 | $J_{x4}$ | 0.312 |
| | | | $J_{y4}$ | 0.384 |
| | | | $J_{z4}$ | 0.421 |
| 垂直刀杆 | $m_5$ | 3.5 | $J_{x5}$ | 0.0046 |
| | | | $J_{y5}$ | 0.0046 |
| | | | $J_{z5}$ | 0.0017 |

| 部件 | 质量 | | 转动惯量 | |
|---|---|---|---|---|
| | 符号 | 实测值 | 符号 | 实测值 |
| 水平工作台 | $m_6$ | 100 | $J_{x6}$ | 1.2499 |
| | | | $J_{y6}$ | 5.023 |
| | | | $J_{z6}$ | 6.1457 |
| 垂直工作台 | $m_7$ | 110 | $J_{x7}$ | 0.7374 |
| | | | $J_{y7}$ | 6.5829 |
| | | | $J_{z7}$ | 5.3648 |
| 升降台 | $m_8$ | 107 | $J_{y8}$ | 1.3613 |
| | | | $J_{z8}$ | 1.4308 |
| 升降台侧座 | $m_9$ | 16 | — | — |
| 主电机及机座 | $m_{10}$ | 41 | — | — |
| 上横梁 | $m_{11}$ | 38 | $J_{x11}$ | 0.7317 |
| | | | $J_{y11}$ | 0.1263 |
| | | | $J_{z11}$ | 0.8692 |

注：质量单位为 kg；转动惯量单位为 $kg \cdot m^2$。

**表 6.1.2　结合部等效刚度计算值**

| 结合部 | 等效刚度 | |
|---|---|---|
| 床身与水平主轴体 | $K_x^{①}$ | $7.642\times10^8$ |
| | $K_{\theta x}^{①}$ | $3.629\times10^7$ |
| | $K_{\theta z}^{①}$ | $5.437\times10^7$ |
| 床身与升降台 | $K_x^{⑧}$ | $3.829\times10^8$ |
| 上横梁与水平主轴体 | $K_x^{②}$ | $2.012\times10^8$ |
| | $K_{\theta x}^{②}$ | $6.725\times10^6$ |
| | $K_{\theta z}^{②}$ | $1.054\times10^7$ |

| 结合部 | 等效刚度 | |
|---|---|---|
| 上横梁与吊架 | $K_{\theta x}^{③}$ | $7.366\times10^6$ |
| | $K_{\theta z}^{③}$ | $1.164\times10^7$ |
| 水平工作台与垂直工作台 | $K_x^{⑥}$ | $2.512\times10^9$ |
| | $K_z^{⑥}$ | $2.512\times10^9$ |
| 垂直工作台与升降台 | $K_x^{⑦}$ | $7.218\times10^5$ |
| | $K_{\theta x}^{⑦}$ | $4.538\times10^7$ |
| | $K_{\theta y}^{⑦}$ | $4.341\times10^7$ |

注：表中线刚度的单位为 N/m；角刚度的单位为 $N \cdot m/rad$。

根据简化模型，写出结构的总动能表达式：

$$
\begin{aligned}
T=\frac{1}{2}\Big\{&m_1\dot{q}_1^2+J_{y1}\ddot{q}_2^2+J_{z1}q_3^2+m_2\left(\dot{q}_1-b_4\dot{q}_5\right)^2+m_2\left(\dot{q}_4+b_4\dot{q}_6+a_2\dot{q}_2\right)^2+m_2\left(-a_2\dot{q}_5\right)^2+J_{y2}\dot{q}_2^2\\
&+J_{z2}\dot{q}_6^2+J_{x2}\dot{q}_5^2+m_{10}\left(\dot{q}_4+b_5\dot{q}_6+a_5\dot{q}_2\right)^2+m_{10}\left(\dot{q}_1-b_5\dot{q}_5\right)^2+m_{10}\left(-a_5\dot{q}_5\right)^2+m_{11}\left(\dot{q}_1+b_6\dot{q}_5\right)^2\\
&+m_{11}\left(\dot{q}_4-b_6\dot{q}_6+a_3\dot{q}_2\right)^2+m_{11}\left(-a_3\dot{q}_5\right)^2+J_{x11}\dot{q}_5^2+J_{y11}\dot{q}_2^2+J_{z11}\dot{q}_6^2+m_3\left[\dot{q}_1+\left(b_8+b_9\right)\dot{q}_5\right]^2\\
&+m_3\left[\dot{q}_4-\left(b_8+b_9\right)\dot{q}_6+a_4\dot{q}_2\right]^2+m_3\left(-a_4\dot{q}_5\right)^2+J_{x3}\dot{q}_5^2+J_{y3}\dot{q}_7^2+J_{z3}\dot{q}_6^2\\
&+m_4\left(\dot{q}_1+b_{10}\dot{q}_5+b_7\dot{q}_8+d_3\dot{q}_2+d_3\dot{q}_9\right)^2+m_4\left[\dot{q}_4-\left(b_7+b_{10}\right)\dot{q}_6+a_8\dot{q}_9+\left(b_4+b_8\right)\dot{q}_2\right]^2\\
&+m_4\left(-d_3\dot{q}_6-a_4\dot{q}_5-a_8\dot{q}_8\right)^2+J_{x4}\dot{q}_8^2+J_{y4}\dot{q}_9^2+J_{z4}\dot{q}_6^2+m_5\left(\dot{q}_{11}^2+\dot{q}_{10}^2\right)+m_5\left(-a_4\dot{q}_5+b_6\dot{q}_8\right)^2\\
&+J_{x5}\dot{q}_{12}^2+J_{y5}\dot{q}_{13}^2+J_{z5}\dot{q}_6^2+m_6\left(\dot{q}_{15}+b_{13}\dot{q}_{17}\right)^2+m_6\left(\dot{q}_{14}-b_{13}\dot{q}_3+a_9\dot{q}_{18}\right)^2+m_6\left(-a_{11}\dot{q}_{17}\right)^2\\
&+J_{x6}\dot{q}_{17}^2+J_{y6}\dot{q}_{18}^2+J_{z6}\dot{q}_3^2+m_7\left(\dot{q}_{19}+b_{12}q_{17}\right)^2+m_7\left(\dot{q}_{16}-b_{12}\dot{q}_3+a_{12}\dot{q}_{18}\right)^2+m_7\left(-a_{12}\dot{q}_{17}\right)^2\\
&+J_{x7}\dot{q}_{17}^2+J_{y7}\dot{q}_{18}^2+J_{z7}\dot{q}_3^2+m_8\dot{q}_{19}^2+m_8\left(a_{14}\dot{q}_2-b_{14}\dot{q}_3\right)^2+J_{y8}\dot{q}_2^2+J_{z8}\dot{q}_3^2+m_9\left(\dot{q}_{19}-d_2\dot{q}_2\right)^2\\
&+m_9\left(a_{13}\dot{q}_2-b_{16}\dot{q}_3\right)^2+m_9\left(d_2\dot{q}_3\right)^2\ \Big\}
\end{aligned}
$$

系统的总势能：

$$
\begin{aligned}
U=\frac{1}{2}\Big\{&2K_z^{①}\left(q_1-d_1q_2\right)^2+2K_z^{①}\left(q_1+d_1q_2\right)^2+2K_\tau^{①}\left(b_1^2+d_1^2\right)q_3^2+2K_\tau^{①}\left(b_2^2+d_1^2\right)q_3^2\\
&+K_{\theta z}^{①}\left(q_6-q_3\right)^2+K_x^{①}\left(q_4-a_1q_2-b_3q_3\right)^2+K_{\theta x}^{①}q_5^2+K_{\theta y}^{②}\left(q_7-q_2\right)^2+K_{\theta x}^{③}\left(q_8-q_5\right)^2\\
&+K_{\theta y}^{③}\left(q_9-q_7\right)^2+K_{\theta x}^{④}\left(q_{12}-q_{18}\right)^2+K_{\theta y}^{④}\left(q_{13}-q_9\right)^2+K_z^{④}\left(q_{11}-b_{10}q_5-b_7q_8-q_1\right)^2\\
&+K_z^{⑤}\left(q_{15}-q_{19}-b_{11}q_{17}\right)^2+K_x^{④}\left(q_{10}+a_7q_{13}-a_4q_2+a_6q_9-q_4\right)^2\\
&+K_x^{⑤}\left(q_{14}-q_{16}+b_{11}q_3-a_{10}q_{18}\right)^2+K_{\theta x}^{⑥}q_{17}^2+K_x^{⑥}\left[q_{16}+\left(b_{15}+b_{14}\right)q_3-\left(a_{14}+a_{15}\right)q_2\right]^2\\
&+K_{\theta y}^{⑥}\left(q_{18}-q_2\right)^2+K_z^{⑦}\left(q_{19}-q_1\right)^2
\end{aligned}
$$

系统的 Rayleigh 耗散函数：

$$
\begin{aligned}
D=\frac{1}{2}\Big\{&2C_z^{①}\left(\dot{q}_1-d_1\dot{q}_2\right)^2+2C_z^{①}\left(\dot{q}_1+d_1\dot{q}_2\right)^2+2C_\tau^{①}\left(b_1^2+d_1^2\right)\dot{q}_3^2+2C_\tau^{①}\left(b_2^2+d_1^2\right)\dot{q}_3^2\\
&+C_{\theta z}^{①}\left(\dot{q}_6-\dot{q}_3\right)^2+C_x^{①}\left(\dot{q}_4-a_1\dot{q}_2-b_3\dot{q}_3\right)^2+C_{\theta x}^{①}\dot{q}_5^2+C_{\theta y}^{②}\left(\dot{q}_7-\dot{q}_2\right)^2+C_{\theta x}^{③}\left(\dot{q}_8-\dot{q}_5\right)^2\\
&+C_{\theta y}^{③}\left(\dot{q}_9-\dot{q}_7\right)^2+C_{\theta x}^{④}\left(\dot{q}_{12}-\dot{q}_{18}\right)^2+C_{\theta y}^{④}\left(\dot{q}_{13}-\dot{q}_9\right)^2+C_z^{④}\left(\dot{q}_{11}-b_{10}\dot{q}_5-b_7\dot{q}_8-\dot{q}_1\right)^2\\
&+C_z^{⑤}\left(\dot{q}_{15}-\dot{q}_{19}-b_{11}\dot{q}_{17}\right)^2+C_x^{④}\left(\dot{q}_{10}+a_7\dot{q}_{13}-a_4\dot{q}_2+a_6\dot{q}_9-\dot{q}_4\right)^2\\
&+C_x^{⑤}\left(\dot{q}_{14}-\dot{q}_{16}+b_{11}\dot{q}_3-a_{10}\dot{q}_{18}\right)^2+C_{\theta x}^{⑥}\dot{q}_{17}^2+C_x^{⑥}\left[\dot{q}_{16}+\left(b_{15}+b_{14}\right)\dot{q}_3-\left(a_{14}+a_{15}\right)\dot{q}_3\right]^2\\
&+C_{\theta y}^{⑥}\left(\dot{q}_{18}-\dot{q}_2\right)^2+C_z^{⑦}\left(\dot{q}_{19}-\dot{q}_1\right)^2
\end{aligned}
$$

将 $T$ 、 $U$ 、 $D$ 代入式(6.1.3)，整理后得

$$
\boldsymbol{M}\ddot{\boldsymbol{q}}+\boldsymbol{C}\dot{\boldsymbol{q}}+\boldsymbol{K}\boldsymbol{q}=\boldsymbol{Q} \tag{6.1.4}
$$

式中，$\boldsymbol{q}$ 、$\dot{\boldsymbol{q}}$ 、$\ddot{\boldsymbol{q}}$ 分别为 19×1 位移列阵、速度列阵、加速度列阵；$\boldsymbol{Q}$ 为 19×1 激励力列阵；$\boldsymbol{M}$ 为 19×19 质量矩阵，矩阵中的各个元素见表 6.1.3；$\boldsymbol{K}$ 为 19×19 刚度矩阵，矩阵中的各个元素见表 6.1.4；$\boldsymbol{C}$ 为阻尼矩阵，其形式与 $\boldsymbol{K}$ 矩阵相同，只是元素少(这里省略)。

表 6.1.3　质量矩阵 $\boldsymbol{M}$ 中的元素计算

| 元素 | 计算式 | 元素 | 计算式 |
|---|---|---|---|
| $m_{1,1}$ | $m_1+m_2+m_3+m_4+m_{10}+m_{11}$ | $m_{5,8}$ | $(a_4a_8+b_7b_{10})m_4-a_4a_6m_5$ |
| $m_{1,2}$ | $d_3m_4$ | $m_{5,9}$ | $b_{10}d_3m_4$ |
| $m_{1,5}$ | $-b_4m_2+(b_8+b_9)m_3+b_{10}m_4-b_5m_{10}+b_6m_{11}$ | $m_{6,6}$ | $b_4^2m_2+(b_8+b_9)^2m_3+b_5^2m_{10}+b_6^2m_{11}$ $+\left(d_3^2+(b_7+b_{10})^2\right)m_4+J_{x3}$ $+J_{z4}+J_{z5}+J_{z11}$ |
| $m_{1,8}$ | $b_7m_4$ | $m_{6,8}$ | $-a_8(b_7+b_{10})m_4+a_8d_3m_4$ |
| $m_{1,9}$ | $d_3m_4$ | $m_{6,9}$ | $-a_8(b_7+b_{10})m_4$ |
| $m_{2,2}$ | $a_2^2m_3+a_4^2m_3+d_3^2m_4+(a_4+a_8)^2m_4$ $+a_{14}^2m_8+(d_2^2+a_{13}^2)m_9+a_5^2m_{10}$ $+a_3^2m_{11}+J_{y1}+J_{y2}+J_{y11}+J_{y8}$ | $m_{7,7}$ | $J_{y3}$ |
| $m_{2,3}$ | $-a_{14}b_{14}m_8-a_{13}b_{16}m_9$ | $m_{8,8}$ | $(a_8^2+b_7^2)m_4+a_6^2m_5+J_{x4}$ |
| $m_{2,4}$ | $a_2m_2+a_4m_3+(a_4+a_8)m_4+a_5m_{10}+a_3m_{11}$ | $m_{8,9}$ | $b_7d_3m_4$ |
| $m_{2,5}$ | $b_{10}d_3m_4$ | $m_{9,9}$ | $(a_8^2+d_3^2)m_4+J_{y4}$ |
| $m_{2,6}$ | $a_2b_4m_2-a_4(b_8-b_9)m_3-a_3b_6m_{11}$ $-(a_4+a_8)(b_7-b_{10})m_4+a_5b_5m_{10}$ | $m_{10,10}$ | $m_5$ |
| $m_{2,8}$ | $b_7d_3m_4$ | $m_{11,11}$ | $m_5$ |
| $m_{2,9}$ | $d_3^2m_4+a_8(a_4+a_8)m_4$ | $m_{12,12}$ | $J_{x5}$ |
| $m_{2,19}$ | $-d_2m_9$ | $m_{13,13}$ | $J_{y5}$ |
| $m_{3,3}$ | $b_{13}^2m_6+b_{12}^2m_7+b_{17}^2m_8+(b_{19}^2+d_2^2)m_9$ $+J_{z1}+J_{z6}+J_{z7}+J_{z8}$ | $m_{14,14}$ | $m_6$ |
| | | $m_{14,18}$ | $a_9m_6$ |
| $m_{3,14}$ | $-b_{13}m_6$ | $m_{15,15}$ | $m_6$ |
| $m_{3,16}$ | $-b_{12}m_7$ | $m_{15,17}$ | $b_{13}m_6$ |
| $m_{3,18}$ | $-a_9b_{13}m_6-a_{12}b_{12}m_7$ | $m_{16,16}$ | $m_7$ |
| $m_{4,4}$ | $m_2+m_3+m_4+m_{10}+m_{11}$ | $m_{16,18}$ | $a_{12}m_7$ |
| $m_{4,6}$ | $b_4m_2-(b_8+b_9)m_3-(b_7+b_{10})m_4$ $+b_5m_{10}-b_6m_{11}$ | $m_{17,17}$ | $(a_{11}^2+b_{13}^2)m_6+(a_{12}^2+b_{12}^2)m_7+J_{x6}+J_{x7}$ |
| $m_{4,9}$ | $a_8m_4$ | $m_{17,19}$ | $b_{12}m_7$ |
| $m_{5,5}$ | $(a_2^2+b_4^2)m_2+\left(a_4^2+(b_8+b_9)^2\right)m_3$ $+(a_4^2+b_{10}^2)m_4+a_4^2m_5+(a_5^2+b_5^2)m_{10}$ $+(a_3^2+b_6^2)m_{11}+J_{x2}+J_{x3}+J_{x11}$ | $m_{18,18}$ | $a_9^2m_6+a_{12}^2m_7+J_{y6}+J_{y7}$ |
| $m_{5,6}$ | $a_2d_3m_{11}$ | $m_{19,19}$ | $m_7+m_8+m_9$ |

注：$\boldsymbol{M}$ 为对称正定矩阵，表中未列的上三角元素均为零。

求解结构系统的运动方程(6.1.4)的特征值问题，即

$$\boldsymbol{K}\boldsymbol{\varphi}_i = \omega_i^2 \boldsymbol{M}\boldsymbol{\varphi}_i \tag{6.1.5}$$

分别得到结构系统的固有频率和固有振型向量，可采用子空间迭代法等求解。

**表 6.1.4　刚度矩阵 $\boldsymbol{K}$ 中的元素计算**

| 元素 | 计算式 | 元素 | 计算式 |
|---|---|---|---|
| $k_{1,1}$ | $4K_z^{①} + K_z^{④} + K_z^{⑦}$ | $k_{6,6}$ | $K_{\theta z}^{①}$ |
| $k_{1,5}$ | $b_{10}K_z^{④}$ | $k_{7,7}$ | $K_{\theta y}^{②} - b_{16}K_{\theta y}^{③}$ |
| $k_{1,8}$ | $b_7K_z^{④}$ | $k_{7,9}$ | $-K_{\theta y}^{③}$ |
| $k_{1,11}$ | $-K_z^{④}$ | $k_{8,8}$ | $K_{\theta x}^{③} + K_{\theta x}^{④} + b_7^2K_z^{④}$ |
| $k_{1,19}$ | $-K_z^{⑦}$ | $k_{8,11}$ | $-b_7K_z^{④}$ |
| $k_{2,2}$ | $4d_1^2K_z^{①} + a_1^2K_x^{①} + K_{\theta y}^{②} + a_4^2K_x^{④} + (a_{14} + b_{15})^2 K_x^{⑥} + K_{\theta y}^{⑥}$ | $k_{8,12}$ | $-K_{\theta x}^{④}$ |
| $k_{2,3}$ | $a_1b_3K_x^{①} - (b_{14} + b_{15})(a_{14} + b_{15})K_x^{⑥}$ | $k_{9,9}$ | $K_{\theta y}^{③} + K_{\theta y}^{④} + a_6^2K_x^{④}$ |
| $k_{2,4}$ | $-a_1K_x^{①} + a_4K_x^{④}$ | $k_{9,10}$ | $a_6K_x^{④}$ |
| $k_{2,7}$ | $-K_{\theta y}^{②}$ | $k_{9,13}$ | $-K_{\theta y}^{④} + a_6a_7K_x^{④}$ |
| $k_{2,9}$ | $-a_4a_6K_x^{④}$ | $k_{10,10}$ | $K_x^{④}$ |
| $k_{2,10}$ | $a_4a_6K_x^{④}$ | $k_{10,13}$ | $a_7K_x^{④}$ |
| $k_{2,13}$ | $-a_4a_7K_x^{④}$ | $k_{11,11}$ | $K_z^{④}$ |
| $k_{2,16}$ | $-(a_{14} + a_{15})K_x^{⑥}$ | $k_{12,12}$ | $K_{\theta x}^{④}$ |
| $k_{2,18}$ | $-K_{\theta y}^{⑥}$ | $k_{13,13}$ | $K_{\theta y}^{④} + a_7^2K_x^{④}$ |
| $k_{3,3}$ | $2(b_1^2 + d_1^2)K_\tau^{①} + 2(b_2^2 + d_1^2)K_\tau^{①} + K_{\theta z}^{①}$<br>$+b_3^2K_x^{①} + b_{11}^2K_x^{⑤} + (b_{14} + b_{15})^2 K_x^{⑥}$ | $k_{14,14}$ | $K_x^{⑤}$ |
| $k_{3,4}$ | $-b_3K_x^{①}$ | $k_{14,16}$ | $-K_x^{⑤}$ |
| $k_{3,6}$ | $-K_{\theta z}^{①}$ | $k_{14,18}$ | $-a_{10}K_x^{⑤}$ |
| $k_{3,14}$ | $b_{11}K_x^{⑤}$ | $k_{15,15}$ | $K_z^{⑤}$ |
| $k_{3,16}$ | $-b_{11}K_x^{⑤} + (b_{14} + b_{15})K_x^{⑥}$ | $k_{15,17}$ | $-b_{11}K_x^{⑤}$ |
| $k_{3,18}$ | $-a_{10}b_{11}K_x^{⑤}$ | $k_{15,19}$ | $-K_z^{⑤}$ |
| $k_{4,4}$ | $K_x^{①} + K_x^{②}$ | $k_{16,16}$ | $K_x^{⑤} + K_x^{⑥}$ |
| $k_{4,9}$ | $-a_6K_x^{④}$ | $k_{16,18}$ | $a_{10}K_x^{⑤}$ |
| $k_{4,10}$ | $-K_x^{④}$ | $k_{17,17}$ | $b_{11}^2K_z^{⑤} + K_{\theta x}^{⑥}$ |
| $k_{4,13}$ | $-a_7K_x^{④}$ | $k_{17,19}$ | $b_{11}K_z^{⑤}$ |
| $k_{5,5}$ | $K_{\theta x}^{①} + K_{\theta x}^{③} + b_{10}^2K_z^{④}$ | $k_{18,18}$ | $a_{10}^2K_x^{⑤} + K_{\theta y}^{⑥}$ |
| $k_{5,8}$ | $-K_{\theta x}^{③} + b_7b_{10}K_z^{④}$ | $k_{19,19}$ | $K_z^{⑤} + K_z^{⑦}$ |
| $k_{5,11}$ | $-b_{10}K_z^{④}$ | | |

注：$\boldsymbol{K}$ 为对称正定矩阵，表中未列的上三角元素均为零。

## 2. 卧铣工况

卧铣工况下将机床划分为 8 个部件：床身与底座、水平主轴体(包括横梁、主电机及电机座)、吊架、刀杆、水平工作台、垂直工作台、升降台。将机床简化为如图 6.1.3 所示

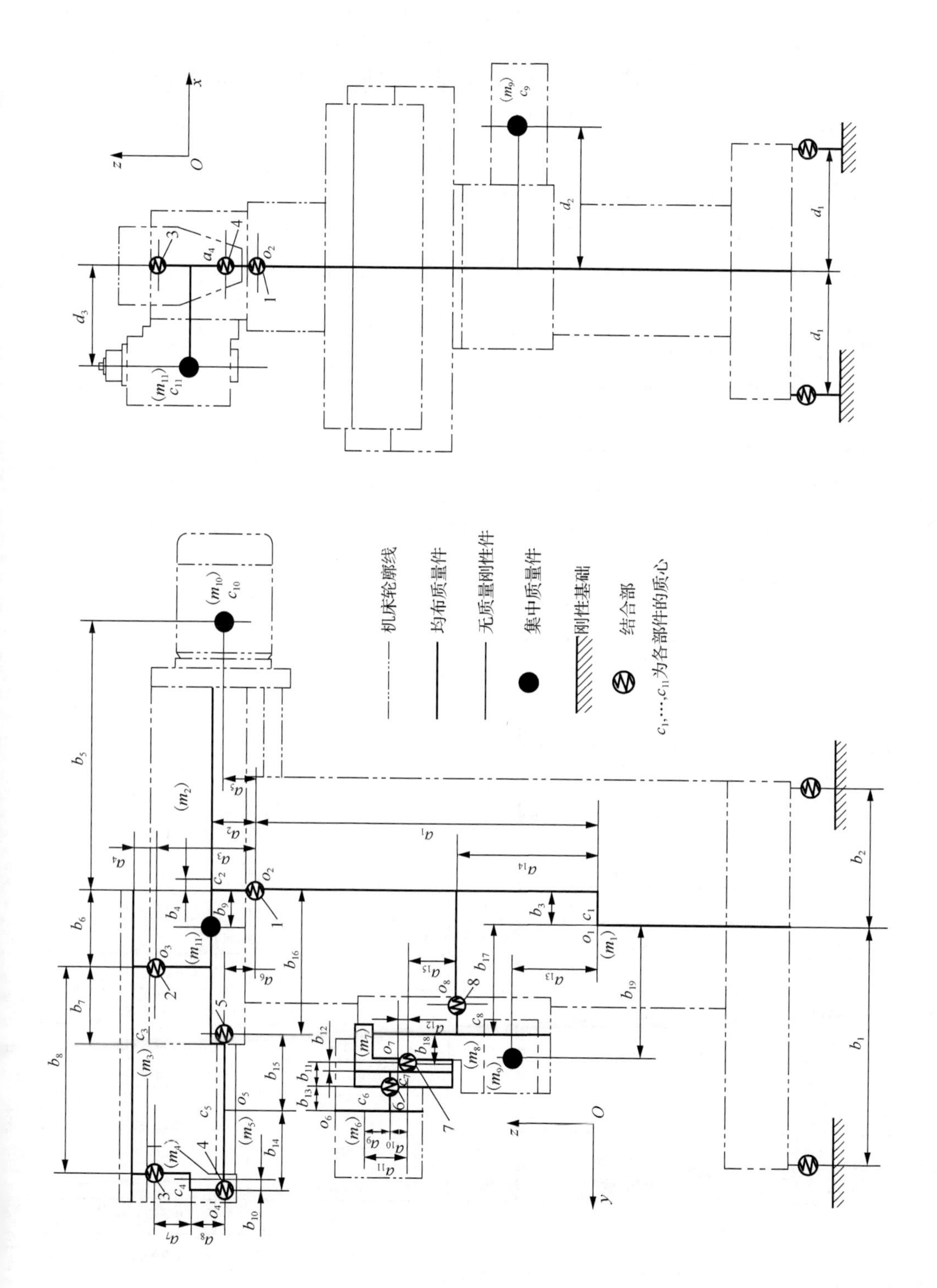


图 6.1.3　X8132 万能工具铣床卧铣工况简化结构模型

的具有 21 个自由度的包括集中参数和分布参数的动力学模型。各个自由度的分配如下：$q_1$ 为床身沿 $z$ 轴的平动坐标 $z_1$；$q_2$ 为床身绕 $y$ 轴的转动坐标 $\theta_{y1}$；$q_3$ 为床身绕 $z$ 轴的转动坐标 $\theta_{z1}$；$q_4$ 为水平主轴体沿 $x$ 轴的平动坐标 $x_2$；$q_5$ 为水平主轴体绕 $x$ 轴的转动坐标 $\theta_{x2}$；$q_6$ 为床身绕 $z$ 轴的转动坐标 $\theta_{z2}$；$q_7$ 为横梁沿 $x$ 轴的平动坐标 $x_3$；$q_8$ 为横梁绕 $x$ 轴的转动坐标 $\theta_{x3}$；$q_9$ 为横梁绕 $z$ 轴的转动坐标 $\theta_{z3}$；$q_{10}$ 为吊架绕 $x$ 轴的转动坐标 $\theta_{x4}$；$q_{11}$ 为吊架绕 $z$ 轴的转动坐标 $\theta_{z4}$；$q_{12}$ 为刀杆沿 $z$ 轴的平动坐标 $x_5$；$q_{13}$ 为刀杆沿 $x$ 轴的平动坐标 $z_5$；$q_{14}$ 为刀杆绕 $x$ 轴的转动坐标 $\theta_{x5}$；$q_{15}$ 为刀杆绕 $z$ 轴的转动坐标 $\theta_{z5}$；$q_{16}$ 为水平工作台沿 $x$ 轴的平动坐标 $x_6$；$q_{17}$ 为水平工作台沿 $z$ 轴的平动坐标 $z_6$；$q_{18}$ 为垂直工作台沿 $x$ 轴的平动坐标 $x_7$；$q_{19}$ 为垂直工作台绕 $x$ 轴的转动坐标 $\theta_{x7}$；$q_{20}$ 为垂直工作台绕 $y$ 轴的转动坐标 $\theta_{y7}$；$q_{21}$ 为升降台沿 $z$ 轴的平动坐标 $z_8$。

卧铣工况下的总动能、总势能、耗散函数及拉格朗日方程的计算步骤与立铣工况一致，略去中间步骤，直接写出 21×21 维运动微分方程为

$$\boldsymbol{M}\ddot{\boldsymbol{q}}+\boldsymbol{C}\dot{\boldsymbol{q}}+\boldsymbol{K}\boldsymbol{q}=\boldsymbol{Q}$$

这里省略质量矩阵和刚度矩阵的元素计算式。

由理论计算和实验模态分析结果可知，理论计算的固有频率值与实验模态分析结果有较好的对应关系，见表 6.1.5，表明所建的动力学模型能够较好地模拟实际结构的动态特性。

**表 6.1.5　X8132 万能工具铣床理论计算及实验模态分析结果**

| 立铣工况 | | | 卧铣工况 | | |
|---|---|---|---|---|---|
| 阶数 | 计算值 | 实验值 | 阶数 | 计算值 | 实验值 |
| | 固有频率/Hz | 模态频率/Hz | | 固有频率/Hz | 模态频率/Hz |
| 1 | 17.7 | — | 1 | 17.6 | 17.678 |
| 2 | 39.3 | — | 2 | 39.2 | — |
| 3 | 65.3 | — | 3 | 64.3 | 65.048 |
| 4 | 162.3 | 158.794 | 4 | 109.3 | 123.908 |
| 5 | 195.2 | 197.642 | 5 | 156.3 | 151.379 |
| 6 | 273.4 | — | 6 | 192.5 | 187.650 |
| 7 | 319.6 | 315.159 | 7 | 266.7 | — |
| 8 | 390.7 | — | 8 | 279.6 | — |
| 9 | 403.9 | 410.069 | 9 | 301.2 | 300.094 |
| 10 | 472.2 | 468 | 10 | 365.4 | 372.533 |
| 11 | 534.5 | 545.092 | 11 | 410.9 | 410.122 |
| 12 | 585.2 | 596.314 | 12 | 460.6 | — |
| 13 | 645.9 | 625.045 | 13 | 470.4 | — |
| 14 | 735.2 | 738.802 | 14 | 491.5 | 491.328 |
| | | | 15 | 526.8 | 533.787 |
| | | | 16 | 1146.5 | 990.003 |

## 6.2　模态综合法在 X8140 万能工具铣床动力分析中的应用

模态综合法的基本步骤如下：①根据实际结构的功能和结构布局，按子结构划分原则，将实际结构划分为子结构；②用适当的方法建立子结构的动力学模型；③根据模态综合要求，计算各个子结构的前几阶模态，确定边界条件和连接子结构(结合部)；④利用模态综合技术，将各个子结构综合成整体动力学模型；⑤求解整体动力学模型，得到整机动力特性及其动力分析。

下面分析 X8140 万能工具铣床的动力特性，结构件如图 6.2.1 所示。

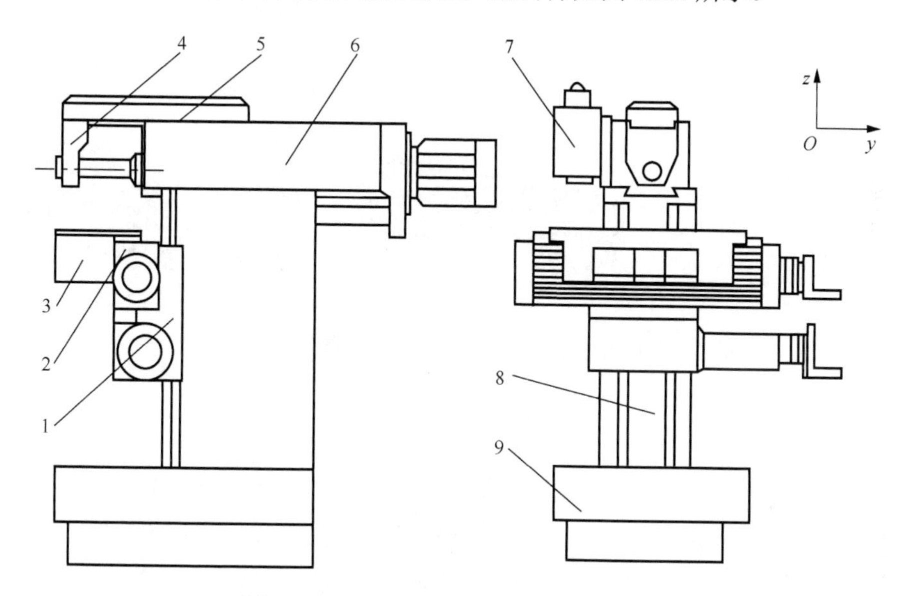


图 6.2.1　X8140 万能工具铣床(卧铣工况)

1-升降台；2-垂直工作台；3-水平工作台；4-吊架；5-上横梁；6-水平主轴体；7-立铣头；8-床身；9-底座

(1)划分子结构。卧铣工况下的 X8140 万能工具铣床由 8 个主要部件组成，即底座、床身、升降台、垂直工作台、水平工作台、水平主轴体、上横梁和吊架。根据简化原则，将整机划分为 8 个子结构，用有限元法建立各个子结构的动力学模型。由于这 8 个部件大都为箱体类结构，经简化后，一般都可看作由有限个薄板单元和梁单元组成。使用 6 节点自由度三角形板单元和梁单元，建立各部件的动力学模型。为获得较为准确的结构动力特性，减少局部自由度的影响，在进行结构离散化时考虑了在其结构改变和应力变化较大的部位(如梁与板、板与板、筋与板的交界处，开窗处，开孔处的边缘等)将单元划分得细一些，在其余部位则将单元划分得粗一些。

(2)子结构建模。

(3)子结构自由振动分析。

简化每个子结构的分析说明，将有限元模型和其中某低阶自由振动固有振型放在一起，以便清楚地表达分析结果。各子结构的有限元模型及某 2 阶固有振型见图 6.2.2～图 6.2.9。

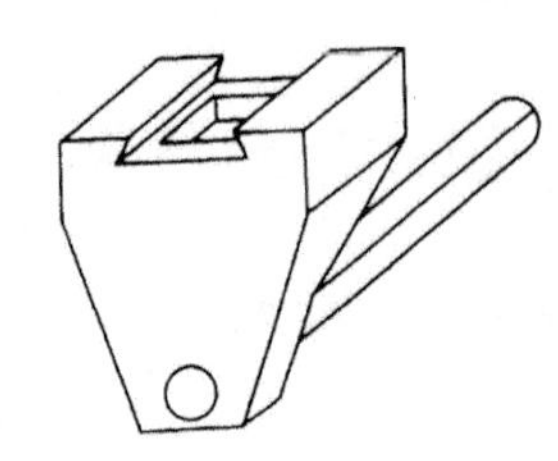

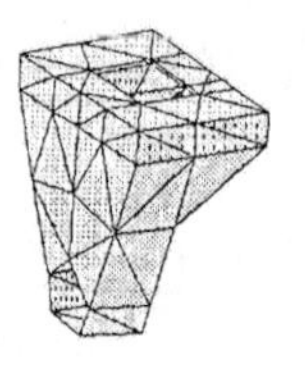

图 6.2.2　吊架结构简图、有限元模型及某 2 阶固有振型

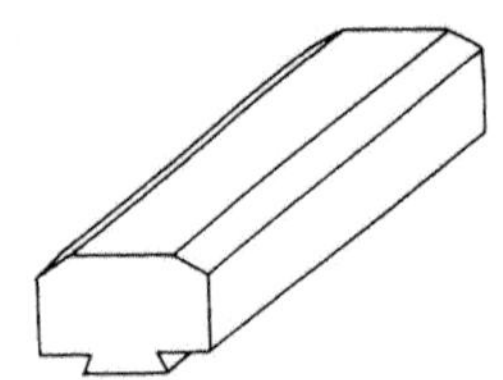

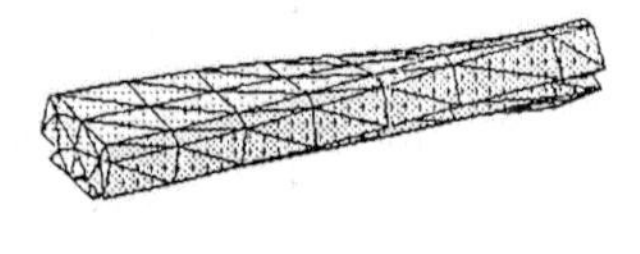

图 6.2.3　上横梁结构简图、有限元模型及某 2 阶固有振型

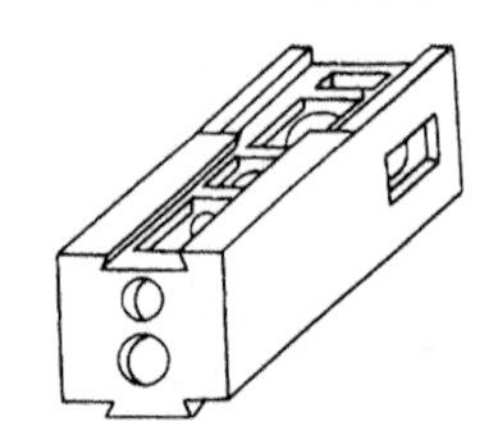
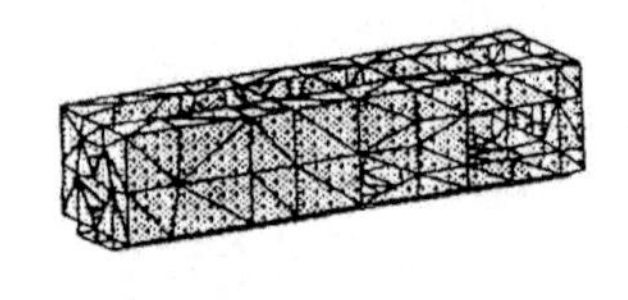
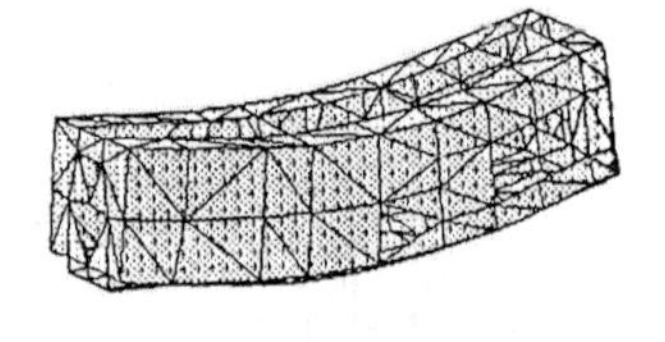

图 6.2.4　水平主轴体结构简图、有限元模型及某 2 阶固有振型

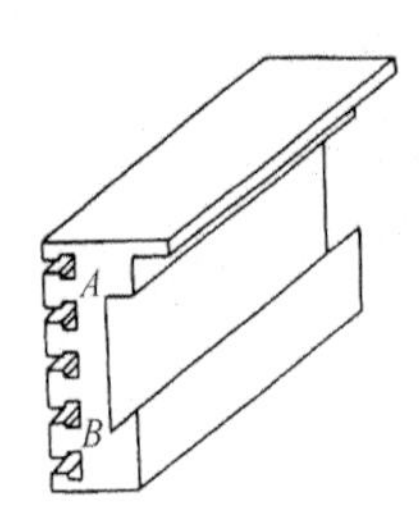

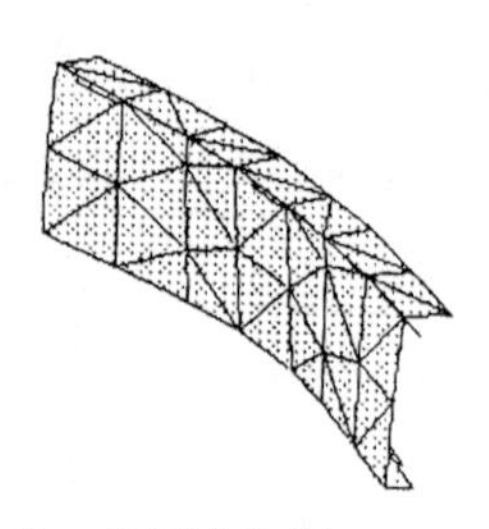

图 6.2.5　垂直工作台结构简图、有限元模型及某 2 阶固有振型

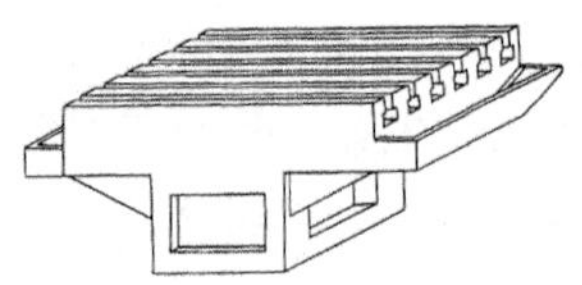
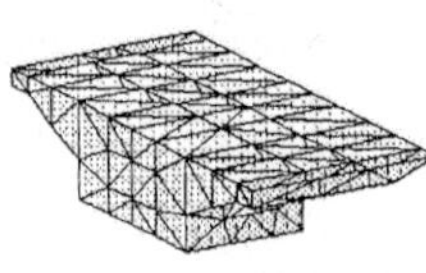
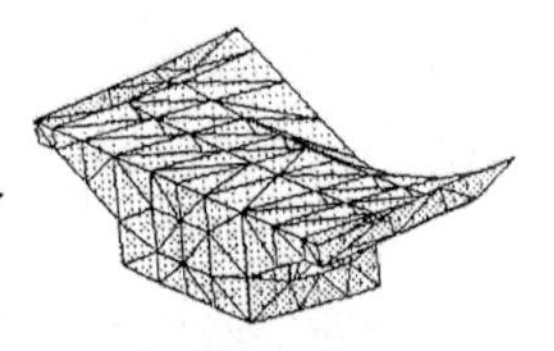

图 6.2.6　水平工作台结构简图、有限元模型及某 2 阶固有振型

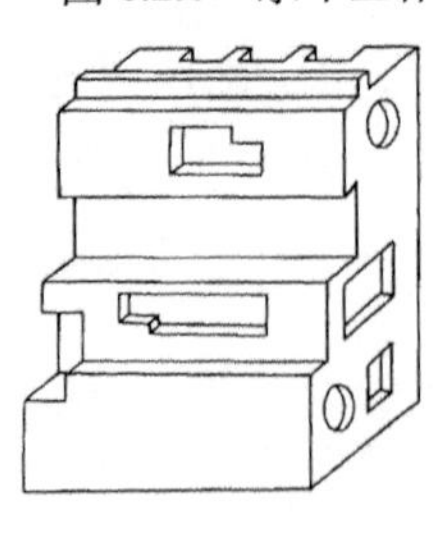
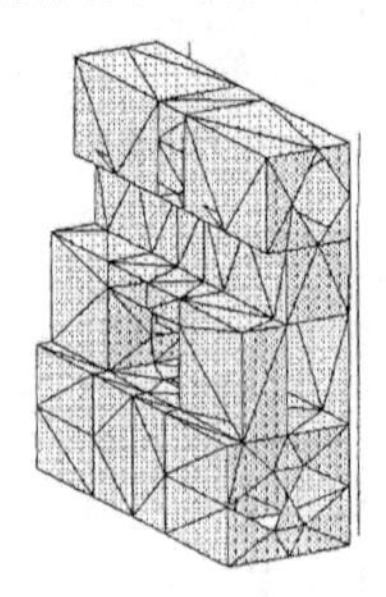
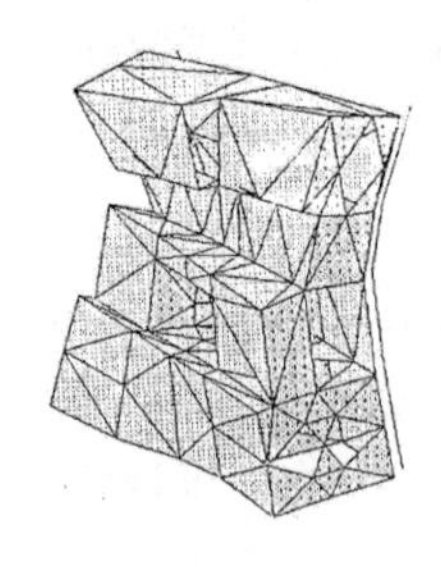

图 6.2.7　升降台结构简图、有限元模型及某 2 阶固有振型

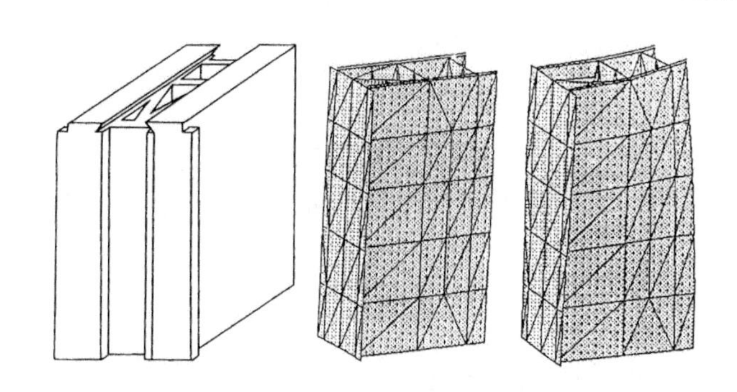

图 6.2.8　床身结构简图、有限元模型及某 2 阶固有振型

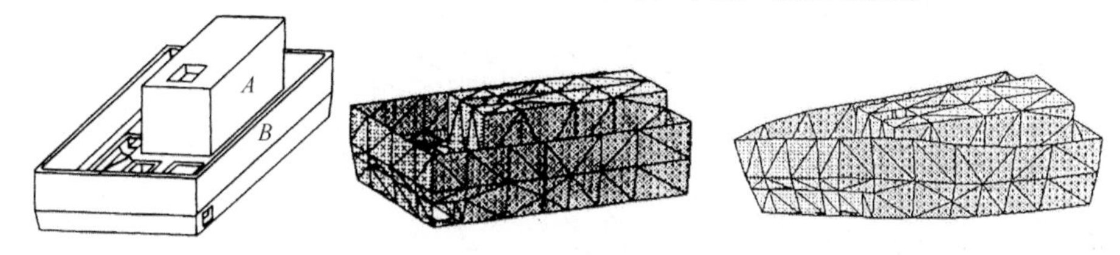


图 6.2.9　底座结构简图、有限元模型及某 2 阶固有振型

各子结构自由振动的前 6 阶固有频率列于表 6.2.1 中。

**表 6.2.1　X8140 万能工具铣床各子结构前六阶固有频率**　　(单位：Hz)

| 子结构 | 第 1 阶 | 第 2 阶 | 第 3 阶 | 第 4 阶 | 第 5 阶 | 第 6 阶 |
|---|---|---|---|---|---|---|
| 吊架 | 307.24 | 334.05 | 1924.3 | 2155.7 | — | — |
| 上横梁 | 419.06 | 659.74 | 729.10 | 1317.5 | 1452.7 | 1568.5 |
| 水平主轴体 | 460.41 | 667.08 | 782.06 | 814.04 | 1182.2 | 1360.0 |
| 垂直工作台 | 226.98 | 364.73 | 609.11 | 837.95 | 1043.2 | 1093.9 |
| 水平工作台 | 453.79 | 514.80 | 577.43 | 612.91 | 623.74 | 632.37 |
| 升降台 | 641.77 | 877.79 | 1085.3 | 1322.1 | 1358.7 | 1463.3 |
| 床身 | 577.02 | 637.96 | 738.41 | 744.82 | 780.03 | 821.38 |
| 底座 | 341.17 | 392.89 | 423.75 | 484.54 | 525.33 | 565.99 |

注：上述各子结构的边界条件均为自由状态。

(4)确定结合部子结构。X8140 万能工具铣床结合部示意如图 5.1.1 所示，除主轴系统结合部外，整机有以下几个部件结合部：床身与底座螺栓结合部；升降台与床身的矩形导轨结合部；垂直工作台与升降台的矩形导轨结合部、燕尾导轨结合部；垂直工作台与水平工作台的螺栓结合部；水平主轴体与床身的燕尾导轨结合部；立铣头与水平主轴体的螺栓结合部；上横梁与水平主轴体的燕尾导轨结合部。下面选两个典型结合部，进行简单分析说明。

① 床身与底座螺栓结合部。床身采用刚性较强的框架与斜拉筋板结构，床身与底座采用 6 颗 M24 螺栓连接，用两个圆锥销钉定位，为典型的固定结合部。床身与底座均为铸铁，该结合部结合面积较大，结合面经过刮研，而且床身与底座刚性均较好，因此综合考虑结合面积、结合表面的结合条件以及周围零件的刚性，采用四组 $x$ 轴方向的等效弹簧 $k_{1x} \cdots k_{4x}$ 和阻尼器 $c_{1x} \cdots c_{4x}$，四组 $y$ 轴方向的等效弹簧 $k_{1y} \cdots k_{4y}$ 和阻尼器 $c_{1y} \cdots c_{4y}$，四组 $z$ 轴方向的等效弹簧 $k_{1z} \cdots k_{4z}$ 和阻尼器 $c_{1z} \cdots c_{4z}$ 建立该结合部的等效动力学模型，如图 6.2.10 所示。

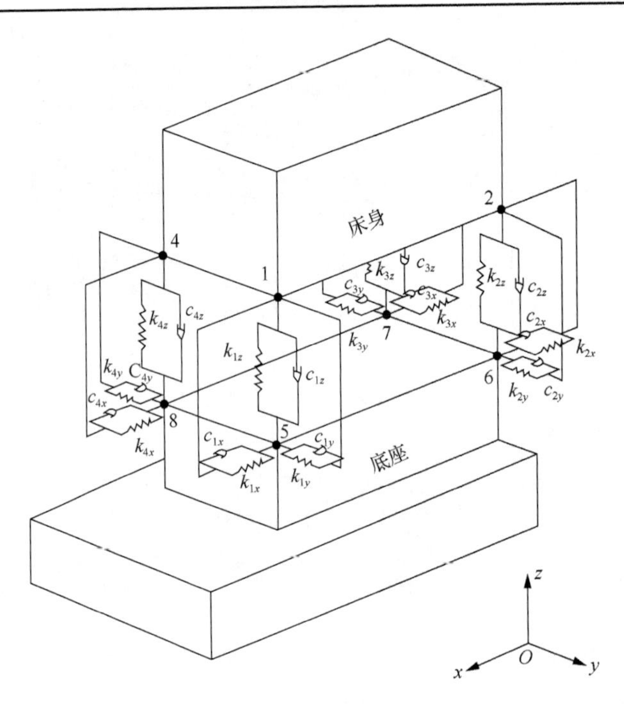


图 6.2.10　床身与底座螺栓结合部模型

② 水平主轴体与床身的燕尾导轨结合部：水平主轴体与床身的材料均为铸铁，它们之间由两条燕尾导轨结合，间隙由斜镶条来调整并夹紧，结合面间贴塑，有润滑油，水平主轴体的导轨面经过配磨。在工作时，能纵向进给(卧铣)和纵向调整刀具位置(立铣)，水平主轴体可沿床身的导轨面朝 $x$ 轴方向移动，没有限制 $x$ 轴方向的移动自由度，分别采用四组 $y$ 轴、$z$ 轴方向的等效弹簧和阻尼器来等效水平工作台与床身结合部，如图 6.2.11 所示。

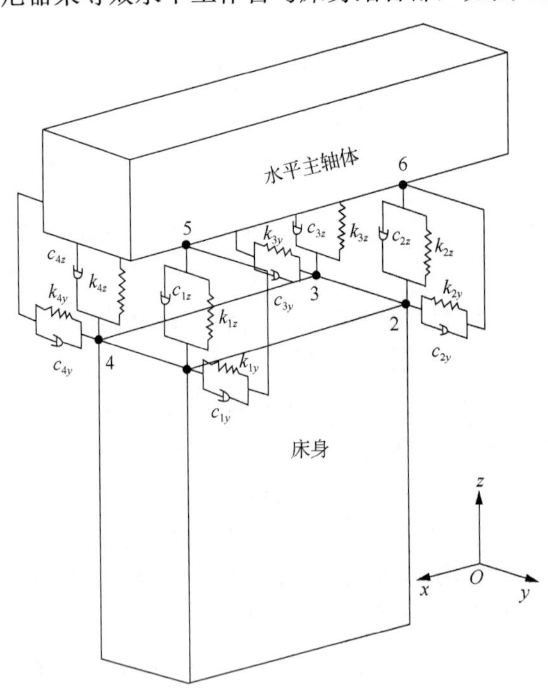


图 6.2.11　水平主轴体与床身导轨结合部模型

结合部参数采用频率响应函数识别方法，通过测量结合部装配前后各连接点的频率响应函数，构建识别模型，通过实测传递函数识别相关参数。下面给出装配前、后床身与底座螺栓结合部某点的频率响应函数，如图 6.2.12 和图 6.2.13 所示。主要结合部的参数识别结果，见表 6.2.2～表 6.2.8。

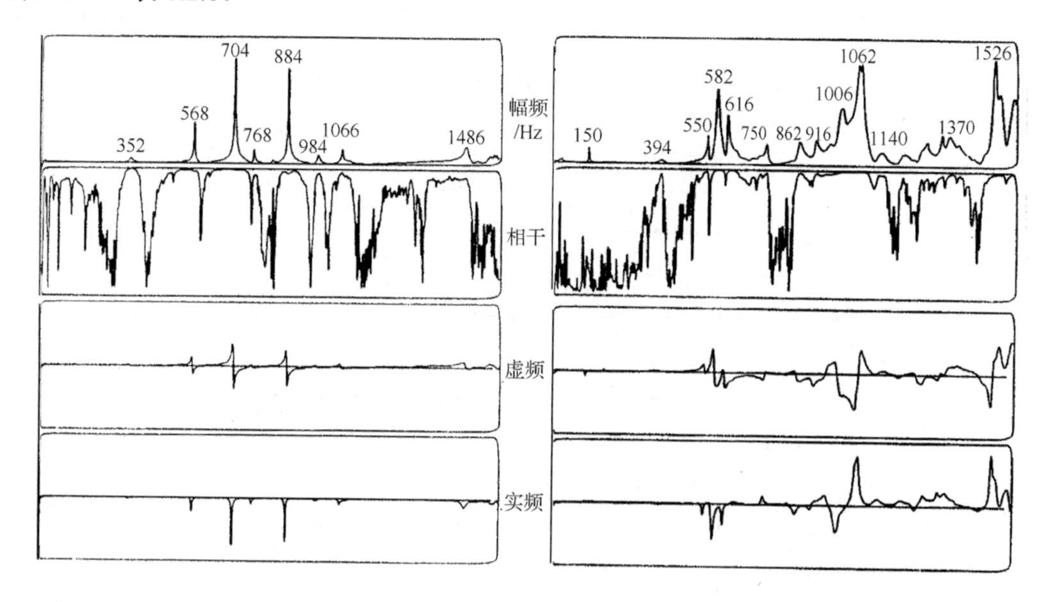


图 6.2.12　装配前床身与底座螺栓结合部某点的频率响应函数

图 6.2.13　装配后床身与底座螺栓结合部某点的频率响应函数

表 6.2.2　升降台与床身的矩形导轨结合部参数

| 参数 | 1 | 2 | 3 | 4 |
|---|---|---|---|---|
| $k_x$ | $1.039\times10^9$ | $1.357\times10^7$ | $2.075\times10^7$ | $3.364\times10^7$ |
| $c_x$ | $7.322\times10^4$ | $7.094\times10^4$ | $3.093\times10^4$ | $3.522\times10^5$ |
| $k_y$ | $9.821\times10^5$ | $5.871\times10^6$ | $2.779\times10^6$ | $5.483\times10^6$ |
| $c_y$ | 6.0505 | 1643.1 | 11440 | 333.65 |

表 6.2.3　水平主轴体与床身的燕尾导轨结合部参数

| 参数 | 1 | 2 | 3 | 4 |
|---|---|---|---|---|
| $k_y$ | $1.107\times10^8$ | $2.127\times10^7$ | $3.957\times10^7$ | $1.107\times10^7$ |
| $c_y$ | $2.240\times10^4$ | $7.527\times10^3$ | $3.163\times10^3$ | $4.270\times10^4$ |
| $k_z$ | $8.207\times10^7$ | $9.622\times10^6$ | $6.466\times10^6$ | $4.001\times10^6$ |
| $c_z$ | $3.674\times10^3$ | $5.993\times10^3$ | $7.988\times10^3$ | $2.194\times10^3$ |

表 6.2.4　床身与底座螺栓结合部参数

| 参数 | 1 | 2 | 3 | 4 |
|---|---|---|---|---|
| $k_x$ | $3.45\times10^8$ | $3.264\times10^9$ | $3.264\times10^9$ | $3.264\times10^9$ |
| $c_x$ | $5.893\times10^5$ | $2.245\times10^6$ | $6.324\times10^5$ | $9.06\times10^5$ |
| $k_y$ | $1.145\times10^9$ | $2.864\times10^8$ | $1.851\times10^9$ | $5.616\times10^9$ |

续表

| 参数 | 1 | 2 | 3 | 4 |
|---|---|---|---|---|
| $c_y$ | $6.115\times10^5$ | $1.712\times10^6$ | $3.284\times10^5$ | $1.832\times10^6$ |
| $k_z$ | $3.189\times10^8$ | $3.649\times10^9$ | $5.031\times10^9$ | $7.146\times10^{10}$ |
| $c_z$ | $5.827\times10^6$ | $9.411\times10^5$ | $5.264\times10^5$ | $1.091\times10^5$ |

**表 6.2.5　垂直工作台与升降台的矩形导轨结合部参数**

| 参数 | 1 | 2 | 3 | 4 |
|---|---|---|---|---|
| $k_x$ | $1.094\times10^7$ | $1.152\times10^7$ | $6.416\times10^7$ | $7.033\times10^5$ |
| $c_x$ | $7.322\times10^4$ | $7.094\times10^4$ | $3.093\times10^4$ | $3.522\times10^5$ |
| $k_y$ | $4.244\times10^5$ | $9.250\times10^5$ | $1.167\times10^6$ | $4.007\times10^6$ |
| $c_y$ | 60.505 | 1643.1 | 11440 | 383.65 |
| $k_z$ | $6.384\times10^7$ | $4.427\times10^7$ | $7.896\times10^7$ | $3.136\times10^6$ |
| $c_z$ | 104.1 | 1576 | 23540 | 1312 |

**表 6.2.6　垂直工作台与水平工作台的螺栓结合部参数**

| 参数 | 1 | 2 | 3 | 4 |
|---|---|---|---|---|
| $k_x$ | $6.185\times10^6$ | $3.771\times10^6$ | $6.865\times10^6$ | $3.098\times10^6$ |
| $c_x$ | $5.829\times10^3$ | $1.858\times10^3$ | $2.341\times10^3$ | $2.097\times10^3$ |
| $k_y$ | $1.994\times10^6$ | $5.355\times10^5$ | $3.265\times10^5$ | $8.118\times10^5$ |
| $c_y$ | 3631.41 | 1897.39 | 2141.72 | 2545.36 |
| $k_z$ | $2.327\times10^6$ | — | $8.763\times10^8$ | — |
| $c_z$ | 2121.89 | — | 1864.42 | — |

**表 6.2.7　水平主轴体与床身结合部参数**

| 参数 | 1 | 2 | 3 | 4 |
|---|---|---|---|---|
| $k_x$ | $6.704\times10^8$ | $2.857\times10^9$ | $1.724\times10^8$ | $1.769\times10^9$ |
| $c_x$ | $1.664\times10^4$ | $8.909\times10^4$ | $1.500\times10^4$ | $2.171\times10^5$ |
| $k_y$ | $8.161\times10^8$ | $3.645\times10^8$ | $3.281\times10^8$ | $9.236\times10^8$ |
| $c_y$ | $3.133\times10^4$ | $4.374\times10^4$ | $6.258\times10^4$ | $5.100\times10^4$ |
| $k_z$ | $8.282\times10^8$ | $2.749\times10^9$ | $3.368\times10^9$ | $1.011\times10^9$ |
| $c_z$ | $6.164\times10^4$ | $2.562\times10^4$ | $6.789\times10^4$ | $8.978\times10^4$ |

**表 6.2.8　上横梁与水平主轴体的燕尾导轨结合部参数**

| 参数 | 1 | 2 | 3 | 4 |
|---|---|---|---|---|
| $k_x$ | $5.093\times10^7$ | $2.235\times10^7$ | $2.091\times10^7$ | $2.251\times10^8$ |
| $c_x$ | $1.121\times10^5$ | $1.670\times10^5$ | $6.216\times10^4$ | $7.234\times10^4$ |
| $k_y$ | $2.982\times10^6$ | $7.645\times10^6$ | $6.317\times10^6$ | $1.029\times10^7$ |
| $c_y$ | 202.1 | 2545 | 805.70 | 3803 |

注：表 6.2.2～表 6.2.8 中参数的单位分别为刚度 $k$(N/m)，阻尼 $c$(N · s/m)。

(5)在各子结构有限元建模及分析的基础上，根据系统辨识得到各子结构间结合面的动力学参数。利用模态综合技术，将各子结构综合成整机结构动力学模型，求解得到整机的固有特性，其中第 6 阶固有振型如图 6.2.14 所示，其与实验模态分析的第 2 阶固有振型较接近，如图 6.2.15 所示。

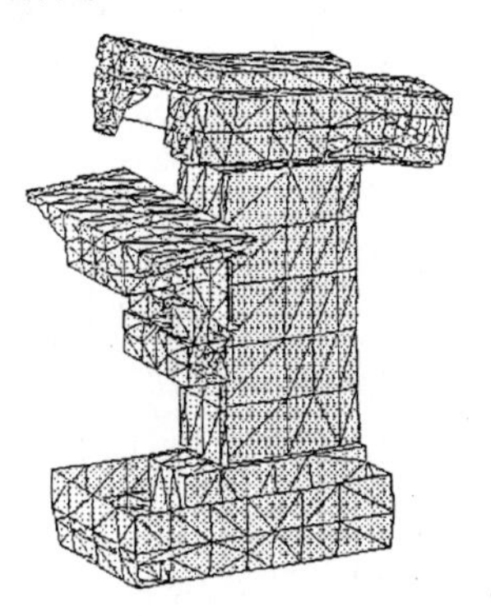

图 6.2.14　有限元模型第 6 阶固有振型(224.52Hz)

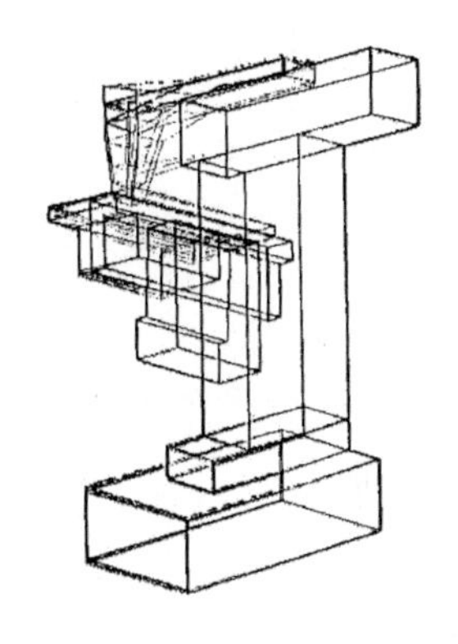

图 6.2.15　实验模态第 2 阶固有振型(221.01Hz)

## 6.3　模态综合法及凝聚技术在卧式镗床主轴系统分析中的应用

模态综合法及凝聚技术应用的步骤如下：①结构分析及子结构划分；②建立子结构的有限元模型；③子结构固有特性分析；④确定结合部连接点位置及参数参数；⑤应用模态综合技术建立主轴系统的动力学模型，求解得到主轴系统的低阶固有特性；⑥分别采用静、动态凝聚技术得到凝聚子结构模型，并求解子结构固有特性；⑦加入结合部连接点及参数，综合成整体模型，求解得到其动力特性；⑧分析和比较计算结果。

TX619B 卧式镗床主轴系统结构简图如图 6.3.1 所示，整个系统由三层轴类部件组合而成。最外层是卡盘主轴，中间是空心主轴，里面是镗杆主轴。卡盘主轴的前后两端和空心主轴的后端通过滚动轴承与箱体连接，空心主轴的前端与卡盘主轴的前端通过滚动轴承连接，镗杆主轴与空心主轴通过三个滑动轴承连接。因此，可将该主轴系统划分为卡盘主轴、空心主轴及镗杆主轴三个子结构，先分别建立其有限元模型，再根据其连接条件，将三个子结构的有限元模型综合起来，构成整个主轴系统的有限元动力学模型。

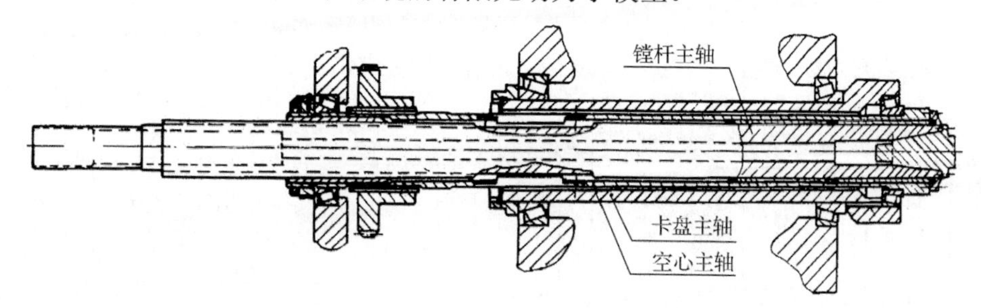


图 6.3.1　TX619B 卧式镗床主轴系统结构简图

因镗杆主轴可在空心主轴内轴向移动，所以选择在典型工况下，即镗杆主轴相对空心主轴前端外伸 350mm 时，建立其有限元模型。各子系统间的轴承结合部均采用两对弹簧–阻尼器来模拟，其中一对表示结合部的径向刚度和阻尼，另一对表示结合部的角刚度和角阻尼。以支承结合部作为边界条件，用有限元法分别建立三个子结构的有限元模型。由于主轴系统的弯曲振动对其加工性能的影响较大，忽略其轴向和扭转振动，只建立其平面弯曲的有限元模型。

将卡盘主轴各轴段简化为梁单元，划分为 17 个单元、18 个节点，节点自由度为 2，一个表示节点位移，另一个表示节点转角，其有限元模型见图 6.3.2，图中单元下列的 3 个长度分别为长度、内径和外径，运动方程的维数是 36。

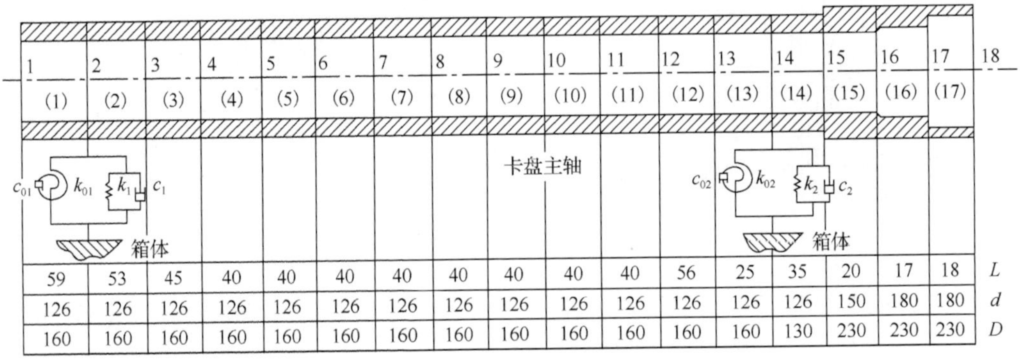

| 单元 | (1) | (2) | (3) | (4) | (5) | (6) | (7) | (8) | (9) | (10) | (11) | (12) | (13) | (14) | (15) | (16) | (17) |
|---|---|---|---|---|---|---|---|---|---|---|---|---|---|---|---|---|---|
| $L$ | 59 | 53 | 45 | 40 | 40 | 40 | 40 | 40 | 40 | 40 | 40 | 56 | 25 | 35 | 20 | 17 | 18 |
| $d$ | 126 | 126 | 126 | 126 | 126 | 126 | 126 | 126 | 126 | 126 | 126 | 126 | 126 | 126 | 150 | 180 | 180 |
| $D$ | 160 | 160 | 160 | 160 | 160 | 160 | 160 | 160 | 160 | 160 | 160 | 160 | 160 | 130 | 230 | 230 | 230 |

图 6.3.2　卡盘主轴有限元模型(单位：mm)

将空心主轴各轴段简化为梁单元，划分为 25 个单元、26 个节点，节点自由度为 2，一个表示节点位移，另一个表示节点转角，其有限元模型见图 6.3.3，运动方程的维数是 52。

镗杆主轴也简化为梁单元，划分为 34 个单元、35 个节点，节点自由度为 2，一个表示节点位移，另一个表示节点转角，其有限元模型见图 6.3.4，运动方程的维数是 70。

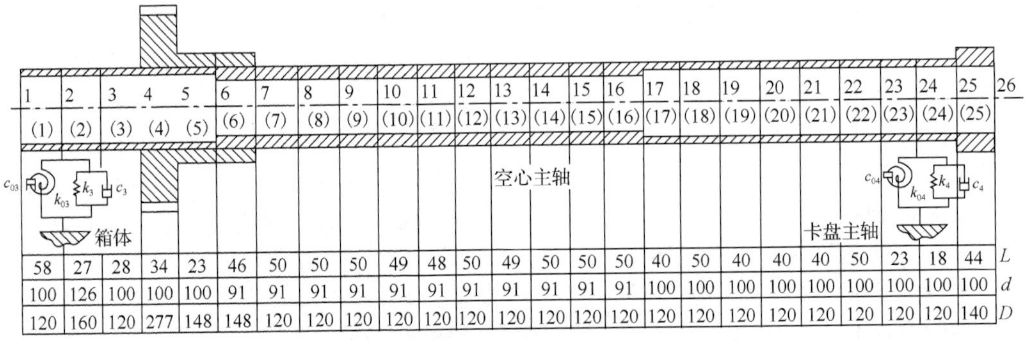

| 单元 | (1) | (2) | (3) | (4) | (5) | (6) | (7) | (8) | (9) | (10) | (11) | (12) | (13) | (14) | (15) | (16) | (17) | (18) | (19) | (20) | (21) | (22) | (23) | (24) | (25) |
|---|---|---|---|---|---|---|---|---|---|---|---|---|---|---|---|---|---|---|---|---|---|---|---|---|---|
| $L$ | 58 | 27 | 28 | 34 | 23 | 46 | 50 | 50 | 50 | 49 | 48 | 50 | 49 | 50 | 50 | 50 | 40 | 50 | 40 | 40 | 40 | 50 | 23 | 18 | 44 |
| $d$ | 100 | 126 | 100 | 100 | 100 | 91 | 91 | 91 | 91 | 91 | 91 | 91 | 91 | 91 | 91 | 91 | 100 | 100 | 100 | 100 | 100 | 100 | 100 | 100 | 100 |
| $D$ | 120 | 160 | 120 | 277 | 148 | 148 | 120 | 120 | 120 | 120 | 120 | 120 | 120 | 120 | 120 | 120 | 120 | 120 | 120 | 120 | 120 | 120 | 120 | 120 | 140 |

图 6.3.3　空心主轴有限元模型(单位：mm)

| 单元 | (1) | (2) | (3) | (4) | (5) | (6) | (7) | (8) | (9) | (10) | (11) | (12) | (13) | (14) | (15) | (16) | (17) | (18) | (19) | (20) | (21) | (22) | (23) | (24) | (25) | (26) | (27) | (28) | (29) | (30) | (31) | (32) | (33) | (34) |
|---|---|---|---|---|---|---|---|---|---|---|---|---|---|---|---|---|---|---|---|---|---|---|---|---|---|---|---|---|---|---|---|---|---|---|
| $L$ | 53 | 53 | 53 | 53 | 51 | 51 | 51 | 51 | 47 | 56 | 55 | 50 | 50 | 50 | 50 | 50 | 50 | 50 | 50 | 50 | 50 | 50 | 52 | 55 | 55 | 60 | 55 | 55 | 65 | 66 | 66 | 61 | 61 | 61 |
| $d$ | 55 | 55 | 55 | 55 | 55 | 55 | 55 | 55 | 30 | 30 | 30 | 30 | 30 | 30 | 30 | 30 | 30 | 30 | 30 | 30 | 30 | 30 | 30 | 30 | 30 | 30 | 30 | 30 | 30 | 30 | 30 | 43 | 43 | 43 |
| $D$ | 70 | 70 | 70 | 70 | 90 | 90 | 90 | 90 | 90 | 90 | 90 | 90 | 90 | 90 | 90 | 90 | 90 | 90 | 90 | 90 | 90 | 90 | 90 | 90 | 90 | 90 | 90 | 90 | 90 | 90 | 90 | 90 | 90 | 90 |

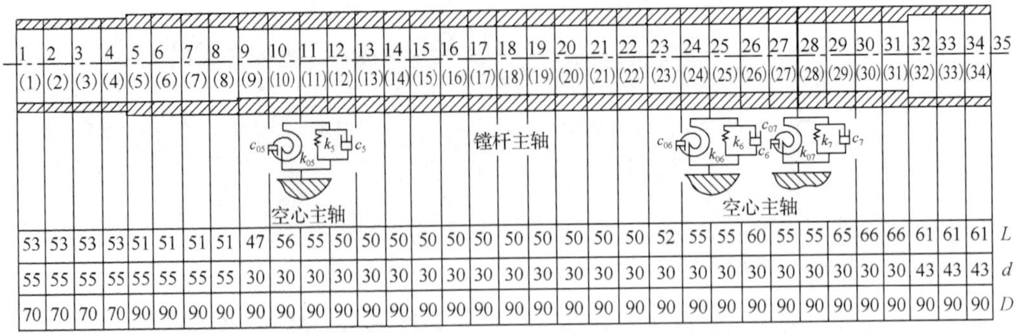

图 6.3.4　镗杆主轴有限元模型(单位：mm)

取主轴系统的物理参数为：弹性模量 $E = 2.05\times10^{11}\ \mathrm{N/m^2}$ ，材料密度 $\rho = 7.85\times10^3\ \mathrm{kg/m^3}$ 。经分析计算，卡盘主轴在自由-自由状态下的前 10 阶固有频率如表 6.3.1 所示。

**表 6.3.1　卡盘主轴在自由-自由状态下的前 10 阶固有频率**

| 阶次 | 1 | 2 | 3 | 4 | 5 | 6 | 7 | 8 | 9 | 10 |
|---|---|---|---|---|---|---|---|---|---|---|
| 固有频率/Hz | 0.006 | 0.009 | $1.973\times10^3$ | $5.782\times10^3$ | $1.158\times10^4$ | $1.941\times10^4$ | $2.948\times10^4$ | $4.199\times10^4$ | $5.703\times10^4$ | $7.456\times10^4$ |

显然，前两阶固有频率表示刚体位移。卡盘主轴在自由-自由状态下的前 4 阶固有振型如图 6.3.5 所示。

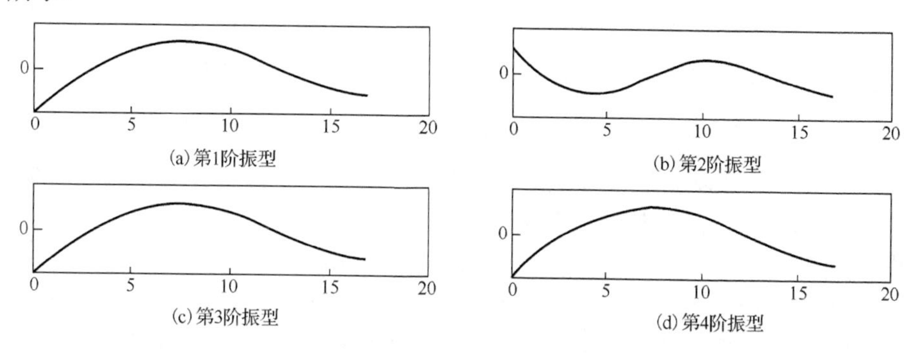


图 6.3.5　卡盘主轴在自由-自由状态下的前 4 阶固有振型

空心主轴在自由-自由状态下的前 10 阶固有频率如表 6.3.2 所示。

**表 6.3.2　空心主轴在自由-自由状态下的前 10 阶固有频率**

| 阶次 | 1 | 2 | 3 | 4 | 5 | 6 | 7 | 8 | 9 | 10 |
|---|---|---|---|---|---|---|---|---|---|---|
| 固有频率/Hz | 0.002 | 0.005 | 573.46 | $1.695\times10^3$ | $3.433\times10^3$ | $5.709\times10^3$ | $8.408\times10^3$ | $1.127\times10^4$ | $1.471\times10^4$ | $1.919\times10^4$ |

表 6.3.2 中，前两阶固有频率表示刚体位移，空心主轴在自由-自由状态下的前四阶固有振型如图 6.3.6 所示。

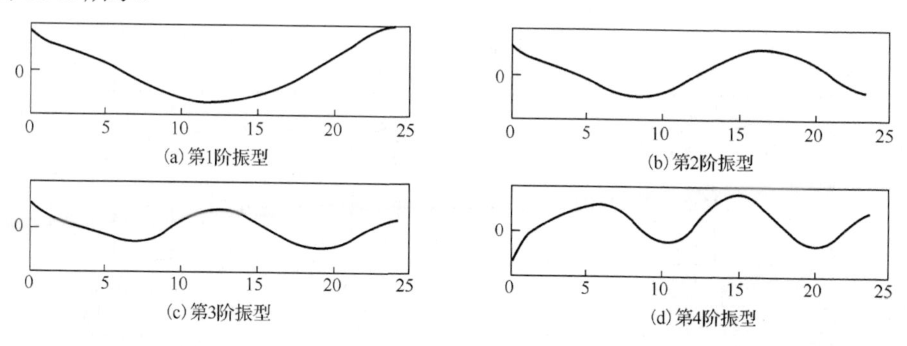


图 6.3.6　空心主轴在自由-自由状态下的前四阶固有振型

镗杆主轴在自由-自由状态下的前 10 阶固有频率如表 6.3.3 所示。

**表 6.3.3　镗杆主轴在自由-自由状态下的前 10 阶固有频率**

| 阶次 | 1 | 2 | 3 | 4 | 5 | 6 | 7 | 8 | 9 | 10 |
|---|---|---|---|---|---|---|---|---|---|---|
| 固有频率/Hz | $2.89\times10^{-4}$ | $3.54\times10^{-4}$ | 153.735 | 401.089 | 752.238 | $1.195\times10^3$ | $1.725\times10^3$ | $2.371\times10^3$ | $3.166\times10^3$ | $4.105\times10^3$ |

表 6.3.3 中，前两阶固有频率表示刚体位移，镗杆主轴在自由-自由状态下的前 4 阶固有振型如图 6.3.7 所示。

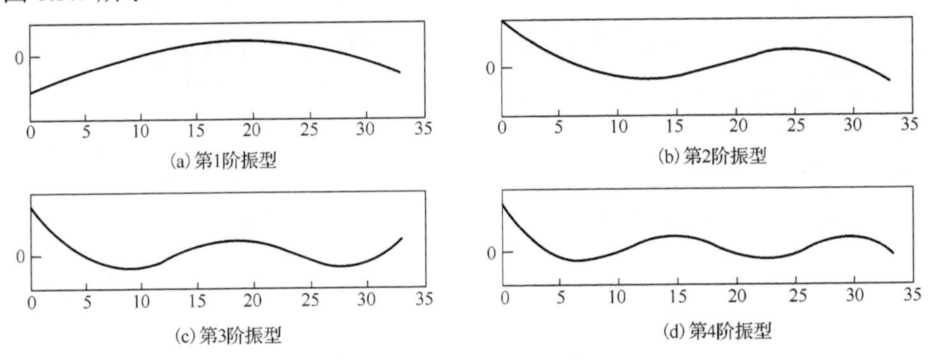


图 6.3.7　镗杆主轴在自由-自由状态下的前 4 阶固有振型

TX619B 卧式镗床主轴系统共有 7 个结合部(参见图 6.3.8)，各结合部的动力学参数是通过动态实验测试得到的，具体数值见表 6.3.4。

**表 6.3.4　各结合部的动力学参数**

| 参数 | 卡盘主轴与箱体 | | 空心主轴与箱体 | 空心主轴与卡盘主轴 | 空心主轴与镗杆主轴 | | |
|---|---|---|---|---|---|---|---|
| 序号 $i$ | 0 | 1 | 2 | 3 | 4 | 5 | 6 |
| $k$ / (N / m) | $4.32\times10^6$ | $6.66\times10^7$ | $4.67\times10^6$ | $4.85\times10^7$ | $7.38\times10^{10}$ | $4.73\times10^{10}$ | $6.42\times10^{10}$ |
| $c$ / (N·s / m) | $7.69\times10^3$ | $4.31\times10^3$ | $6.94\times10^3$ | $3.34\times10^4$ | $5.42\times10^4$ | $7.72\times10^3$ | $2.94\times10^4$ |
| $k_\theta$ / (N / rad) | $8.74\times10^7$ | $5.95\times10^8$ | $7.52\times10^8$ | $5.82\times10^8$ | $6.78\times10^{10}$ | $8.64\times10^{10}$ | $7.84\times10^{10}$ |
| $c_\theta$ / (N·s / rad) | $9.11\times10^2$ | $8.81\times10^2$ | $9.46\times10^2$ | $6.44\times10^2$ | $8.47\times10^3$ | $1.34\times10^3$ | $3.46\times10^3$ |

至此，可将三个子结构的有限元模型综合成整个主轴系统的动力学模型，见图 6.3.8，其运动方程为

$$\boldsymbol{M}_{158\times158}\ddot{\boldsymbol{x}}_{158\times1}+\boldsymbol{C}_{158\times158}\dot{\boldsymbol{x}}_{158\times1}+\boldsymbol{K}_{158\times158}\boldsymbol{x}_{158\times1}=\boldsymbol{F}_{158\times1}$$

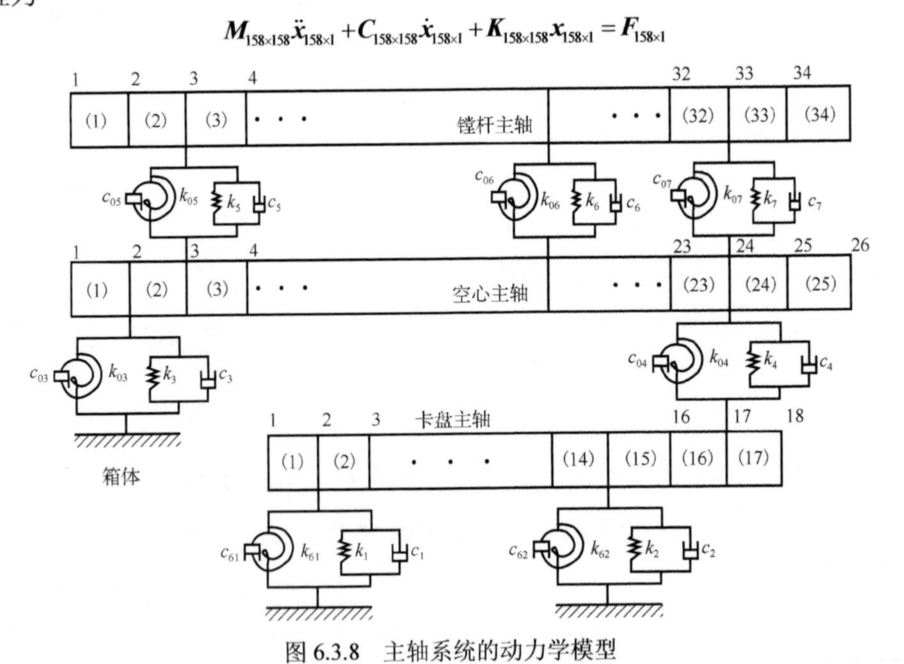


图 6.3.8　主轴系统的动力学模型

经分析计算得主轴系统的固有频率，见表 6.3.5，固有振型图略。

**表 6.3.5　主轴系统的前 10 阶固有频率**　　（单位：Hz）

| 方向 | 第 1 阶 | 第 2 阶 | 第 3 阶 | 第 4 阶 | 第 5 阶 | 第 6 阶 | 第 7 阶 | 第 8 阶 | 第 9 阶 | 第 10 阶 |
|---|---|---|---|---|---|---|---|---|---|---|
| 水平方向 | 219.436 | 427.544 | 540.805 | 838.135 | 869.989 | 1021.91 | 1106.30 | 1218.83 | 1310.67 | 1381.64 |
| 垂直方向 | 200.694 | 418.209 | 573.770 | 635.730 | 755.700 | 834.352 | 988.376 | 1112.09 | 1025.68 | 1340.57 |

上面模态综合过程中，有限元模型阶次与结合部点数之间有很大的数量差距，为了比较分析结果，需要将有限元模型进行静、动态凝聚，综合分析后比较模型的误差。

TX619B 卧式镗床主轴系统结构如图 6.3.1 所示，用有限元法分别建立的三个子结构的有限元模型见图 6.3.2～图 6.3.4。各结合部物理参数通过实验测试得到，具体数值见表 6.3.4。

1) 应用静态凝聚技术

根据 5.4 节的原则，将主轴系统各结合部的弹性连接点及另一些对系统动能贡献较大的点选为凝聚点，则三个子结构的凝聚点数分别为 4 个、6 个和 6 个，共 16 个。

先取卡盘主轴与箱体及空心主轴结合部的弹性连节点为凝聚点，为保证低阶模态的精度，再放开一点，即取凝聚节点号为 2、8、13、17。取凝聚点的垂向位移为主自由度，序号为 2、14、26、32。

凝聚后的固有频率如下：第 1 阶为 91.335Hz、第 2 阶为 349.160Hz、第 3 阶为 1990Hz、第 4 阶为 7159Hz。

再取空心主轴结合部的弹性连节点为凝聚点，为保证低阶模态的精度，再放开一点，即取凝聚节点号为 2、4、12、19、23、24。取凝聚点的垂向位移为主自由度，序号为 2、6、22、36、44、46。

凝聚后的固有频率如下：第 1 阶为 841.146Hz、第 2 阶为 3548Hz、第 3 阶为 5466Hz、第 4 阶为 973Hz、第 5 阶为 13660Hz、第 6 阶为 19330Hz。

最后，取镗杆主轴结合部的弹性连节点为凝聚点，为保证低阶模态的精度，再放开 3 点，即取凝聚节点号为 1、11、18、25、28、35。取凝聚点的垂向位移为主自由度，序号为 0、20、34、48、54、68。

凝聚后的固有频率如下：第 1 阶为 259.943Hz、第 2 阶为 315.455Hz、第 3 阶为 672.106Hz、第 4 阶为 8491Hz、第 5 阶为 11050Hz、第 6 阶为 11930Hz。

将以上三个子结构的凝聚模型综合起来，求解可得主轴系统的固有频率，见表 6.3.6。为验证此静态凝聚计算结果的精度，表 6.3.6 中列出了主轴系统原始有限元模型（简称原始模型）0 的前七阶固有频率及其相对误差。

**表 6.3.6　主轴系统固有频率比较表**

| 模型 | 第 1 阶 | 第 2 阶 | 第 3 阶 | 第 4 阶 | 第 5 阶 | 第 6 阶 | 第 7 阶 |
|---|---|---|---|---|---|---|---|
| 原始模型/Hz | 45.381 | 81.591 | 107.176 | 206.135 | 327.026 | 394.048 | 688.022 |
| 凝聚模型/Hz | 45.394 | 81.615 | 107.28 | 208.617 | 329.646 | 397.542 | 696.719 |
| 误差/% | 0.0286 | 0.0294 | 0.097 | 1.2 | 0.8 | 0.887 | 1.264 |

此结果说明，机械系统的有限元模型在使用静态凝聚法大幅度降低自由度后，所得计算结果在低阶模态范围内仍具有良好的精度。

2) 采用模态凝聚技术

先取卡盘主轴与箱体及空心主轴结合部的弹性连节点为凝聚点，其节点号为 2、8、13、

17。取凝聚点的垂向位移为主自由度，序号为 2、14、26 和 32，取前四阶固有振型为保留模态。求解得卡盘主轴模态凝聚后的固有频率见表 6.3.7。

表 6.3.7　固有频率比较表

| 模型 | 第 1 阶 | 第 2 阶 | 第 3 阶 | 第 4 阶 |
|---|---|---|---|---|
| 有限元模型前 4 阶频率/Hz | 91.329 | 349.138 | $1.983\times10^3$ | $5.785\times10^3$ |
| 凝聚模型的 4 阶频率/Hz | 91.335 | 349.16 | $1.99\times10^3$ | $7.159\times10^3$ |
| 误差/% | 0.007 | 0.006 | 0.0035 | 19.19 |

再取空心主轴结合部的弹性连接点为凝聚点，其节点序号为 2、4、12、19、23 和 24。取凝聚点的垂向位移为主自由度，序号为 2、6、22、36、44 和 46，取前三阶固有振型为保留模态，求解得到空心主轴模态凝聚后的固有频率，见表 6.3.8。

最后，取镗杆主轴结合部的弹性连接点为凝聚点，其节点序号为 1、11、18、25、28 和 35。取凝聚点的垂向位移为主自由度，序号为 0、20、34、48、54 和 68，取前三阶固有振型为保留模态。求解得镗杆主轴模态凝聚后的固有频率表 6.3.9。

表 6.3.8　空心主轴的固有频率比较

| 模型 | 1 | 2 | 3 |
|---|---|---|---|
| 原始模型/Hz | 834.468 | $2.726\times10^3$ | $5.183\times10^3$ |
| 凝聚模型/Hz | 841.146 | $3.548\times10^3$ | $5.466\times10^3$ |
| 相对误差/% | 0.80 | 30.15 | 5.46 |

表 6.3.9　镗杆主轴的固有频率比较

| 模型 | 1 | 2 | 3 |
|---|---|---|---|
| 原始模型/Hz | 252.748 | 310.611 | 660.362 |
| 凝聚模型/Hz | 259.943 | 315.455 | 672.106 |
| 相对误差/% | 2.85 | 1.56 | 1.78 |

由上述分析可知，采用凝聚技术可以降低计算规模，计算精度取决于模态阶次和主自由度的选择。

## 6.4　用传递矩阵分析法确定车床主轴的支承参数

采用传递矩阵分析法在车床主轴系统的结合部参数确定过程中的具体应用基本步骤如下：①建立主轴系统的传递矩阵关系；②将传递矩阵转换为输入输出导纳传递关系；③利用动态实验确定结合部两点间的传递函数(或频率响应函数)；④由曲线拟合识别普通车床主轴系统的结合部动力学参数。

普通车床主轴系统结构简化及结合部的等效动力学模型如图 6.4.1 所示。其中，法兰盘连接简化为具有扭转刚度的单元 $F$，前支承简化为具有线性弹簧、阻尼和扭簧的单元 $A$ 和 $B$，中支承简化为具有线性弹簧、阻尼和扭簧的单元 $C$，后支承简化为具有线性弹簧、阻尼的单元 $D$。

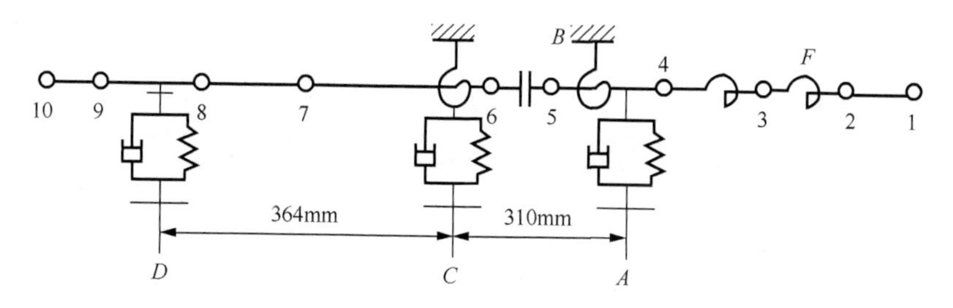


图 6.4.1　普通车床主轴系统及结合部的等效动力学模型

根据传递矩阵分析法，将需要计算的系统离散为 $n$ 个单元，由此可写出系统的状态方程为

$$\boldsymbol{Z}_n=\boldsymbol{T}_n\,\boldsymbol{Z}_0 \tag{6.4.1}$$

若在传递方程(6.4.1)两端同时除以激励力 $P$，各传递矩阵的形式不变，分别记为 $\boldsymbol{Z}_0$、$\boldsymbol{Z}_i$、$\boldsymbol{Z}_n$，则有

$$\boldsymbol{Z}_0=\frac{1}{P}\begin{pmatrix}y\\ \theta\\ M\\ Q\end{pmatrix}_0,\quad \boldsymbol{Z}_i=\frac{1}{P}\begin{pmatrix}y\\ \theta\\ M\\ Q\end{pmatrix}_i,\quad \boldsymbol{Z}_n=\frac{1}{P}\begin{pmatrix}y\\ \theta\\ M\\ Q\end{pmatrix}_n$$

$\dfrac{y_i}{P}=\dfrac{y_i}{p\mathrm{e}^{i(\varphi_i-\varphi_p)}}$ 表示系统在第 $i$ 个测点处的位移导纳。在进行参数识别时，利用动柔度形式的传递方程[式(6.4.1)]，只需输入各测点的位移导纳即可，这样标定工作将大大简化。

设系统在主轴前端点 1 处激励，测点 2 为端点 1 与第一个法兰盘单元间的任意点，$\boldsymbol{T}_2$ 为端点 1 与测点 2 之间传递函数矩阵，按传递方程(6.4.1)有

$$\boldsymbol{Z}_2=\boldsymbol{T}_2\boldsymbol{Z}_0$$

写成矩阵形式为

$$\begin{pmatrix}y^r\\ \theta^r\\ M^r\\ Q^r\\ y^i\\ \theta^i\\ M^i\\ Q^i\end{pmatrix}_2=\begin{pmatrix}t_{11} & t_{12} & \cdots & t_{18}\\ t_{21} & t_{22} & \cdots & t_{28}\\ \vdots & \vdots & \ddots & \vdots\\ t_{81} & t_{82} & \cdots & t_{88}\end{pmatrix}_2\begin{pmatrix}y^r\\ \theta^r\\ M^r\\ Q^r\\ y^i\\ \theta^i\\ M^i\\ Q^i\end{pmatrix}_0 \tag{6.4.2}$$

式中，带 $r$ 上标的为相应复态矢量的实部；带 $i$ 上标的为复态矢量的虚部，且为动柔度形式的传递方程。

取式(6.4.2)中的第 1 个和第 5 个传递方程，有

$$\frac{y_2^r}{p}=t_{11}^{(2)}\left(\frac{y_0^r}{p}\right)+t_{12}^{(2)}\left(\frac{\theta_0^r}{p}\right)+t_{14}^{(2)}+t_{15}^{(2)}\left(\frac{y_0^i}{p}\right)+t_{16}^{(2)}\left(\frac{\theta_0^i}{p}\right)$$

$$\frac{y_2^i}{p}=t_{51}^{(2)}\left(\frac{y_0^r}{p}\right)+t_{52}^{(2)}\left(\frac{\theta_0^r}{p}\right)+t_{54}^{(2)}+t_{55}^{(2)}\left(\frac{y_0^i}{p}\right)+t_{56}^{(2)}\left(\frac{\theta_0^i}{p}\right)$$

简记为

$$\begin{cases} y_2^r = t_{11}^{(2)} y_0^r + t_{12}^{(2)} \theta_0^r + t_{14}^{(2)} + t_{15}^{(2)} y_0^i + t_{16}^{(2)} \theta_0^i \\ y_2^i = t_{51}^{(2)} y_0^r + t_{52}^{(2)} \theta_0^r + t_{54}^{(2)} + t_{55}^{(2)} y_0^i + t_{56}^{(2)} \theta_0^i \end{cases} \tag{6.4.3}$$

式中，$t_{ij}^{(i)}$ 为矩阵 $\boldsymbol{T}_i$ 的元素。

由于测点 1、2 的导纳值可通过激励实验得到，那么方程(6.4.3)中的待定元素只有 $\theta_0^r$、$\theta_0^i$，写成矩阵形式有

$$\begin{pmatrix} t_{12} & t_{16} \\ t_{52} & t_{56} \end{pmatrix} \begin{pmatrix} \theta_0^r \\ \theta_0^i \end{pmatrix} = \begin{pmatrix} y_2^r - t_{11} y_0^r - t_{14} - t_{15} y_0^i \\ y_2^i - t_{51} y_0^r - t_{54} - t_{55} y_0^i \end{pmatrix} \tag{6.4.4}$$

由式(6.4.4)即可分别将 $\theta_0^r$ 和 $\theta_0^i$ 求出，从而端点矢量 $\boldsymbol{Z}_0$ 就可唯一地确定，为后续各单元参数识别方程的建立奠定了基础。

为方便推导，定义 $W = k + \mathrm{i}c\omega$ 为数学形式表达的径向弹簧与阻尼器，定义 $W_\varphi = k_\varphi + \mathrm{j}c_\varphi\omega$ 为数学形式表达的角弹簧与阻尼器。在两个法兰盘连接单元之间任取一点 3，按传递方程(6.4.1)应有如下关系：

$$\boldsymbol{Z}_3 = \boldsymbol{T}_3 \boldsymbol{T}_F \boldsymbol{T}_0 \boldsymbol{Z}_0 \tag{6.4.5}$$

式中，$\boldsymbol{T}_0$ 是端点 1 到第 1 个法兰盘连接单元右侧之间的传递矩阵；$\boldsymbol{T}_3$ 是第 1 个法兰盘连接单元左侧到测点 3 之间的传递矩阵；$\boldsymbol{T}_F$ 为法兰盘连接单元的传递矩阵。

$$\boldsymbol{T}_F = \begin{pmatrix} 1 & 0 & 0 & 0 & 0 & 0 & 0 & 0 \\ 0 & 1 & H^r & 0 & 0 & 0 & H^i & 0 \\ 0 & 0 & 1 & 0 & 0 & 0 & 0 & 0 \\ 0 & 0 & 0 & 1 & 0 & 0 & 0 & 0 \\ 0 & 0 & 0 & 0 & 1 & 0 & 0 & 0 \\ 0 & 0 & -H^i & 0 & 0 & 1 & H^r & 0 \\ 0 & 0 & 0 & 0 & 0 & 0 & 1 & 0 \\ 0 & 0 & 0 & 0 & 0 & 0 & 0 & 1 \end{pmatrix}$$

式中，

$$H^r = \frac{k_\varphi}{k_\varphi^2 + \omega^2 c_\varphi^2}, \quad H^i = \frac{\omega c_\varphi}{k_\varphi^2 + \omega^2 c_\varphi^2} \tag{6.4.6}$$

又知

$$\boldsymbol{Z}_F = \boldsymbol{T}_0 \boldsymbol{Z}_0 \tag{6.4.7}$$

即第一个法兰盘连接单元右侧的状态向量 $\boldsymbol{Z}_F$ 和右端的状态矢量 $\boldsymbol{Z}_0$ 已知时，可由式(6.4.7)算出。

把式(6.4.5)写成矩阵形式，并代入式(6.4.7)，得

$$\begin{pmatrix} y^r \\ \theta^r \\ M^r \\ Q^r \\ y^i \\ \theta^i \\ M^i \\ Q^i \end{pmatrix}_3 = \begin{pmatrix} t_{11} & t_{12} & \cdots & t_{18} \\ t_{21} & t_{22} & \cdots & t_{28} \\ \vdots & \vdots & & \vdots \\ t_{81} & t_{82} & \cdots & t_{88} \end{pmatrix}_3 \begin{pmatrix} 1 & 0 & 0 & 0 & 0 & 0 & 0 & 0 \\ 0 & 1 & H^r & 0 & 0 & 0 & H^i & 0 \\ 0 & 0 & 1 & 0 & 0 & 0 & 0 & 0 \\ 0 & 0 & 0 & 1 & 0 & 0 & 0 & 0 \\ 0 & 0 & 0 & 0 & 1 & 0 & 0 & 0 \\ 0 & 0 & -H^i & 0 & 0 & 1 & H^r & 0 \\ 0 & 0 & 0 & 0 & 0 & 0 & 1 & 0 \\ 0 & 0 & 0 & 0 & 0 & 0 & 0 & 1 \end{pmatrix} \begin{pmatrix} y^r \\ \theta^r \\ M^r \\ Q^r \\ y^i \\ \theta^i \\ M^i \\ Q^i \end{pmatrix}_F \tag{6.4.8}$$

取式(6.4.8)中的第 1 个和第 5 个传递方程，即可整理得到识别方程：

$$\begin{pmatrix} U_1 & U_2 \\ U_3 & U_4 \end{pmatrix} \begin{pmatrix} H^r \\ H^i \end{pmatrix} = \begin{pmatrix} V_1 \\ V_2 \end{pmatrix} \tag{6.4.9}$$

式中，

$$U_1 = t_{11}M_F^r + t_{16}M_F^i \quad , \quad U_2 = t_{12}M_F^i - t_{16}M_F^r$$

$$U_3 = t_{52}M_F^r + t_{56}M_F^i \quad , \quad U_4 = t_{52}M_F^r - t_{56}M_F^i$$

$$V_1 = y_3^r - t_{11}y_F^r - t_{12}\theta_F^r - t_{14}Q_F^r - t_{15}y_F^i - t_{16}\theta_F^i - t_{18}Q_F^i - t_{13}M_F^r - t_{17}M_F^i$$

$$V_2 = y_3^i - t_{51}y_F^r - t_{52}\theta_F^r - t_{54}Q_F^r - t_{55}y_F^i - t_{56}\theta_F^i - t_{58}Q_F^i - t_{53}M_F^r - t_{57}M_F^i$$

解式(6.4.9)可得 $H^r$ 及 $H^i$，并由式(6.4.6)得

$$k_\varphi = \frac{H^r}{\left(H^r\right)^2 + \left(H^i\right)^2} \quad , \quad \omega c_\varphi = \frac{H^i}{\left(H^r\right)^2 + \left(H^i\right)^2}$$

第二个法兰盘连接单元识别方程的建立同上，识别时只需利用测点 4 的值即可。

由前述已知，两个法兰盘连接单元的识别已经完成，现待识别的是前支承，即径向支承 $A$ 和角支承 $B$。在角支承 $B$ 和第二个主支承之间布置两个测点 5 和 6，为此可以写出如下传递方程：

$$\begin{cases} \boldsymbol{Z}_5 = \boldsymbol{T}_5\boldsymbol{T}_B\boldsymbol{T}_{AB}\boldsymbol{Z}_{A左} \\ \boldsymbol{Z}_{A左} = \boldsymbol{T}_A\boldsymbol{Z}_{A右} \\ \boldsymbol{Z}_{A右} = \boldsymbol{T}_0\boldsymbol{Z}_0 \end{cases} \tag{6.4.10}$$

式中，$\boldsymbol{T}_0$ 是主轴前端支承 $A$ 右侧的传递矩阵；$\boldsymbol{T}_5$ 是 $B$ 点左侧到测点5的传递矩阵；$\boldsymbol{T}_{AB}$ 是支承 $A$ 到支承 $B$ 的传递矩阵。

由支承 $A$ 知

$$\begin{cases} Y_{A左} = Y_{A右}, & \theta_{A左} = \theta_{A右} \\ M_{A左} = M_{A右}, & Q_{A左} = Q_{A右} + \left(m\omega^2 - k - \mathrm{j}\omega c\right)Y_{A右} \end{cases} \tag{6.4.11}$$

将式(6.4.10)写成矩阵形式，有

$$\begin{pmatrix} y^r \\ \theta^r \\ M^r \\ Q^r \\ y^i \\ \theta^i \\ M^i \\ Q^i \end{pmatrix}_5 = \begin{pmatrix} t_{11} & t_{12} & \cdots & t_{18} \\ t_{21} & t_{22} & \cdots & t_{28} \\ \vdots & \vdots & & \vdots \\ t_{81} & t_{82} & \cdots & t_{88} \end{pmatrix}_5 \begin{pmatrix} 1 & 0 & 0 & 0 & 0 & 0 & 0 & 0 \\ 0 & 1 & 0 & 0 & 0 & 0 & 0 & 0 \\ 0 & k_\varphi & 1 & 0 & 0 & -c_\varphi\omega & 0 & 0 \\ m\omega^2 & 0 & 0 & 1 & 0 & 0 & 0 & 0 \\ 0 & 0 & 0 & 0 & 1 & 0 & 0 & 0 \\ 0 & 0 & 0 & 0 & 0 & 1 & 0 & 0 \\ 0 & c_\varphi\omega & 0 & 0 & 0 & 0 & 1 & 0 \\ 0 & 0 & 0 & 0 & m\omega^2 & 0 & 0 & 1 \end{pmatrix}_B \begin{pmatrix} t_{11} & t_{12} & \cdots & t_{18} \\ t_{21} & t_{22} & \cdots & t_{28} \\ \vdots & \vdots & & \vdots \\ t_{81} & t_{82} & \cdots & t_{88} \end{pmatrix}_{AB} \begin{pmatrix} y^r \\ \theta^r \\ M^r \\ Q^r \\ y^i \\ \theta^i \\ M^i \\ Q^i \end{pmatrix}_A$$

为分离变量方便，把 $\boldsymbol{T}_{AB}$ 写成与 $\boldsymbol{Z}_{A左}$ 合并的形式，即

$$\boldsymbol{Z}_{B右} = \boldsymbol{T}_{AB}\boldsymbol{Z}_{A左}$$

则上式写为

$$\boldsymbol{Z}_5 = \boldsymbol{T}_5\boldsymbol{T}_B\boldsymbol{Z}_{B右}$$

把 $\boldsymbol{T}_5$ 与 $\boldsymbol{T}_B$ 相乘，并取上式的第 1 个和第 5 个方程，得

$$\begin{cases} y_5^r = \left(t_{13}k_\varphi + t_{17}\omega c_\varphi\right)\theta_{B右}^r + \left(-t_{13}\omega c_\varphi + t_{17}k_\varphi\right)\theta_{B右}^i \\ y_5^i = \left(t_{53}k_\varphi + t_{57}\omega c_\varphi\right)\theta_{B右}^r + \left(-t_{53}\omega c_\varphi + t_{57}k_\varphi\right)\theta_{B右}^i \end{cases}$$

$\boldsymbol{T}_B$ 可以写成如下形式：

$$\boldsymbol{T}_B = \begin{pmatrix} 1 & 0 & 0 & 0 & 0 & 0 & 0 & 0 \\ 0 & 1 & 0 & 0 & 0 & 0 & 0 & 0 \\ 0 & k_\varphi & 1 & 0 & 0 & -c_\varphi\omega & 0 & 0 \\ 0 & 0 & 0 & 1 & 0 & 0 & 0 & 0 \\ 0 & 0 & 0 & 0 & 1 & 0 & 0 & 0 \\ 0 & 0 & 0 & 0 & 0 & 1 & 0 & 0 \\ 0 & c_\varphi\omega & 0 & 0 & 0 & k_\varphi & 1 & 0 \\ 0 & 0 & 0 & 0 & 0 & 0 & 0 & 1 \end{pmatrix} + m\omega^2 \begin{pmatrix} 0 & 0 & 0 & 0 & 0 & 0 & 0 & 0 \\ 0 & 0 & 0 & 0 & 0 & 0 & 0 & 0 \\ 0 & 0 & 0 & 0 & 0 & 0 & 0 & 0 \\ 1 & 0 & 0 & 0 & 0 & 0 & 0 & 0 \\ 0 & 0 & 0 & 0 & 0 & 0 & 0 & 0 \\ 0 & 0 & 0 & 0 & 0 & 0 & 0 & 0 \\ 0 & 0 & 0 & 0 & 0 & 0 & 0 & 0 \\ 0 & 0 & 0 & 0 & 1 & 0 & 0 & 0 \end{pmatrix} + \boldsymbol{I} \tag{6.4.12}$$

式中，$\boldsymbol{I}$ 为 8×8 阶单位阵，或写成 $\boldsymbol{T}_B = \boldsymbol{T}_{\omega\varphi} + m\omega^2\boldsymbol{T}' + \boldsymbol{I}$。考虑边界条件(6.4.11)，则第 1 个和第 5 个方程为

$$\begin{aligned} y_5^r = &\left(p_{11} + m\omega^2 l_{11}\right)Y_{A左}^r + \left(p_{12} + m\omega^2 l_{12}\right)\theta_{A左}^r + \left(p_{13} + m\omega^2 l_{13}\right)M_{A左}^r + \left(p_{14} + m\omega^2 l_{14}\right)Q_{A左}^r \\ &+ \left(p_{15} + m\omega^2 l_{15}\right)Y_{A左}^i + \left(p_{16} + m\omega^2 l_{16}\right)\theta_{A左}^i + \left(p_{17} + m\omega^2 l_{17}\right)M_{A左}^i + \left(p_{18} + m\omega^2 l_{18}\right)Q_{A左}^i \\ &+ \left(t_{13}k_\varphi + t_{17}\omega c_\varphi\right)\theta_{B右}^r + \left(-t_{13}\omega c_\varphi + t_{17}k_\varphi\right)\theta_{B右}^r \end{aligned} \tag{6.4.13}$$

$$\begin{aligned} y_5^i = &\left(p_{51} + m\omega^2 l_{51}\right)Y_{A左}^r + \left(p_{52} + m\omega^2 l_{52}\right)\theta_{A左}^r + \left(p_{53} + m\omega^2 l_{53}\right)M_{A左}^r + \left(p_{54} + m\omega^2 l_{54}\right)Q_{A左}^r \\ &+ \left(p_{55} + m\omega^2 l_{55}\right)Y_{A左}^i + \left(p_{56} + m\omega^2 l_{56}\right)\theta_{A左}^i + \left(p_{57} + m\omega^2 l_{57}\right)M_{A左}^i + \left(p_{58} + m\omega^2 l_{58}\right)Q_{A左}^i \\ &+ \left(t_{53}k_\varphi + t_{57}\omega c_\varphi\right)\theta_{B右}^r + \left(-t_{53}\omega c_\varphi + t_{57}k_\varphi\right)\theta_{B右}^r \end{aligned} \tag{6.4.14}$$

$$\boldsymbol{P} = \boldsymbol{T}_4\boldsymbol{T}_{AB} \quad , \qquad \boldsymbol{L} = \boldsymbol{T}_4\boldsymbol{T}'\boldsymbol{T}_{AB}$$

由此可以看出，未知数有 $Q_{A左}^r$、$Q_{A左}^i$、$\theta_{B右}^r$、$\theta_{B右}^i$、$k_\varphi$、$c_\varphi$、$k$、$c$，共 8 个，而 $\theta_{B右}^r$、$\theta_{B右}^i$ 依赖于 $Q_{A左}^r$、$Q_{A左}^i$，故求出 $Q_{A左}^r$、$Q_{A左}^i$ 是问题的关键。

把式(6.4.12)代入式(6.4.13)、式(6.4.14)，得

$$\begin{cases}\left(p_{14}+m\omega^2 l_{14}\right)Q_{A左}^r+\left(p_{18}+m\omega^2 l_{18}\right)Q_{A左}^i=-\left(p_{11}+m\omega^2 l_{11}\right)Y_{A左}^r\\ -\left(p_{12}+m\omega^2 l_{12}\right)\theta_{A左}^r-\left(p_{13}+m\omega^2 l_{13}\right)M_{A左}^r-\left(p_{15}+m\omega^2 l_{15}\right)Y_{A左}^i\\ -\left(p_{16}+m\omega^2 l_{16}\right)\theta_{A左}^i-\left(p_{17}+m\omega^2 l_{17}\right)M_{A左}^i\\ \left(p_{54}+m\omega^2 l_{54}\right)Q_{A左}^r+\left(p_{58}+m\omega^2 l_{58}\right)Q_{A左}^i=-\left(p_{51}+m\omega^2 l_{51}\right)Y_{A左}^r\\ -\left(p_{52}+m\omega^2 l_{52}\right)\theta_{A左}^r-\left(p_{53}+m\omega^2 l_{53}\right)M_{A左}^r-\left(p_{55}+m\omega^2 l_{55}\right)Y_{A左}^i\\ -\left(p_{56}+m\omega^2 l_{56}\right)\theta_{A左}^i-\left(p_{57}+m\omega^2 l_{57}\right)M_{A左}^i\end{cases}$$

上式即为以 $Q_{A左}^r$ 和 $Q_{A左}^i$ 为未知数的二阶联立方程组，写成矩阵形式，有

$$\begin{pmatrix}U_1 & U_2\\ U_3 & U_4\end{pmatrix}\begin{pmatrix}X_1\\ X_2\end{pmatrix}=\begin{pmatrix}V_1\\ V_2\end{pmatrix}$$

由此可解出 $X_1=Q_{A左}^r$， $X_2=Q_{A左}^i$， 也可求得 $\boldsymbol{Z}_{B右}=\boldsymbol{T}_{AB}\boldsymbol{Z}_{A左}$，并有如下关系式：

$$Q_{A左}=Q_{A右}+\left(m\omega^2+k+\mathrm{i}\omega c\right)_{A右}$$

从等式两边分离实和虚部，即可求得径向支承 $A$ 的参数 $k$ 和 $c$ 。另外，利用测点 6 按前述识别只有角支承时的方法，即可求出角支承 $B$ 的参数 $k_\varphi$ 和 $c_\varphi$ 。

普通车床主轴系统结合部的参数识别结果见表 6.4.1。

**表 6.4.1　普通车床主轴系统结合部参数**

| 参数 | 主轴–卡盘 | 前轴承 | 止推轴承 | 中轴承 | 后轴承 |
|---|---|---|---|---|---|
| $k$/(N/m) | — | $1.77\times10^9$ | — | $1.62\times10^9$ | $0.12\times10^9$ |
| $c$/(N·s/m) | — | $1.21\times10^5$ | — | $3.63\times10^4$ | $1.87\times10^4$ |
| $k_\varphi$/(N·m/rad) | $6.52\times10^6$ | — | $2.31\times10^6$ | $2.05\times10^6$ | — |

# 参 考 文 献

胡海岩，2004．机械振动基础．北京：北京航空航天大学出版社．

廖伯瑜，周新民，尹志宏，2004．现代机械动力学．北京：机械工业出版社．

梅凤翔，尚玫，2002．理论力学 I．北京：高等教育出版社．

RAO S S，2016．机械振动．5 版．李欣业，杨理成，译．北京：清华大学出版社．

芮筱亭，贠来峰，陆毓琪，等，2002．多体系统传递矩阵法及其应用．北京：科学出版社．

王文亮，杜作润，1985．结构振动与动态子结构方法．上海：复旦大学出版社．

杨肃，唐恒龄，廖伯瑜，1993．机床动力学．北京：机械工业出版社．

张义民，2007．机械振动．北京：清华大学出版社．

BALAKUMAR B，MAGRAB E B，2008．Vibrations．New York：CENGAGE Learning．

DEN HARTOG J P，1985．Mechanical vibrations．4th ed．New York：Dover Publications Inc．

HARRIS C M，2010．Shock and vibration handbook．6th ed．New York：McGraw-Hill Book Company．

HATCH M R，2001．Vibration simulation using MATLAB and ANSYS．London：Chapman & Hall/CRC．

MEIROVITCH L，2001．Fundamentals of vibrations．New York：Waveland Press Inc．

SHABANA A A，2019．Vibration of discrete and continuous systems．3rd ed．New York：Springer．

THOMSON W T，1998．Theory of vibration with applications．5th ed．Englewood Cliffs：Prentice-Hall Inc．